全国地层多重划分对比研究

（30）

东南区区域地层

主　编：都　洵　张永康

编　者：（按姓氏笔划排序）

毕治国　毕德昌

张永康　李兼海

胡世忠　都　洵

徐雪球

中国地质大学出版社

内 容 简 介

本书系地质矿产部“全国地层多重划分对比研究”项目二级课题的研究成果，是在东南区各省(市、自治区)三级课题基础上进行的。地理范围包括江苏省(大部)、安徽省(二分之一)、上海市、浙江省、江西省、福建省、广东省、海南省、台湾省及广西壮族自治区东南和湖南东南一隅。

书中根据中国东南区的地层发育情况和地质构造特征，将全区划分为扬子、东南、三亚、台湾东部4个二级地层区及10个地层分区；根据岩石组合、沉积物特征、区域性不整合面或大的沉积间断，将全区地层(不含第四系)划分为前震旦纪、震旦纪—志留纪、泥盆纪—中三叠世、晚三叠世—第三纪4个大的断代地层，建立了中国东南区的地层序列，并分别论述其岩石地层、生物地层和年代地层的特征和划分对比，在此基础上对各断代地层的岩石组合类型、沉积岩相、古地理以及沉积盆地的类型及时空演化等做了分析探讨。书中还就中国东南区地壳变质基底的组成和结构、地层变质变形特征，中生代陆相火山活动旋回、岩浆演化与成矿关系等问题做了分析论述。

全书内容丰富，有新观点、新认识，是运用现代沉积学和现代地质学理论对中国东南区区域地层进行较全面清理研究的成果，是一部对区域地质矿产调查、科研和教学具有实用价值的重要参考书。

图书在版编目(CIP)数据

东南区区域地层/都洵，张永康主编.—武汉：中国地质大学出版社有限责任公司，1998.12(2012.7 重印)

〔全国地层多重划分对比研究；30〕

ISBN 978-7-5625-1273-8

Ⅰ.①东…

Ⅱ.①都…②张…

Ⅲ.①地层学-华东地区

Ⅳ.①P535.25

中国版本图书馆 CIP 数据核字(2012)第 155119 号

东南区区域地层　　**都　洵　张永康　主编**

〔全国地层多重划分对比研究(30)〕

责任编辑：刘粤湘　　技术编辑：阮一飞　　责任校对：熊华珍

出版发行：中国地质大学出版社有限责任公司(武汉市洪山区鲁磨路388号)　邮政编码：430074

电　话：(027)67883511　　传真：67883580　　E-mail：cbb@cug.edu.cn

经　销：全国新华书店　　http://www.cugp.cug.edu.cn

开本：787毫米×1092毫米 1/16　　字数：400千字　印张：15.5　插页：2

版次：1998年12月第1版　　印次：2012年7月第2次印刷

印刷：武汉教文印刷厂　　印数：601—1 100册

ISBN 978-7-5625-1273-8　　定价：54.50元

序

100多年来，地层学始终是地质学的重要基础学科的支柱，甚至还可以说是基础中的基础，它为近代地质学的建立和发展发挥了十分重要的作用。随着板块构造学说的提出和发展，地质科学正经历着一场深刻的变革，古老的地层学和其他分支学科一样还面临着满足社会不断进步与发展的物质需要和解决人类的重大环境问题等双重任务的挑战。为了迎接这一挑战，依靠现代科技进步及各学科之间相互渗透，地层学的研究范围将不断扩大，研究途径更为宽广，研究方法日趋多样化，并萌发出许多新的思路和学术思想，产生出许多分支学科，如生态地层学、磁性地层学、地震地层学、化学地层学、定量地层学、事件地层学、气候地层学、构造地层学和月球地层学等等，它们的综合又导致了“综合地层学”和“全球地层学”概念的提出。所有这一切，标志着地层学研究向高度综合化方向发展。

我国的地层学和与其密切相关的古生物学早在本世纪前期的创立阶段，就涌现出一批杰出的地层古生物学家和先驱，他们的研究成果奠定了我国地层学的基础。但是大规模的进展，还是从1949年以后，尤其是随着全国中小比例尺区域地质调查的有计划开展，以及若干重大科学计划的执行而发展起来的。正像我国著名的地质学家尹赞勋先生在第一届全国地层会议上所讲：“区域地质调查成果的最大受益者就是地层古生物学。”1959年召开的中国第一届全国地层会议，总结了建国十年来所获的新资料，制定了中国第一份地层规范（草案），标志着我国地层学和地层工作进入了一个新的阶段。过了20年，地层学在国内的发展经历了几乎十年停滞以后，于1979年召开了中国第二届全国地层会议，会议在某种程度上吸收学习了国际地层学研究的新成果，还讨论制定了《中国地层指南及中国地层指南说明书》，为推动地层学在中国的发展，缩小同国际地层学研究水平的差距奠定了良好基础。这次会议以后所进行的一系列工作，包括应用地层单位的多重性概念所进行的地层划分对比研究、区域地层格架及地层模型的研究，现代地层学与沉积学相结合所进行的盆地分析以及1：5万区域地质填图方法的改进与完善等，都成为我国地层学进一步发展的强大推动力。为此，地质矿产部组织了一项“全国地层多重划分对比研究（清理）”的系统工程，在30个省、直辖市、自治区（含台湾省，不含上海市）范围内，自下而上由省（市、区）、大区和全国设立三个层次的课题，在现代地层学和沉积学理论指导下，对以往所建立的地层单位进行研究（清理），追溯地层单位创名的沿革，重新厘定单位含义、层型类型与特征、区域延伸与对比，消除同物异名，查清同名异物，在大范围内建立若干断代岩石地层单位的时空格架、编制符合现代地层学含义的新一代区域地层序列表，并与地层多重划分对比研究工作同步开展了省（市、区）和全国局领导作出了正确决策，从1991年开始，从地勘经费中设立一项重大基础地质研究项目——全国地层多重划分对比研究项目，简称全国地层清理项目，开始了一场地层学改革的系统工程，在全国范围内由下而上地按照现代地层学的理论和方法对原有的地层单位重新明确其定义、划分对比标准、延伸范围及各类地层单位的相互关系，与此同时研建全国地层数据库，巩固地层清理成果，推动我国地层学研究和地层单位管理的规范化和现代化，指导当前和今后一个时期1：5万、1：25万等区调填图等，提高我国地层学研究水平。1991年地质矿产部原直管局将地层清理作为部指令性任务以地直发(1991)005号文和1992年以地直发(1992)014号文下发了《地矿部全国地层多重划分对比（清理）研究项目第一次工作会议纪要》，明确了各省（市、自治区）地质矿产局（厅）清理研究任务，并于1993年2月补办了专项地勘科技项目合同（编号直科专92-1)，并明确这一任务分别设立部、大区和省（市、自治区）三级领导小组，实行三级管理。

部级成立全国项目领导小组

组长	李廷栋	地质矿产部副总工程师
副组长	叶天竺	地质矿产部原直管局副局长
	赵　逊	中国地质科学院副院长

成立全国地层清理项目办公室，受领导小组委托对全国地层清理工作进行技术业务指导和协调以及经常性业务组织管理工作，并设立在中国地质科学院区域地质调查处（简称区调处）。

项目办公室主任	陈克强	区调处处长，教授级高级工程师
副主任	高振家	区调处总工，教授级高级工程师
	简人初	区调处高级工程师
专家	张守信	中国科学院地质研究所研究员
	魏家庸	贵州省地质矿产局区调院教授级高级工程师
成员	姜　义	区调处工程师
	李　忠	会计师
	周统顺	中国地质科学院地质研究所研究员

大区一级成立大区领导小组，由大区内各省（市、自治区）局级领导成员和地科院沈阳、天津、西安、宜昌、成都、南京六个地质矿产研究所各推荐一名专家组成。领导小组对本大区地层清理工作进行组织、指导、协调、仲裁并承担研究的职责。下设大区办公室，负责大区地层清理的技术业务指导和经常性业务技术管理工作。在全国项目办直接领导下，成立全国地层数据库研建小组，由福建区调队和部区调处承担，负责全国和省（市、自治区）二级地层数据库软件开发研制。

各省（市、自治区）成立省级领导小组，以省（市、自治区）局总工或副总工为组长，有区调主管及有关处室负责人组成，在专业区调队（所、院）等单位成立地层清理小组，具体负责地层清理工作，同时成立省级地层数据库录入小组，按照全国地层数据库研建小组研制的软件及时将本省清理的成果进行数据录入，并检验软件运行情况，及时反馈意见，不断改进和优化软件。在全国地层清理的三个级次的项目中，省级项目是基础，因此要求各省（市、自治区）地层清理工作必须实行室内清理与野外核查相结合，清理工作与区调填图相结合，清理与研究相结合，地层清理与地层数据库建立相结合，“生产”单位与科研教学单位相结合，并强调地层清理人员要用现代地层学和现代沉积学的理论武装起来，彻底打破传统观点，统

序

100多年来，地层学始终是地质学的重要基础学科的支柱，甚至还可以说是基础中的基础，它为近代地质学的建立和发展发挥了十分重要的作用。随着板块构造学说的提出和发展，地质科学正经历着一场深刻的变革，古老的地层学和其他分支学科一样还面临着满足社会不断进步与发展的物质需要和解决人类的重大环境问题等双重任务的挑战。为了迎接这一挑战，依靠现代科技进步及各学科之间相互渗透，地层学的研究范围将不断扩大，研究途径更为宽广，研究方法日趋多样化，并萌发出许多新的思路和学术思想，产生出许多分支学科，如生态地层学、磁性地层学、地震地层学、化学地层学、定量地层学、事件地层学、气候地层学、构造地层学和月球地层学等等，它们的综合又导致了“综合地层学”和“全球地层学”概念的提出。所有这一切，标志着地层学研究向高度综合化方向发展。

我国的地层学和与其密切相关的古生物学早在本世纪前期的创立阶段，就涌现出一批杰出的地层古生物学家和先驱，他们的研究成果奠定了我国地层学的基础。但是大规模的进展，还是从1949年以后，尤其是随着全国中小比例尺区域地质调查的有计划开展，以及若干重大科学计划的执行而发展起来的。正像我国著名的地质学家尹赞勋先生在第一届全国地层会议上所讲：“区域地质调查成果的最大受益者就是地层古生物学。”1959年召开的中国第一届全国地层会议，总结了建国十年来所获的新资料，制定了中国第一份地层规范（草案），标志着我国地层学和地层工作进入了一个新的阶段。过了20年，地层学在国内的发展经历了几乎十年停滞以后，于1979年召开了中国第二届全国地层会议，会议在某种程度上吸收学习了国际地层学研究的新成果，还讨论制定了《中国地层指南及中国地层指南说明书》，为推动地层学在中国的发展，缩小同国际地层学研究水平的差距奠定了良好基础。这次会议以后所进行的一系列工作，包括应用地层单位的多重性概念所进行的地层划分对比研究、区域地层格架及地层模型的研究，现代地层学与沉积学相结合所进行的盆地分析以及1：5万区域地质填图方法的改进与完善等，都成为我国地层学进一步发展的强大推动力。为此，地质矿产部组织了一项“全国地层多重划分对比研究（清理）”的系统工程，在30个省、直辖市、自治区（含台湾省，不含上海市）范围内，自下而上由省（市、区）、大区和全国设立三个层次的课题，在现代地层学和沉积学理论指导下，对以往所建立的地层单位进行研究（清理），追溯地层单位创名的沿革，重新厘定单位含义、层型类型与特征、区域延伸与对比，消除同物异名，查清同名异物，在大范围内建立若干断代岩石地层单位的时空格架、编制符合现代地层学含义的新一代区域地层序列表，并与地层多重划分对比研究工作同步开展了省（市、区）和全国两级地层数据库的研建，对巩固地层多重划分对比研究（清理）成果，为地层学的科学化、系统化和现代化发展打下了良好基础。这项研究工作在部、省（市、区）各级领导的支持关怀下，全体研究人员经过5年的艰苦努力已圆满地完成了任务，高兴地看到许多成果已陆续要出版了。这项工作涉及的范围之广、参加的单位及人员之多、文件的时间跨度之长，以及现代科学理论与计算机技术的应用等各方面，都可以说是在我国地层学工作不断发展中具有里程碑意义的。这项研究中不同层次成果的出版问世，不仅对区域地质调查、地质图件的编测、区域矿产普查与勘查、地质科研和教学等方面都具有现实的指导作用和实用价值，而且对我国地层学的发展和科学化、系统化将起到积极的促进作用。

首次组织实施这样一项规模空前的全国性的研究工作，尽管全体参与人员付出了极大的辛勤劳动，全国项目办和各大区办进行了大量卓有成效和细致的组织协调工作，取得了巨大的成绩，但由于种种原因，难免会有疏漏甚至失误之处。即使这样，该系列研究是认识地层学真理长河中的一个相对真理的阶段，其成果仍不失其宝贵的科学意义和巨大的实用价值。我相信经过广大地质工作者的使用与检验，在修订再版时，其内容将会更加完美。在此祝贺这一系列地层研究成果的公开出版，它必将发挥出巨大社会经济效益，为地质科学的发展做出新的贡献。

程裕淇

前　言

地层学在地质科学中是一门奠基性的基础学科，是基础地质的基础。自从19世纪初由W史密斯奠定的基本原理和方法以来的一个半世纪中，地层学是地质科学中最活跃的一个分支学科，对现代地质学的建立和发展产生了深刻的影响，作出了不可磨灭的贡献，特别是在20世纪60年代由于板块构造学说兴起引发的一场“地学革命”，其表现更为显著。随着板块构造学的确立，沉积学和古生态学的发展，地球历史和生物演化中的灾变论思想的复兴和地质事件概念的建立，使地层学的分支学科，如时间地层学、生态地层学、地震地层学、同位素地层学、气候地层学、磁性地层学、定量地层学和构造地层学等像雨后春笋般地蓬勃发展，这种情况必然对地层学、生物地层和沉积地层等的传统理论认识和方法提出了严峻的挑战。经过20年的论战，充分体现当代国际地质科学先进思想的《国际地层指南》（英文版）于1976年见诸于世，之后在不到20年的时间里又于1979、1987、1993年连续三次进行了修改补充，陆续补充了《磁性地层极性单位》、《不整合界限地层单位》，以及把岩浆岩与变质岩等作为广义地层学范畴纳入地层指南而又补充编写了《火成岩和变质岩岩体的地层划分与命名》等内容。

国际地层学上述重大变革，对我国地学界产生了强烈冲击，十年动乱形成的政治禁锢被打开，迎来了科学的春天，先进的科学思潮像潮水般涌来，于是在1979年第二届全国地层会议上通过并于1981年公开出版了《中国地层指南及中国地层指南说明书》，其中阐述了地层多重划分概念。于1983年按地层多重划分概念和岩石地层单位填图在安徽区调队进行了首次试点。1985年《贵州省区域地质志》中地层部分吸取了地层多重划分概念进行撰写。1986年地质矿产部设立了“七五”重点科技攻关项目——“1∶5万区调中填图方法研究项目”，把以岩石地层单位填图，多重地层划分对比，识别基本地层层序等现代地层学和现代沉积学相结合的内容列为沉积岩区区调填图方法研究课题，从此拉开了新一轮1∶5万区调填图的序幕，由试点的贵州、安徽和陕西三省逐步推向全国。

1∶5万区调填图方法研究试点中遇到的最大问题是如何按照现代地层学的理论和方法来对待与处理按传统理论和方法所建立的地层单位？如果维持长期沿用的按传统理论建立的地层单位，虽然很省事，但是又如何体现现代地层学和现代沉积学相结合的理论与方法呢？这样就谈不上紧跟世界潮流，迎接这一场由板块构造学说兴起所带来的“地学革命”。如果要坚持这一技术领域的革命性变革，就要下决心花费很大力气克服人力、财力和技术性等方面的重重困难，对长期沿用的不规范化的地层单位进行彻底的清理。经过反复研究比较，我们认识到科学技术的变革也和社会经济改革的潮流一样是不可逆转的，只有坚持改革才能前进，不进则退，否则就将被历史所淘汰，别无选择。在这一关键时刻，地质矿产部和原地矿部直管局领导作出了正确决策，从1991年开始，从地勘经费中设立一项重大基础地质研究项目——全国地层多重划分对比研究项目，简称全国地层清理项目，开始了一场地层学改革的系统工程，在全国范围内由下而上地按照现代地层学的理论和方法对原有的地层单位重新明确其定义、划分对比标准、延伸范围及各类地层单位的相互关系，与此同时研建全国地层数据库，巩固地层清理成果，推动我国地层学研究和地层单位管理的规范化和现代化，指导当前和今后一个时期1：5万、1：25万等区调填图等，提高我国地层学研究水平。1991年地质矿产部原直管局将地层清理作为部指令性任务以地直发（1991）005号文和1992年以地直发（1992）014号文下发了《地矿部全国地层多重划分对比（清理）研究项目第一次工作会议纪要》，明确了各省（市、自治区）地质矿产局（厅）清理研究任务，并于1993年2月补办了专项地勘科技项目合同（编号直科专92-1），并明确这一任务分别设立部、大区和省（市、自治区）三级领导小组，实行三级管理。

部级成立全国项目领导小组

组长	李廷栋	地质矿产部副总工程师
副组长	叶天竺	地质矿产部原直管局副局长
	赵　逊	中国地质科学院副院长

成立全国地层清理项目办公室，受领导小组委托对全国地层清理工作进行技术业务指导和协调以及经常性业务组织管理工作，并设立在中国地质科学院区域地质调查处（简称区调处）。

项目办公室主任	陈克强	区调处处长，教授级高级工程师
副主任	高振家	区调处总工，教授级高级工程师
	简人初	区调处高级工程师
专家	张守信	中国科学院地质研究所研究员
	魏家庸	贵州省地质矿产局区调院教授级高级工程师
成员	姜　义	区调处工程师
	李　忠	会计师
	周统顺	中国地质科学院地质研究所研究员

大区一级成立大区领导小组，由大区内各省（市、自治区）局级领导成员和地科院沈阳、天津、西安、宜昌、成都、南京六个地质矿产研究所各推荐一名专家组成。领导小组对本大区地层清理工作进行组织、指导、协调、仲裁并承担研究的职责。下设大区办公室，负责大区地层清理的技术业务指导和经常性业务技术管理工作。在全国项目办直接领导下，成立全国地层数据库研建小组，由福建区调队和部区调处承担，负责全国和省（市、自治区）二级地层数据库软件开发研制。

各省（市、自治区）成立省级领导小组，以省（市、自治区）局总工或副总工为组长，有区调主管及有关处室负责人组成，在专业区调队（所、院）等单位成立地层清理小组，具体负责地层清理工作，同时成立省级地层数据库录入小组，按照全国地层数据库研建小组研制的软件及时将本省清理的成果进行数据录入，并检验软件运行情况，及时反馈意见，不断改进和优化软件。在全国地层清理的三个级次的项目中，省级项目是基础，因此要求各省（市、自治区）地层清理工作必须实行室内清理与野外核查相结合，清理工作与区调填图相结合，清理与研究相结合，地层清理与地层数据库建立相结合，“生产”单位与科研教学单位相结合，并强调地层清理人员要用现代地层学和现代沉积学的理论武装起来，彻底打破传统观点，统一标准内容，严格要求，高标准地完成这一历史使命。实践的结果，凡是按上述五个相结合去做的效果都比较好，不仅出了好成果，而且通过地层清理培养锻炼了一支科学技术队伍，从总体上把我国区调水平提高到一个新台阶。

三年多以来，参加全国地层清理工作的人员总数达400多人，总计查阅文献约24 000份，野外核查剖面约16 472.6 km，新测剖面70余条约300 km，清理原有地层单位有12 880个，通过清查保留的地层单位约4721个（还有省与省之间重复的），占总数36.6%，建议停止使用或废弃的单位有8159个（为同物异名或非岩石地层单位等），占总数63.4%，清查中通过实测剖面新建地层单位134个。与此同时研制了地层单位的查询、检索、命名和研究对比功能的数据库，通过各省（市、自治区）数据录入小组将12 880个地层单位（每个单位5张数据卡片）和10 000多条各类层型剖面全部录入，首次建立起全国30个（不含上海市）省（市、自治区）基础地层数据库，为全国地层数据库全面建成奠定了坚实的基础。从1994年7月—11月，分七个片对30个省（市、自治区）地层清理成果报告及数据库的数据录入进行了评审验收，到1994年底可以说基本上完成了省一级地层清理任务。1995—1996年将全面完成大区和总项目的清理研究任务。由此可见，这次全国地层清理工作无论是参加人数之多，涉及面之广，新方法新技术的应用以及理论指导的高度和研究的深度都可以堪称中国地层学研究的第三个里程碑。这一系统工程所完成的成果，不仅是这次直接参加清理的400多人的成果，而且亦应该归功于全国地层工作者、区域地质调查者、地层学科研与教学人员以及为地层工作做过贡献的普查勘探人员。全国地层清理成果的公开出版，必将对提高我国地层学研究水平，统一岩石地层划分和命名指导区调填图，加强地层单位的管理以及地质勘察和科研教学等方面发挥重要的作用。

鉴于本次地层清理工作和地层数据库的研建是过去从未进行过的一项研究性很强的系统工程，涉及的范围很广，时间跨度长达100多年，参加该项工作的人员多达300～400人，由于时间短，经费有限，人员水平不一，文献资料掌握程度等种种主客观原因，尽管所有人员都尽了最大努力，但是在本书中少数地层单位的名称、出处、命名人和命名时间等不可避免地存在一些问题。本书中地层单位名称出现的“岩群”、“岩组”等名词，是根据1990年公开出版的程裕淇主编的《中国地质图（1：500万）及说明书》所阐述的定义。为了考虑不同观点的读者使用，本书对有“岩群”、“岩组”的地层单位，均暂以（岩）群、（岩）组处理。如鞍山（岩）群、迁西（岩）群。总之，本书中存在的错漏及不足之处，衷心地欢迎广大读者提出宝贵意见，以便今后不断改正和补充。

在30个省（市、自治区）地层清理系统成果即将公开出版之际，我代表全国地层清理项目办公室向参加30个省（市、自治区）地层清理、数据库研建和数据录入的同志所付出的辛勤劳动表示衷心的感谢和亲切的慰问。在全国地层清理项目立项过程中，原直管局王新华、黄崇轲副局长给予了大力支持，原直管局局长兼财务司司长现地矿部副部长陈洲其在项目论证会上作了立项论证报告，在人、财、物方面给予过很大支持；全国地层委员会副主任程裕淇院士一直对地层清理工作给予极大的关心和支持，并在立项论证会上作了重要讲话；中国地质大学教授、全国地层委员会地层分类命名小组组长王鸿祯院士是本项目的顾问，在地层清理的指导思想、方法步骤及许多重大技术问题上给予了具体的指导和帮助；中国地质大学教授杨遵仪院士对这项工作热情关心并给以指导；中国地质科学院院长、部总工程师陈毓川研究员参加了第三次全国地层清理工作会议并作了重要指示与鼓励性讲话；部科技司姜作勤高工，计算中心邬宽廉、陈传霖，信息院赵精满，地科院刘心铸等专家对地层数据库设计进行评审，为研建地层数据库提出许多有意义的建议。中国科学院地质研究所，南京古生物研究所，中国地质科学院地质研究所，天津、沈阳、南京、宜昌、成都和西安地质矿产研究所，南京大学，西北大学，中国地质大学，长春地质学院，西安地质学院等单位的知名专家、教授和学者，各省（市、自治区）地矿局领导、总工程师、区调主管、质量检查员和区调队、地研所、综合大队等单位的区域地质学家共600余人次参加了各省（市、自治区）地层清理研究成果和六个大区区域地层成果报告的评审和鉴定验收，给予了友善的帮助；各省（市、自治区）地矿局（厅）、区调队（所、院）等各级领导给予地层清理工作在人、财、物方面的大力支持。可以肯定，没有以上各有关单位和部门的领导和众多的专家教授对地层清理工作多方面的关心和支持，这项工作是难以完成的。在30个省（市、自治区）地层清理成果评审过程中一直到成果出版之前，中国地质大学出版社，特别是以褚松和副社长和刘粤湘编辑为组长的全国地层多重划分对比研究报告编辑出版组为本套书编辑出版付出了极大的辛苦劳动，使这一套系统成果能够如此快地、规范化地出版了！在全国项目办设在区调处的几年中，除了参加项目办的成员外，区调处的陈兆棉、其和日格、田玉莹、魏书章、刘凤仁多次承担地层清理会议的会务工作，赵洪伟和于庆文同志除了承担会议事务还为会议打印文稿，于庆文同志还协助绘制地层区划图及文稿复印等工作。

在此，向上面提到的单位和所有同志一并表示我们最诚挚的谢意，并希望继续得到他们的关心和支持。

全国地层清理项目办公室（陈克强执笔）

目 录

第一章　绪　论……………………………………………………………………………（1）
第二章　地层区划…………………………………………………………………………（7）
第一节　岩石地层分区的原则……………………………………………………………（7）
一、Ⅰ级（地层大区）……………………………………………………………………（7）
二、Ⅱ级（地层区）………………………………………………………………………（7）
三、Ⅲ级（地层分区）……………………………………………………………………（8）
四、Ⅳ级（地层小区）……………………………………………………………………（8）
第二节　地层区划及其主要特征…………………………………………………………（8）
一、扬子地层区（$Ⅵ_4$）……………………………………………………………………（8）
二、东南地层区（$Ⅵ_5$）……………………………………………………………………（10）
三、三亚地层区（$Ⅸ_1$）……………………………………………………………………（11）
四、台湾东部地层区（X_1）………………………………………………………………（12）
第三节　关于中生代陆相火山岩地层分区问题…………………………………………（12）
一、长江中下游火山岩带…………………………………………………………………（12）
二、东南沿海火山岩内带…………………………………………………………………（12）
三、东南沿海火山岩外带…………………………………………………………………（13）
第三章　前震旦纪…………………………………………………………………………（15）
第一节　岩石地层划分及其特征…………………………………………………………（17）
一、早元古代岩石地层……………………………………………………………………（17）
二、中元古代岩石地层……………………………………………………………………（19）
三、晚元古代青白口纪岩石地层…………………………………………………………（24）
四、蛇绿岩套和蛇绿混杂岩………………………………………………………………（28）
第二节　年代地层划分的依据和对比……………………………………………………（29）
一、不整合面………………………………………………………………………………（30）
二、古生物特征……………………………………………………………………………（30）
三、同造山期的侵入岩体…………………………………………………………………（31）
四、古地磁研究成果………………………………………………………………………（32）
五、年代地层划分和对比…………………………………………………………………（33）
第三节　变质和变形特征…………………………………………………………………（38）
一、吕梁期…………………………………………………………………………………（38）

二、四堡期 …………………………………………………………………………………………… (38)
三、晋宁期 …………………………………………………………………………………………… (40)
四、低温高压变质蓝片岩带 ………………………………………………………………………… (40)
第四节 沉积盆地及其演化 ………………………………………………………………………… (41)
一、晚太古代—早元古代时期 ……………………………………………………………………… (41)
二、中元古代时期 ……………………………………………………………………………………… (42)
三、青白口纪时期 ……………………………………………………………………………………… (43)
第五节 问题讨论 ……………………………………………………………………………………… (44)
第四章 震旦纪—志留纪 ……………………………………………………………………………… (47)
第一节 岩石地层划分及其特征 …………………………………………………………………… (47)
一、震旦纪岩石地层 …………………………………………………………………………………… (47)
二、寒武纪—志留纪岩石地层 ……………………………………………………………………… (52)
第二节 生物地层特征 ………………………………………………………………………………… (62)
一、震旦纪生物地层 …………………………………………………………………………………… (62)
二、寒武纪生物地层 …………………………………………………………………………………… (64)
三、奥陶纪生物地层 …………………………………………………………………………………… (67)
四、志留纪生物地层 …………………………………………………………………………………… (70)
第三节 年代地层划分及其特征 …………………………………………………………………… (72)
一、震旦系 ……………………………………………………………………………………………… (72)
二、寒武系 ……………………………………………………………………………………………… (74)
三、奥陶系 ……………………………………………………………………………………………… (77)
四、志留系 ……………………………………………………………………………………………… (81)
第四节 沉积环境分析和沉积盆地演化 …………………………………………………………… (83)
一、岩相古地理特征 …………………………………………………………………………………… (83)
二、沉积盆地及其演化 ………………………………………………………………………………… (88)
第五章 泥盆纪—中三叠世 …………………………………………………………………………… (92)
第一节 岩石地层划分及其特征 …………………………………………………………………… (92)
一、泥盆纪—早石炭世岩石地层 …………………………………………………………………… (92)
二、晚石炭世—早二叠世早期岩石地层 …………………………………………………………… (98)
三、早二叠世晚期—晚二叠世岩石地层…………………………………………………………… (101)
四、早、中三叠世岩石地层………………………………………………………………………… (103)
第二节 生物地层特征………………………………………………………………………………… (106)
一、泥盆纪—早石炭世生物地层…………………………………………………………………… (106)
二、晚石炭世—早二叠世早期生物地层…………………………………………………………… (109)
三、早二叠世晚期—晚二叠世生物地层…………………………………………………………… (112)
四、早、中三叠世生物地层………………………………………………………………………… (113)
第三节 年代地层划分及其对比……………………………………………………………………… (115)
一、泥盆系……………………………………………………………………………………………… (115)
二、石炭系……………………………………………………………………………………………… (118)
三、二叠系……………………………………………………………………………………………… (121)

四、下、中三叠统……………………………………………………………………………………(123)
第四节　区域地层的沉积作用…………………………………………………………………………(126)
一、各时代沉积相特征………………………………………………………………………………(126)
二、各时期古地理概况………………………………………………………………………………(129)
三、古气候与古纬度…………………………………………………………………………………(138)
四、沉积盆地的分类及其演化………………………………………………………………………(139)
第六章　晚三叠世—第三纪………………………………………………………………………(141)
第一节　岩石地层划分及其特征……………………………………………………………………(141)
一、晚三叠世—中侏罗世岩石地层　………………………………………………………………(141)
二、晚侏罗世—白垩纪岩石地层……………………………………………………………………(145)
三、第三纪岩石地层…………………………………………………………………………………(151)
第二节　生物地层与年代地层………………………………………………………………………(158)
一、晚三叠世—中侏罗世……………………………………………………………………………(158)
二、晚侏罗世—白垩纪………………………………………………………………………………(160)
三、第三纪……………………………………………………………………………………………(169)
第三节　中生代火山活动、岩浆演化及其与成矿的关系…………………………………………(174)
一、区域地质构造背景………………………………………………………………………………(174)
二、火山活动旋回划分及其特征……………………………………………………………………(174)
三、火山岩组合类型与岩石地球化学特征…………………………………………………………(177)
四、晚侏罗世—早白垩世火山活动与成矿的关系…………………………………………………(178)
第四节　沉积盆地及其演化…………………………………………………………………………(179)
一、晚三叠世—中侏罗世……………………………………………………………………………(179)
二、晚侏罗世—白垩纪………………………………………………………………………………(183)
三、第三纪……………………………………………………………………………………………(183)
第七章　结语………………………………………………………………………………………(186)
参考文献……………………………………………………………………………………………(190)
附录 1　《东南区区域地层》采用的岩石地层单位名称　………………………………………(194)
附录 2　变质矿物代号　……………………………………………………………………………(215)
英文摘要……………………………………………………………………………………………(216)

Contents

Chapter 1 Introduction ………………………………………………………………… (1)

Chapter 2 Stratigraphic Regionalization ……………………………………………… (7)

Section 1 Principles of Lithostratigraphic Regionalization ……………………… (7)

1. Grade Ⅰ (Super Region) ……………………………………………………… (7)
2. Grade Ⅱ (Region) …………………………………………………………… (7)
3. Grade Ⅲ (Area Area) ………………………………………………………… (8)
4. Grade Ⅳ (Subarea) …………………………………………………………… (8)

Section 2 Stratigraphic Regionalization and Its Main Features in Southeast China ……………………………………………………………………………… (8)

1. Yangtze Stratigraphic Region ……………………………………………… (8)
2. Southeast Stratigraphic Region …………………………………………… (10)
3. Sanya Stratigraphic Region ………………………………………………… (11)
4. East Taiwan Stratigraphic Region ………………………………………… (12)

Section 3 On the Stratigraphic Division of Mesozoic Continental Volcanic Rocks ……………………………………………………………………………… (12)

1. Volcanic Rock Belt of Middle and Lower Yangtze Reaches ……………… (12)
2. Inner Belt of Southeast Coastal Volcanic Rock …………………………… (12)
3. Outer Belt of Southeast Coastal Volcanic Rock …………………………… (13)

Chapter 3 Pre-Sinian ……………………………………………………………… (15)

Section 1 Lithostratigraphic Classifications and Their Features ……………… (17)

1. Paleoproterozoic ……………………………………………………………… (17)
2. Mesoproterozoic ……………………………………………………………… (19)
3. Qingbaikou Period in Neoproterozoic ……………………………………… (24)
4. Ophiolite Suite and Ophiolite Melange …………………………………… (28)

Section 2 Basis and Correlation of Chronostratigraphic Classification ………… (29)

1. Unconformity Interface ……………………………………………………… (30)
2. Paleontological Features …………………………………………………… (30)
3. Intrusives of Synorogenic Stage …………………………………………… (31)
4. Results of Paleomagnetic Study …………………………………………… (32)
5. Chronostratigraphic Classification and Correlation ……………………… (33)

Section 3 Characteristics of Metamorphism and Deformation ………………… (38)

1. Lüliang Period ……………………………………………………………… (38)
2. Sibao Period ………………………………………………………………… (38)
3. Jinning Period ……………………………………………………………… (40)
4. Low Temperature and High Pressure Metamorphic Blueschist Zone ……… (40)

Section 4 Sedimentary Basins and Their Evolution .... (41)
1. Neoarcheozoic-Paleoproterozoic .... (41)
2. Mesoproterozoic .... (42)
3. Qingbaikou Period .... (43)
Section 5 Discussion on the Concerned Problems .... (44)
Chapter 4 Sinian-Silurian .... (47)
Section 1 Lithostratigraphic Classifications and Their Features .... (47)
1. Sinian .... (47)
2. Cambrian-Silurian .... (52)
Section 2 Biostratigraphic Features .... (62)
1. Sinian .... (62)
2. Cambrian .... (64)
3. Ordovician .... (67)
4. Silurian .... (70)
Section 3 Chronostratigraphic Classification and Their Features .... (72)
1. Sinian .... (72)
2. Cambrian .... (74)
3. Ordovician .... (77)
4. Silurian .... (81)
Section 4 Sedimentary Environment Analysis and Sedimentary Basin Evolution .... (83)
1. Lithofacies-Paleogeographical Features .... (83)
2. Sedimentary Basins and Their Evolution .... (88)
Chapter 5 Devonian-Middle Triassic .... (92)
Section 1 Lithostratigraphic Classifications and Their Features .... (92)
1. Devonian-Early Carboniferous .... (92)
2. Late Carboniferous-Early Age of the Early Permian .... (98)
3. Late Age of the Early Permian-Late Permian .... (101)
4. Early-Middle Triassic .... (103)
Section 2 Biostratigraphic Features .... (106)
1. Devonian-Early Carboniferous .... (106)
2. Late Carboniferous-Early Early Permian .... (109)
3. Late Early Permian-Late Permian .... (112)
4. Early-Middle Triassic .... (113)
Section 3 Chronostratigraphic Classification and Correlation .... (115)
1. Devonian .... (115)
2. Carboniferous .... (118)
3. Permian .... (121)
4. Lower-Middle Triassic .... (123)
Section 4 Sedimentation of Regional Strata .... (126)

1. Features of Sedimentary Facies in Different Intervals ······················ (126)
2. General Paleogeographic Situation in Different Intervals ······················ (129)
3. Paleoclimate and Paleolatitude ······················ (138)
4. Classification and Evolution of Sedimentary Basins ······················ (139)
Chapter 6 Late Triassic-Tertiary ······················ (141)
Section 1 Lithostratigraphic Classification and Their Features ······················ (141)
1. Late Triassic-Middle Jurassic ······················ (141)
2. Late Jurassic-Cretaceous ······················ (145)
3. Tertiary ······················ (151)
Section 2 Biostratigraphy and Chronostratigraphy ······················ (158)
1. Late Triassic-Middle Jurassic ······················ (158)
2. Late Jurassic-Cretaceous ······················ (160)
3. Tertiary ······················ (169)
Section 3 Mesozoic Volcanic Activities, Magmatic Evolution and Their Relation to Mineralizations ······················ (174)
1. Tectonic Settings of Regional Geology ······················ (174)
2. Classification of Volcanic Cycles and Their Features ······················ (174)
3. Assemblage Types of Volcanic Rocks and Lithogeochemical Features ··· (177)
4. Late Jurassic—Early Cretaceous Volcanic Activities and Their Relation to Mineralizations ······················ (178)
Section 4 Sedimentary Basins and Their Evolution ······················ (179)
1. Late Triassic-Middle Jurassic ······················ (179)
2. Late Jurassic-Cretaceous ······················ (183)
3. Tertiary ······················ (183)
Chapter 7 Conclusion ······················ (186)
References ······················ (190)
Appendix: 1. Names of Lithostratigraphic Units Used in《The Straigraphy of Southeast China》······················ (194)
2. Codes of Metamorphic Minerals ······················ (215)
English Summary ······················ (216)

第一章

绪　论

中国东南区（东南大区）地层清理研究工作范围，东临南黄海和东海，南接南海，北以海州-泗洪-嘉山-宿松断裂与华北区分界，西沿安徽、江西省界入湖南，经郴州-梧州-北海断裂与中南区相邻，含江苏省（大部）、安徽省（二分之一）、上海市、浙江省、江西省、福建省、广东省、海南省、台湾省及广西壮族自治区东南和湖南省东南一隅，面积80多万平方公里（不包括海域）。

本区的主体部分属于华南板块，仅台湾省台东纵谷以东的海岸山脉地带属菲律宾板块，区内从早元古代（可能还有晚太古代）至第四纪地层均有发育，且以古生代地层发育齐全和东南沿海中生代陆相火山岩大面积分布为特色。

本区地势总体上南高北低，西高东低，北部包括华北平原南部和长江中下游平原，中部为江南丘陵地带，南部由南岭山地组成。在丘陵山地及沿海分布着较小的平原，如鄱阳湖平原、杭嘉湖平原、珠江三角洲平原等。台湾和海南两大岛屿及南海诸岛展布在东海和南海海域。平原地区海拔一般低于200 m，沿海一带在50 m以下，丘陵地区海拔300～1 000 m，山地海拔1 000～1 500 m。山脉走向多呈北东-南西向或北北东向排列，自西向东有九岭山、罗霄山、云开大山、五指山、黄山、鄣公山、怀玉山、武夷山、沿海山脉及台湾山脉。纵横交错的山脉中，奇峰挺拔，蔚为壮观。海拔高度在1 000 m以上的山峰全区约有60座。其中高于3 000 m的有8座，均位于台湾东部，而高达3 997 m的玉山，为我国东部第一高峰。较大的水系，自北而南有淮河水系、长江水系、钱塘江水系、闽江水系和珠江水系，除珠江水系呈北西-南东向流入南海外，其余水系均呈自西向东，分别注入南黄海和东海。大运河自北而南流经江苏，止于浙江杭州。在星罗棋布的湖泊中，洪泽湖、太湖、鄱阳湖像三颗巨大的明珠镶嵌在东南大地上。

在5 000多年的文明发展史中，我们的祖先留下许多有关天文、地理、地质、火山、地震、矿物岩石等方面的文献，其中不乏有关地层和古生物方面的记载。而用现代地质学的观点研究地层则是始于近代。据史料记载，1868—1870年，德国人李希霍芬曾先后在长江中下游及沿海的浙江、广东境内做过地质矿产调查，其后陆续有少数外籍学者到我国东南地区进行过地质调查。1911年至1949年期间，我国现代地质学的先驱章鸿钊、丁文江、翁文灏、李四光等以及一批老一辈的地质学家先后对东南区的地层进行过不同程度地调查研究，特别是对宁镇山脉和沿江地带研究较为深入，创建和命名了许多岩石地层单位，初步奠定了这一地区古生代的地层系统。其中有些标准剖面的界线和地层名称的含义经重新厘定和修订后沿用至今。如震旦纪的休宁组，奥陶纪的仑山组、宁国组、胡乐组、砚瓦山组，志留纪的高家边组、茅山组，泥盆纪的五通群，石炭纪的金陵组、高骊山组、和州组、黄龙组、船山组，二叠纪的栖霞组、孤峰组、龙潭组、长兴组，三叠纪的青龙组、黄马青组等。

1949年中华人民共和国的成立，标志着一个新时代的开始，是我国地质工作转入大发展的时期。随着地质矿产勘查大规模开展，科研教学兴起，积累了较为丰富的地层和古生物资料，于是在1959年召开了第一届全国地层会议，对各时代地层进行了总结。出版了从前震旦纪、震旦纪至第三纪各断代的专著，较全面地总结了各断代地质研究的进展，论述了标准剖面、生物群特征、岩性变化、分层分带、国内外对比及沉积矿产分布等。中国东南区地层，以悠久的研究历史、较高的研究程度和丰富的地层古生物资料，在各专著中得到了充分的反映。此后，地质矿产勘查事业加速发展，1∶20万区调全面展开，1∶100万地质图逐步编制完成，又积累了不少新的资料。为了适应地质工作发展的需求，1972年开始，以地质矿产部地质科学研究院、大区研究所及有关省地质局为主，与中国科学院、煤炭部、石油部等单位合作，编写了各大区古生物图册及各省（区）地层表，并于1978年出版。在此基础上，1979年召开了第二届全国地层会议。会后出版了《中国地层》专著，其中按纪分编为若干分册。1981年颁发了《中国地层指南及中国地层指南说明书》，阐述了地层多重划分的概念。从1982年开始，东南各省、市、自治区，在1∶20万区调总结的基础上，先后编制出版了《区域地质志》及其地质图件，有的省还在此基础上编制出版了《地层志》或某一地区的地质或地层专著。

本世纪以来，特别是近50年，有关东南区地层的著述浩如烟海，这一丰硕的成果极大地提高了东南区地层的研究程度，丰富了东南区地层学的内容，为我国基础地质研究做出了重大的贡献。

应当看到，长期以来，我国地层研究侧重于传统的统一的地层划分观点和方法，较普遍存在用年代地层或古生物带的成果来修改或肢解岩石地层单位，这不仅使地层单位不断增多，而且有些地层单位的顶底界线也变动频繁；加之区域地质调查多按行政区划进行，往往各自建立地层序列及单位名称，因而同物异名、异物同名现象时有发生，造成了地层划分对比上的混乱，给野外地质填图和科研工作带来了困难，也阻碍了地层学的进一步发展。面对这一严峻的现实，为了运用现代地层学和现代沉积学的先进理论，使我国的地层研究工作走向世界，并与国际上的研究接轨，地质矿产部在“七五”重点科技攻关项目——“三大岩类区1∶5万区调填图方法研究”取得成功并在全国全面推广运用的基础上，不失时机地于1991年设立一项重大基础地质研究项目——全国地层多重划分对比研究项目，开始了一场地层学改革的系统工程。

根据地质矿产部地直发（1991）005号文和地直科专（1992）01号文下达的任务和项目总体设计的要求，“全国地层多重划分对比研究”项目的目的是根据地层多重划分观点和新成果、新认识，重新明确现有地层单位的划分、对比标准、定义、延伸范围及各类地层单位的相互关系，提高科学性，消除混乱，使大家在地层单位的划分、命名、理解和应用上有共同的语言；通过地层数据库的建立，促进地层学研究和地层单位划分与管理的规范化、现代化，以及时指导大规模的1∶5万区调填图、中小比例尺地质编图，提高我国区域地质研究程度和水平，使我国区域地质填图和地层学研究跨入国际先进行列。项目研究的重点是在中元古代至第三纪地层，以岩石地层单位划分对比研究为基础进行地层多重划分对比。具体内容一般包括：

（1）清理研究各类地层单位名称，包括：名称出处、原始定义、划分标准及其演变历史；单位的地层特征、分布范围与变化情况，各地层单位间的相互关系，经过多重划分对比后，提出同物异名、异物同名，并对应停止使用或废弃的地层名称提出建议。

（2）在研究已有资料的基础上，尽可能通过各种途径实地核查本区的各类原始命名剖面（正、副层型），标准地点、地区的其他代表性剖面，以及各地层单位的重要参考剖面（次层型），并阐明这些剖面所在的地质、地理概况；重新明确岩石地层单位的定义、划分及延伸标准、层型及主要参考剖面，以及这些剖面上的重要生物、年代及其他地层特征等。

（3）如层型及主要参考剖面的原始描述内容已陈旧或不准确时，应尽量补充野外描述或重新测制该剖面，以满足现代地层沉积学的要求。

（4）研究省（自治区、直辖市）、大区、全国各断代及综合的地层分区；编制省（自治区、直辖市）、大区域、全国（国际）地层多重划分对比表。

（5）编写省（自治区、直辖市）、大区域和全国各断代地层划分对比研究专著。

（6）建立省（自治区、直辖市）和全国两个层次的地层数据库。

（7）对《中国地层指南及中国地层指南说明书》提出修订建议。

为了顺利完成这一艰巨的基础地质研究系统工程，成立全国、大区及省（自治区、直辖市）三级管理研究机构，分别负责实施。

东南大区研究领导小组是“全国地层多重划分对比研究”项目的二级管理研究机构，负责本大区内各省（自治区）地层清理的组织、指导、协调、仲裁工作，并承担二级课题研究的任务。大区研究领导小组下设大区项目办公室，负责大区地层清理的技术业务指导、经常性业务技术管理和二级课题研究实施工作。

大区研究领导小组是由挂靠省局—— 江苏省地质矿产局牵头，在1992年3月全国项目第一次会议后开始筹备，同年6月在南京成立由牵头省和大区内有关省（自治区）地矿局和南京地质矿产研究所专家组成，并召开了第一次工作会议。

东南大区研究领导小组成员如下：

组　长：张永康（江苏省地质矿产局副局长，高级工程师）①

副组长：毕德昌（南京地质矿产研究所研究员）

都　洵（江苏省地质矿产局教授级高级工程师）

成　员：（按姓氏笔划为序）

伍广宇（广东省地质矿产局总工程师，教授级高级工程师）

周云生（安徽省地质矿产局副局长兼总工程师，高级工程师）

张忠伟（广西壮族自治区地质矿产局副总工程师，高级工程师）

高天钧（福建省地质矿产局副总工程师，教授级高级工程师）

龚由勋（江西省地质矿产局教授级高级工程师）

黄香定（海南省地质矿产局副局长兼总工程师，教授级高级工程师）

钱鼎兴（浙江省地质矿产局高级工程师）

大区项目办公室

主任：都　洵（兼）

成员：徐雪球（江苏区域地质调查所工程师，1993年至今）

周晓丹（江苏地质经济信息研究所工程师，参加1992年工作）

大区项目办公室在执行“组织、协调、指导、仲裁、研究”任务中，基本上是分阶段进

---

① 1993年3月前由江苏省地质矿产局原总工程师王学孟高级工程师担任。

行。第一阶段，由 1992 年至 1994 年，主要进行组织、协调、指导、仲裁方面的工作；第二阶段为 1995 年，在各省（区）清理研究的基础上，开展大区的综合研究和成果报告——《东南区区域地层》的编写。当然，两个阶段工作并不完全截然分开，在第一阶段中，实际上包含了大区的研究内容，为大区研究成果的汇总打下了基础。

在第一阶段，大区着重进行了如下几方面的工作：(1) 及时部署、落实各年度的计划任务，检查计划执行情况。每年都通过召开领导小组和各省（区）项目负责人会议，或利用剖面核查和现场讨论会进行，确保了省（区）的清理研究工作按计划完成任务。(2) 不失时机地对重点断代和关系到全区的问题，组织野外剖面考察和核查，进行现场讨论。在 1992 年和 1993 年，先后组织进行了江苏宁镇山脉晚古生代及三叠纪地层剖面核查及讨论（1992 年 9 月 20—25 日，南京）；中生代陆相火山岩讨论会及野外剖面考察（1992 年 11 月 11—16 日，福州）、震旦纪和早古生代现场讨论会和剖面考察（1993 年 5 月 20—26 日，黄山）、元古代及早古生代变质地层剖面核查及现场讨论会（1993 年 10 月 19—26 日，江西弋阳）；组织由福建省项目组牵头，浙江、江西、广东三省项目组分别参加的东南沿海中生代陆相火山岩地层野外考察（1993 年 9 月 4—27 日，10 月 18—25 日）。此外，还组织苏皖两省项目组对两省交界地区侏罗纪—白垩纪地层进行野外考察。上述活动中，共考察和核查 36 条剖面，其中前震旦纪 3 条，震旦纪—奥陶纪 3 条；泥盆纪—三叠纪 12 条，侏罗纪—白垩纪（以火山岩为主）18 条。这些剖面多数属于正层型或选层型和新层型。通过野外观察和讨论，明确了上述剖面中所涉及的岩石地层单位的含义、划分标准、延伸范围、区域对比，对同物异名的岩石地层单位，按照命名优先和知名度进行了取舍，对那些不符合岩石地层单位定义的地层名称进行了清理，废弃或暂停使用；对少数地层划分和对比方面认识尚不一致的问题，本着求大同存小异的原则进行协调仲裁。(3) 对每一次考察、讨论和会议的结果，均形成纪要，印发简报或专报。根据中生代陆相火山岩讨论结果，拟定了《陆相火山岩岩石地层清理研究基本要求》，后经全国项目办公室审定，作为正式文件供全国清理工作试行。(4) 编制了东南区元古代—第三纪岩石地层单位划分对比表、综合地层区划图、断代区划图、层型剖面分布图、横跨大区的地层剖面等。

东南大区各省（区）三年来按照设计的要求，进行了全面系统的清理，参加人员共 74 人，查阅文献资料 4 000 多份，野外核查剖面 383 条，长 743 km，实测剖面 78 条，长 80 km，采集样品 2 029 件，填写卡片 2 289 套，建立了省一级的地层数据库，按时提交了三级课题清理研究成果报告，取得了丰硕的成果。1994 年 9 月由东南大区组织，先后在南京和海口分别对江苏、安徽、浙江三省和江西、福建、广东、海南、台湾五省的研究成果和地层数据库进行专家评审验收。

评审验收的结果表明，各省清理工作的技术指导思想和工作步骤符合全国项目总体设计要求，按照《中国地层指南及中国地层指南说明书》和《国际地层指南》，运用现代地层学和现代沉积学的理论和方法，在收集查阅大量资料的基础上，进行野外剖面核查，补测了部分剖面，采取清理与区调科研相结合，进行全面系统的清理，对岩石地层单位进行正确合理划分。八省原有地层单位 2 289 个，清理筛选后，采用的地层单位 976 个（含新建单位 55 个），占 42.6%，拟不采用的 1 313 个，占 57.4%，新建岩石地层单位 55 个，基本上恢复了岩石地层单位的原意，系统地建立和完善了各省的岩石地层序列，基本上统一了省际间的划分标准，澄清了基本事实，解决了一些地层划分、对比、时代归属及同物异名等长期争论的问题。各省在岩石地层单位划分的基础上，还进行了多重划分，对年代地层、生物地层及磁性地层、化学地层、构造地层等做了不同程度的探索与研究，取得了一些新的重要的进展［可参见各省（市、自治区）研究成果］。

各省根据清理结果，按要求填制了整套系列的卡片，并将其输入微机，根据数据库研建课题组开发研究的软件建立了各省的地层数据库，这标志着地层的研究和管理迈入了现代化信息管理的行列。

《东南区区域地层》是“全国地层多重划分对比研究”项目二级课题的研究成果，是以东南各省（区、市）三级课题清理研究成果为基础的。全书共分 7 章，20 节，插图 37 份，插表 18 张，附件 2 份。

本书遵循《中国地层指南及中国地层指南说明书》和《国际地层指南》的原则，以岩石地层单位为基础进行多重划分对比，同时以现代地层学和现代沉积学和现代地质学等先进理论为指导，运用全球构造活动论和地质历史发展阶段论的观点，着重从区域的角度研究、总结区域地层的物质组分、成生发展，探讨地层在时间、空间和物质三者的组合配置关系及分布规律。

板块学说的兴起，已引发一场“地学革命”，70 年代以来，随着板块学说由对海洋的研究走向对大陆及大陆造山带的研究，板块构造背景下的沉积盆地的分类理论的提出和推广，提出了一系列不同于传统地层学、沉积学和历史大地构造学的地质概念与思维。本书力图在运用这种地质概念与思维方面做出一种新的尝试。

地层是地质历史的记录，每一个地质断代的地层都是一定地质历史发展阶段的产物，构成这一地层的种种特征和属性，都是和其组成的物质成分、来源、形成的环境和所处的地质构造背景有关。由各类岩石组成的地壳，在内外动力的作用下不断地发生和发展，但这种发展是不均衡的，突变和灾变常常导致短期激发，因而在地质历史的发展过程中，可以划分出若干个阶段。地壳在其发生和发展的每一阶段，又总是在不断地活动，然而在活动中也会出现相对的稳定。对一个板块（地块）来说，在其边缘活动性较大，因而往往出现造山带；在其内部相对较稳定，因而出现克拉通。

基于这一认识，我们根据岩石组合、沉积物特征和区域性不整合面或大的沉积间断，将中国东南区区域地层分为如下四个大的断代。

(1) 前震旦纪：已发生不同程度的变质，构成本区的结晶基底和褶皱基底。其时代包括早元古代（可能还有晚太古代）、中元古代及晚元古代青白口纪。在长达 25 亿年的地质历史中，经历了吕梁运动（早元古代末）、四堡运动（中元古代末）和晋宁运动（青白口纪末）。地壳的演化，也由晚太古代到早元古代的陆核形成和陆壳增生、中元古代陆壳裂解离散到青白口纪陆壳会聚碰撞。这是扬子地块形成和华夏地块形成和裂解的阶段。

(2) 震旦纪—志留纪：是扬子地块固结增生和华夏地块裂解演化阶段，扬子陆块内陆克拉通上发育浅海相碳酸盐岩和陆源碎屑岩为主的稳定型沉积，而在其南缘则出现了深海相砂泥质为主的类复理石过渡型的沉积。华夏陆块上则继承了青白口纪陆间裂谷海盆，沉积了活动型泥砂质夹火山岩的复理石沉积，经加里东运动褶皱变质，并与扬子地块拼接，形成华南古大陆，仅在桂东南残留钦防海槽。

(3) 泥盆纪—中三叠世：华南古大陆形成发展阶段，在加里东运动所造成的构造剥蚀面上，泥盆系呈不整合或平行不整合覆盖在前泥盆纪地层之上，其底界形成穿时界面。这一断代的地层主要为海相和海陆交互相为主的稳定型沉积，二叠纪成为华南的主要成煤期。二叠纪早期钦防海槽封闭。印支运动使华南由海变陆，并与华北地块联合，构成中国古大陆。

(4) 晚三叠世—第三纪：为滨太平洋大陆边缘活动阶段，主要形成陆盆沉积和陆相中、酸性为主的火山喷发岩系。分布在东南沿海和长江中下游的晚侏罗世—早白垩世火山岩，属于环太平洋火山岩带的组成部分，蕴藏有丰富的金属和非金属矿产。

根据岩石的不同特征性质和属性划分的各种地层单位中，岩石地层单位是客观存在的实体，也是最为直观的，便于野外识别和填图，而且“对于推论地球地层的物理性质，确定局部或区域构造，研究和发现矿物资源，决定岩层的成因和理清岩石顺序都是有用的”（《国际地层指南》，1976）。因此本书在地层多重划分对比中以岩石地层单位为重点，这也是本项目任务中确定的重点清理研究对象，而对于其他的地层单位，如年代地层、生物地层、磁性地层、化学地层等，则以反映现有的研究程度和资料为度。

本书地层序列和地层单位划分对比，基本上采用了区内各省的清理成果，但少数地层在年代划分方面，根据现有资料，从区域对比角度考虑，做了适当的调整。书中使用的岩石地层名称共计 667 个 [群和（岩）群 57 个，组和（岩）组 591 个，段 19 个]。按断代分，前震旦纪 87 个 [群和（岩）群 20 个，组和（岩）组 67 个]，震旦纪—志留纪 148 个（群 5 个，组 138 个），泥盆纪—中三叠世 120 个（群 4 个，组 103 个，段 13 个），晚三叠世—第三纪 312 个 [群 27 个，（岩）群 1 个，组 279 个，（岩）组 5 个]。对前震旦纪某些原来划分为群和组的单位中，由于变质变形作用的改造，原始的沉积层序已遭破坏，处于总体有序而局部无序状态，代表的是一种构造-地层或构造-岩石单位，按照《造山带的清理要求》，称之为（岩）群或（岩）组，以便与层状有序的岩石地层单位群、组相区别。因其占据有一定的时空位置，仍将其列入岩石地层单位序列表中。

本区早元古代至第三纪岩石地层单位序列见表 1-1 和表 1-2。

关于生物地层单位的划分，严格地说，区内真正建立符合《中国地层指南及中国地层指南说明书》定义的生物地层单位是不多的，对大多数地层来说，所反映的生物地层仅限于地层的生物特征、生物的组合或生物的时间带，它们与“生物地层单位”的概念是有区别的。在年代地层划分方面，我国在“阶”一级尚缺乏一个完整统一的系统，对于国内已有的阶名，本书采用一般公认的名称，而国内尚未建阶的，则采用国际上通用的名称。

本书各章的执笔者如下：第一章，都洵；第二章，毕德昌；第三章，都洵；第四章，毕治国；第五章，胡世忠；第六章，李兼海；第七章，张永康。附录、东南区地层综合区划图以及书中的部分图表由徐雪球编制。送审稿于 1996 年 1 月由王鸿祯、杨遵仪、李廷栋院士，叶天竺、陈克强、高振家、魏家庸、其和日格教授级高级工程师，赵逊、张守信、邢裕盛、项礼文、侯鸿飞、周统顺研究员组成的成果鉴定验收委员会评审验收通过。尔后，作者根据鉴定意见书并参照评审员的意见做了修改补充，并经张永康、都洵修改，最后由都洵修改定稿。在付印出版之前，由全国项目办陈克强、高振家和魏家庸会同出版社对全书进行审阅。

东南大区的清理研究工作是在地质矿产部全国项目领导小组和全国项目办公室的领导和关怀下进行的，并得到了程裕淇院士、项目顾问王鸿祯院士的热情关怀和指导，大区内各省（区）地质矿产局及项目组给予了大力的支持和配合；中国科学院南京地质古生物研究所、南京地质矿产研究所、南京大学地球科学系等给予多方面的帮助；鉴定验收委员会的各位评审员提出了宝贵的意见；大区的研究是在东南大区各省清理研究的基础上进行的，书中资料多来自各省（区）清理研究报告；除了书后列出的参考文献外，还参考和引用了许多学者未公开发表的论著及 1∶5 万区调报告。书稿由李菊等打印，图件由谢增平清绘，英文摘要、目录由詹庚申、陆李萍、范广勤翻译。在此一并致以衷心的感谢。

第二章

地层区划

早在本世纪30年代我国就已开展地层区划工作，限于研究程度，直到建国初期仍按地理分区，且无明确分区原则。1959年第一届全国地层会议提出《中国地层区划建议》，指出地层区划原则，规定划分级别，并作为决议加以颁布，推进了地层区划工作。60至70年代，各省地质局与地质科学院、大区研究所协作，充分利用1∶20万区域地质调查的基础资料，在编制各大区区域地层表的同时开展了各大区和省的地层区划，对以后区域地质研究起了积极作用，收到良好效果。最近二十年来有关地质理论已有长足进展，实际资料也有很大充实，为进一步完善地层区划提供了可能。1994年7月，“全国地层多重划分对比研究”项目办公室专门召开了地层区划工作会议，对全国岩石地层区划的原则、分区及Ⅰ、Ⅱ级地层区的界线和Ⅰ、Ⅱ、Ⅲ级地层区的名称进行了商讨，并统一了认识。

第一节　岩石地层分区的原则

岩石地层分区不同于一个时期或阶段的沉积分区。它具有长期综合的性质，应能反映区域地层发育的总体特征，大的地层分区必须与构造相结合。

地区间岩石地层发育的总体特征之所以产生差异，主要取决于地壳的活动性、古地理环境、古气候条件等诸方面因素的影响。结合上述因素和区域地质发展历史的阶段性，参考有关地层分区意见，经有关方面商讨，对岩石地层分区的原则规定如下。

一、Ⅰ级（地层大区）

Ⅰ级（地层大区）为受同一板块构造控制的几个有机联系的紧邻地层区的结合体。其边界是板块缝合线或地壳拼接线。

二、Ⅱ级（地层区）

在同一个Ⅰ级地层大区内，受同一大地构造控制（如稳定区、活动区或过渡区等不同区域各分属于一个Ⅱ级区），地层序列总体特征相近，在区内多数或部分“群”级地层单位可以延伸。分布范围一般较大。其边界为地壳拼接线、大断裂带或不同类型的区域构造边界，也可以是板块缝合线。

三、Ⅲ级（地层分区）

在同一个Ⅱ级地层区内，区域地质构造特征基本相同，岩石地层基本特征相似，区内多数组级地层单位可以延伸（不稳定区可适当放宽要求）。Ⅲ级地层分区的边界一般是综合地层相变线，也可以是较大的断裂。

四、Ⅳ级（地层小区）

在同一个Ⅲ级地层分区内，区域地质构造特征相同，地层基本特征相同，区内组级地层单位一致，用一个综合柱状剖面图就可以反映出本区地层特征。范围一般较小。

第二节 地层区划及其主要特征

根据以上原则和全国项目办公室拟定的“中国岩石地层区划方案”，东南区分别属于华南、南海及菲律宾三个Ⅰ级地层大区的扬子、东南、三亚及台湾东部四个Ⅱ级地层区，并可再分为若干Ⅲ级地层分区（图2-1）。图中地层小区的划分从略。

现将东南区范围内各地层区及分区地层发育特征按序分别简述如下。

一、扬子地层区（$Ⅵ_4$）

北以海州-泗洪断裂及郯庐断裂南段分别与胶南和南秦岭-大别山地层区为邻，南以绍兴-江山-萍乡断裂与东南地层区（$Ⅵ_5$）接壤，向西进入中南地区，东入黄海。区内基底为前震旦纪中、浅变质岩系，其上的盖层为较厚的稳定型震旦纪—古生代（包括部分三叠纪）以浅海为主夹海陆交互相沉积，顶部为中新生代大陆边缘型陆相火山-碎屑岩系。其总体特征是一个自震旦纪至中三叠世长期接受沉积的较稳定地区，构造运动不甚剧烈，一般表现为升降运动，岩浆活动通常亦较微弱。

本区处于该地层区的东北部，仅包括其中的下扬子地层分区和江南地层分区。

（一）下扬子地层分区（$Ⅵ_4^4$）

主要位于长江下游沿江两岸以及附近一带，横跨苏、皖、赣三省境内。北以连云港-泗洪-嘉山-庐江-宿松一线分别与胶南-苏北（$Ⅴ_4^{11}$）、（$Ⅴ_4^{12}$）及桐柏-大别山（$Ⅵ_3^4$）等地层分区为界，南以修水-石台-宣城-常州一线与江南地层分区（$Ⅵ_4^5$）相邻，向西延入中南地区的鄂东南一带，东入黄海。区内出露最老的地层为中、晚元古代变质岩系，并与上覆地层呈不整合接触；震旦系至奥陶系以浅海相碳酸盐岩为主夹碎屑岩，志留系为海相砂页岩。上古生界普遍缺失中、下泥盆统，上泥盆统以石英砂岩为主，底部常是石英砾岩，与下伏地层多呈平行不整合接触。石炭纪、二叠纪地层主要由浅海碳酸盐和硅泥质沉积夹滨海含煤碎屑沉积组成。三叠系下部为浅海相碳酸盐沉积，上部为陆相碎屑岩红层及含煤地层，碳酸盐岩与红层二者间常夹石膏等蒸发岩。侏罗系、白垩系为陆相碎屑含煤岩系、红层及火山岩等。新生界多为陆相碎屑岩（部分含油）以及松散沉积，夹少量基性火山岩。

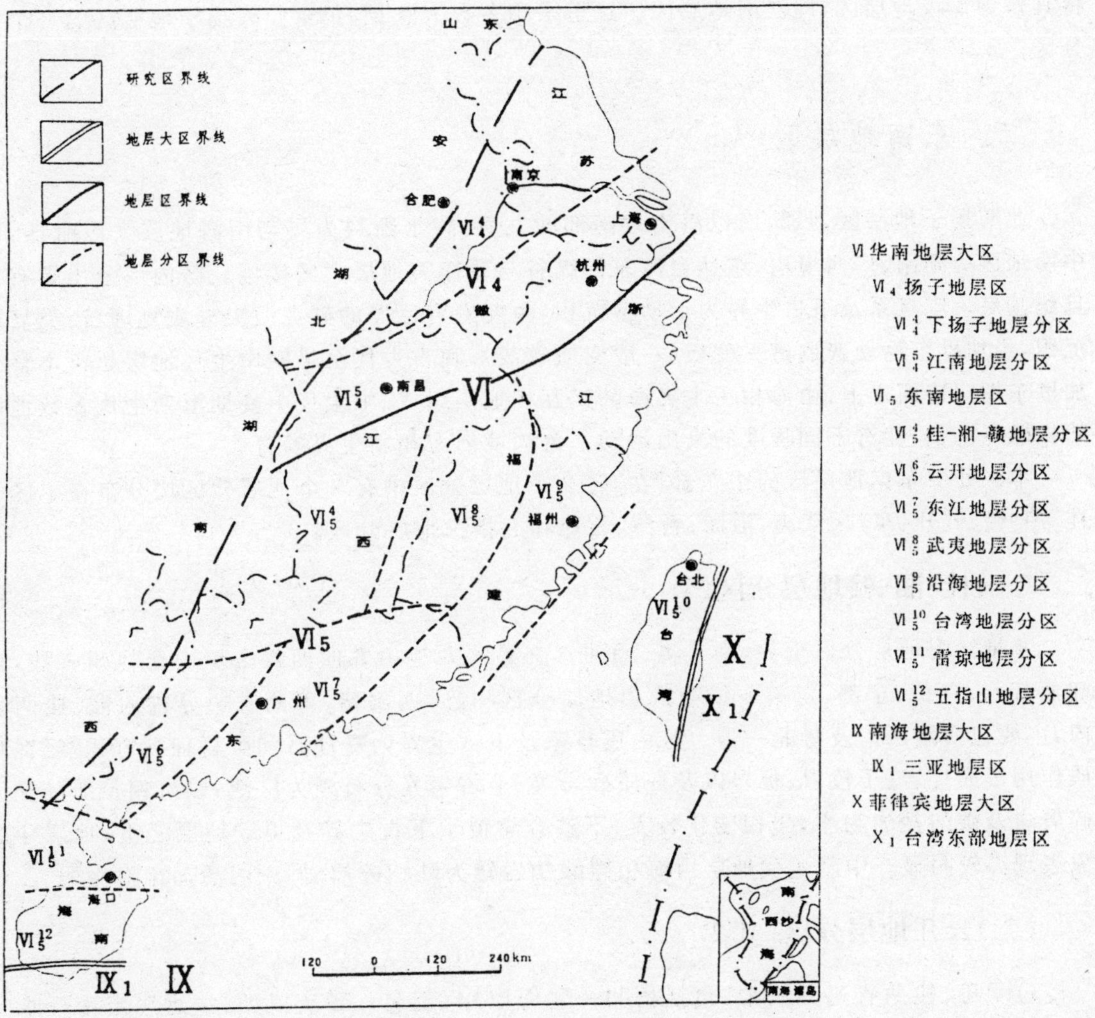

图 2-1 东南区地层区划图

区内各时代地层层序及岩性特征与上扬子地层分区的三峡地区较相似，唯中生代火山岩较后者发育。此外，滁州-全椒一带震旦系—奥陶系与区内其他地方相比，岩性等虽有所差别，因延伸范围尚难确定，现拟暂作一地层小区归入本区。

(二)江南地层分区(Ⅵ$_4^5$)

本地层分区地处长江以南而得名，北邻下扬子地层分区(Ⅵ$_4^4$)，南以绍兴-江山-萍乡断裂与东南地层区的桂-湘-赣(Ⅵ$_5^4$)、武夷(Ⅵ$_5^8$)及沿海(Ⅵ$_5^9$)三个地层分区相接，西入中南地区湖南境内，东达杭州湾，包括浙西、皖南、赣东北、赣中以及赣西北修水流域。区内基底由元古界变质岩系组成，一般为变质较浅的砂泥质岩及火山岩，局部变质较深，震旦系及寒武系以海相碳酸盐岩为主夹硅泥质岩，奥陶系和志留系由笔石页岩及复理石组成，厚度巨大。上古生界及中新生界与下扬子地层分区比较，总体特征大同小异。总之，本区基底变质较浅，不整合面上的古生代地层表现一定的活动型特征，总体上显示有稳定区与活动区之间的过渡型特点，故也有主张将其作为Ⅱ级地层区，即江南地层区。这里采用多数人意见，仍暂归作扬子地层区的一个地层分区。

二、东南地层区（$Ⅵ_5$）

北与扬子地层区为邻，南以海南省南部的九所-陵水断裂为界与南海地层大区毗连，西人中南地区的湖南、广西境内，东达台湾东部纵谷与菲律宾地层大区接壤。区内部分出露有前震旦纪基底。震旦系及下古生界为活动型沉积，主要发育巨厚的砂泥质夹硅质复理石、类复理石沉积，经加里东运动普遍遭受变质（一般变质较浅）。晚古生代至早期中生代地层超覆不整合于加里东期构造面之上，由海相为主夹海陆交互相地层组成。中生代中晚期至新生代多数地区为陆相碎屑沉积，伴有不同程度的火山活动。台湾境内海相新生界发育。

本区处于东南地层区的中东部，在其12个地层分区中有8个地层分区均分布在本区。即桂-湘-赣、云开、东江、武夷、沿海、台湾、雷琼和五指山地层分区。

（一）桂-湘-赣地层分区（$Ⅵ_5^4$）

北抵江南地层分区南界，南自粤、赣两省交界的九连山并向西经大罗山至梧州一线，东至江西抚州、宜黄、宁都、定南一线与武夷地层分区相连，西出赣、粤两省边界进入湘、桂两省境内，主要包括赣西南及粤北一带。区内震旦系及下古生界为复理石和类复理石沉积，经区域变质作用形成片岩、千枚岩、板岩以及变质砂岩等。上古生界分布颇为广泛，以海相及海陆交互相碎屑岩及碳酸盐岩为主，岩相变化较大，不整合超覆于下古生界及更老地层之上，地层穿时现象表现亦较明显。中新生代地层由海相碳酸盐岩转为陆相碎屑岩，火山活动相对微弱。

（二）云开地层分区（$Ⅵ_5^6$）

位于粤、桂两省边界一带，包括梧州—北海以东，茂名—肇庆以西，清远—定南—永定以南，合浦—遂溪以北地区。其北与桂-湘-赣地层分区为邻，东接东江地层分区，南与雷琼地层分区相连，西与钦州地层分区（$Ⅵ_5^5$）毗邻。区内下古生界分布广泛，为巨厚的复理石、类复理石沉积，因加里东运动影响已遭区域变质，但变质程度不深。上古生界发育不全，常缺失二叠系及下三叠统。中新生界多为内陆盆地型碎屑沉积，晚侏罗世及早白垩世多火山活动，第三系有煤及油页岩分布。

（三）东江地层分区（$Ⅵ_5^7$）

本区位于广东省中部及东北部包括除西江中上游以外的珠江流域。其北分别与桂-湘-赣和武夷两地层分区毗邻，南临南海，东以五华-深圳断裂与沿海地层分区南部为界，西与云开地层分区接壤。区内前寒武系及下古生界浅变质岩出露较零星，而以上古生界和中生界分布最广，且不整合覆于早古生代或更老地层之上。上古生界岩相变化较大，自西向东碎屑岩增多，碳酸盐岩随之减少。中生界由海相碳酸盐沉积向上转变为海陆交互相及陆相碎屑沉积，上部伴有火山岩。

(四)武夷地层分区($Ⅵ_5^8$)

位于闽、浙、赣三省交界的武夷山区及闽西南一带。北以广丰—鹰潭一线为界与江南地层分区接壤，南与东江地层分区以定南—永定一线为界，东沿政和-大埔断裂与沿海地层分区为邻，西以定南—东乡一线与桂-湘-赣地层分区相连。区内出露有元古界中、浅变质岩基底，下古生界以浅变质岩为主，上古生界分布较零星，且不整合覆于早古生代或更老地层之上。泥盆系主要为陆相碎屑岩，石炭系、二叠系为海相及海陆交互相碳酸盐夹碎屑沉积，中生代早期由海相碳酸盐转为海陆交互相含煤沉积，晚期陆相火山岩及红层较发育。本区以广泛出露元古界和下古生界变质岩，上古生界分布较零星以及中生界火山岩较发育为特征。

(五)沿海地层分区($Ⅵ_5^9$)

北与扬子地层区以绍兴-江山断裂为界，南入南海，西以政和-大埔断裂及五华-深圳断裂分别与武夷和东江两地层分区相邻，东隔台湾海峡与台湾地层分区相望，其范围跨浙、闽、粤三省东部及其沿海广大地域。区内古生代及更老地层出露极其零星，且多经不同程度变质，中新生代陆相地层则颇为发育，分布甚广，尤以中生代火山岩和火山碎屑岩几乎覆盖全区面积的70%以上，为我国中生代陆相火山岩地层最发育的地区。

(六)台湾地层分区($Ⅵ_5^{10}$)

台湾省花莲-台东断裂以西的广大地区，包括澎湖列岛均属本区。区内古生代至中生代地层主要分布于阿里山和台湾山区一带，并均经程度不同的变质作用。西部平原地区新生代地层发育，主要由活动型沉积的海相碎屑岩组成。澎湖列岛有中生代火山岩分布。

(七)雷琼地层分区($Ⅵ_5^{11}$)

位于北海—湛江一线以南，新州—文昌以北，包括雷州半岛、海南省北部沿海以及琼州海峡。区内下古生界及更老地层为中、浅变质岩，未见上古生界及三叠系、侏罗系出露，仅有白垩系零星分布。新生界发育较全，分布广泛，以海陆交互相砂泥岩为主，伴有基性喷出岩夹于其中，故以新生界发育为本地层分区特色。

(八)五指山地层分区($Ⅵ_5^{12}$)

地处海南省中部，北与雷琼地层分区相邻，南以九所-陵水断裂与南海地层大区分界。区内出露最老的地层为元古界变质岩，下古生界为活动型沉积的海相碎屑岩夹碳酸盐岩及基性火山岩，上古生界由碎屑岩夹碳酸盐岩组成，二者亦均经变质。中新生代各纪地层多有其代表，主要为碎屑岩、火山岩。本地层分区为海南省面积最广、地层发育最全的地区。

三、三亚地层区($Ⅸ_1$)

位于海南省南端，区内主要以新生界最发育。古生界地层属稳定型沉积，主要由碎屑岩及碳酸盐岩组成，下部夹硅质岩及磷块岩，且均未经变质。中生界仅见白垩系陆相碎屑沉积夹中酸性火山岩。基底为前震旦纪中、深变质岩系。属南海地层大区。

四、台湾东部地层区(X_1)

位于台湾东部花莲-台东断裂以东，包括台湾纵谷以东的台东山区及其东南的火烧岛、兰屿、小兰屿等邻近诸岛及其海域，向东延出国境以外的太平洋内。本区为环太平洋岛弧火山活动带的一部分，区内新生代火山岩发育，主要为中性火山岩及火山碎屑岩，尤以中新世火山活动强烈为特征，属菲律宾地层大区。

第三节　关于中生代陆相火山岩地层分区问题

晚三叠世开始，本区进入大陆边缘活动带阶段，其构造格局发生了变化，西太平洋大陆边缘构造带叠加在原有的构造格架上，因而中生代地层，特别是中生代陆相火山岩地层区划已无法沿用上述分区方案，只有按照客观事实重新确定。

中国东南部中生代(主要为晚侏罗世—早白垩世)陆相火山岩发育，分布面积广，区域上构成环太平洋火山岩带的一部分。火山活动具有多中心、多期次，南老北新，西老东新，时间跨度为南长北短的时空分布特征，其强度和规模受区域构造控制。除浙闽沿海呈大面积分布外，其余多呈大小不等盆地型式出现，由于各盆地发展的不平衡，造成岩石组合差异较大。根据火山活动强度、时限及岩石组合序列特征等，将本区陆相火山岩地层分为两个带，即长江中下游火山岩带和东南沿海火山岩带。后者又大致以绍兴—江山—政和—大埔—五华—深圳一线为界分两个亚带，此线以西称东南沿海火山岩内带，以东称东南沿海火山岩外带，呈北东-北北东向展布(图 2-2)。

一、长江中下游火山岩带

位于苏皖沿江地区，西北界以郯庐断裂南段为界，东南界大致以江南断裂与东南沿海火山岩内带分界，范围与下扬子地层分区大致相同。

该带由多个火山岩盆地组成，火山活动时间从晚侏罗世至早白垩世。形成两个沉积-喷发旋回，火山岩均呈盆地型式分布。晚侏罗世火山岩岩石组合类型为玄武岩-粗安岩-粗面岩。岩性以中性—中基性为主，早白垩世地层各盆地岩性变化较大，形成多种岩石组合。

二、东南沿海火山岩内带

西北以江南断裂与长江中下游火山岩带分界，东南以绍兴-江山，政和-大埔，五华-深圳断裂与东南沿海火山岩外带为界，包括苏南、皖南、浙西、闽西、赣南、粤西、琼中等地。

该带亦由多个火山岩盆地或火山活动中心组成，火山活动时间从晚侏罗世—早白垩世，具由西南向东北逐渐偏晚之势。构成1～3个沉积喷发旋回，火山岩多呈盆地中心式喷发，晚侏罗世—早白垩世早期为本带火山活动强烈时期，火山岩组合为安山岩-英安岩-流纹岩，岩性为中基性—酸性。早白垩世中晚期，火山活动相对较弱，多呈孤立盆地出现，火山岩具双峰式特点，组合类型为玄武岩-安山岩-流纹岩-粗面岩，岩性为中基性—酸性。

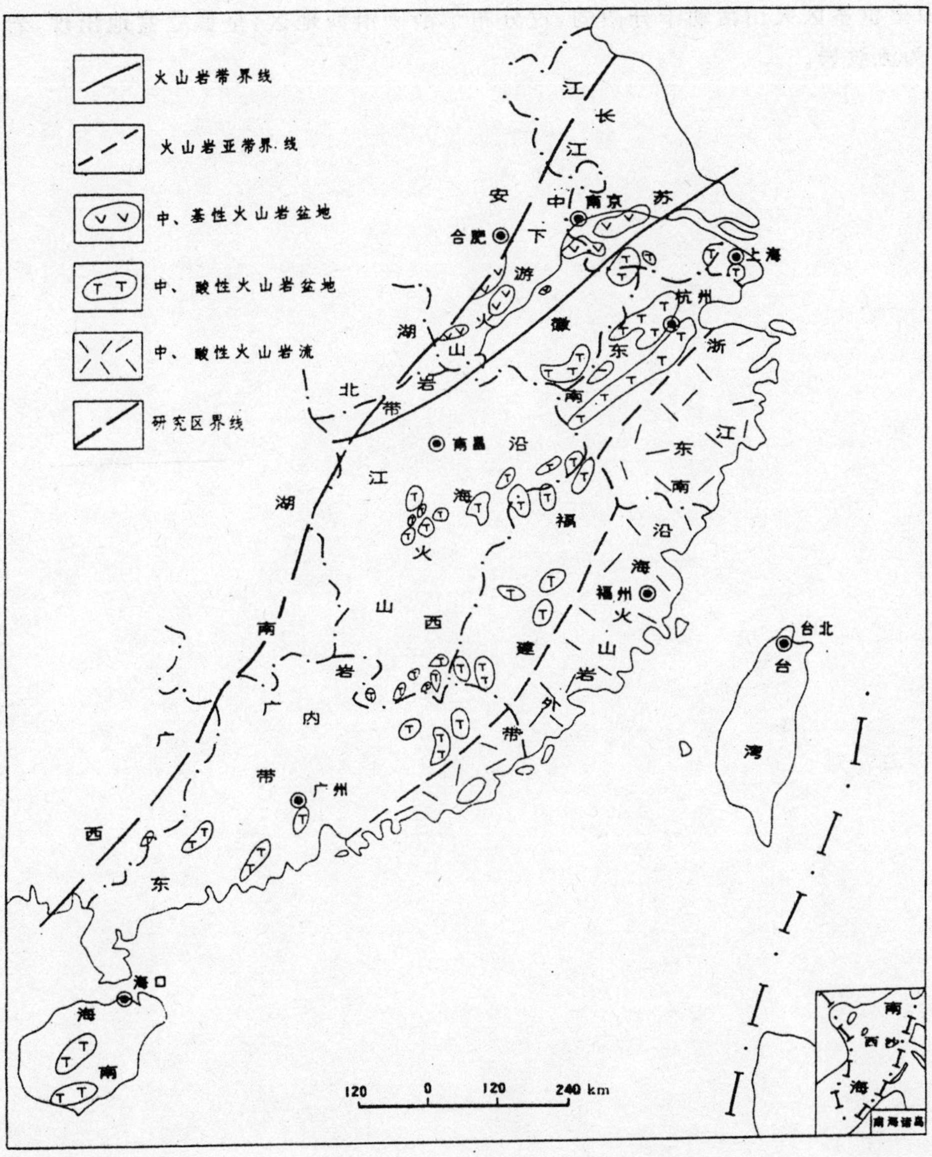

图 2-2　东南区中生代陆相火山岩地层分区图

三、东南沿海火山岩外带

位于绍兴—江山—政和—大埔—五华—深圳—线以东的浙闽粤沿海地区。

该带火山活动以裂隙式或沿裂隙带的中心式喷发为主，形成大面积岩流，为本区火山活动最强烈的地带，火山活动从晚侏罗世延至晚白垩世，由南而北由老而新迁移，具 3～4 个沉积喷发旋回，晚侏罗世—早白垩世早期形成多个北东向火山喷发带，岩石组合类型为安山岩-英安岩-流纹岩，为一套中基性—中性—酸性的钙碱系列火山岩。早白垩世中晚期，火山活动相对减弱，呈孤立盆地分布，火山岩具双峰式特点。岩石组合类型为玄武岩-安山岩-流纹岩，岩性由基性向酸性演化。

晚白垩世本区火山活动十分微弱，仅分布于浙闽沿海地区，呈孤立盆地出现，岩性酸偏碱性，主要为流纹岩。

第三章

前震旦纪

东南区前震旦纪地层从早元古代至晚元古代青白口纪均有发育，构成区内扬子地块和华夏地块的变质基底，较集中出露在扬子地层区的江南地层分区和东南地层区的武夷地层分区、桂-湘-赣地层分区和浙闽沿海地层分区；扬子地层区的下扬子地层分区北缘呈断续的带状分布；下扬子地层分区的中部和东南地层区的云开地层分区、雷琼地层分区及五指山地层分区仅有零星出露（图 3-1）；东海大陆架的石油钻孔中和南海西沙群岛永兴岛钻孔中均已见及。

在漫长的地质历史时期中，经过多次的聚合碰撞和离散裂解以及变质变形作用的改造，导致早元古代及部分中元古代地层处于总体有序局部无序的状态。总体有序，是指某一套变质地（岩）层从岩石组合、原岩建造、形成环境、变质特征、微古化石、同位素年龄及区域展布等特征分析，其所在的相对地质位置和上下地（岩）层间的新老关系基本上是清楚的，是有序的；局部无序，是指组成这一套岩群中的岩组或某一单独的岩组，由于变质变形作用的改造，岩层的原始沉积物的体态和顺序已遭破坏，难以恢复，形成无序状态。这样的地层单位，代表的是一种构造-地层或构造-岩石单位，为便于与有序的岩石地层单位群、组相区别，称之为（岩）群、（岩）组。因其占据有一定的时空位置，仍将其列入岩石地层单位序列表中。

这些不同分布区的前震旦纪地层，在其成生发展过程中，形成环境、岩石组合、变质变形特征等方面都存在一定的差异，它们所构成的前震旦纪不同样式的变质基底，不仅奠定了本区的大地构造基础，而且对以后的盖层沉积、岩浆活动和成矿作用都产生了一定的控制作用。

关于前震旦纪的划分方案，对元古宙采用全国地层委员会 1990 年所公布的标准：

显生宙			显生宇			
——600 Ma——						
元古宙	晚元古代	震旦纪	上元古界	Pt_3	Z	元古宇
		青白口纪			Qn	
——1 000 Ma——						
	中元古代	蓟县纪	中元古界	Pt_2	Jx	
		长城纪			Ch	
——1 800 Ma——						
	早元古代		下元古界	Pt_1		
——2 500 Ma——						
太古宙			太古宇			

太古宙的划分，暂按全国地层委员会部分委员在南京（1993）协商的意见处理，对太古宙三分，其名称及界线年代为：

元古宙		元古宇
	2 500 Ma±	
太 晚太古代		上太古界 Ar_3 太
	2 900 Ma±	
古 中太古代		中太古界 Ar_2 古
	3 500 Ma±	
宙 早太古代		下太古界 Ar_1 宇

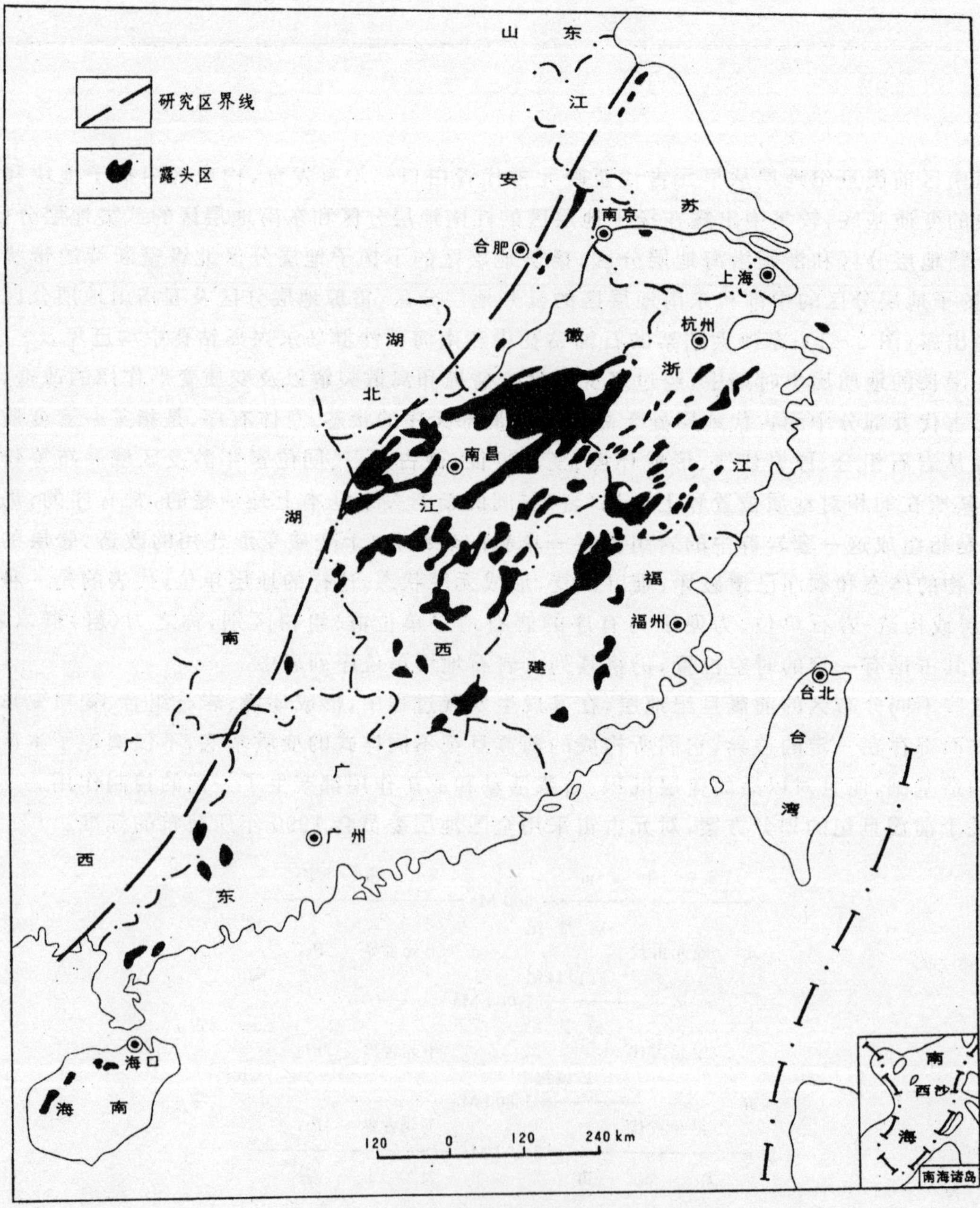

图 3-1 东南区前震旦纪地层露头分布图

第一节　岩石地层划分及其特征

经过清理研究，东南区内使用的（岩）群级岩石地层单位 20 个（扬子地层区 13 个，东南地层区 7 个），（岩）组级岩石地层单位 67 个（扬子地层区 38 个，东南地层区 29 个）。岩石地层单位的序列及年代地层的划分对比见表 1－2。

一、早元古代岩石地层

扬子地层区有星子（岩）群、董岭（岩）群，东南地层区有天井坪（岩）组、麻源（岩）群、八都（岩）群以及大体与之相当的桃溪（岩）组、周潭（岩）组、万源（岩）组和迪口（岩）组。

（一）扬子地层区

1. 星子（岩）群　主要岩性为云母石英片岩、石榴云母片岩、十字石云母片岩、石英岩、二云斜长片麻岩、角闪斜长片麻岩、斜长角闪岩、斜长混合花岗岩，夹变粒岩及扁豆状大理岩。变质较深，达角闪岩相，出露厚度 3 294 m，仅分布在江西庐山及星子一带。星子（岩）群下未见底，与上覆双桥山（岩）群的接触关系，尹国圣认为系塑性改造平行不整合关系，底部具有巨厚层状复成分巨砾岩，应视为中条运动之表征。

该（岩）群的原岩组合，据赵风清等（1994）研究认为，变粒岩、片岩类岩石的原岩主要为一套陆源泥砂质沉积。其中，云母石英片岩、变粒岩类以较高的 SiO_2 和 Al_2O_3 及较低的 TiO_2（FeO）、MgO 含量为特征，而十字石石榴云母片岩则以较低的 SiO_2 和 Al_2O_3 及较高的 TiO_2（FeO）、MgO 含量为特征。在稀土元素特征上，前者具有较高的稀土总量，代表了大陆—被动

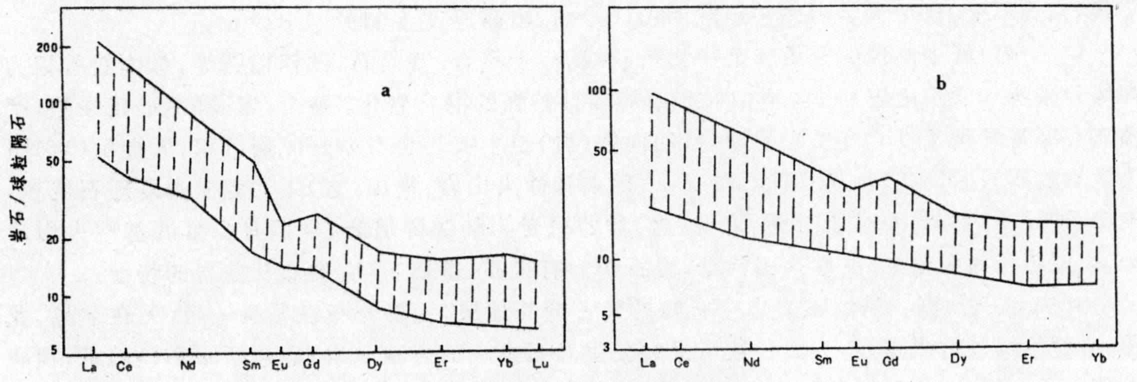

图 3－2　星子（岩）群的稀土图谱

（据赵风清等，1994）

a. 变粒岩、片岩；b. 斜长角闪岩

大陆边缘环境下的稀土图谱，而后者则相似于活动性大陆边缘的稀土图谱特征（图 3－2）。斜长角闪岩的原岩为玄武质火山岩，其 Na_2O 含量较高，为 3.04%～3.38%。而 K_2O 含量较低，为 0.07%～0.14%，大离子亲石元素 Sr、Rb、Ba、Th、Zr、Hf 呈不同程度富集，其他元素 Nb、Ce、Sm、TiO_2、Y、Yb、Se 近于 MORB 值（洋中脊玄武岩），此外 Ta、Nb 未发生明显负异常，这

些特点与Pearce划分的过渡型玄武岩的元素变化趋势基本吻合。其稀土特征表现为具较低的稀土总量平坦的图谱，总体上类似于Condie划分的TH_1型玄武岩，明显不同于N型洋中脊玄武岩，推断其应属于活动性较强的大陆或大陆边缘。故推断星子(岩)群形成的构造环境可能为大陆边缘，表明其地壳成熟度较低。

2. 董岭(岩)群 出露在安徽省安庆市的董岭背斜核部。下段主要由石榴白云母片岩、长英质片麻岩和基性岩墙(斜长角闪岩)等组成，厚度大于1 500 m，未见底；上段为一套浅变质的白云母石英片岩、千枚岩及板岩，厚167～279 m。董岭(岩)群的岩石组合为片麻岩-片岩-角闪岩。原岩较为复杂，以砂泥质碎屑岩为主，有侵入花岗岩及基性岩墙等，具杂岩性质。

(二)东南地层区

露头分布在闽浙赣交界地带的武夷地层分区和沿海地层分区。

1. 天井坪(岩)组 仅见于福建浦城县丘源一带和建宁县里心及江西傅坊地区。岩性组合总体为一套普遍含有矽线石、铁铝榴石为特征的厚层—巨厚层变粒岩为主，夹片岩类、石英岩类及斜长角闪(片)岩。混合岩化较强，伟晶岩脉发育，形成钾长石、白云母、绿柱石等矿床。变形强烈，叠加褶皱发育，糜棱岩和糜棱岩化岩石普遍。下未见底，与麻源(岩)群接触关系不明。厚度262.6～835.7 m。变质深达角闪岩相。其原岩为火山岩及泥砂质碎屑沉积-火山沉积岩。

2. 麻源(岩)群 为一套巨厚的变质岩系，与上覆地层震旦纪吴墩组或黄潭组呈平行不整合接触，下与天井坪(岩)组接触关系不明。自下而上包括**回向殿(岩)组**黑云变粒岩、黑云斜长变粒岩组合；**大金山(岩)组**以含石墨为特征的片岩、变粒岩夹斜长角闪岩类组合；**南山(岩)组**上段以片岩为主夹变粒岩和下段以变粒岩为主夹片岩组合，并含有沿片理贯入的石英细脉为特征。在区域上呈两个北东向的条带状展布：在浦城、光泽、武夷山、建阳、顺昌一带，分布较集中，出露面积较大，东北部地层出露较完整，三个(岩)组均可见及，往西南则仅出露南山(岩)组；出露厚度则由东北往西南由1 928 m增厚至大于6 253 m。另一带为建瓯、南平、龙溪，分布零星，出露不全，仅见大金山(岩)组或南山(岩)组，出露厚度1 319～1 829 m。

麻源(岩)群中出现的变质特征矿物有矽线石、十字石、蓝晶石、铁铝榴石等，总体变质相为高绿片岩相—低角闪岩相。大金山(岩)组局部具较强的混合岩化。整个(岩)群变形较强烈，糜棱岩和糜棱岩化发育。变质岩的原岩，回向殿(岩)组主要为长石砂岩碎屑沉积；大金山(岩)组为含有机质的砂泥质岩，具复理石特征，下部夹基性火山岩；南山(岩)组为泥质类复理石沉积，夹中、酸性火山岩。总体上分析，麻源(岩)群的原岩为陆源碎屑岩，早期有少量的基性火山活动，晚期转变为少量中、酸性火山活动，岩石中含有机质、富铝，具有类似孔兹岩的特征。

3. 八都(岩)群 是浙东南迄今所知的最古老的地层，主要分布在龙泉一带，另在遂昌、龙游、诸暨等地也有出露，均为面积数十平方公里乃至更小的岩块。(岩)群包括四个(岩)组，顶底出露不全。**堑头(岩)组**以黑云斜长变粒岩为主，局部出现角闪斜长变粒岩和含辉石斜长角闪岩，出露厚度500 m左右；**张岩(岩)组**主要为黑云石英片岩、黑云斜长石英片岩、黑云片岩和黑云变粒岩，厚100～500 m；**泗源(岩)组**主要为变粒岩、长石石英岩、浅粒岩和片岩.混合岩化普遍，局部残留有变余沉积韵律和变余层理，厚逾千米；**大岩山(岩)组**岩性较单一，以黑云片岩、黑云石英片岩为主，厚463.60 m。八都(岩)群普遍含有石墨以及矽线石、石榴石、蓝晶石等特征变质矿物，变质深达角闪岩相。地层变形强烈，其原岩组合主要为陆源砂泥质碎屑及粘土岩夹少量基性和中酸性火山岩，岩石以含有机质和富铝为特征。八都(岩)群的岩石组合和原岩特征与麻源(岩)群很相似，大体上可以对比。

4. 其他岩石地层单元　在武夷分区还零散地分布有几个(岩)组,大多出露有限,研究程度较低。

(1)**迪口(岩)组**　出露在建瓯—南平一带,厚 617～5 879 m,以黑云斜长变粒岩(或片麻岩)为主,夹少量片岩、石英岩及斜长角闪片岩,发生不同程度混合岩化,长英质脉体沿片理贯入。

(2)**桃溪(岩)组**　分布在闽西南和赣东南交界一带,厚 3 670 m,未见顶底,下段以变粒岩为主,上段以片岩为主,具不同程度混合岩化。

(3)**周潭(岩)组和万源(岩)组**　分布在江西弋阳县周潭和铅山县永平及资溪县等地,向南延入闽西北与麻源(岩)群相连。前者主要为变粒岩、片麻岩组合,夹片岩及斜长角闪岩,下未见底,厚1 771 m;后者以变粒岩为主,夹少量片岩及片麻岩,局部混合岩化强烈,上与洪山组以变粒岩消失为界,下以周潭(岩)组顶部片麻岩为划分标志,厚 570～1 571 m。

上述几个(岩)组中所含变质特征矿物及变质相与麻源(岩)群相似,原岩特征也基本相同,时代大体相当,将其归于早元古代。

二、中元古代岩石地层

(一)下扬子地层分区

该区北缘从安徽的宿松,经肥东、滁县及江苏的沭阳、灌云至连云港,断续出露一套浅变质的火山-沉积岩系,呈向南凸出的弧形分布。安徽称张八岭(岩)群,江苏境内称云台(岩)群。

1. 张八岭(岩)群　包括北将军(岩)组和西冷(岩)组。

(1)**北将军(岩)组**　下部为白云质大理岩夹少量千枚岩和变质砂岩,上部为绢云石英片岩、千枚岩夹石墨片岩,下未见底,局部地区见与秦岭大别造山带中晚太古代阚集杂岩呈断层接触,上与西冷(岩)组呈断层接触,厚 600.11～818.67 m。仅见于安徽肥东至滁县一带。组内岩层因强烈变形,已发生糜棱岩化,并发育多期面理和紧闭褶皱。北将军(岩)组的岩石组合类型为大理岩-片岩-千枚岩,原岩为浅海相碳酸盐岩-碎屑岩建造。

(2)**西冷(岩)组**　下部以浅色绿泥-绿帘钠长片岩、石英钠长片岩为主,夹各类蓝闪片岩,岩石中常见各种特征的变余组构(变余斑状、变余细碧结构、变余岩屑结构、变余杏仁结构、变余流动构造等);上部为灰白色绿帘石英钠长片岩、白云石英钠长片岩夹灰绿色白云钠长绿帘片岩、灰绿色石英钠长片岩;顶部为红帘钠长片岩。含微古植物化石。厚 2 400 m。与北将军(岩)组呈构造(韧性断层)接触,与上覆震旦纪周岗组呈平行不整合或断层接触。主要分布在安徽肥东至滁县一带,宿松有零星出露,向东北在江苏灌云杨集钻孔中也曾见到。

西冷(岩)组的岩石组合为蓝闪片岩-钠长片岩-云母片岩-长英质片岩-绿片岩。恢复原岩为基性、酸性火山岩-火山碎屑岩及泥砂质岩和泥灰岩。火山岩中富含 Na_2O,一般含量大于 4%,反映其原岩为海相细碧-石英角斑岩建造。

2. 云台(岩)群　根据两套不同的岩石组合,自下而上可分为竹岛(岩)组和花果山(岩)组。(岩)群的顶,多被中、新生代的地层不整合覆盖,其底往往出露不全。由于变形强烈,特别是大量交织状韧性剪切带发育,岩石普遍发生糜棱岩化,两个(岩)组之间呈韧性剪切断层接触。

(1)**竹岛(岩)组**　主要由白云变粒岩、白云钠长变粒岩、二云变粒岩、含白云钠长浅粒岩、含黄铁矿浅粒岩以及石英片岩、蓝晶石英片岩等组成，出露厚度 220～2 060 m。经原岩恢复，变粒岩类主要为流纹质和英安质凝灰岩及沉凝灰岩，可能有部分属石英角斑质凝灰岩；浅粒岩类多为流纹质火山岩（包括熔岩、熔结凝灰岩和沉凝灰岩）；片岩类样点多落在沉积岩区，视其矿物组合不同，原岩有粘土质岩、长石质砂岩、复矿砂岩等。

（2）**花果山（岩）组**　主要由二长浅粒岩、含云母二长浅粒岩、含岩块二长浅粒岩、钠长浅粒岩、含斑钠长浅粒岩夹含黄铁矿二长浅粒岩、白云变粒岩、黑云变粒岩等，并有侵入其中的基性岩脉（已变成绿片岩），总厚 1 500～3 400 m。经原岩恢复，二长浅粒岩、钠长浅粒岩多为酸性火山岩（熔岩、熔结凝灰岩及凝灰岩），含岩块浅粒岩为酸性火山角砾岩、集块岩和熔结角砾岩和集块岩。故其原岩组合为酸性火山岩为主夹碎屑沉积岩。

云台（岩）群岩石中含 Na_2O 较高，其原岩建造为酸性火山岩（包括石英角斑岩）建造。

3. 沿江地区　目前已知的有出露在安徽安庆董岭的董岭（岩）群（已如前述）和江苏丹阳埤城乡的埤城（岩）群。董岭（岩）群上段也可能属中元古代地层。

埤城（岩）群　地表未见出露，经钻孔揭露，其岩石组合可分为上、下两部分：下部深灰色黑云（角闪、阳起）斜长变粒岩与灰、灰白色斜长（二长、黑云、钾长）浅粒岩互层，夹灰绿色（黑云）斜长角闪岩、黑云（阳起、绿泥、绢云、钙质石英）片岩，钻孔厚度 145.8 m；上部深灰、灰绿色黑云（角闪、绿帘、阳起、绿泥、绢云）斜长变粒岩夹黑云（透闪、阳起、绿泥、二云）片岩、绿泥大理岩，具黄铁矿化，钻孔厚度 334.34 m。顶底不全。

埤城（岩）群构成宁镇山脉的变质基底。据岩石化学等资料研究，其原岩包括正常沉积的砂岩、泥质砂岩、长石砂岩、钙质石英砂岩和泥灰岩夹基性—中酸性火山碎屑岩和熔岩，属海相碎屑岩建造。

（二）江南地层分区

中元古代地层最为发育，分布范围较广，出露面积较大，变质程度达低绿片岩相，变形较强，总体上可以分为如下三类：原岩为以泥砂质为主夹基性和酸性火山岩组成的浊积岩，厚度巨大，分布在赣西北、赣东北和皖南，构成本区的主体地层，如双桥山（岩）群、溪口（岩）群；其次为一套原岩以含火山物质泥砂质复理石和细碧-角斑岩建造的浅变质地层，分布在浙、赣交界地带的怀玉山区，向东北延至浙西北和上海，包括张村群、双溪坞群、金山（岩）群；此外为层状无序的岩块或构造残片出现的变质较深的岩层，如：宜丰（岩）组、田里（岩）组、铁砂街（岩）组。

1. 双桥山（岩）群　是江西省境内长期沿用的名称，代表一套厚度巨大，以泥砂质碎屑岩为主夹基性和酸性火山岩组成的复理石建造。此次清理中，以其中一套含红色岩层为标志，自下而上分为鄣公山（岩）组、横涌（岩）组、计林（岩）组、安乐林（岩）组、修水（岩）组。

（1）**鄣公山（岩）组**　分布在皖浙交界的鄣公山地区，呈东西向展布，下部以片岩为主，上部为千枚岩夹少许硅质板岩和细碧岩及石英角斑岩。岩层中普遍含星点状磁铁矿，有时密集成宽 1 cm 左右的磁铁矿条带。下未见底，出露厚度 1 243 m。

（2）**横涌（岩）组**　为灰至深灰色变余凝灰质砂岩、粉砂质板岩、条带状板岩夹粉砂岩及碳质板岩。偶夹细碧岩及角斑岩。沉积韵律清晰而发育，含微古植物化石。顶界以上覆计林（岩）组底部红色岩层为划分标志，底界以底部黑色板岩（或黑色千枚岩）为标志与下伏鄣公山（岩）组分界。分布在九岭山北坡、鄱阳湖北岸及鄣公山南麓，厚度由西向东加大，修水燕山 350 m，波阳横涌 570 m，浮梁皮山 988 m，向东至婺源清华一带厚逾二千余米。

(3)**计林(岩)组** 为紫红色条带状板岩、粉砂质板岩、变余细砂岩夹灰绿色板岩、变余细砂岩、粉砂岩及少许变细碧角斑岩。层面常具凹槽及流坑构造。含微古植物化石。上与安乐林(岩)组,下与横涌(岩)组,均以本(岩)组特有的紫红色岩层为划分标志。呈北东向延布在修水流域及鄱阳湖以北地区,武宁安乐林厚 1 541 m,向东至瓜源厚仅 319 m,再往东至波阳横涌,厚 570 m。

(4)**安乐林(岩)组** 为灰至深灰色凝灰质砂岩与绢云绿泥板岩、含碳凝灰质板岩互层,上部砂岩增多,变为凝灰质砂岩夹绢云板岩。偶夹少量细碧岩和石英角斑岩。含微古植物化石。呈近东西向展布在九岭山北麓至鄱阳湖北岸,西部修水、武宁一带,厚 1 258 m,东至波阳、都昌等地厚达 3 735 m。

(5)**修水(岩)组** 位于落可岽组或登山群、莲沱组与安乐林(岩)组之间,为一套厚达 2 500 m 的类复理石泥砂质建造,主体岩性为灰绿—灰—灰黑色凝灰质板岩夹粉砂质板岩、凝灰质砂岩及含砾砂岩,底部为砾岩。含微古植物化石。与上覆地层为不整合接触,以砾岩与下伏安乐林(岩)组分界①。分布在修水流域、鄱阳湖北岸和赣东北等地,厚 2 473～3 761 m。

2. 溪口(岩)群 分布在安徽,东至一黄山—宁国一线以南山区的浅变质岩系,自下而上分为樟前(岩)组、板桥(岩)组、木坑(岩)组、牛屋(岩)组。

(1)**樟前(岩)组** 下部为绿帘绢云石英片岩,未见底;中部为灰绿色千枚状含砂粉砂岩、砂质粉砂岩及少量浅变质含砂粉砂岩;上部为灰绿色千枚岩夹少量绢云绿泥石英千枚岩;顶部为千枚状砂质粉砂岩与条带状砂质板岩组成韵律。岩石中普遍含有星点状磁铁矿,局部略有集中形成厚 1 cm 左右的磁铁矿条带。该岩组视厚度大于 2 600 m。区内岩性稳定,往西延入江西境内,相当于双桥山(岩)群的鄣公山(岩)组。

(2)**板桥(岩)组** 指位于木坑(岩)组与樟前(岩)组之间的一套具韵律层序的黑色板岩与绿色砂岩。岩性可分三段:下段为灰黑色粉砂质板岩、板岩与灰色千枚状粉砂岩组成厚薄不等的韵律;中段为灰绿色厚层状千枚状含砂粉砂岩与含钙石英砂岩及粉砂质板岩组成韵律;上段为灰黑色砂质板岩、板岩与千枚状含砂粉砂岩组成韵律。在千枚状砂岩与粉砂岩中含微古植物化石,岩性稳定,视厚度达 3 000 m 以上,向西延入江西与横涌(岩)组可以对比。

(3)**木坑(岩)组** 指位于板桥(岩)组之上、牛屋(岩)组之下的一套千枚状砂岩及砂质千枚岩和千枚岩具韵律组合的地层。其间夹少量灰绿色板岩。总视厚度 4 607 m。与上覆牛屋(岩)组呈整合接触,与下伏板桥(岩)组呈断层接触。该(岩)组各地变化较大。西部祁门清溪、渚口一带厚达 5 400 m,其顶部普遍有一层紫色泥岩,有时与绿色砂岩组成韵律,形成条带状构造,作为与上覆牛屋(岩)组的分界标志;向东在休宁县木坑一带,视厚度仅 3 045 m,上部千枚状含砂粉砂岩的顶面常发育清晰的鳞片状波痕。在祁门-歙县复背斜的南翼,厚度不足 300 m,且夹较多的黑色泥岩,与绿色砂岩相间,形成条带状构造。

(4)**牛屋(岩)组** 为变质砂岩与板岩组成的韵律层,大致可分为三段:下段为浅变质岩屑长石砂岩、粉砂岩及含砂粉砂质板岩组成韵律,具粒序层及微细层理,时见舌状、肋骨状、鳞片状和长条状等象形印模,水下冲刷面和斜层理、交错层也很发育;中段为灰、灰绿色浅变质含砂粉砂岩与含砂千枚岩及板岩互层组成韵律;上段灰黑色含砂粉砂质千枚岩与浅变质含砂粉砂岩组成韵律。全组总视厚度 2 709 m。与上覆地层为不整合接触,与下伏木坑(岩)组为整合过渡。上段含微古植物化石。本组下段在祁门县大兴及歙县昌溪、岔口一带,普遍夹数层 2～8 cm

---

① 两组接触关系是整合还是不整合,尚有不同看法。

厚的千枚状砾岩，砾石为细砂岩、粉砂岩及泥岩，形状扁平，砾石直径一般在0.5～1 cm，属层间同生砾岩。

双桥山(岩)群和溪口(岩)群在区内分布范围最广，岩性基本可以对比，实际是同一套地层在两省内的不同命名。岩石变质虽然不深，但变形较强，它们的原始沉积特征大多数虽可辨认，但原始的沉积层序总体上较难恢复。其原岩系一套由浊流沉积形成的以泥砂质为主夹基性和酸性火山岩组成的复理石建造。据周洪瑞(1986)、徐备(1992)等研究，浊积岩由各种类型的鲍马序列组成，其中大多数为不完整系列。岩石中各类浊流沉积构造十分发育，包括递变层理、平行层理、小斜层理、水平层理、负载构造和槽模等。

至于这两个(岩)群中各(岩)组之间的接触关系，由于较强的变形改造，除了明显的断层(或韧性剪切断层)接触外，以往所描述的整合或平行不整合接触等，多已不能反映原始沉积的接触关系。

3. 张村群　分布在江西怀玉山地区，为一套含火山质泥砂复理石建造、火山碎屑岩及细碧-角斑岩建造的地层，最大出露厚度2 446 m，包括韩源组和椰树底组。

(1)**韩源组**　指整合于椰树底组之下，下与双桥山(岩)群以断裂为界的泥质火山碎屑岩及细碧-角斑岩建造，其岩性为深灰至灰黑色沉凝灰岩、凝灰质板岩、千枚岩、云母石英片岩、变余凝灰质杂砂岩及变基性熔岩、细碧岩、石英角斑岩等。含微古植物化石，厚度大于859 m。呈北东向展布在弋阳中畈、德兴铁罗山、茅桥、张村及婺源梅林等地，岩性甚为稳定，厚度变化不大，弋阳德兴厚859 m，至梅林厚1 395 m。

(2)**椰树底组**　整合于韩源组之上、不整合于祝家组之下的泥砂质复理石沉积，岩性为青灰、灰绿、深灰色变余岩屑杂砂岩、凝灰质砂岩与变沉凝灰岩、凝灰质千枚岩、粉砂质板岩互层，或组成多个韵律层，粒序清晰，具鲍马序列特征，以A、B层最发育，其次是C、D层，E层发育最差。在上部夹有不稳定砾岩或含砾砂岩。厚829 m，分布范围与韩源组相同，岩相与厚度较稳定。

4. 双溪坞群　为一套火山-沉积岩系，经受了低绿片岩相区域动力变质，主要分布在浙江富阳、萧山和绍兴等地，金华和浙皖赣交界的开化等地也有零星出露。包括平水组、北坞组、岩山组、章村组四个组级岩石地层单位。

(1)**平水组**　位于北坞组之下，下部为细碧角斑岩夹泥质岩、硅质岩，并可见含砾砂岩；上部为角斑质玻屑凝灰岩，可出现几个相似的旋回。以绍兴平水一带最为发育，与北坞组未见直接关系。从岩浆演化一般规律分析，应属最低层位。厚度500.0～2 943.1 m。

(2)**北坞组**　指位于以沉凝灰岩为主的岩山组之下，岩石组合以片理化蚀变英安质含砾玻屑凝灰岩为主，夹少量流纹质玻屑凝灰岩，下部夹安山质角砾凝灰岩和凝灰质粉砂质泥岩。未见底。出露厚度433.6 m。

(3)**岩山组**　位于北坞组玻屑凝灰岩组合之上、章村组熔结凝灰岩之下的层位，由沉凝灰岩、凝灰质粉砂质泥岩、凝灰质砂岩和沉凝灰角砾岩组成，夹少量英安质火山碎屑岩，厚度474.20 m。与下伏北坞组为整合接触。

(4)**章村组**　以片理化流纹-英安质含角砾晶屑玻屑熔结凝灰岩为主，夹凝灰质砂岩和沉凝灰岩，厚度847.20 m。上被河上镇群骆家门组不整合覆盖，下与岩山组整合接触。

5. 宜丰(岩)组、铁砂街(岩)组、田里(岩)组　均分布在江西境内，经清理研究，或属于层状无序的地层体，如宜丰(岩)组、田里(岩)组，或属于构造残片，如铁砂街(岩)组。

(1)**宜丰(岩)组**　上与修水(岩)组、下与横涌(岩)组均呈构造接触，为一套沉积火山岩系，主体岩性为钠长绢云石英片岩、绢云片岩、云母片岩、石英片岩、砂质云母片岩及辉绿岩，上部夹多层变石英角斑岩。遭受高绿片岩相—低角闪岩相区域变质作用，又受到后期韧性剪切推覆作用，东西向片理化带、糜棱岩化带比比皆是，致使层序不明。原岩建造以泥岩及火山细碎屑岩为主，夹基性及酸性火山碎屑岩。分布在九岭南麓的宜春兹化、宜丰至高安一带，厚度936.5～1 936.0 m。

(2)田里(岩)组　主体岩性为白云母片岩、白云母石英片岩，夹石英岩、石墨片岩、含磁铁赤铁矿石英云母片岩及古火山岩，底未出露，上被翁家岭组不整合覆盖。出露最大厚度987 m。岩石遭受高绿片岩相至低角闪岩相区域变质作用及构造变形改造，属层状无序地层。原岩建造以泥质(或砂泥质)为主，夹碳酸盐岩、硅质岩、含铁硅质岩。本组出露面积不大，仅见于上饶田里及广丰社后一带。

(3)**铁砂街(岩)组**　为萍乡-广丰断裂带内一构造残片，内部构造复杂，层序不清。主体岩性以灰黄、青灰色千枚岩为主，间夹变粉砂岩和岩屑杂砂岩、含碳千枚岩和大理岩；中下部发育变细碧岩和角斑岩。未见顶底，下与周潭(岩)组呈断层接触，上被白垩系圭峰群覆盖，出露厚度1 080 m。岩石遭受绿片岩相区域变质作用，细碧岩及石英角斑岩具多金属矿化，黄铜矿已达工业品位。其所在地层区及年代有待进一步研究，现暂将其置于江南地层分区，时代为中元古代。

6. 金山(岩)群　见于上海市金山县的洙泾、吕巷，上海县华泾、三林堂、天花庵、库里与南汇县赵家宅、康家宅、沈庄等地的钻孔中，为一套中等变质程度的变质岩系，顶底不全。根据各处钻孔所见情况，可归纳为三个岩性段。

① **a 岩性段**　上部主要为灰白色白云母浅粒岩、含磁铁绢云母片岩、黑云片岩及白云母石英岩；下部由白色大理岩、结晶灰岩夹阳起片岩与绿泥片岩等组成。厚度大于150 m。

② **b 岩性段**　由灰黑色、深灰色及黑色斜长角闪岩、含磁铁角闪岩以及灰黑、灰绿色角闪斜长片麻岩、角闪二长片麻岩、二云斜长片麻岩等组成，夹有黑色角闪片岩、长石石英岩与灰白色云母浅粒岩。厚度亦在百米以上。

③ **c 岩性段**　以灰白色云母片岩、云母石英片岩及绢云石英片岩为主，夹绿帘钠长阳起片岩、钠长绿泥片岩及厚度不一的含石英大理岩，厚度大于100 m。

a、c 段岩性相似，原岩为泥砂质-碳酸盐建造，b 段原岩基性-中酸性火山岩建造。

(三)沿海地层分区

包括浙东南的陈蔡(岩)群和福建龙溪、德化、安溪一带的东华(岩)组、卓地(岩)组、葛坑(岩)组，两地岩石的组合特征大体相似。

1. 陈蔡(岩)群　系浙东南变质岩的主体地层。为经受角闪岩相变质的火山-沉积岩系，主要分布在大衢山岛、嵊县章镇、诸暨陈蔡、龙游溪口和龙泉等地。自下而上由捣臼湾(岩)组、下河图(岩)组、下吴宅(岩)组和徐岸(岩)组组成。

(1)**捣臼湾(岩)组**　下部为深灰、灰黑色斜长角闪岩夹二长浅粒岩，原岩为基性富镁的拉斑玄武岩；上部为二长变粒岩、二长浅粒岩，原岩为砂泥岩互层，组成良好的韵律，可见变余递变层理。局部受混合岩化。下未见底，上被下河图(岩)组覆盖，厚度大于373.7 m。

(2)**下河图(岩)组**　由大理岩、石墨石英片岩、石英岩、浅粒岩、二长变粒岩、斜长角闪岩、片麻岩组成，并以大理岩、石墨石英片岩、石英岩组合为特色。大理岩连续性好，且稳定，可作标志层。含微古植物化石。上为下吴宅(岩)组，下为捣臼湾(岩)组。各地发育情况和出露厚度不一，变化在359.78～714 m之间。

(3)**下吴宅(岩)组**　岩性为灰、灰黑色辉石斜长角闪岩、角闪变粒岩、斜长角闪岩和黑云二长变粒岩、斜长变粒岩等，其原岩下部为中基性、中酸性火山岩和火山角砾岩，上部为砂泥岩。局部混合岩化强烈，并有糜棱岩化，厚439.4～690 m。岩石中含石榴石、矽线石等特征变质矿物，在余姚一带钻孔中，其中上部见有含石墨片麻岩和石墨石英片岩。

(4)**徐岸(岩)组**　是陈蔡(岩)群最上部岩石地层单元，下伏为下吴宅(岩)组，上被韧性剪切带所切，岩性以深灰、灰黑色矽线铁铝榴石黑云斜长变粒岩为主，次为铁铝榴石黑云斜长片麻岩，原岩为韵律较好的砂泥岩和凝灰质岩，具类复理石特征。含微古植物及疑源类化石。厚度，诸暨陈蔡大于240.7 m，龙游溪岱山大于1 000 m。

2. 东华(岩)组、卓地(岩)组、葛坑(岩)组　较集中分布在政和-大埔断裂以东龙溪县、德化县及安溪县一带。

(1)**东华(岩)组**　为一套海底喷发的拉斑玄武岩变质而成的角闪片岩、阳起片岩，夹白云石英片岩、黑云斜长变粒岩、斜长浅粒岩等地层。未见底，上覆为卓地(岩)组块状变粒岩。岩石中常见有角闪石、透闪石、阳起石、绿帘石、绿泥石等特征矿物，出露厚度265.9～350.7 m。产微古植物化石。

(2)**卓地(岩)组**　介于东华(岩)组、葛坑(岩)组之间的一套原岩为中酸性火山复理石建造的变质岩，以中、厚层(云母)黑云斜长变(浅)粒岩为主，夹中薄层石英片岩、绢云片岩及块状石英岩。底部以黑云(二云)斜长变粒岩与东华(岩)组分界；顶部以葛坑(岩)组浅灰色中薄层绢云片岩分界。厚214～427 m或大于427 m。德化赤涂寨地区产微古植物化石。

(4)**葛坑(岩)组**　以薄—中厚层绢云(白云)片岩、绢云(白云)石英片岩为主，局部夹(黑云)斜长变粒岩、二云钠长变粒岩、黑云二长变粒岩，下伏卓地(岩)组未见顶。与上覆泮地组接触关系不明，厚度变化较小，一般厚158.4～247.2 m，局部厚1 276 m，在德化剖面片岩中含微古植物化石。

(四)五指山-雷琼地层分区

抱板(岩)群　由下部戈枕村(岩)组和上部峨文岭(岩)组组成。

(1)**戈枕村(岩)组**　主要由黑云斜长片麻岩、黑云角闪斜长片麻岩、角闪黑云斜长片麻岩组成，夹少量黑云斜长变粒岩，偶见紫苏麻粒岩。岩石发生不同程度的混合岩化。未见底，出露最大厚度2 381 m。以昌江—东方县出露范围最广，此外在乐东、琼中、安定等县也有出露。在琼山县云龙一带，钻孔所见为石英岩、石英片岩、长英黑云母片岩(黑云斜长片麻岩)。在南海地层大区的西沙群岛永兴岛西永1井中1 251～1 279 m处见疏松状棕褐色片麻岩、混合岩古风化层，1 279～1 384 m处为混合岩、黑云二长麻岩。这套地层与上覆第三纪生物碎屑岩呈不整合接触。其中片麻岩Rb－Sr等时线年龄1 465 Ma(任纪舜，1984)。

(2)**峨文岭(岩)组**　以云母石英片岩和石英云母片岩为主，夹石英岩及浅粒岩，并以含石墨层为特征。在昌化县昌化江一带与上覆奥陶纪南碧沟组为断层接触，在石碌地区与石碌群呈断层接触。厚420～881 m。分布范围同戈枕村(岩)组，但西沙永兴岛西水一井中未见。本组未获同位素测年数据，但在与其成侵入接触的变质古花岗岩体中，获得一些数据。

三、晚元古代青白口纪岩石地层

以江南地层分区最为发育，其下不整合在中元古代地层之上，其上被震旦纪地层不整合覆盖。东南地层区的云开地层分区、雷琼地层分区和桂-湘-赣地层分区均有出露。其中云开地层分区云开群下部的罗罅组一部分可能形成于中元古代。前已述及，扬子地层区北缘划归中元古代的张八岭(岩)群和云台(岩)群的形成时代可能延至青白口纪。

(一)江南地层分区

不整合在中元古代地层之上，并为休宁组不整合覆盖的这套青白口纪地层，在各地层区使用不同的名称，其岩性也有较大变化。

1. 浙西小区

在浙西出露两个北东向展布由变质岩系组成的条带，一为皖浙赣交界的苏庄-顺溪带，一为常山-绍兴带，称**河上镇群**，自下而上分为骆家门组、虹赤村组和上墅组。

(1)**骆家门组** 底部为底砾岩；下部为砂砾岩和中粗粒长石砂岩，夹酸性火山碎屑岩；上部为粉砂岩、泥质粉砂岩和泥岩组成韵律层，发育鲍玛序列a、b、c层，夹数层玄武玢岩。含微古植物化石。下与双溪坞群呈不整合接触，上被虹赤村组岩屑砂岩平行不整合覆盖。在苏庄—顺溪一带，主要见于开化县境内，总厚度大于1 492.3 m；在常山—绍兴一带，多数地方顶或底不全，厚度100～1 879 m或大于1 879 m。

(2)**虹赤村组** 以灰紫、青灰、灰绿色中粗粒岩屑砂岩和长石岩屑砂岩为主，局部含细小石英砾石，底部常有冲刷面和泥砾。含少量微古植物化石。下与骆家门组平行不整合接触，上被上墅组整合覆盖，厚度206.80 m。在浙赣边界的苏庄—顺溪一带，虹赤村组厚达493.6 m，其上部夹流纹质含角砾晶屑玻屑凝灰岩，在松木坞一带，尚夹有具气孔、杏仁构造的安玄岩。在常山—绍兴一带，绍兴岔路口厚461 m，其上被震旦纪休宁组超覆。

(3)**上墅组** 分布在浙赣皖交界地带，层位较为稳定。在浙江萧山高尖，上墅组具明显二分性：下部以杏仁状安山玄武岩为主，夹同成分集块凝灰角砾岩；上部以流纹岩为主，夹熔结凝灰岩，为具有双峰式特点的陆相火山岩。其下与虹赤村组呈整合接触，其上被休宁组砂砾岩不整合覆盖，厚1 775.30 m。在江西弋阳漆工镇，上墅组也具有明显的二分性：下部以变细碧岩及变玄武岩为主，夹少量火山质砾岩、凝灰岩及沉凝灰岩；上部则以变流纹斑岩、变石英斑岩、变英安岩为主并与变细碧岩、变玄武岩组成互层为特征。厚898 m。下与登山群拔竹坑组整合接触，与上覆休宁组平行不整合接触。

2. 皖南小区

分布在东至—宣城一线以南的皖南南部山区称历口群，由于南北两侧的岩石组合有显著差异，北侧包括葛公镇组、邓家组、铺岭组、小安里组，南侧有镇头组、西村(岩)组和井潭组。

(1)**葛公镇组** 仅分布在东至一带。主体岩性为厚层复成分砾岩，变中细粒砂岩、变粉砂岩、变泥岩组成不等厚韵律，具正序粒结构。与下伏牛屋(岩)组呈不整合接触，与上覆邓家组呈平行不整合接触，未获化石，总厚680 m。

(2)**邓家组** 下部为灰绿、灰黄、灰白色厚层中粒石英砂岩夹含砾砂质板岩及粉砂岩；中部为灰黄、灰绿色厚层粗粒岩屑长石石英砂岩，岩屑为硅质岩块；上部为深灰、灰黄、灰白色厚层含砾粗粒石英砂岩。总厚度大于222 m。其下与溪口(岩)群接触关系所见之处大多被断层破坏，局部可见不整合。其上与铺岭组呈平行不整合接触。

(3)**铺岭组** 主体岩性为灰紫和灰绿色千枚状安山质凝灰岩与绿泥石化杏仁状安山岩，近顶部有厚约2 m的安山质角砾熔岩及灰绿色块状蚀变砂岩，厚112 m。与上覆休宁组不整合接触，在西部与小安里组呈整合过渡关系，与下伏邓家组呈平行不整合接触。主要分布在安徽祁门铺岭、石台丁香树一带，岩性较稳定，厚度增大到301～572 m。

(4)**小安里组** 介于休宁组与铺岭组之间,为灰白、浅紫红色中厚层含细砾岩屑砂岩、长石石英砂岩与泥质粉砂岩组成不等厚韵律层,含微古植物化石,厚36.5 m。上与休宁组不整合,下与铺岭组整合接触,向西南延伸入江西境内,厚度增大。

(5)**镇头组** 分布在安徽绩溪镇头岩、老虎坑地区。为变质流纹质含砾凝灰岩、凝灰质粉砂岩组成的若干喷发→沉积韵律组合,顶部为变流纹岩。其上被休宁组不整合覆盖,其下与牛屋(岩)组呈平行不整合接触。总厚度大于110 m,岩性横向变化大。在老虎坑为数层砾岩、砾质粉砂质板岩及粉砂质板岩。砾石成分复杂,其中有钠长斑岩、石英钠长斑岩、霏细斑岩、流纹岩、杏仁状安山岩、斜长花岗斑岩等。

(6)**西村(岩)组** 分布在安徽歙县千大岭南、西村—天子幕及三阳坑一带,呈北东向展布。岩性可分三段,段与段之间均呈断层接触。第一段为灰、灰绿色千枚岩、千枚状板岩夹细碧岩,其底部为一蛇绿岩套;第二段为灰、灰褐色条带状板岩、砂质千枚岩、千枚状粉砂岩与灰绿色流纹英安斑岩、安山岩、流纹质泥灰岩互层;第三段为灰、深灰色粉砂质板岩、千枚状板岩夹变质砂岩等。与下伏牛屋(岩)组和上覆井潭组均呈断层接触,总厚4 600余米。

(7)**井潭组** 为一套以酸性为主的火山岩系,下段由灰绿色千枚岩或变流纹质凝灰岩、英安质凝灰岩与变流纹斑岩组成若干韵律,时而出现含砾凝灰熔岩;上段以绿泥石化变安山岩、杏仁状变安山岩、流纹质凝灰熔岩出现。总厚2 181 m。下与西村(岩)组呈断层接触,上被休宁组不整合覆盖。井潭组分布在浙皖交界安徽一侧,层位与上墅组相当。

3. 九岭小区

江西境内九岭山区的青白口纪主要发育上部地层,在武陵一带称落可岽组,都昌、彭泽一带称马涧桥组。

(1)**落可岽组** 不整合于双桥山(岩)群与莲沱组之间,以紫红色为主的凝灰质砾岩、凝灰质砂岩、沉凝灰岩,夹火山角砾岩及中酸性火山岩,仅见于武陵落可岽一带,厚0～207 m。

(2)**马涧桥组** 系指不整合于双桥山(岩)群之上、莲沱组之下的一套紫红色安山质层凝灰岩,夹少量凝灰质板岩、安山岩,底部为火山角砾岩。仅分布于江西都昌马涧桥及彭泽棺材山一带,为北东向延伸,厚83～224 m。

4. 怀玉山和广丰小区

中下部称登山群(怀玉山)或翁家岭组,上部仍称上墅组。

(1)**登山群** 系指不整合于张村群之上的一套海陆交替沉积的碎屑岩-火山岩组合,厚达2 000余米,其上与上墅组整合接触。自下而上分为祝家组和拔竹坑组。

①**祝家组** 不整合于张村群之上,整合于拔竹坑组之下的一套灰紫红色变余复成分砾岩、含砾杂岩与含粉砂凝灰质板岩组成的韵律互层,偶夹变火山岩。岩石普遍遭受低绿片岩相区域变质作用,并叠加动力变质作用,使其砾石普遍压扁拉长呈竹叶状,构成划分对比的另一标志。分布在怀玉山区,呈北东向展布,岩性较稳定,但厚度变化显著,西部祝家厚79 m,向东北至德兴拔竹坑厚173 m,并夹有变基性及变中酸性火山岩,至德兴杨梅岭,厚1 002 m,砂板岩增多。

②**拔竹坑组** 指祝家组和上墅组之间的一套以灰绿色为主含火山质陆源碎屑岩夹火山岩的地层,主体岩性为变余中细粒杂砂岩、变沉凝灰岩,夹多层变基性和中酸性熔岩,偶夹碳酸盐岩凸镜体,与上、下地层均呈整合接触。岩石普遍遭受低绿片岩区域变质作用。主要分布在怀玉山地区,呈北东向展布。各地岩性和厚度略有变化,西部弋阳祝家厚680 m,在东部上饶甘岭,则以杂砂岩与绢云板岩互层产出为特征,厚536 m,往东至德兴杨梅岭,变质较深,为绢云母绿泥千枚岩或变沉凝灰岩,厚仅92 m。

(2)**翁家岭组** 指不整合于田里(岩)组之上、平行不整合于上墅组之下的一套紫红、黄绿色粉砂岩、硅质板岩、海绿石粉砂质泥岩，夹少量砂砾岩，有时可夹沉凝灰岩，顶部夹含锰泥灰岩及砾屑灰岩凸镜体，含微古植物化石。仅出露于广丰翁家岭至三家村一带，呈东西向展布，厚211～356 m。

5. 上海小区

惠南板岩 仅见于上海市南汇县惠南镇42号钻孔，地表未见出露。岩性单一，为灰—深灰色钙质绢云板岩，厚度大于182.4 m，其上被中新世玄武岩不整合覆盖，下未见底。产微古植物化石。

(二)桂-湘-赣地层分区

分布在桂-湘-赣地层分区赣中南一带的前震旦纪地层为一套浅变质岩系，自下而上分为浒岭组、神山组、库里组、上施组。后二组合并称**潭头群**。

(1)**浒岭组** 为一套浅色千枚岩系，主体岩性为青灰、灰绿、灰黄色粉砂质千枚岩与绢云千枚岩为主，夹少量变余砂岩和粉砂岩，岩石中含有凝灰质。含微古植物化石。上与神山组整合接触，底未出露，厚度大于1 847 m。

(2)**神山组** 整合于库里组与浒岭组之间，以黑灰色碳质或含碳千枚岩、含碳粉砂质千枚岩或板岩为主，夹少许浅色千枚岩和变余细砂岩、含凝灰质绢云千枚岩等，组成类复理石建造，局部夹有海相火山岩，含微古植物化石，厚1 050～1 736 m。

(3)**库里组** 为一套千枚岩系，以灰绿、灰白、棕黄色绢云千枚岩、粉砂质绢云千枚岩或变余层凝灰岩为主，夹少量黑色含碳千枚岩、变余砂岩、硅质板岩及酸性熔岩等。下与神山组、上与上施组均为整合接触。水平层理及递变层理发育。在萍乡东桥含微古植物化石，在区内岩性稳定，出露厚度各地不一，变化在636～3 458 m之间。

(4)**上施组** 整合于库里组之上，平行不整合或整合于震旦纪古家组或沙坝黄组之下，主体岩性为浅灰、灰白色中厚层变凝灰质砂岩、凝灰质粉砂岩、沉凝灰岩、凝灰质板岩，夹少量灰黑色含碳板岩、粉砂质板(千枚)岩，粒序层理及水平层理发育，含微古植物化石，其组合与库里组类似。各地所见厚度变化在544～1 926 m之间。

(三)云开地层分区

云开群 主要出露在广东省高州、信宜、阳春、罗定一带及桂东南中庸岭、天堂顶在内的一套类复理石变质岩类夹变质火山岩及变质铁、磷矿层的地层，由罗𬭚组、丰垌口组、兰坑组及沙湾坪组组成。上与震旦纪大绀山组呈平行不整合接触，下未见底。

(1)**罗𬭚组** 下部以云母石英片岩、石英云母片岩、云母石英岩为主，偶夹阳起透闪透辉岩，含微古植物化石；上部以含石榴石石英云母片岩、石英岩为主，夹阳起绿帘石岩、斜长角闪岩、变质基性火山岩及磁铁矿矽卡岩。在旺沙高垌剖面出现含十字石石英云母片岩。与上覆丰垌口组呈整合接触，下未见底，各地所见厚度不同，在500～1 310 m之间。

(2)**丰垌口组** 为一套含碳质的浅变质碎屑岩，由变质粉砂岩、长石石英砂岩与绢云千枚岩互层，夹多层碳质石英绢云千枚岩组成，含微古植物化石。下与罗𬭚组、上与兰坑组均呈整合接触，厚308～1 180 m。

(3)**兰坑组** 以石英云母片岩(绢云千枚岩)、云母石英片岩为主，夹长石石英砂岩。中上部夹含磷灰石片岩、条带状赤铁矿层、含铁石英岩及白云质大理岩凸镜体。底部以厚层状不等粒长石石英砂岩为标志，整合于丰垌口组之上。含微古植物化石，厚591～841 m。

(4)**沙湾坪组** 整合或平行不整合于兰坑组之上的一套浅变质砂泥质碎屑岩。底部以微粒石英岩为标志，向上以石英二云片岩与二云石英片岩为主；中部为二云石英片岩夹黑色含碳质云母片岩及薄层硅质岩；上部以云母石英片岩与云母石英岩为主，夹多层石英斜长角闪岩。中上部含微古植物化石，厚1 348 m。

(四)五指山-雷琼地层分区

石碌群 主要分布在昌江县的石碌矿区，儋州市西北部有小面积出露。主要岩性为绢云片岩、绢云石英片岩、石英岩、石英片岩、白云质结晶灰岩、白云岩、碳质板岩、透辉透闪岩，夹流纹质熔结凝灰岩、凝灰岩。石碌群是重要的富矿层位，第六层赋存大型富赤铁矿、中型钴矿及小型铜矿、硫铁矿。在上部碳质板岩中产宏观藻类化石。厚度大于1 233 m。下与抱板岩群未见直接接触，与上覆震旦纪石灰顶组为不整合接触。

四、蛇绿岩套和蛇绿混杂岩

从江西弋阳至安徽歙县三阳的北东向断裂(称皖浙赣断裂)带上，断续分布有一系列超镁铁岩和基性岩，构成蛇绿岩带，其中以歙县伏川一带发育和保存最为完整，称为伏川蛇绿岩套，而赣东北一带则以混杂岩的面貌出现。

(1)**伏川蛇绿岩套** 位于歙县伏川、水竹坑、渔亭一带，长约5.5 km，宽0.2～0.4 km，出露面积约1.5 km^2，总体走向NE 45°，倾向SE。为一典型的蛇绿岩套。作为西村(岩)组底部的一个非正式岩石地层单位。实测剖面层序如下(徐备，1992)：

上覆地层：西村(岩)组 薄层复理石

——— 整 合 ———

6. 薄层粉红色或灰色硅质岩及硅质板岩，风化呈碎块状，成分均一	65.9 m
5. 薄层灰黑色板岩夹极细硅质平直条带	182.7 m
4. 细碧角斑岩系，见枕状构造	296.6 m
3. 薄层灰黑色板岩夹硅质凸镜体	82.2 m
2. 绿色蛇纹石化辉长岩	61.5 m
1. 淡绿色蛇纹石化橄榄岩，底部变形、变质程度加深，出现破碎带及片理化带	279.9 m

═══ 断 层 ═══

下伏岩层：糜棱岩化花岗岩

蛇绿岩已获Sm-Nd等时线年龄1 024±30 Ma(周新民等，1989)、935±10 Ma(邢凤鸣，1992)。

关于伏川蛇绿岩套的形成环境，徐备、杨建明、邹海波等利用堆晶和细碧角斑岩系的微量元素通过Ta-Th-Hf/3图解探讨蛇绿岩形成环境，7个投影点均位于或接近于岛弧火山岩区，但该地体内缺乏大规模连续分布的火山岩系，故应排除岛弧存在的可能性而解释为边缘海沉积环境。邓晋福等(1992)通过对岩石学、岩石化学、痕量元素及稀土元素地球化学特征等研究，认为蛇绿岩套形成于古岛弧发展较早期阶段的拉张环境。

(2)**赣东北蛇绿混杂带** 是赣东北断裂带中最重要的组分，该断裂带从江西弋阳向东北延伸入浙江境内，在江西境内长 65 km（图 3－3）。这是一条在晋宁期形成的深度可能达 30 km 的大断裂（国家地震局，1986）。航磁资料反映断裂带倾向北，倾角 50°～70°。

作为断裂带中重要构造成分的蛇绿混杂岩由散布在断裂带内百余个超基性、基性侵入岩和火山岩岩块组成。“成分混杂，构造均一”是其基本特征。例如在樟树墩长约 280 m 的剖面中由 7 个不同成分的岩块连接而成（图 3－4）。这些碎块或是蛇绿岩组分中的辉长岩、蛇纹岩，或是被蛇纹岩、大理岩挤压而成为基质的沉凝灰岩和板岩，但均受到由透入性糜棱片理造成的“构造均一化”的影响，发育各种韧性变形特征。

又如在黄家剖面中，由火山岩、变基性岩、变辉长岩和蛇纹岩、千枚岩组成长约 4 km 的构造堆积，已不具蛇绿岩的

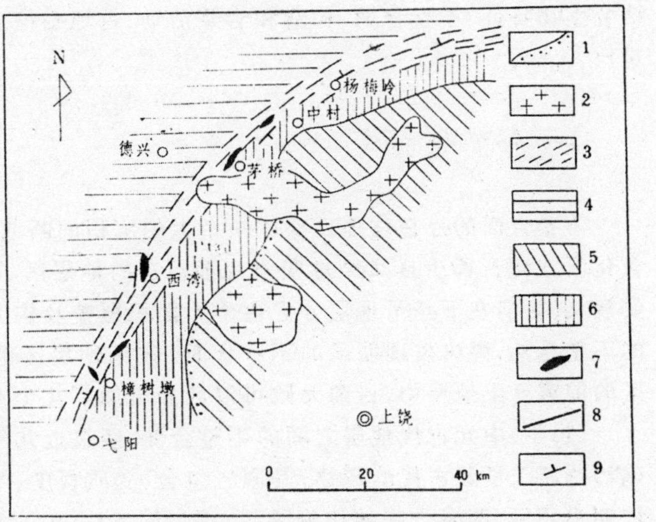

图 3－3　赣东北断裂带构造略图

（据徐备等，1992）

1. 不整合；2. 中生代花岗岩；3. 片理化带；4. 赣东北仰冲中间后陆；5. 震旦系及下古生界；6. 南部前陆；7. 蛇绿混杂带；8. 后期断层；9. 元古宇片理产状

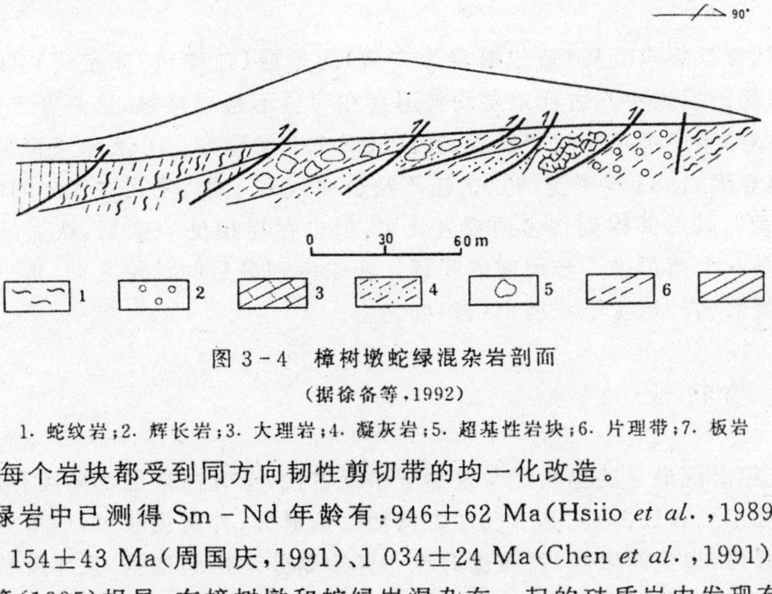

图 3－4　樟树墩蛇绿混杂岩剖面

（据徐备等，1992）

1. 蛇纹岩；2. 辉长岩；3. 大理岩；4. 凝灰岩；5. 超基性岩块；6. 片理带；7. 板岩

原始层序特征，每个岩块都受到同方向韧性剪切带的均一化改造。

樟树墩蛇绿岩中已测得 Sm－Nd 年龄有：946±62 Ma（Hsiio *et al.*，1989）、930±30 Ma（徐备，1989）、1 154±43 Ma（周国庆，1991）、1 034±24 Ma（Chen *et al.*，1991）。

据赵崇贺等（1995）报导，在樟树墩和蛇绿岩混杂在一起的硅质岩中发现有石炭纪—二叠纪的放射虫化石。表明这一断裂带活动的多期性，在后来（晚古生代或印支—燕山期）的再次活动中将石炭纪—二叠纪的放射虫硅质岩卷入混杂岩带（郭令智等，1996）。

第二节　年代地层划分的依据和对比

对于不含化石或化石稀少而又受到变形变质作用改造的前震旦纪地层，进行年代地层的

划分和对比,难度是相当大的。只能在岩石地层单位清理划分的基础上,藉助同位素测年数据,结合生物特征、不整合面、构造和岩浆活动、古地磁信息等综合因素分析,确定其大致的划分和对比。

一、不整合面

不整合面的存在往往反映了一个大的沉积间断或重要的区域地质构造运动发生。那些不含化石或化石稀少且又经过变质变形改造的地层区,不整合面的存在对地层划分对比具有重要意义。目前在下扬子地层分区由于大面积覆盖及构造破坏,除了震旦纪与前震旦纪地层之间的不整合外,尚未发现明显的不整合面。东南地层区也尚未见有不整合面的报导。江南地层分区的前震旦纪地层中,目前大致可以区分出如下几个不整合面。

(1)早、中元古代地层之间的不整合面。经过近几年的研究,已确认分布在庐山地区的星子(岩)群属于早元古代的产物,其原岩组合、变质程度、变形特征等,均和中元古代的双桥山(岩)群明显不同,两者之间的接触关系,据尹国圣(1993)《庐山专题研究初步成果简介》认为:九岭群[现划为双桥山(岩)群下部]与星子杂岩[星子(岩)群]间为塑性改造型平行不整合关系,底部具有巨厚层状复成分巨砾岩,似应视为吕梁运动之表征。

(2)江西的双桥山(岩)群、张村群、安徽的溪口(岩)群、浙江的双溪坞群与其上覆的青白口纪地层(江西的落可岽组、马涧桥组、登山群,浙江的河上镇群,安徽的葛公镇组等)均可见到不整合接触,根据上、下地层所反映的年代,这一不整合界面代表了中、晚元古代之间的四堡运动之产物。

(3)晚元古代震旦纪未变质(或仅有轻微变质)的地层(莲沱组/休宁组)与下伏的变质程度不同的青白口纪地层或中元古代地层均普遍存在明显不整合接触,这是晋宁运动的产物。

此外,修水(岩)组底部存在数层砾岩,其区域展布非常稳定。1962 年康育义在修水城北观音阁发现一不整合面,1983 年朱圣清认为该不整合面代表了中、晚元古代之间的地壳运动,并定名为"修水运动",其后并得到许多研究者认可,但也存在相反的意见,认为该砾岩不属于底砾岩。总之,这是一个值得进一步研究的问题。在未得到最后的结论之前,本书暂按江西研究报告的意见,将修水(岩)组置于双桥山(岩)群之中。

二、古生物特征

本区前震旦纪出现最早的生物记录是始于中元古代,至青白口纪都陆续有所发现。已采获的有微古植物、几丁虫和疑源类。其中以微古植物数量最大,种属也较多,但多为低等的个体微小的藻类,进化缓慢,衍生时限长,很难据此作为详细划分地层的依据,只能反映各大断代的微古组合面貌的差异及总体时限。

(一)微古植物

1. *Leiominuscula* - *Leiopsophosphaera* 组合

主要分子有:*Leiominuscula minuta*, *L. orientalis*, *Leiopsophosphaera wulianensis*, *L. apertus*, *L. densa*, *L. minor*, *L. solida*,与其共生的有:*Polyporata absoleta*, *Taeniatum crassum*, *Protoleiosphaeridium infriatum*, *Trachysphaeridium hyalinum* 等,这一组合的特征是以圆形和椭

圆形的球藻占优势，个体较小，壳较薄，纹饰简单，但也出现一些表面粗糙及纹饰较复杂的类型。该组合主要产于双桥山(岩)群，溪口(岩)群、陈蔡(岩)群、云开群，张八岭(岩)群中也可见到。大致与长城—蓟县纪及湖南冷家溪群组合面貌相似。

2. *Leiofusa* - *Trilodusphaeridium* 组合

主要分子有：*Leiofusa minuta*，*L. verrucosa*。与之共生的多为球形藻类，与上述组合比较，以异形种属如棱形、三角形等出现为特征。其组合面貌与蓟县纪晚期相似，该组合在本区主要出现在张村群。

3. *Trachysphaeridium* 组合

主要分子有：*Trachysphaeridium incrassatum*，*T. chihsienense*，*T. minor*，*T. planum*，与之共生的有：*Leiopsophosphaera minor*，*L. infriata*，*L. solida*，*Pseudozonosphaera* sp. 等。其组合面貌以粗面球形藻占优势，种属丰富，个体大，属青白口纪组合面貌。本区见于修水(岩)组、河上镇群、西冷(岩)组、浒岭组、潭头群等地层中。

由上述组合可见，本区微古植物的进化过程：从老到新，个体由小到大，形态由简单的圆形到棱形、三角形，由薄壳到厚壳，纹饰由无到有、由简单到复杂。与蓟县剖面及邻区湖南对比，其时限为中—晚元古代。

(二)几丁虫

仅在陈蔡(岩)群中采到 Chitinozoans，其地质历程为晚前寒武纪—泥盆纪。国内外报导晚前寒武纪的几丁虫多为瓶状、泪滴状，有短颈，个体 50～60 μm，具可辨认的简单机体构造。陈蔡(岩)群的几丁虫形态为瓶状，有短颈，囊壁无饰纹，个体 20 μm 左右，不具简单机体构造，或许其年代更老一些。

(三)疑源类

石碌群顶部碳质板岩中采获：*Chuaria circularis*，*Shouhsienia shouhsiensis*，*Tawuia dalensis*，*T. sinensis*。这一生物群在国内外晚前寒武纪地层中有相当广泛的分布。其中 *Chuaria* 属的地质历程较长，从长城纪团山子组至晚震旦世均有，时限约 1 500～600 Ma，国外最早发现于美国晚元古代的丘尔群，国内如天津蓟县青白口系、皖北青白口纪刘老碑组、震旦纪九里桥组均有报导。*Tawuia* 常与 *Chuaria* 共生，但地质历史相对更短，约 900～600 Ma，最早发现于加拿大西北部马更山区小达尔群，我国河北怀来青白口系、淮北刘老碑组—九里桥组等均有分布。*Shouhsienia* 属在安徽寿县刘老碑组，辽宁复县钓鱼台组、长岭子组，河北青白口纪下马岭组均有分布。据此，将石碌群置于青白口纪是合适的。

三、同造山期的侵入岩体

在前震旦纪，岩浆活动比较强烈，除了在沉积作用同时形成基性—酸性火山岩外，还分布一些与地壳构造运动有关的同造山期侵入岩。

(1)**江西九岭花岗闪长岩体**　侵入于双桥山(岩)群，上被震旦系不整合覆盖，岩体的同位素年龄值为 937 Ma(中国科学院胡世岭等，快中子活动法)，宜昌地质矿产研究所用全岩 Rb-Sr 等时线法测定为 1 020 Ma。据此推断双桥山(岩)群上限年龄为 1 000 Ma。

(2)**皖南休宁花岗闪长岩体和许村花岗闪长岩体**　侵入于溪口(岩)群，岩体又被震旦系休宁组不整合覆盖，两个岩体的同位素年龄值分别为 953 Ma 和 877 Ma(黑云母 K－Ar 法)。据此推断溪口(岩)群上限为 1 000 Ma。

(3)**浙江开化石耳山花岗岩体** 侵入于河上镇群，浙江省地质矿产局第三大队测得锆石 U－Pb法年龄值 825 Ma。

(4)**浙江淡竹片麻状花岗岩体** 侵入于八都(岩)群，锆石 U－Pb 法同位素年龄为 1 878±27 Ma。

(5)**福建浦城色处超基性岩体** 侵入于大金山(岩)组，Sm－Nd 全岩等时线年龄为 1 566.9 Ma。

(6)**海南片麻状二长花岗岩体和花岗岩体** 侵入于峨文岭(岩)组中，其锆石 U－Pb 年龄前者为 1 356、1 457 Ma，后者为 1 441 Ma。

四、古地磁研究成果

天津地质矿产研究所张惠民等(1993)对华南地区古地磁的研究，为本区的磁性地层提供了有意义的资料。现将其研究成果中与本区有关的某些结论性意见摘要如下：

(1)据极移轨迹曲线反映，华夏地块与华北地块和扬子地块从早元古代到中元古代时期的曲线和运移方向基本一致，古纬度也相当靠近。说明在此时期这三个地块的关系是很密切的，很可能就是处于统一的陆壳块体内。到了中元古代的早期，华北、华夏地块的极移轨迹与扬子地块的极移轨迹才出现较大差异，在方向上和路径上都有不同。结合古纬度考虑，这些差别很可能反映了当时扬子地块与华夏和华北地块间有过一定距离的拉开和旋转运动。古地磁极移轨迹和出露地层均表明在华夏地块上缺失晚元古代地层，在形成早、中元古代的变质基底后长期隆起受到剥蚀，并成为物源区。

(2)浙江富阳地区的河上镇群极，大致上可与华北地块上的景儿峪组极对比，属于青白口纪晚期，它们都有共同的高纬度特点，这是两者对比的主要依据之一。

(3)江西庐山地区的星子(岩)群(杂岩)极位落在常州沟组极和神农架下部乱石沟组极东北，而靠近华夏地块上八都(岩)群极 Bd_2 和 Bd_3，或华北中条山西阳河群下部极点附近，这表明星子(岩)群的形成时代应早于长城纪的常州沟组(大于 1 800 Ma)，属于早元古代，这与星子(岩)群中角闪岩中锆石 U－Pb 测年值大于 1 800 Ma 的趋势基本相同。从而肯定了在赣东北地区早元古代变质基底的存在。

(4)江南地体上的 3 条极移轨迹曲线同扬子地块极移轨迹的对比，双桥山(岩)群下部、冷家溪群黄浒硐组和超基性岩、四堡群文通组及超基性岩等极点相互靠近，并集中在扬子地块、华北地块和华夏地块的极附近，它们的古纬度也很接近，显然意味着这些极点所代表的岩石、地层所形成及获得早期(或原生)剩磁的时间是基本相同的，即在 1 400～1 500 Ma 左右。

(5)闽北大金山(岩)组极和华北常州沟组极比较靠近，它们的时限都应在 1 800 Ma 左右。浙西南的八都(岩)群极点均分布在大金山(岩)组极和常州沟组极位东北，显示它们早于这两个极位代表岩石的年代，这与八都(岩)群测年结果大于 1 800 Ma 是完全一致的。

(6)舟山群岛中大衢岛上的变质岩的极点落在蓟县剖面上团山子组极点附近，表明它们应是相当的，团山子组的年龄为 1 650 Ma 左右，因此可以大致确定大衢岛变质岩的年龄与此相当，这也和温州东面海域灵峰 1 井 2 000 m 以下钻遇的片麻岩所获的年龄 1 680 Ma 相符。

五、年代地层划分和对比

从区内已知的上百组同位素年龄数据中选择的67组数据(表3-1)比较全面地反映出本区变质地层同位素年龄研究的现状,也能基本准确地提供变质地层的年代划分依据。众所周知,不同的测试方法往往反映不同的地质事件的形成时间。因而,使用时应结合其测试方法进行分析。一般说,Sm-Nd体系受风化交代和变质作用影响较小,在漫长而复杂的地质历史中能保持封闭,Sm-Nd等时线测定结果往往能较好地反映出成岩年龄;Rb-Sr等时线法可求得多次地质事件发生的年龄;U-Pb法和Pb-Pb法测定锆石被认为是反映火成岩类结晶年龄的一种途径,在研究复杂地质体系时,各种成因的残留锆石,又是提供该体系早期演化信息的有效途径。

(一)早元古代地层

(1)江南地层分区的星子(岩)群斜长角闪岩中,所获两组锆石U-Pb法年龄2 186~2 193 Ma和1 771~1 860 Ma,可反映其形成年龄。据此推断其地质年龄为早元古代,磁性地层的研究结果也支持这一推断。至于糜棱岩化花岗岩中的结晶锆石年龄(147、176、661 Ma),显然是受后期构造运动(加里东及燕山运动)干扰的结果。对另一组碎屑锆石2 782 Ma和2 766 Ma的年龄值,不排除星子(岩)群本身有部分属于晚太古代或其下有晚太古代地层存在的可能性。

(2)下扬子地层分区沿江的董岭(岩)群,目前所获资料不多,下未见底,据1 900、1 892 Ma和1 300 Ma年龄数据,并结合其变质较深,变形较强的情况推断,其形成年代为早元古代至中元古代长城纪。

(3)武夷地层分区天井坪(岩)组中两个Sm-Nd同位素年龄均大于2 500 Ma,相当于晚太古代,但目前对该年龄的代表性仍有不同看法,故暂将其置于早元古代早期。

麻源(岩)群和八都(岩)群主体岩性基本相似,Sm-Nd年龄值为2 116、2 059 Ma和1 355 Ma。侵入大金山(岩)组的超基性岩为1 566.9 Ma,侵入八都(岩)群的淡竹花岗岩为1 878 Ma。Rb-Sr年龄1 707 Ma和1 603 Ma可能反映其变质年龄;大金山(岩)组、堑头(岩)组和淡竹花岗岩的极位也反映其年龄在1 800 Ma及大于1 800 Ma。故将麻源(岩)群和八都(岩)群置于早元古代。在武夷地层分区零散分布的桃溪(岩)组、迪口(岩)组、周潭(岩)组和万源(岩)组,它们的岩性与麻源(岩)群基本相似,可以对比,其时代也应相当。

上述三个地层分区出现的早元古代地层中星子(岩)群和董岭(岩)群在岩石组合和原岩特征方面有类似之处。具有某些孔兹岩特征的麻源(岩)群和八都(岩)群,与湖北的水月寺组(早元古代)相似。麻源(岩)群下部的回向殿(岩)组岩石组合与天井坪(岩)组极相似,是否为同一地层值得进一步研究。这两个(岩)组的岩石组合与水月寺组之下的东冲河组(晚太古代)也很相似。

(二)中元古代地层

(1)下扬子地层分区北缘的张八岭(岩)群下部的北将军(岩)组原岩为泥砂质碎屑岩和碳酸盐岩,至今未获同位素年龄资料,也尚未见底。上部的西冷(岩)组年龄数据在1 175 Ma至730±50 Ma之间(多数为变质年龄),其上被震旦纪周岗组不整合或平行不整合覆盖。推测北

表 3-1 东南区前震旦纪地层同位素年龄数据一览表

地层分区	采样部位		岩石或矿物	方法	年龄值(Ma)	资料来源①
	群	组				
下扬子地层分区	张八岭(岩)群	西冷(岩)组	锆石 细碧岩 蓝闪片岩 变石英角斑岩	U-Pb 全岩 Pb 法 全岩 K-Ar Rb-Sr 全岩等时线 Rb-Sr 全岩等时线 锆石 U-Pb	1 026 1 031 1 175 848±73 730±50 860	贵阳地球化学研究所,1977 长春地质学院,1987 长春地质学院,1987 桑宝梁等,1987
	云台(岩)群	花果山(岩)组	浅粒岩	锆石 Rb-Sr 等时线	929.6	山东区调队,1982
			白云母	K-Ar K-Ar	210.4 175	江苏第六地质大队,1976 江苏区调队,1978
	董岭(岩)群			Sm-Nd 等时线 K-Ar	1 892 1 988 1 300 195	邢凤鸣,1993 董树文,1992 董树文,1992 南京地质矿产研究所,1983
	埤城(岩)群		角闪石 斜长角闪岩和绿片岩	K-Ar Sm-Nd 等时线	1 771 1 401	江苏区调队,1984 江苏地质矿产局,1994
江南地层分区	星子(岩)群		糜棱岩化花岗片麻岩	结晶锆石 U-Pb U-Pb	176.4, 147 661 2 783,2 766	天津地质矿产研究所,1993
			斜长角斜岩	锆石 U-Pb	①2 193,2 186,2 180 ②1 860,1 818,1 771	
	双桥山(岩)群	鄣公山(岩)组	上部细碧-角斑岩	锆石 Sm-Nd 等时线	1 938.6	马长信,1990
		横涌(岩)组	细碧岩	锆石 Rb-Sr 等时线	1 515±241	
			凝灰质千枚岩	锆石 Rb-Sr 等时线	1 401	
	张村群	韩源组		全岩 Sm-Nd 等时线	1 112.9±35 1 034±24	
	双溪坞群	章村组 平水组	熔结凝灰岩 细碧岩-角斑岩 磷灰石 绿帘石	锆石 U-Pb Sm-Nd 全岩-矿物等时线	914,875 1 012±20	浙江区调队,1990 章邦桐,1990 沈渭洲,1993
			火山岩	锆石 Rb-Sr 等时线	972±40	沈渭洲,1993
	金山(岩)群			Rb-Sr 全岩等时线	1 123±27	上海市地质志,1988
		宜丰(岩)组	变辉绿岩 石英角斑岩	Rb-Sr 等时线 K-Ar	1 300~1 400 596,440	

①凡未注明资料来源者,均为引自有关省(市、自治区)的清理研究报告。

续表 3-1

地层分区	采样部位		岩石或矿物	方法	年龄值(Ma)	资料来源
	群	组				
江南地层分区		铁砂街(岩)组	细碧岩	Rb-Sr 等时线	1 159	
			变石英角斑岩	锆石 U-Pb 单点年龄	1 201 1 162～1 091	
		田里(岩)组	上部石英云母片岩 下部石英云母片岩	Rb-Sr 等时线 锆石 U-Pb 等时线	924 1 691	
		伏川蛇绿岩		Sm-Nd 等时线	1 024±30 935±10	周新民,1989 邢凤鸣,1992
	河上镇群	骆家门组	底部花岗岩砾石	锆石 U-Pb	879	浙江区调队,1990
		虹赤村组	上段流纹质凝灰岩夹层 下段流纹质凝灰岩夹层	锆石 U-Pb 锆石 U-Pb	830 880	浙江省第三地质大队,1994
		上墅组	上段流纹岩,下段安玄岩	Sm-Nd 等时线	894±75	徐步台等,1993
			上段流纹质熔结凝灰岩	锆石 U-Pb	811±2	浙江省第三地质大队,1994
			上段流纹斑岩	锆石 U-Pb	830～870	浙江区调队,1991
			顶部变流纹岩 顶部熔结凝灰岩 下部流纹岩	Rb-Sr 等时线 Rb-Sr 等时线 锆石 U-Pb	816.83 736.65 821.2±9.2	
		井潭组	酸性火山熔岩和火山碎屑岩	Sm-Nd 全岩等时线	829±36	徐备,1990
武夷地层分区		天井坪(岩)组	斜长角闪岩角闪片岩 斜长角闪岩	Sm-Nd 等时线	2 678±41 2 682+148	
	麻源(岩)群	大金山(岩)组	斜长角闪岩 黑云斜长变粒岩 斜长角闪岩 侵入大金山组超基性岩 片麻岩混合岩	Sm-Nd 等时线 U-Pb	2 116±22 1 355±95 1 566.9 1 152±19 1 185	
		迪口(岩)组	黑云斜长变粒岩	U-Pb	1 805～1 851	
		桃溪(岩)组	细碧岩 变中基性火山岩 斜长变粒岩混合锆石 变质火山岩混合锆石	Sm-Nd 全岩 U-Pb U-Pb	1 825±29 1 777 1 678.5	
		周潭(岩)组	斜长角闪岩	Sm-Nd 全岩	1 198.8±25.6	
	八都(岩)群		副片麻岩类	Sm-Nd 全岩 Rb-Sr 等时线	2 059±62 1 707±65 1 603±9	
		泗源(岩)组	混合岩中碎屑锆石	Rb-Sr 等时线 U-Pb	2 080±12 2 032±16	
		片麻状花岗岩	侵入八都群的结晶锆石	U-Pb	1 878±27	

续表 3-1

地层分区	采样部位		岩石或矿物	方法	年龄值(Ma)	资料来源
	群	组				
沿海地层分区	陈蔡(岩)群	捣臼湾(岩)组		Sm-Nd 全岩	1 389±47	
		下河图(岩)组		Sm-Nd 全岩	1 377±82	
		遂昌大柘	变质岩	Rb-Sr 等时线	1 569	金矿专题组
		温州港外东海陆架	变质岩	Rb-Sr 等时线	1 680	上海海洋地调局
		捣臼湾(岩)组	斜长角闪岩单锆石(可能为捕获锆石)	Pb-Pb 蒸发	2 641 1 945	
		东华(岩)组	斜长角闪岩	Sm-Nd 全岩	1 970±85	
			角闪片岩			
			黑云透闪片岩			
		卓地(岩)组	黑云斜长变粒岩混合锆石	Pb-Pb	1 079	
云开地层分区	云开群	罗罅组	云母片岩	Sm-Nd 全岩	1 470	
			角闪斜长岩			
			片麻状花岗质岩			
			石英安斑岩锆石	U-Pb	911±11	
		兰坑组	黑云母长石石英岩	Rb-Sr 等时线	828	
			变英安斑岩磨圆锆石	Pb-Pb	1 600～2 000	
			晶体完好高温锆石	Pb-Pb	922～940	
			晶体完好低温锆石	Pb-Pb	359～473 及 617～723	
雷琼地层分区	石碌群	第六层	赤铁矿	Sm-Nd 全岩	841±20	
五指山地层分区	抱板(岩)群	戈枕村(岩)组	黑云斜长片麻岩锆石	U-Pb	1 824±77	
			片麻岩锆石	U-Pb	1 751	
			眼球状混合岩脉体	Rb-Sr 等时线	1 637	
		峨文岭(岩)组	片麻状二长花岗岩锆石	U-Pb	1 457±66	
				U-Pb	1 365±26	
				Pb-Pb	1 407±12	
			花岗岩锆石	U-Pb	1 441	
三亚地层区		西沙永兴岛戈枕村(岩)组	片麻岩	Rb-Sr 等时线	1 465	

将军(岩)组形成时代为蓟县纪，西冷(岩)组相当一部分可能为青白口纪。连云港地区的云台(岩)群可能为西冷(岩)组东延相变的层位。

张八岭(岩)群可与湖北境内扬子地层区北缘的原红安群的磨盘山组和塔多岗组及随县群(上部火山岩，下部碎屑岩)对比。

(2)下扬子地层分区沿江的埤城(岩)群尚未见底，现有同位素年龄数据为 1 771 Ma(K-Ar)和 1 401 Ma(Sm-Nd)，故将其置于中元古代长城纪，不排除其下有早元古代地层的可能。与董岭(岩)群对比，相当于它的上部。

(3)双桥山(岩)群下部鄣公山(岩)组和横涌(岩)组的同位素年龄在 1 938.6、1 515±241、1 401 Ma，结合其微古植物化石面貌及其与下伏星子(岩)群的区别，其时代定为中元古代是可信的。又据侵入双桥山(岩)群的九岭花岗岩同位素年龄(937 Ma 和 1 020 Ma)，故将其上限定为 1 000 Ma。与双桥山(岩)群分布地区毗连，岩性基本可以对比的溪口(岩)群，被年龄为953 Ma的休宁岩体和 877 Ma 的许村岩体侵入，其上限定于 1 000 Ma。因此从总体上分析，这两个(岩)群的时代推断为中元古代是合适的。在邻区鄂东和湘中，与此一层位相当的地层为冷家溪群。

(4)在浙赣交界及浙北地区，分布在怀玉山区的张村群，其上被登山群不整合覆盖，韩源组同位素年龄 1 122.9±53 Ma，其所含微古植物化石 *Leiofusa* - *Trilodusphaeridium* 组合具有蓟县纪晚期面貌特征。张村群地质年代归中元古代蓟县纪较为适宜。浙江的双溪坞群目前所报道的同位素年龄有 1 012±20、972±40、914 Ma 和 875 Ma。磁性地层研究极移轨迹曲线对比分析表明其时代属青白口纪，不能与双桥山(岩)群等对比。而浙江地层清理研究报告，仍将其归属于蓟县纪晚期。

(5)分布在江南地层分区南侧的宜丰(岩)组、铁砂街(岩)组、田里(岩)组，从同位素年龄资料、岩性特征及与相邻地层的关系来看，其时代可能为中元古代蓟县纪。

(6)上海的金山(岩)群顶底不全，所获 1 123±27 Ma 的 Rb - Sr 数据似为其变质年龄，故暂将其置于中元古代。

(7)东南地层区沿海地层分区的陈蔡(岩)群年龄数据较多，以 Sm - Nd 1 389±47、1 377±82及 Rb - Sr 1 129～1 680 Ma 作为成岩年龄较为可信，推断其时限约在 1 000～1 700 Ma左右，属于中元古代。在诸多的单锆石年龄中出现 2 641 Ma 和 1 945 Ma 可能为捕获锆石年龄，反映该区存在较老地壳(晚太古代)的信息。

同属沿海地层分区福建境内的东华(岩)组、卓地(岩)组、葛坑(岩)组，岩石特征与陈蔡(岩)群类似，虽然东华(岩)组获得 1 970 Ma 的 Sm - Nd 年龄，总体上仍将其与陈蔡(岩)群对比，时代置于中元古代。

(8)五指山地层分区的抱板(岩)群下部戈枕村(岩)组所获三个年龄数据(1 824、1 751、1 637 Ma)中，1 637 Ma 反映为混合岩化年龄，1 824 Ma 作为其下限。其上的峨文岭(岩)组未获同位素年龄数据，但与其侵入接触的花岗岩年龄数据在 1 386～1 456 Ma 之间，据此推测峨文岭(岩)组的形成年龄至少在 1 400 Ma 以前，下限不老于戈枕村(岩)组。因此将抱板(岩)群的年代置于中元古代长城纪(1 800～1 400 Ma)。

上述东南地层区的中元古代地层基本上可与广西的四堡群对比。

(三)晚元古代地层

(1)在江南地层分区，处于四堡运动不整合面(1 000±Ma)之上及震旦纪之下的地层(登山群、河上镇群、沥口群、翁家岭组、井潭组、葛公镇组、镇头组、落可岽组及马涧桥组等)，从同位素年龄数据、古生物组合特征及上下接触关系对比，其时限在 1 000～800 Ma 之间，属青白口纪。上海的惠南板岩仅在一个钻孔中见到，未获同位素年龄，微古化石的时代跨度大，考虑到其变质程度轻微，时代属青白口纪可能性较大。

(2)东南地层区云开地层分区的云开群，罗鎛组 Sm - Nd 年龄为 1 470 Ma，英安斑岩锆石年龄 911±11 Ma；兰坑组 Rb - Sr 等时线年龄为 828 Ma，英安斑岩中晶体完好的高温锆石年龄为 922～940 Ma。丰垌口组所含微古植物化石 70%以上由球藻群中的 *Leiominuscula* 及 *Leiopsophosphaera* 的一些种组成，其地质时代属青白口纪的可能性较大。这些资料表明，云开群的地质时代为 828～1 470 Ma，相当于蓟县纪—青白口纪。

(3)桂-湘-赣地层分区的浒岭组、神山组及潭头群，上被震旦系整合覆盖，下未见底。所产微古植物组合具青白口纪面貌。其中神山组含碳质千枚岩与云开群丰垌口组、湖南大江边组、广西丹洲群的合桐组岩性特征一致,完全可以对比。其时代属青白口纪也是可信的。

(4)雷琼地层分区的石碌群顶部赤铁矿 Sm－Nd 等时线年龄为 840.6±20 Ma,将石碌群的年龄限定在 1 000～800 Ma,属青白口纪较为合适。

第三节 变质和变形特征

本区前震旦纪地层已普遍发生不同程度的区域变质和变形。区域变质作用类型可分为区域动力变质和区域动力热流变质两类,变质相由低绿片岩相至高角闪岩相,局部可见麻粒岩相,多属中低压相系,在扬子地块的北缘和东南缘出现低温高压相系。变质变形期大致可分为吕梁期、四堡期和晋宁期。

一、吕梁期

发生在早元古代地层,变质年龄约在 1 850 Ma 左右,变质相为角闪岩相。本期的变质岩系分别构成扬子地块和华夏地块的结晶基底。

在扬子地层区的星子(岩)群,岩石组合为云母石英片岩、黑云变粒岩、浅粒岩、十字石云母片岩夹少量斜长角闪岩、石英岩和大理岩。变质达低角闪岩相,特征矿物组合为:St＋Alm＋Pl＋Bt＋Qtz,Hbl＋Pl＋Qtz,温度 540～600 ℃,压力 0.45～0.57 GPa,属中压相系。其变形作用早期以塑性变形为主,发育紧闭同斜褶皱,片内无根褶皱;后期发育折劈理,膝折构造。

董岭(岩)群目前资料不多,从其岩石组合看,与星子(岩)群有类似之处,推测其变质作用较深。估计可达角闪岩相。

东南地层区以麻源(岩)群和八都(岩)群为代表的变质岩系,岩石组合以变粒岩和片岩为主,夹斜长角闪岩,以含石墨为特征。变质岩中普遍出现特征变质矿物矽线石、蓝晶石、铁铝榴石,岩石局部混合岩化比较强烈,反映其经历了相同的区域动力热流变质作用,达低角闪岩相至高角闪岩相。特征矿物组合为:St＋Ky＋Alm＋Bt＋Pl,Hbl＋Bt＋Pl＋Mt＋Qtz,Bt＋Ms＋Qtz＋Pl＋Gr→Sil＋Kfs＋Alm＋Bt＋Pl＋Qtz,Hbl＋Alm＋Pl＋Qtz。温度 550～680℃,压力 0.4～0.65GPa。其变形作用表现为平行紧密褶皱,片内无根褶皱,歪斜褶皱,膝折构造,糜棱岩化发育。

二、四堡期

变质期大约发生在 1 000 Ma 前后,导致中元古代地层普遍变质变形。扬子地层区一般为低绿片岩相,局部为高绿片岩相,而东南地层区变质较深,以高绿片岩相—角闪岩相为主。

(1)下扬子地层分区北缘的张八岭(岩)群和云台(岩)群都已发生低绿片岩相变质。变质岩组合主要为变粒岩、浅粒岩、片岩、千枚岩,局部夹大理岩。矿物组合:Ms＋Ab＋Qtz＋Kfs＋Bt＋Chl,Ms＋Chl＋Act＋Ab,Act＋Ep＋Se＋Ab＋Qtz。温度 345～480℃,压力 0.4～0.5GPa。

下扬子地层分区中部的埤城(岩)群,仅见于钻孔中,缺乏有关变质作用的研究资料,从其岩石组合变粒岩＋浅粒岩＋片岩＋斜长角闪岩来看,推测为绿片岩相。

(2)江南地层分区中元古代地层的变质相可分为低绿片岩相和高绿片岩相。前者广泛发育，后者仅见于宜丰（岩）组等，呈北东东向条带状分布。

低绿片岩相：见于双桥山（岩）群、溪口（岩）群、张村群和双溪坞群。岩石组合前二者主要为千枚岩、板岩、片岩，后二者为绿片岩、片岩、千枚岩。矿物组合大部分属绢云母-绿泥石到黑云母带。主要矿物组合：Se＋Qtz，Se＋Chl＋Qtz，Se＋Chl＋Qtz＋Ab＋Bt，Se（或Ms）＋Bt＋Qtz；Act＋Chl＋Ep＋Qtz＋Ab，Chl＋Cc＋Qtz＋Ab，Chl＋Cc＋Qtz＋Ab＋Ep，Chl＋Act＋Ab＋Qtz。温度300～500℃，压力0.1～0.6GPa。

高绿片岩相：见于宜丰（岩）组、田里（岩）组、铁砂街（岩）组和金山（岩）群b段。岩石组合主要为含石榴石云母片岩与绿片岩共生，个别地方见有石英绿帘石角闪岩。矿物组合：Bt＋Ms＋Qtz，Ms＋Alm＋Qtz＋Ab＋Chl，Ms＋Bt＋Qtz＋Ab，Alm＋Bt＋Ms＋Qtz，Alm＋Bt＋Chl＋Ms＋Qtz＋Ab，Ep＋Hbl＋Bt＋Qtz，相当于高绿片岩相铁铝榴石带。温度500～570℃，压力0.12～0.6GPa。

（3）东南地层区的中元古代地层的变质作用显得较为复杂，从绿片岩相到高角闪岩相都可见到，戈枕村（岩）组中还出现麻粒岩相。

沿海地层分区的陈蔡（岩）群及东华（岩）组、卓地（岩）组和葛坑（岩）组，岩石组合主要为变粒岩、浅粒岩、片岩、斜长角闪岩、片岩，夹片麻岩、大理岩。变质相出现由低绿片岩相→高绿片岩相→低角闪岩相，具递进变质特征。其相应的矿物组合为：Ep＋Chl＋Ab，Ms＋Chl＋Qtz，Amp＋Pl＋Ep＋Qtz＋Alm，Bt＋Ms＋Alm＋Qtz，Alm＋Chl＋Bt＋Ms＋Qtz，Hbl＋Ep＋Alm＋Pl＋Qtz，Ky＋Alm＋Bt＋Pl，Hbl＋Bt＋Pl＋Qtz。温度530～600℃，压力0.3～0.45 GPa。

五指山地层分区的抱板（岩）群，下部的戈枕村（岩）组岩石组合主要为黑云（角闪）斜长片麻岩，角闪黑云斜长片麻岩组成，少量黑云斜长变粒岩和紫苏麻粒岩。变质程度达高角闪岩相，矿物组合为Bt＋Kfs＋Qtz＋Amp，局部出现麻粒岩相，矿物组合为Hy＋Bt＋Ads＋Qtz。

四堡期的变形作用也十分复杂，且不同地带表现的复杂程度和强烈程度不尽一致。在东南地层区和下扬子地层分区的北缘和中部，塑性变形发育，出现同斜、扇形、倒转褶皱，片内无根褶皱，后期叠加褶皱发育，新生面理和线理发育，并出现不同规模的韧性剪切带。而在江南地层分区，除宜丰（岩）组、铁砂街（岩）组和田里（岩）组外，主要发育一至二期紧闭褶皱，剪切作用普遍发育。据索书田等（1988）的研究，可划分出两套大型韧性剪切系统（图3-5），一组为近东西

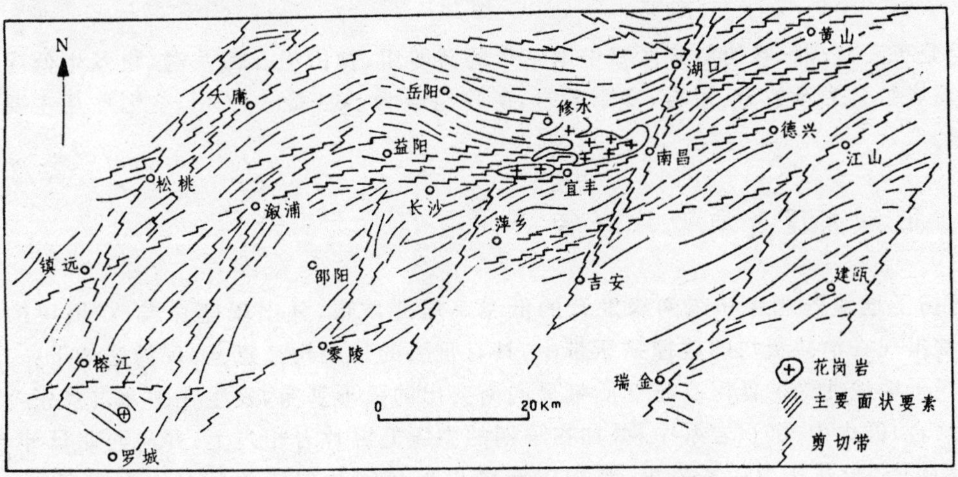

图3-5 江南隆起及相邻地区构造略图

（据索书田等，1988）

向，另一组为北北东向，它们彼此交叉联合，将本区地壳分割成大小不等的菱形、矩形块体。在这些块体内部，先期构造形迹保存较好，剪切应变带规模较小而且分散。而线状强应变带——大型剪切带，都构成不同尺度上的构造边界。在这些强应变带内，变形很复杂，带内的地质体都受到强烈的剪切而发育强直面理、糜棱面理、多期伸展折劈理、膝折带、多期形态复杂的斜卧褶皱、箭鞘褶皱、多种矿物组成的拉伸线理。镜下石英的拔丝结构、不对称长石碎斑、s－e结构等均发育。带内的剪切凸镜体特别发育。据李德成(1987)包裹体测温资料粗略计算，形成糜棱岩的温度约3 365°，形成深度为15 km，在大多数情况下，变质岩层的先期面理为层理(S_0)、流劈理(S_1)均被新生的强直面理或糜棱面理所置换，因而在强应变范围内地层的层序难以恢复。索书田等还认为，根据区域构造组合形式及运动学标志判断，近东西向的韧性剪切带为逆冲型，主要区段运动方向由南指向北；北北东向剪切带以左行走滑型为主。

三、晋宁期

晋宁期的变质变形作用大致在800 Ma左右最后完成，其程度在不同的地段反映不一。

在下扬子地层分区北缘，以张八岭(岩)群和云台(岩)群中叠加低温高压变质带(低绿片岩相)，并出现蓝片岩带为特征(下文另述)。

江南地层分区青白口纪地层变质程度不深，登山群、河上镇群、西村(岩)组、惠南板岩等属低绿片岩相，岩石组合主要为千枚岩、板岩、绿片岩、变火山岩，矿物组合Se＋Chl＋Qtz，Act＋Chl＋Ep＋Qtz＋Ab。仅有轻微变质的地层多为青白口纪晚期的磨拉石-火山岩建造。区内青白口纪地层变形主要为宽缓的褶皱，一般S_0保存较好。

东南地层区的青白口纪地层云开群变质程度从低绿片岩相→高绿片岩相→低角闪岩相。变质岩组合为千枚岩、片岩、含铁石英岩、大理岩等，矿物组合由低到高为Qtz＋Se＋Chl＋Ab，Qtz＋Se＋Chl-Qtz＋Ep＋Chl＋Bt＋Act，Qtz＋Bt＋Ab＋Ep-Qtz＋Bt＋Ms＋St，Qtz＋Pl＋Hbl＋Ar。其变形以紧密的线形褶皱发育，次生面理发育。

海南的石碌群主要为片岩、石英岩、大理岩、赤铁矿、变酸性火山岩组合。变质程度为低绿片岩相到高绿片岩相，矿物组合Qtz＋Se(Ms)＋Chl，Qtz＋Se＋Ms＋Cc，Qtz＋Pl＋Ep＋Act＋Bt。

广泛分布在桂-湘-赣地层分区赣中南一带的浒岭组、神山组及潭头群，仅发生低绿片岩相变质，变质岩组合为千枚岩、板岩、变余砂岩，矿物组合为Se＋Qtz＋Chl，变形作用主要为大型倒转褶皱。

四、低温高压变质蓝片岩带

在下扬子地块的北缘和东南缘发育的低温高压变质带，并出现蓝片岩，在板块构造学说中，它通常出现在消减板块的碰撞挤压带中，具有重要的地质构造意义，现简述如下：

(1)扬子地块北缘的低温高压变质带呈向南突出的弧形展布，发生在中元古代张八岭(岩)群和云台(岩)群火山-沉积岩系中，叠加在早期的中压低温片岩相之上，并向西北延伸入湖北、河南直达陕南，长达1 400多公里，其中以断续出现蓝闪片岩带为特征。据荆延仁、梁万通(1991)研究，区内的蓝片岩产于西冷(岩)组变质基性火山岩中，自肥东苏家湾经嘉山到江苏灌云扬集，断续长达350 km，厚度一般小于1 m，最厚达40 m，多见于较暗色的绿泥钠长片岩与浅色石英钠长片岩交替的韵律层中，与围岩呈整合关系，和片理产状和谐一致。蓝片岩的岩石种类有蓝闪片岩、蓝闪钠长片岩、蓝闪绢云(白云)片岩、钠长片岩、蓝闪石英片岩、蓝闪绢云(白云)片岩、蓝闪绿泥(绿帘)片岩。

岩石共生组合和矿物共生组合为：北段，绿帘白云蓝闪片岩、(绿泥)绿帘蓝闪钠长片岩、蓝闪白云片岩等。典型矿物共生组合为：Gln+Ep+Ab+Chl+Qtz+Jd，Gln+Ep+Ab+Chl，Gln+Ms+Ab+Qtz，Gln+Ms+Ep+Stp+Ae；中段，(绿泥)绿帘蓝闪片岩、绿帘蓝闪钠长片岩、蓝闪绢云(白云)片岩、蓝闪绿帘片岩等，典型矿物共生组合为：Gln+Ep+Ab+Qtz；南段，蓝闪片岩与蓝闪绿帘黑硬绿泥片岩，典型矿物共生组合有：Gln+Ep+Ab+Stp，Gln+Se+Ab+Ep。硬玉的出现表明其压力不小于 0.5～0.6 GPa。经长春地质学院对蓝闪石的温度、压力试验，压力为 0.9 GPa 时，温度为550°C；压力为 1.0～1.2 GPa 时，温度为 480～500°C，可见其形成于较低温高压环境。据表 3-3 同位素年龄资料，西冷(岩)组和云台(岩)群形成于中元古代蓟县纪至青白口纪，高压变质带及蓝片岩的形成当在青白口纪末。

(2)扬子地块东南缘的高压变质带，发育在赣东北断裂带中，这是一条北东向的蛇绿混杂岩带，舒良树等(1993)在德兴、弋阳发现蓝闪石片岩(含少量硬玉)，蓝闪石年龄值为 866±14 Ma(K-Ar 法)。这一高压变质年龄晚于赣东北断裂带中分布的蛇绿岩的原始年龄(930±34、1 024±30、1 154±43、1 034±24 Ma)而早于糜棱岩化所发生的年龄(766～768 Ma)，进一步为晋宁期碰撞造山事件提供了依据(汤加富，1993)。

第四节　沉积盆地及其演化

一、晚太古代—早元古代时期

据已有地质、地球物理资料分析，区内最早的陆核可能存在于晚太古代至早元古代时期。目前本区已发现的大于 1 800 Ma 的岩石地层单元主要集中在两个古老地块，即华夏地块和扬子地块。

华夏地块的早元古代地层主要分布在闽浙赣交界的武夷山区，天井坪(岩)组年龄最大(Sm-Nd 2 678±41、2 682±148 Ma)，八都(岩)群(Sm-Nd 2 059±62 Ma，Rb-Sr 2 080±12 Ma，U-Pb 2 032±16、1 878±27 Ma)，大金山(岩)组(Sm-Nd 2 116±22 Ma)、迪口(岩)组(Pb-Pb 1 805～1 851 Ma)、桃溪(岩)组(Sm-Nd 1 825±29 Ma)等地层中大多数同位素年龄资料都大于 1 800 Ma。此外，在沿海地区陈蔡(岩)群捣臼湾(岩)组(Pb-Pb 蒸发 2 641、1 945 Ma)的同位素年龄数据可能为捕获锆石的，但也反映该区存在早元古代—晚太古代地壳的信息。同时，东华(岩)组的 Sm-Nd 数据为 1 970±85 Ma。由此可见，华夏地块在早元古代甚至晚太古代就已出现，而且其范围比较大。以麻源(岩)群和八都(岩)群为代表的这套早元古代地层原岩主要为一套以含碳质的泥砂质复理石建造为主，夹有少量基性火山岩和碳酸盐岩，富含铝，具有类似孔兹岩的特征，反映其形成于陆缘广海深水-半深水沉积环境。

扬子地块的早元古代地层见于江西九江地区的星子(岩)群和安徽安庆的董岭(岩)群。星子(岩)群目前获得的三组同位素年龄都是锆石 U-Pb 法的测试结果：2 782、2 766 Ma，2 193、2 186、2 180 Ma，1 860、1 818、1 771 Ma。其原岩以陆缘碎屑沉积为主，偶夹碳酸盐岩和火山岩。岩石的变质以中压变质为主，副变质岩类铝含量较高，$Al_2O_3/CaO+Na_2O$ 大于 3，

K_2O/Na_2O大于 0.8，这与大陆边缘产出的杂砂岩背景相似；其稀土元素以具有较高的稀土总量和强烈分异的轻重稀土图谱为特征，也反映其形成于大陆边缘海的沉积环境。

董岭(岩)群的原岩组合特征与星子(岩)群很相似，表明它们的形成环境也是相同的。而董岭(岩)群中获得 Sm－Nd 1 900 和 1 892 Ma 的数据，当属早元古代。江苏的埤城(岩)群仅见于钻孔，也获得 K－Ar 1 771 Ma 的数据。其下部也应存在早元古代或更老的地层。此外，据下扬子盆地 HQ—13 线地球物理—地质综合解释剖面图(地质矿产部华东石油地质局，1985)资料分析，下扬子浅变质岩之下有一套深变质岩系，因此，在下扬子地区可能普遍存在晚太古代—早元古代地层。

由上可以得出以下几点启示：(1)中国东南部在晚太古代—早元古代时期存在着陆核，并逐步增生扩大，很可能是扬子克拉通的一部分。它们是中元古代陆核裂解到聚合造山的重要基础和条件；(2)中国东南部存在着结晶基底，下扬子地区也和上扬子地区同样具有双层基底，这为中晚元古代的古板块活动提供了基础；(3)早元古代末，经吕梁运动形成的陆块，其范围远远大于现今的扬子地块，华夏、南海地块也可能是其一部分。因此本区据现有资料虽然还不足以建立晚太古代—早元古代的完整地层层序，还难以圈定陆核的具体边界和范围，并探讨其聚合和离散的方式、轨迹等，也很难对结晶基底的形成固结过程论述清楚。但是，晚太古代—早元古代时期的沉积-构造演化史作为本区沉积-构造演化的一个起点阶段，却是十分重要的。

二、中元古代时期

中国东南区中元古代是沉积-构造发展演化的重要时期。中元古代早期，扬子陆块随同全球性裂谷活动而发生裂解，华夏陆块发生离散，两陆块之间可能为南华窄洋盆；在扬子陆块的北缘形成张八岭裂陷盆地，南缘形成江南陆缘裂谷带；中元古代晚期，扬子陆块与相邻陆块先后会聚。中元古代末期的四堡运动，扬子、华夏两陆块碰撞，在绍兴—萍乡—北海一线对接，形成了广阔的陆间造山带。这时扬子陆块部分地区基底初步固结。

中元古代地层主要分布在下扬子地层分区和江南地层分区，浙闽粤沿海及海南等地也有分布。因此，就主体来讲，中国东南区的中元古代主要沉积在两个地带。

(一)张八岭裂陷盆地

该盆地位于扬子古陆北缘，呈略向南凸出的近东西向弧形展布。其西侧延入湖北，东出苏北经黄海进入朝鲜半岛。它可能是南秦岭古海盆的一部分。在盆地内，下部是一套次深海—浅海相砂泥质复理石建造；晚期，裂陷进一步拉开，形成了一套具有双峰式火山岩特点的细碧岩-石英角斑岩建造。这套巨厚(2 400 m)的火山岩向东酸性成分增高(在苏北很少见到细碧岩)，向西至湖北境内基性成分明显增多，这可能反映裂陷深度西深东浅。上述两套岩性组合反映扬子古陆北缘为一被动大陆边缘。

(二)江南陆缘裂谷带

该带大致呈近东西向展布，向西南转折入湘、鄂等地，向东至上海入海。该带各地段发育程度不同，沉积-构造演变也不一样。赣北地区沉积了巨厚的以双桥山(岩)群为代表的泥砂质复理石建造，这套深水—半深水的浊流沉积物厚达 6 000 m，沉积物中夹有基性或酸性火山岩，说明地壳活动增强。浙西地区的这套火山-沉积岩系厚达 5 000 m 以上，称双溪坞群。其火山物质组成的演变，不仅具有垂向序列性，而且具有相同的横向序列性，即从下而上，自东南向西北分别为：①细碧岩-石英角斑岩建造；②安山岩、英安岩-流纹岩建造；③泥砂质复理石建造；这不但说明了扬子古陆东南边缘基底由洋壳到雏形陆壳的发生、形成过程，而且反映了由西北向东南，其陆壳渐趋成熟的过程，也就是扬子陆核向周边增生的过程。皖南的溪口（岩）群主要为一套砂泥质复理石建造，厚达万米，火山岩夹层很少。上海的金山（岩）群为泥砂质复理石建造，夹有火山岩和火山碎屑岩。空间分布上，上述沉积-构造的差异表明，江南边缘裂谷带南部活动性强，北缘则相对稳定。到中元古代晚期，裂陷盆地分解形成局部裂陷，其内沉积以张村群为代表的地层。

在上述两带之间的扬子陆块上可能还存在局部裂陷，沉积董岭（岩）群上部岩层和埤城（岩）群，其裂陷的时间可能更早。

除存在上述两个主要盆地沉积中元古代地层外，在浙闽粤沿海至粤西、海南一带，发育陆缘裂陷海槽，沉积了一套中元古代的基性—中性火山岩及复理石建造的陈蔡（岩）群、东华（岩）组、卓地（岩）组、葛坑（岩）组和抱板（岩）群以及云开群的罗罅组等，其厚度一般大于 2 000 m，最厚处可达万米。此外，西沙永兴岛所见的与抱板（岩）群相似的中元古代地层（Rb - Sr 1 465 Ma）也应包括在该裂陷海槽范围之中。由于缺乏较系统资料，故很难对该裂陷形成发展和演化历史以及沉积盆地的演化进行较深入的探讨。

三、青白口纪时期

中元古代末至青白口纪，地块由裂解开始转向聚合，因而是地块边缘造山带发展的重要时期。在扬子地块北缘，由于扬子地块和大别-苏胶地块发生对接碰撞，导致以张八岭（岩）群为代表的火山-沉积岩系发生低温高压变质，并发育蓝片岩带。在大别-苏胶地块一侧，不整合覆盖在晚太古代变质杂岩（大别杂岩、阚集杂岩、东海杂岩）之上的早元古代含磷岩系，在原有的中压高绿片岩相变质的基础上，也受到了高压低绿片岩相的叠加，这一叠加变质作用以大量出现多硅白云母为特征。此外，大别-苏胶地块上岩浆侵入活动和混合岩化作用的增强以及对先存地质体的交代重熔作用等，都是这一事件作用的结果。从下扬子地块北缘中晚元古代花岗岩和基性侵入岩不发育的情况以及蓝片岩的出现，说明在两个地块的对接过程中，下扬子地块北缘一侧一直处于低地热梯度的俯冲环境。这也是为什么下扬子北缘没有出露早元古代结晶基底，而大别-苏胶地块暴露老的结晶基底而未见中晚元古代地层的原因。

在下扬子地块的东南缘，由于华夏地块向扬子地块的俯冲，在扬子地块一侧东北段形成了以登山群和河上镇群为代表的具有岛弧特征的火山-沉积岩系。在岛弧发育初期的拉张环境下，还形成了皖南、赣东北的蛇绿岩。同时在扬子地块的内侧，出现了弧后拉张断陷盆地（后陆盆地），沉积了历口群的碎屑-火山沉积岩系。两地块的俯冲碰撞还导致了九岭、休宁、许村花岗岩体的侵入，以及碰撞期后山前或山间盆地的磨拉石堆积（落可岽组、马涧桥组、镇头组等）。

晋宁期的碰撞对接，使扬子地块最终固结成陆。在此基础上发育为陆表海，接受震旦纪和早古生代的沉积。而在华夏地块一侧，由于地壳再度拉张，在浙闽隆起与扬子地块之间出现桂湘赣粤海盆，接受青白口纪和震旦纪及早古生代沉积。沉积物的特征反映这是一个具有陆间裂陷（谷）性质的广海盆地，到志留纪末的加里东运动才使扬子与华夏地块连成一体形成中国南方的统一大陆。唯在桂东钦防一带，仍有残留海槽，直至印支期关闭。

第五节 问题讨论

80年代以来，围绕着华南岩石圈及其构造演化问题引起了国内外地质学家的关注，并成为争相讨论的热点。某些争论问题的症结在于对华南地区广泛分布的变质地层的组合特征、形成环境和时代归属产生不同的看法，因而导致不同的结论。

十多年来，不少区域地质调查、科研和教学单位就有关问题做了大量的调查研究工作，取得了重要成果，讨论的问题也逐渐明朗化。从1991年开始，东南区各省及东南区研究组在以清理岩石地层单位为基础的地层多重划分对比研究中，也取得了新的进展。其成果已在本书有关章节中反映。地层是基础地质研究中的基础。从这一角度出发，就华南变质基底组成及有关问题提出一些认识。

华南以绍兴-江山-萍乡断裂分界，分为扬子地块和华夏地块。

（一）扬子地块

扬子地块基底开始的形成时代可追溯到晚太古代，最终固结于晋宁期。其上被未变质或轻微变质（地块北缘）的震旦系不整合覆盖，具有双层结构，但在不同的大地构造部位，其年代、性质及变质程度有所不同。

在东南区所属的下扬子地块中，其中部沿江一带的基底，由早、中元古代的董岭（岩）群和埤城（岩）群组成，呈近东西向的带状展布。这两个（岩）群均具有变质杂岩性质，变质程度为角闪岩相到高绿片岩相。董岭（岩）群已获年龄值为1 892、1 900 Ma和1 320 Ma（均为Sm－Nd等时线），埤城（岩）群年龄为1 700 Ma（K－Ar法）和1 401 Ma（Sm－Nd等时线）。这两个（岩）群均未见底，其上未见晚元古代青白口纪地层，而直接被震旦纪地层不整合覆盖，表明其形成后处于隆起状态，遭受剥蚀，直到震旦纪才接受沉积。这一变质基底向西可与湖北境内黄陵地区晚太古代的东冲河群和早元古代的水月寺群对比。

下扬子地块北缘从湖北武当、随县、应山、黄梅，经安徽宿松、肥东、嘉山至江苏灌云、连云港，发育一套以细碧角斑岩为特征的变质火山岩，在东南区境内称张八岭（岩）群和云台（岩）群。其中张八岭（岩）群下部北将军（岩）组以碳酸盐岩为主，可与随县群下部对比。同位素年龄表明其形成年代为中元古代，上部可能延至晚元古代，并经多次变质变形，组成下扬子地块北缘的基底，其下尚未见底，其上被震旦系不整合覆盖。其北面以黄梅-嘉山-泗洪-连云港断裂为界，与大别-苏北胶南地块紧邻。值得注意的是，在这一火山岩带中发育以蓝闪石片岩为代表的低温高压变质带，断续延长达千余公里，据张树业、周高志、荆延仁、梁万通等研究，认为其形成时代为青白口纪，反映了扬子地块与大别-苏北胶南地块相碰撞聚合的产物。据此，推断黄梅-嘉山-泗洪-连云港断裂（其中嘉山-泗洪间为郯庐断裂错开）为两个地块在东南区境内的边界。

扬子地块东南缘的变质基底出露分布最广，其北以江南断裂（湖北崇阳、通山经江西瑞昌、湖口，安徽东至、宣城、广德，江苏溧阳、常州、如皋延入南黄海）与扬子地块中部的董岭-埤城基底为界，南以绍兴-江山-萍乡断裂与华夏地块相接。组成这一地块基底的地层包括早元古代的星子（岩）群，中元古代的双桥山（岩）群、溪口（岩）群、张村群、双溪坞群、金山（岩）群，晚元古代青白口纪的历口群、登山群、河上镇群以及葛公镇组、镇头岩组、西村组、落可岽组、马涧桥组、惠南板岩等。其上被未变质的震旦纪地层不整合覆盖。这一基底的组成单元中还有元古宙的侵入岩体，如九岭花岗闪长岩体、休宁花岗闪长岩体、许村花岗闪长岩体等，它们分别侵入双桥山（岩）群和溪口（岩）群，而又被震旦纪地层覆盖。位于西村（岩）组底部保存较为完好的伏川蛇绿岩，同位素年龄（1 024 Ma）表明它也应属于基底地层的组成部分。

上述地层尽管它们的岩石性质、组合方式、形成环境、变质变形程度有所不同，但经过多年调查研究结果，表明它们的原岩结构、构造是可以辨认的，总体上是有序的，部分地层（岩群、岩组）虽然变形较强，但也属于总体有序局部无序的状态。何况各断代地层的顶底都被不整合面所围限。

在讨论扬子地块基底时，不可避免地要涉及到两个有争论的问题：

（1）关于庐山飞来峰问题：出露在庐山一带的星子（岩）群是扬子地块东南缘出露最老的变质基底，具杂岩性质，变质较深，达角闪岩相，变形亦较强烈。利用单颗粒锆石 U－Pb 稀释法对斜长角闪岩进行测定，获得 1 850 Ma 和 2 100 Ma 的年龄信息，前者可代表中条期变质作用年龄，后者则可指示其成岩时代。此外对星子地区燕山期糜棱岩化花岗岩的年代学研究，发现存在 2 700 Ma 捕获锆石年龄，它似乎表明星子（岩）群之下有可能存在时代更老的结晶基底。对星子地区不同时代基性火山岩研究获得了 2 695、2 832 Ma 的 TDM 年龄，它也反映在2 700～2 800 Ma 可能发生过地幔分异或壳幔分异事件（赵风清等，1994）。这一研究结果以及对星子（岩）群古地磁极移轨迹的研究（张惠民等，1994），都否定了庐山是异地推覆而来的飞来峰（李继亮等，1989）的说法。

（2）在华南地质的研究中，另一个争论较多也是极为关键的问题是"板溪群构造混杂岩"问题。这里所称的板溪群不仅包括了震旦系底部不整合面以下，中、晚元古代之间四堡运动不整合面之上的一套浅变质地层，而且还包括其下的一套中元古代地层，如湖南的冷家溪群、江西的双桥山（岩）群、安徽的溪口（岩）群等，并认为这是在古生代和早、中三叠世形成的构造混杂岩（许靖华、孙枢、李继亮等，1980、1987、1989）。

许多地质学者以及我们的研究表明，在扬子地块东南缘，由四堡运动和晋宁运动所造成的区域性不整合面是明显的，其间所围限的地层，变质很浅，主要由千枚岩、板岩、变质砂砾岩、基性一酸性火山岩组成，由于岩石组合特征不同，可以划分出若干个不同的群级和组级岩石地层单位，而且都是有序的。同位素年龄表明，其形成的时代为 1 000～800 Ma±，属于青白口纪。至于位于四堡运动不整合面以下的中元古代地层，如双桥山（岩）群、溪口（岩）群等，总体上变质程度不深，虽然某些部分变形较强，加上后期构造运动的影响，使其层序难以恢复，但在变形相对较弱的部分，原始的层序可恢复，原岩的某些原始沉积特征仍可辨认，故总体上是有序的，局部是无序的。同位素年代学的研究表明，它们属于中元古代。侵入其中的九岭、休宁、许村等花岗闪长岩体（同位素年龄分别为 935、935 Ma 和 877 Ma），又被震旦纪地层覆盖，加上古地磁研究的结果，都足以佐证其形成的时代为中元古代。据此，上述被当作"板溪构造混杂岩"的地层，是中、晚元古代时期形成的基本上是有序的地层实体，而不是古生代和早、中三叠世形成的构造混杂岩，加上变质变形特征的研究也表明，它们是元古宙造山带的组成部分。

（二）华夏地块

华夏地块基底的组成要复杂一些。经过近几年的研究，已就这一地区广泛出露分布的前泥盆纪变质地层的岩石地层做了进一步的划分，同时根据同位素年龄、古地磁及微古植物资料，对其地质年代做了划分对比，并对其原岩组成、变质变形特征和形成环境等做了一些探讨。初步认为，由早元古代的麻源（岩）群、八都（岩）群，中元古代的陈蔡（岩）群、东华（岩）组、卓地

(岩)组、葛坑(岩)组及抱板(岩)群组成华夏地块的结晶基底，而褶皱基底则由青白口纪的石碌群、云开群、浒岭组、神山组、潭头群及其上的震旦纪和早古生代的浅变质岩系组成，其上被未经变质的泥盆纪至中三叠世地层不整合覆盖。

麻源(岩)群和八都(岩)群的原岩组合为含有机质的富铝碎屑沉积，底部多夹中、基性火山岩，并有少许碳酸盐岩，变质较深，达角闪岩相，变形亦较强烈，主要呈北东向展布在武夷地层分区，其上缺失中元古代和晚元古代青白口纪地层，表明在此期间处于隆起剥蚀状态，是华夏地块中的微形陆块和蚀源区。

中元古代的地层则主要分布在武夷陆块东南侧的浙闽沿海和海南岛五指山地区，在东海大陆架温州以南的灵峰1井及南海西沙群岛永兴岛钻孔中均已见及。又据地球物理资料，至今东海尚未证实有分划性洋-陆俯冲带及地体拼贴界面(汤加富，1993)，而在台湾大南澳(岩)群有高达1 700 Ma的变质年龄(王鸿祯，1993)，因此华夏地块向东向南有更广阔的延伸。

第四章

震旦纪—志留纪

区内震旦纪—志留纪地层分布广泛，遍布九省(区)一市，分属华南和南海两个地层大区的扬子、东南、三亚三个地层区，七个地层分区。各地层区的发育情况和总体特征差异较大，其中扬子地层区发育完整、生物丰富，属被动大陆边缘稳定型沉积，基本上未遭受区域变质，以往研究程度较高；东南地层区发育良好，生物尚丰富，为活动型的裂谷盆地沉积，普遍遭受了区域变质，以往研究程度不高；三亚地层区出露稀少，且不完整，生物缺乏，研究程度较差，初步认为属板内沉积。

本断代延续时间长达 392 Ma。扬子地层区的沉积是在晋宁运动所造成的剥蚀面上发育起来的，形成以海相沉积为主，陆相和海陆过渡相为次的碳酸盐岩、碎屑岩构成的沉积地层；在东南地层区，除了中元古代末形成的隆起区未接受沉积外，基本上继承了青白口纪陆间裂谷盆地，接受活动型泥砂质夹火山岩的复理石沉积。根据地层的发育情况和总体特征，可进一步分为震旦纪和早古生代两个断代。它们都由若干不同级别的沉积旋回构成。

第一节　岩石地层划分及其特征

本断代岩石地层单位共计 148 个(5 个群、138 个组、5 个段)，其中扬子地层区 68 个(63 个组、5 个段)；东南地层区 72 个(5 个群、67 个组)；三亚地层区 8 个，均为组。地层序列见表 1-2。

一、震旦纪岩石地层

震旦纪地层分布在扬子、东南两个地层区下属的扬子、江南、桂-湘-赣、云开、武夷、沿海、五指山等七个地层分区。除台湾省外，地层发育完整，分布广泛(图 4-1)。

(一)扬子地层区

主要分布于安徽的滁县、江苏的丹阳埤城、沿长江一带及江南古陆的周边地区。它的北界为响水—嘉山—宿松一线，南界为萍乡—绍兴一线。可分为下扬子与江南两个地层分区。

1. 下扬子地层分区

大致沿长江两岸分布，它是峡东地区震旦纪地层的延伸部分，自下而上为莲沱组、南沱组、陡山沱组和灯影组。

(1)**莲沱组**　下部为灰白、灰黄色厚层含砾石英砂岩、含砾岩屑石英砂岩夹薄层粉砂质泥

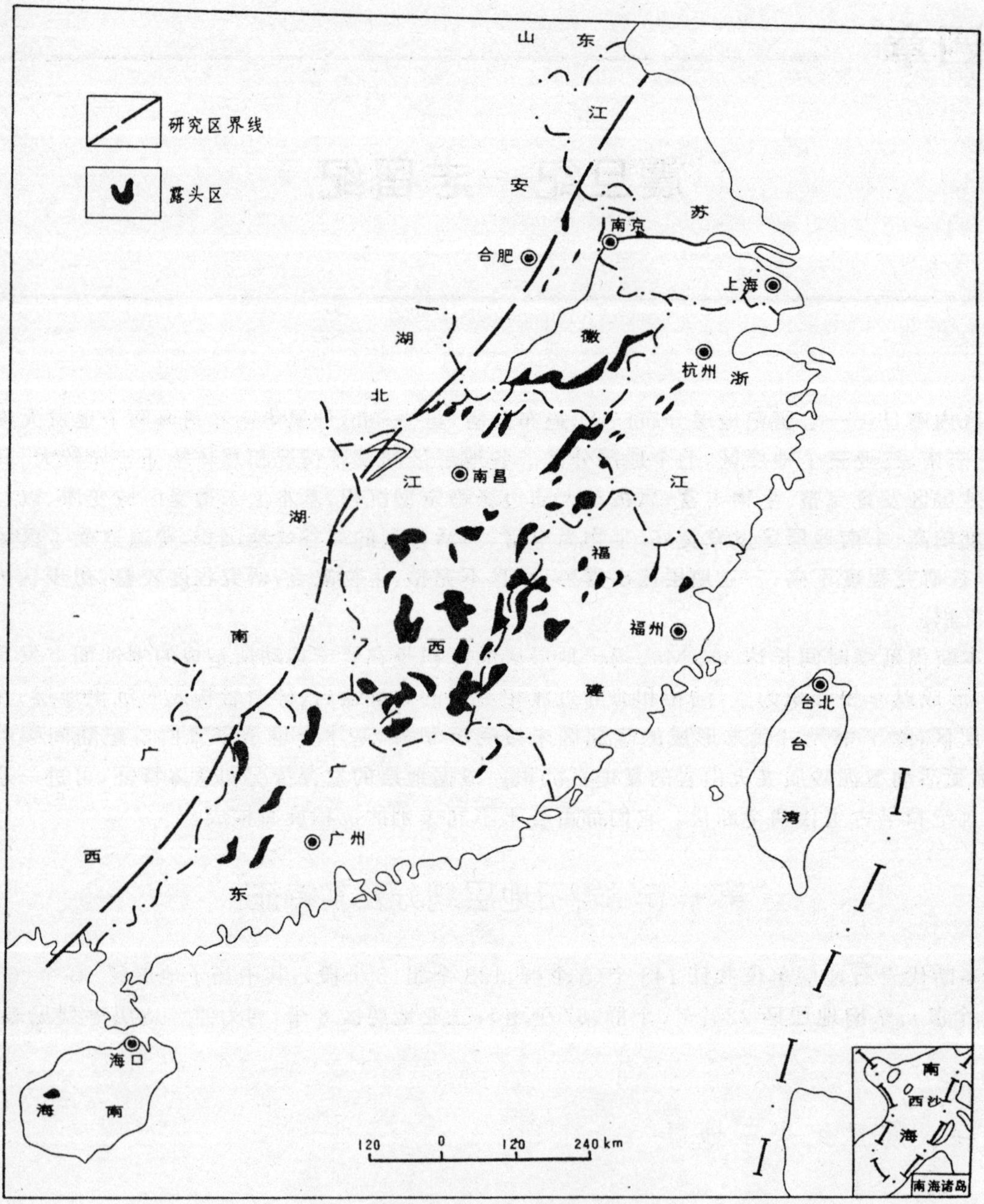

图 4-1 东南区震旦纪地层露头分布图

岩；上部为灰白、暗灰色中厚—中薄层细粒长石岩屑砂岩、石英砂岩夹薄层泥质粉砂岩及碳质页岩，厚 195 m。为总体向上变细的退积型结构，与下伏前震纪地层呈不整合接触。岩层具块状层理、平行层理、中小型楔状与槽状层理、交错层理、水平层理，有波痕及冲刷印模，属河流相至三角洲相沉积。本组至滁县地区相变为陆架相细碎屑岩，且普遍遭受了变质和变形，称为**周岗组**，岩性为灰绿色千枚岩、千枚状粉砂岩与灰黄色薄层细粒长石石英砂岩、细粒石英砂岩韵律互层，视厚度 1 256 m，与下伏张八岭(岩)群呈平行不整合或不整合接触。

(2)**南沱组**　为青灰色含砾砂岩、含砾泥岩夹含锰泥岩或含锰白云岩，厚 1.3～555.0 m。本组成因复杂，有山麓冰川、陆相冰川、冰川海岸及浅海陆架的冰筏沉积。一般有三次冰进-冰退旋回变化。向西北至滁县地区岩层普遍遭受变形和变质，称为**苏家湾组**，视厚度达765 m。与下伏层为平行不整合至整合接触。

(3)**陡山沱组**　为灰、黄褐色薄层含泥质粉晶白云岩、白云岩与泥岩间有数层含锰白云岩或含锰白云质灰岩，顶为含钾粉砂质泥岩，厚14～113 m，与下伏南沱组呈平行不整合接触。岩层具水平层理、微波状层理，为碳酸盐台地沉积。向西北至滁县地区相变为陆架相**黄墟组**，且遭受变形和变质作用，岩性为灰黄、深灰色薄层千枚状泥岩、含粉砂质泥岩、泥灰岩、不等粒碎屑灰岩、灰岩，含燧石结核与条带，含微古植物化石，视厚度310 m，与下伏苏家湾组呈平行不整合接触。

(4)**灯影组**　以浅灰、灰白色白云岩为主，夹少量泥质白云岩。至江浦龙洞山一带，上部夹薄层白色硅质岩，在滁县全椒一带，顶为灰黑色中厚层沥青质灰岩。岩层具水平层理，为碳酸盐台地相沉积，含叠层石及微古植物化石，厚36～561 m。与下伏陡山沱组、黄墟组为整合接触。

2. 江南地层分区

分布于江西武宁、瑞昌—安徽东至、宁国—浙江昌化、安吉一线以南，以皖南地区出露较好，自下而上分为休宁组、南沱组、蓝田组、皮园村组。

(1)**休宁组**　灰白、灰绿色、灰紫色薄—中厚层砂岩、粉砂岩为多层韵律互层，底为紫红色砾岩，东至一带底为厚层砾岩含砾砂岩与下伏地层为不整合—平行不整合接触，具水平层理、板状交错层、脉状层理、砂纹层理，为海岸相沉积，含微古植物化石，厚300～1 394 m。

(2)**南沱组**　岩性与下扬子地层分区相似，胶结物中含有较多的凝灰质，厚度一般为70～371 m，其层位与时代均与下扬子地层分区相同。

(3)**蓝田组**　底为黄褐色含锰灰岩，下部为黑色碳质页岩、泥岩，中部为青灰色薄层灰岩、泥灰岩、白云质灰岩，上部为灰绿、暗灰色薄层粉砂质页岩、含钾页岩，与下伏南沱组整合接触。岩层具水平层理、微波状层理，为陆架相沉积，含微古植物及大型宏观藻类化石。至江西上饶一带相变为含磷碳酸盐岩及细碎屑岩，岩层具水平层理、平行层理，偶见大型斜层理，为台缘浅滩相沉积，厚75 m。

(4)**皮园村组**　薄—厚层黑白相间的硅质岩、硅质页岩，与下伏蓝田组整合接触，具水平层理、象形槽模，为陆架—盆地相沉积，含微古植物、海绵骨针，厚34～406 m。至浙江余杭一带相变为**板桥山组**白云岩与泥质白云岩夹石英砂岩和砂岩，岩层具波状、微波状层理，为台缘浅滩相沉积，厚170～750 m。本组与灯影组为同期异相沉积，但在滁县全椒和浙江开化可见上超于灯影组之上。

(二)东南地层区

分布在江绍断裂至江西萍乡、广西桂林一线以南的广大领域，包括桂-湘-赣、云开、武夷、沿海、五指山等五个地层分区。

1. 桂-湘-赣地层分区

主要分布在永丰、井冈山、赣州、韶关等地。包括**杨家桥群**：古家组、下坊组、大沙江组；沙坝黄组；**乐昌峡群**：坝里组、老虎塘组。

(1)**古家组**　浅棕红色凝灰质砾岩、含砾凝灰质千枚岩、含砾凝灰质砂岩，偶夹千枚岩、板岩及中酸性熔岩，厚22～1 039 m，西厚东薄，与下伏地层为平行不整合至不整合接触，岩性和厚度变化较大，可能是一种深切河谷的沉积。

向桂东南方向相变为**长安组**灰绿色厚层状浅变质含砾泥岩、含砾砂岩夹细砂岩、粉砂岩、泥岩，南薄北厚，厚 510～1 453 m。与下伏地层为整合接触，为低水位半深海海底层状浊流沉积。在粤西，长安组底界不明。

(2)**下坊组** 灰绿色绢云千枚岩、砂质绢云千枚岩、绿泥绢云千枚岩、含磁铁绿泥千枚岩、千枚状粉砂岩及灰黑色碳质绢云千枚岩，夹条带状磁铁石英岩、磁铁石英片岩，偶夹碳酸盐岩凸镜体。厚 40～676 m，与下伏古家组整合接触。本组为复成分硅铁质建造，常形成具工业意义的矿层，属低绿片岩相，为滨、浅海—三角洲平原沉积。至桂东南地区相变为**鹰扬关组**，其岩性为浅变质火山岩、细碧角斑岩、火山角砾岩、钙泥质千枚岩，夹白云岩及铁矿层，厚 2 090 m，为低能还原环境三角洲前缘深水盆地沉积。

(3)**大沙江组** 浅灰、深灰色含砾细屑沉凝灰岩、含砾凝灰质板岩、变复成分砾岩、碳质千枚岩，夹含锰白云岩。与下伏下坊组整合接触，厚 4～68 m，为冰川海洋环境沉积。其层位与南沱组相当。

(4)**沙坝黄组** 分布于赣中南，介于上施组与坝里组之间，为一套含火山物质陆源中粗碎屑岩，以发育砾质岩层为特征，主体岩性为变余砾岩、砂砾岩、含砾凝灰质砂岩，不等粒岩屑杂砂岩与绢云千枚岩和板岩呈不等厚互层或夹层。含微古植物化石。厚 10～714 m。

(5)**坝里组** 青灰至深灰色巨厚—中厚层长石石英杂砂岩、凝灰质砂岩、粉砂岩、沉凝灰岩与砂质板岩、千枚岩韵律互层，与下伏大沙江组或沙坝黄组均为整合接触。厚 230～2 054 m，为槽盆相浊流沉积，遭受了低绿片岩相的区域变质作用。含微古植物化石。

(6)**老虎塘组** 以灰、乳白色中厚层石英岩及条带状石英岩为主，中上部夹黑色含碳质绢云千枚岩、含碳质砂质绢云千枚岩及绢云千枚岩，与下伏坝里组整合接触。岩层具块状层理、包卷层理、小型斜层理、水平层理及正粒序层理，为次深海斜坡相—槽盆相沉积，厚 64～994 m，自西北往东南减薄，含微古植物及海绵骨针。

2. 云开地层分区

主要分布于粤西及桂东南地区。自下而上为大绀山组、活道组、坝里组及老虎塘组。其中坝里组和老虎塘组与桂-湘-赣地层分区一致，不再叙及。

(1)**大绀山组** 石英云母片岩、云母石英片岩，夹碳质千枚岩、硅质岩、灰岩、凝灰岩及黄铁矿层，厚 1 026 m。含微古植物化石。底部以石英岩夹砾岩为标志，与下伏沙湾坪组平行不整合接触。

(2)**活道组** 棕灰、青灰色泥质细砂岩、粉砂岩(或石英片岩、云母石英片岩)，夹千枚岩、含碳质千枚岩及灰岩(大理岩)。底以砂砾岩或砾岩平行不整合于大绀山组之上。底部砾岩常变为砂岩，顶部碳酸盐岩可相变为硅质岩。至鹰扬关、和平九连山一带常夹中、基性火山岩，在信宜—高州夹中、酸性火山岩。含微古植物化石。

3. 武夷地层分区

主要分布于赣东及闽西南等地。依据岩石组合及变形变质特征，前者主要为片岩夹大理岩，包括洪山组和外管坑组。后者主要为变质砂泥质岩及硅质岩，包括楼子坝组、丁屋岭组、南岩组、黄连组以及宝石组、黄潭组、三溪庙组、龙头组、东岩组、吴墩组、龙北溪组、稻香组等。

(1)**洪山组** 灰黑、黄褐色二云片岩、石墨石英片岩、白云石英片岩、石英岩、含磁铁黄铁矿二云变粒岩夹大理岩(透辉石岩)、斜长角闪岩及变余砾岩等。视厚 317～916 m，南薄北厚，与下伏万源(岩)组整合接触。其变质程度已达高绿片岩相—低角闪岩相，原岩为一套泥砂质岩、硅质岩夹碳酸盐岩。

(2)**外管坑组** 深灰、灰黑色薄—中厚层矽线石二云片岩，夹石英片岩、石墨石英片岩、含碳黑云石英岩，含碳硅质板岩，局部夹片麻岩或变粒岩，含海绵骨针，视厚 353 m，与下伏洪山组整合接触，变质程度已达高绿片岩—低角闪岩相，原岩是一套含碳硅泥质建造，为广海盆地沉积。

(3)**楼子坝组** 下部为灰至青灰色薄—中厚层变质细砂岩、变质粉砂岩、千枚岩互层，夹变质硅质岩，千枚岩中含磁铁矿；中部为黄绿色薄—中厚层变质细砂岩、变质粉砂岩、千枚岩、板岩互层，夹变质钙质细砂岩、石英砂岩及少量硅质岩，偶夹泥灰岩凸镜体，局部含磷；上部为灰白、灰绿色中薄—中厚层变质石英细砂岩与千枚岩、变质粉砂岩互层，夹硅质岩、硅质千枚岩，顶部含磷。本组未见底，厚大于 6 317 m。

向东北至顺昌一带称为**吴墩组**钠长变粒岩夹钠长云母石英片岩及斜长石英白云片岩、二云石英片岩，原岩为中酸性火山复理石建造，厚大于 1 204 m。至建瓯一带称**东岩组**为绿帘透辉片岩，钠长阳起片岩、绿泥阳起片岩夹大理岩，原岩为一套细碧角斑岩，厚 101～764 m。

向北至明溪、将乐、建阳一带本组相变为**黄潭组**二长变(浅)粒岩、斜长变粒岩、钾长变(浅)粒岩，夹黑云变粒岩、钠长变粒岩及白云(石英)片岩、斜长黑云(石英)片岩，原岩为中酸性火山碎屑岩建造，厚 128～2 174 m。

至泰宁一带本组相变为**宝石组**角闪(斜长)变粒岩、斜长黑云片岩、石英岩及黑云斜长变粒岩、绿泥阳起片岩夹含磁铁矿阳起石英岩，原岩系泥质、砂质、泥灰质碳酸盐岩建造，厚 7.5～129 m 或大于 129 m。

(4)**丁屋岭组** 变质细砂岩、钙质细砂岩、变质粉砂岩夹千枚岩及硅质岩，局部夹变质火山岩，与下伏楼子坝组呈平行不整合至不整合接触。本组厚 181～1 531 m，东南薄西北厚。

(5)**南岩组** 灰绿色中—薄层变质(钙质)细砂岩、变质粉砂岩、千枚岩，夹硅质岩、硅质粉砂岩、变质砂泥岩及磷块岩条带，局部地区偶见白云质灰岩凸镜体及黄铁矿，与下伏丁屋岭组整合接触。原岩为海相钙硅质、砂泥质细碎屑岩，厚 292～1 082 m，东南薄西北厚。

向东北至建瓯、政和一带本组相变为**龙北溪组**云母石英片岩、石英云母片岩夹黑云斜长变粒岩、石英岩及含磷灰石、磁铁矿、滑石、石墨的薄层条带状石英岩夹大理岩及片岩，厚大于 1 519 m。至明溪一带相变为**三溪寨组**绢云千枚岩夹条带状硅质岩、白云质大理岩凸镜体及黄铁矿层。局部地段变质程度较深，形成含磁铁矿(石墨)黑云石英片岩夹黑云(斜长)变粒岩，厚 123～1 465 m，南薄北厚。

(6)**黄连组** 灰、灰白、灰绿色薄—中厚层硅质岩、条带状硅质岩，夹变质细砂岩、变质粉砂岩及千枚岩，与下伏南岩组整合接触。厚 355 m。

向北至宁化一带相变为**龙头组**变质沉凝灰岩、变质晶玻屑凝灰岩夹千枚状粉砂岩、绢云千枚岩，厚 74～2 444 m，与下伏三溪寨组平行不整合接触。

再向北至政和一带相变为**稻香组**绿帘石化安山质凝灰岩、泥质硅质岩、硅质泥岩，夹凝灰质细砂岩、粉砂岩，厚 131～2 058 m 或大于 2 058 m，原岩为中性火山-泥硅质建造。

4. 沿海地层分区

主要分布于福建省的东部沿海闽东地区。出露的岩石地层单位为洋地组和稻香组。稻香组的岩性特征与武夷地层分区相似，不再叙及。

洋地组 下部以黑云(斜长)变粒岩、黑云(石英)片岩为主，夹薄层石墨片岩；中部为条带(条纹)状绿帘透辉岩与(黑云)斜长变粒岩互层；上部为铅锌矿化石英石榴石大理岩夹薄层绿帘透辉岩，底部有混合岩化，厚度 404～7 839 m。原岩为海相砂泥质-钙镁质岩。含微古植物化石。

5. 五指山地层分区

仅在海南省五指山一带有零星露头，称为石灰顶组。

石灰顶组 下部为棕、紫红色板岩、粉砂质板岩、粉砂岩，夹含铁砂岩；上部为灰黑灰白棕褐色中厚层状铁质石英砂岩、石英砂岩夹泥岩、石英岩，与下伏石碌群呈不整合接触。厚97～214 m或大于214 m，含微古植物化石。本组普遍遭受区域浅变质作用，属绿片岩相，是石碌铁矿区的含铁层位之一，以含锰贫铁矿为主。

二、寒武纪—志留纪岩石地层

早古生代地层非常发育，具有不同类型的沉积和生物群。扬子、东南和三亚三个地层区均有露头分布（图4-2）。

（一）扬子地层区

以江南断裂为界，可分为下扬子和江南两个地层分区。

早古生代地层按沉积物的类型可分为碎屑岩、碳酸盐岩和硅灰泥质岩混合型三种类型。根据生物群的面貌和特色可分为介壳灰岩相、笔石页岩相及介壳、笔石混合相三种沉积。依据沉积环境可分为碳酸盐台地、陆架斜坡带及前陆盆地等环境。但由于各地质历史时期均有自身的特色，故本书不单按某种成因分类，而是依据各时期的主要特色进行分类叙述。其中，寒武纪按沉积物的类型分类，奥陶纪根据生物特色分类，志留纪主要考虑沉积环境的差异。

1. 寒武纪岩石地层

按沉积类型可分为台地碳酸盐岩组合和盆地硅灰泥质碎屑岩组合两种类型。

台地碳酸盐岩组合类型以下扬子地层分区的宁镇与巢湖一带最发育，其次分布在江南地层分区的杭州-嘉兴地层小区。它的分布范围和沉积环境完全受碳酸盐台地控制，前者称为巢宁台地，自下而上可分为幕府山组、炮台山组、观音台组。后者称为开临台地，与幕府山组和观音台组层位相同的岩石地层分别称为超山组和超峰组，与炮台山组相当层位则称杨柳岗组，具有盆地硅灰泥碎屑沉积组合特征，将在下面描述。

(1)**幕府山组** 灰白色薄—厚层状砾屑白云岩、砂屑白云岩、鲕粒白云岩、核形石白云岩、硅质条带白云岩。岩层具水平微波状层理、鸟眼构造，为潮坪泻湖相沉积，厚41～105 m，西南薄东北厚。富含藻类、三叶虫和小壳化石。本组之下的灰黑色页岩称荷塘组。与下伏灯影组为平行不整合接触。

本组向东南至浙江余杭一带相变为**超山组**，为灰至灰黑色白云质泥岩，厚5～21.8 m。

(2)**炮台山组** 灰至灰黑色、浅红色薄层砾屑、砂屑、鲕粒白云岩、藻白云岩、泥晶白云岩夹灰岩、泥质页岩、钙质泥岩，局部含硅质条带与燧石结核，与下伏幕府山组整合接触，岩层具水平纹层、水平虫管、蹼状构造，含石盐假晶，显局限台地、泻湖相沉积特征，东北薄西南厚。含三叶虫和腕足类，厚290～1 140 m。

(3)**观音台组** 灰白至深灰色中、厚层白云质细砾岩、微晶含灰质白云岩、粉晶、细晶白云岩、泥质白云岩，局部含燧石结核与硅质条带，与下伏炮台山组整合接触。岩层具细纹层、水平层理、脉状层理、羽状交错层、鸟眼构造、含石盐假晶，显蒸发台地潮间带特征，厚302～1 227 m，东北薄西南厚，含叠层石和藻类。

向东南至浙江余杭一带相变为**超峰组**，为灰白至深灰色厚层状粉、细晶白云岩，顶部为白

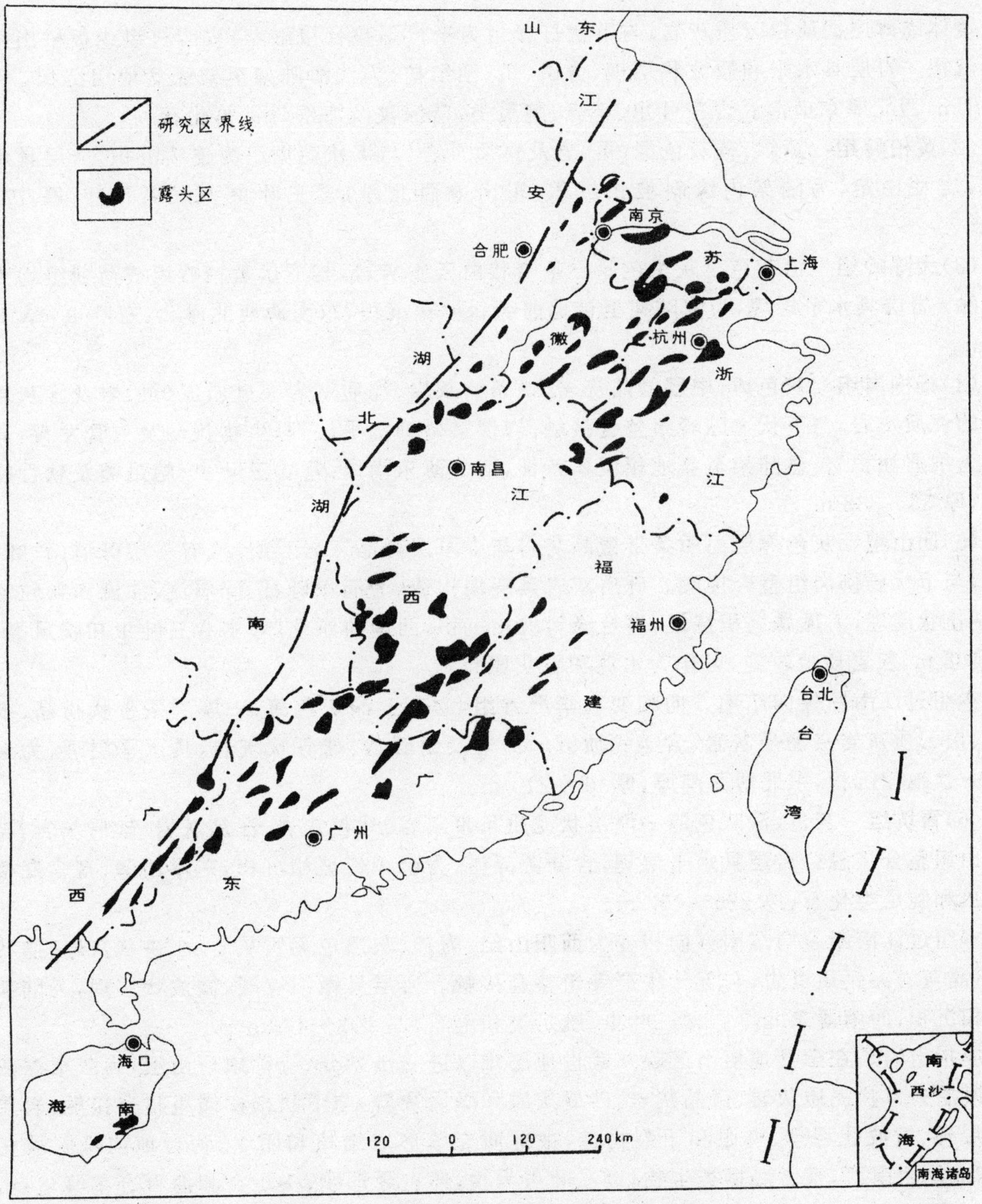

图 4－2　东南区早古生代地层露头分布图

云岩硅化而成的次生石英岩，厚 175～342 m，下与杨柳岗组整合接触。

值得指出的是江苏昆山至上海一带的寒武纪地层名称尚待进一步厘定。该地处于巢宁与开临两个碳酸盐台地之间的台盆(沟)相区，应采用斜坡带的名称更恰当，因露头较差，仅依据钻孔资料尚难以确定。

盆地硅灰泥质碎屑岩组合遍布于碳酸盐台地以外的广大海域，尤以皖南和浙西最发育，大多以硅灰泥质岩混合型沉积为特征，自下而上可分六个组。

(1)**荷塘组**　黑色薄层碳质硅质页岩、硅质岩、泥岩、页岩、石煤层，夹灰岩凸镜体及磷矿层(或结核)。磷矿层不稳定，沿走向可尖灭。石煤层由东南向西北厚度增大，煤层增多，煤质变好，靠底部普遍夹有饼球状含碳质白云质微晶、粉晶灰岩凸镜体。碳硅质页岩中夹含白云质粉晶灰岩凸镜体或薄层泥质白云质灰岩。与下伏灯影组为平行不整合接触，与皮园村组或板桥山组为连续沉积。岩层具水平和微波状层理，含磷、钒、铀结核，为浅海陆架至架缘盆地相沉积，厚 29～573 m，西北厚东南薄。含三叶虫、小壳、腕足类、蓝绿藻及海绵骨针等化石。

(2)**黄柏岭组** 黄绿、蓝灰色泥(页)岩及钙质页岩，与下伏荷塘组为连续沉积。岩层具水平层理，岩性稳定，为陆架内缘斜坡相沉积，东南薄西北厚，含三叶虫和海绵骨针，厚 175～482 m。

(3)**大陈岭组** 深灰色至灰黑色厚层条带状白云质灰岩，与下伏黄柏岭组或荷塘组均为整合接触。岩层具水平层理，为内陆架至台地前缘斜坡相沉积，东南薄西北厚，含三叶虫，厚 26～100 m。

(4)**杨柳岗组** 灰色薄、中层微晶灰岩、饼条状灰岩、泥质灰岩夹硅质泥(页)岩及含灰岩凸镜体的泥质灰岩，与下伏大陈岭组整合接触。岩层具微细水平层理，生物扰动及虫管发育，局部地区为细屑浊积岩，显陆架至盆地相沉积特征，西北薄东南厚。富含三叶虫、腕足类及软舌螺等化石，厚 55～388 m。

(5)**团山组** 灰色薄层泥质条带微晶灰岩与中厚层微晶灰岩互层，底有一层砾屑(竹叶状)灰岩，与下伏杨柳岗组整合接触。砾屑灰岩具滑塌构造，为崩塌砾石、碎屑流、浊流和颗粒流沉积，显丘状层理，为风暴沉积特征，属台缘斜坡相沉积，西南薄东北厚。富含三叶虫和腕足类，厚 22～168 m，灰岩质地较纯，可作为水泥和石灰原料。

本组过江南断裂向东南方向相变为**华严寺组**，为灰至深灰色薄、中厚层条带状粉晶、细晶灰岩、白云质灰岩夹泥质灰岩、含碳钙质泥(页)岩及角砾状、球砾状灰岩，具水平层理，为架缘斜坡—盆地相沉积，东北薄西南厚，厚 99～213 m。

(6)**青坑组** 灰色、深灰色薄—厚层状泥质条带灰岩、球粒灰岩、泥晶灰岩、砂屑灰岩，与下伏团山组整合接触。岩层具水平层理，含陆源碎屑，为台缘斜坡相沉积，东厚西薄，富含底栖类三叶虫和腕足类化石，厚 220～453 m。

本组过江南断裂向东南方向相变为**西阳山组**，为灰、灰黑色泥质灰岩、小饼状灰岩、瘤状灰岩、粉晶灰岩夹钙质页岩，与下伏华严寺组整合接触。岩层具微细纹层，微波状层理，为陆架至盆地相沉积，西南薄东北厚。含三叶虫、腕足类和笔石，厚 102～460 m。

应指出的是在滁县地层小区晚寒武世地层难以进一步划分，统称**琅玡山组**，为灰至深灰色薄—厚层条带状泥质灰岩、微晶灰岩、砂屑灰岩和砾屑灰岩，与下伏杨柳岗组整合接触。岩层具水平层理、微波状层理、鸟眼和干裂构造，被硅质充填形成结核和团块，为台地前缘斜坡相沉积，东北厚西南薄，富含底栖类生物，以三叶虫为主，还有牙形刺、头足类和海百合茎等化石，厚 713～964 m。

2. 奥陶纪岩石地层

分布范围与寒武纪大致相同，除碳酸盐台地外，台缘斜坡地带也有沉积，根据生物群和岩石组合特征，可分为介壳灰岩相和笔石页岩相两大类型。

介壳灰岩相地层大致可分出十个岩石地层单位。

(1)**仑山组** 灰、灰白色厚层含灰质白云岩、白云岩及白云质灰岩，与下伏地层均为整合接触。岩层具波状和微波状层理，鲕粒构造，局部含燧石结核和条带，为台地前缘浅滩相沉积，厚 59～617 m，北薄南厚。本组岩性随下伏地层的变化而略有变化，若下伏地层为观音台组则白云质成分增高；下伏为青坑组则钙质成分增加；下伏为西阳山组则泥质成分相对增高。富含三叶虫、头足类、腕足类和牙形刺。

至滁县地层小区相变为**上欧冲组**和**分乡组**。**上欧冲组**为灰色中薄层—块状致密灰岩、含白云质灰岩、含白云质砂质灰岩，含燧石结核和条带，具水平层理、微波状层理，为台地前缘斜坡相沉积，含牙形刺、头足类、腕足类及海百合茎等化石，厚 352 m；**分乡组**为灰色薄—中厚层灰岩、含白云质泥质灰岩与黄绿色页岩互层，普遍发育硅质条带和燧石结核，与下伏上欧冲组整合接触，岩层具水平、波状和微波状层理，为台缘至斜坡相沉积，富含头足类、腕足类和笔石，厚 28 m。

(2)**红花园组**　灰、深灰色中厚层含燧石结核砂屑、生物屑灰岩、白云质灰岩夹薄层硅质岩和少量页岩，与下伏地层为整合接触。岩层具有亮晶、砂屑、球粒、鲕粒、生物屑等结构、构造，为台缘浅滩相沉积，富含头足类、腕足类和牙形刺。厚 24～169 m。

(3)**大湾组**　黄绿、灰绿、青灰色泥质瘤状灰岩类页岩，与下伏红花园组为整合接触。岩层具水平层理，灰岩中含海绿石，瘤状构造发育，为淹没台地相沉积，富含头足类、腕足类和笔石，厚 3～13 m。至芜湖石台地层小区相变为**东至组**，为紫红色夹灰绿色泥质瘤状灰岩、泥质灰岩，东薄西厚，厚 28～76 m。

(4)**牯牛潭组**　灰、浅灰色中薄—厚层结晶灰岩及泥质灰岩，与下伏地层均为整合接触。岩层具泥晶、细晶、生物屑结构及网眼、收缩纹构造，波状和微波状层理，为台缘浅滩相沉积，含头足类、腕足类、三叶虫和牙形刺。厚 22～61 m。

(5)**庙坡组**　灰黑至褐灰色页岩夹黄绿色页岩、硅质页岩及灰岩凸镜体，与下伏牯牛潭组整合接触。岩层具水平和微波状层理，为台沟相沉积，富含笔石、三叶虫、介形类化石，厚仅 2 m。

(6)**宝塔组**　灰紫、棕红色中厚层瘤状干裂纹灰岩夹泥晶灰岩，与下伏地层为整合接触。岩层具微波状层理、瘤状构造，为淹没台地相沉积，含头足类化石，厚 6～64 m。

(7)**汤山组**　可分上、下两段。下段为灰黄色薄—中厚层骨屑微晶、泥晶灰岩、生物屑灰岩；上段为灰、紫灰色夹肉红色中厚层含泥质条带粉屑、骨屑微晶灰岩。与下伏红花园组整合接触。岩层具微波状层理和干裂纹构造，为台地相沉积，含头足类、腕足类和牙形刺，厚 21～103 m。

(8)**汤头组**　灰黄、灰白色中薄层瘤状泥灰岩、泥质灰岩夹粉砂质泥岩及泥岩，与下伏地层为整合接触。岩层具水平层理、瘤状构造，为开阔台地相沉积，富含三叶虫、头足类、腕足类化石，厚 2～54 m。

(9)**三衢山组**　下段为深灰色条带状泥晶灰岩夹薄层生物屑灰岩、砾屑灰岩，厚 646 m；中段为灰白、浅灰色厚层、块状藻灰岩，厚 650 m；上段为灰、深灰色生物屑泥晶灰岩、纹层状泥晶灰岩、云质泥晶灰岩互层，顶夹镣珊瑚、层孔虫障积岩，厚 298 m。与下伏地层为整合接触。岩层具斜层理、滑塌褶皱、鸟眼构造，为礁滩相沉积，富含钙藻、苔鲜虫、珊瑚、层孔虫、头足类、腕足类、三叶虫等化石，总厚度达 1 500 m。

(10)**新开岭组**　灰黑色薄层硅质岩夹碳硅质页岩及碳质页岩，与下伏汤头组整合接触。岩层具水平和微波状层理，为海岸泻湖相沉积，厚 0.8～70 m。富含笔石。包括原五峰组黑色硅质页岩及高家边组下部的黑色碳质页岩部分，也和九江-武宁地区的新开岭组相当，现统称为新开岭组。本组为笔石页岩相，但其所处沉积环境仍为碳酸盐台地，与三衢山组为同期异相沉积。

笔石页岩相地层自下而上可分为六个组。

(1)**印渚埠组**　青灰、灰绿、黄绿色钙质泥岩，顶底均有瘤状或小饼状灰岩凸镜体，与下伏西阳山组为连续沉积。岩层具水平纹层和微波状层理，为陆架至盆地相沉积，厚 99～1 100 m，西北薄东南厚。含笔石和三叶虫。

(2)**宁国组**　灰绿、暗蓝、灰黑色页(泥)岩夹粉砂质页岩，与下伏印渚埠组为整合接触。岩层具水平层理，为陆架至盆地相沉积，富含笔石，厚 39～140 m。

(3)**胡乐组**　灰黑色中薄层硅质、碳质页岩及硅质岩，与下伏宁国组整合接触。岩层具水平层理，富含有机质，为盆地相沉积，含笔石，厚 70～180 m。

(4)**砚瓦山组**　深灰、灰绿、灰黑、紫红色薄—中厚层瘤状泥晶灰岩、泥质灰岩，至安徽黟县宏潭地区可相变为钙质粉砂质页岩夹瘤状泥灰岩。与下伏胡乐组整合接触，岩石中钙质常呈结核瘤状，显沉积物补偿不足，为饥饿盆地沉积特征，富含三叶虫、头足类、腕足类化石，厚 7～60 m。

(5)**黄泥岗组**　黄绿、灰绿色钙质泥(页)岩和粉砂岩韵律互层，与下伏砚瓦山组为连续沉积，岩石中含钙质结核，水平层理，为砂泥质型盆地相沉积，西南薄东北厚。富含三叶虫、介形虫、腕足类化石，厚 24～134 m。

(6)**长坞组**　下段为灰绿、黄绿色页(泥)岩与粉细砂岩组成以泥质为主的复理石韵律，在浙西称**于潜段**；上段为灰色长石石英细砂岩、粉砂岩、粉砂质泥(页)岩，组成以砂岩为主的复理石韵律，在浙西称**文昌段**。其与下伏黄泥岗组整合接触。岩层具水平层理，递变层理清楚，砂岩底板上有长条形、钉状、粒状槽模，具有 A、B、C、D、E、F 六个单元均完整的鲍玛序列。富含笔石，本组厚 35～1 300 m。

值得指出的是在安徽石台六都一带有一套特殊的沉积。它是处于下扬子地层分区的介壳灰岩相与江南地层分区笔石页岩相过渡地带，为一套混合型沉积，自下而上可分为大坞阡组和里山阡组。

(1)**大坞阡组**　深灰色薄层泥质瘤状灰岩、灰岩、结晶灰岩夹粉砂质页岩，与下伏青坑组整合接触。岩层具水平层理和泥晶、微晶、砾屑结构，为陆架内缘斜坡相沉积，含三叶虫、腕足类。厚 140～284 m，向西北至里山一带尖灭，相变为仑山组白云岩和红花园组生物屑灰岩，向东南至高亭、提壶岭相变为含笔石相的印渚埠组。

(2)**里山阡组**　浅灰至深灰色中厚层瘤状泥质灰岩与厚层块状致密灰岩互层，与下伏大坞阡组整合接触。岩层具水平、波状层理，为陆架内缘斜坡相沉积。含三叶虫、腕足类、笔石，厚 7～87 m，向西北相变为介壳相东至组和牯牛潭组，向东南相变为笔石相宁国组(见图 4-3)。

3. 志留纪岩石地层

全为陆源碎屑沉积岩，唯下扬子地层分区和江南地层分区的岩石组合和沉积厚度有明显差别。前者沉积环境相对稳定，沉积厚度小，自下而上分为高家边组、坟头组和茅山组；后者沉积厚度较大，自下而上可分为霞乡组、河沥溪组、康山组和唐家坞组。

(1)**高家边组**　黄绿色页岩、泥岩夹砂岩和粉砂岩，与下伏新开岭组呈整合接触。岩层具水平层理，为陆架相沉积，厚 119～1 647 m，西北薄东南厚。富含笔石、腕足类、三叶虫、双壳类、珊瑚、头足类、海百合茎、腹足类、藻类等化石。

至江西九江—武宁一带，与本组层位相当的地层，自下而上划分为**梨树窝组**、**殿背组**、**清水组**三个岩石地层单位。

(2)**坟头组**　黄绿、灰绿色中厚层长石石英细砂岩、泥质粉砂岩、泥岩组成不等厚韵律，为总体向上变粗的进积型结构，有大型丘状斜层理及风暴层序，属三角洲前缘到潮坪环境沉积，与下伏高家边组整合接触。富含三叶虫、腕足类、双壳类、腹足类、珊瑚、鱼、锥石、蛇尾等化石，厚 25～600 m。

(3)**茅山组**　灰白色夹紫红色中薄—厚层细粒石英砂岩、长石石英砂岩、岩屑石英砂岩、泥

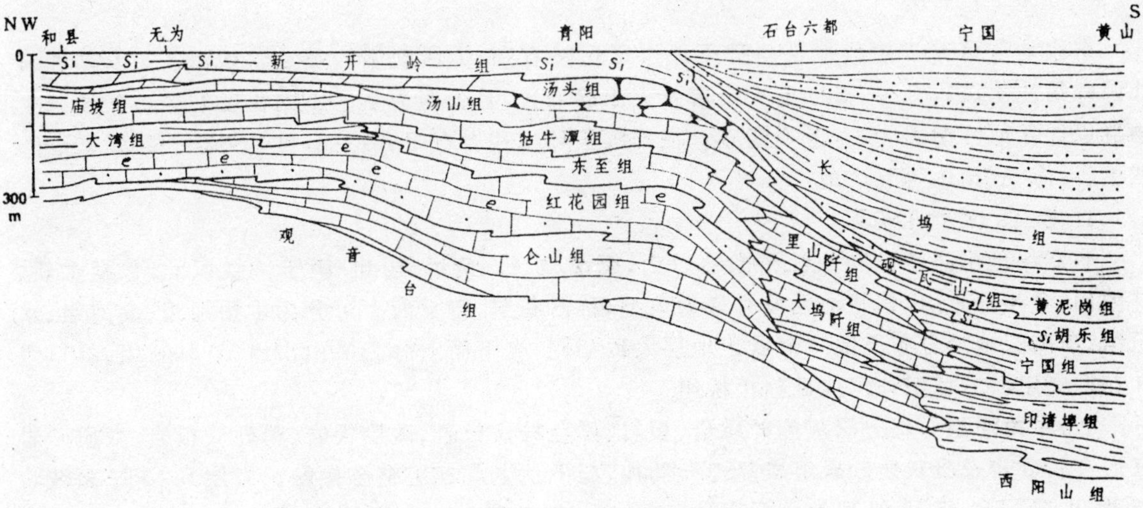

图 4-3　安徽扬子地层区奥陶纪地层横剖面图

（据《安徽省岩石地层》，1997）

质粉砂岩夹薄层粉砂质泥岩，下与坟头组整合接触，上与观山组平行不整合接触。岩层具大型交错层理、脉状层理、单向斜层理、入字型层理，为河控三角洲相沉积，西北薄东南厚。含鱼、腕足类及双壳类化石。厚 0～378 m。

（4）**霞乡组**　下部为青灰色至深灰色厚层细砂岩、粉砂岩夹薄层黑色碳质页岩；上部为灰绿色至黄绿色中厚层细砂岩、粉砂岩夹薄层砂质页岩、页岩。与下伏长坞组整合接触。岩层具水平层理，显复理石韵律，为陆架至盆地相浊流沉积，安徽太平至浙江安吉一带为沉降中心，沉积厚度最大，向西北、东南两侧减薄。富含笔石。厚 178～1 333 m。

（5）**河沥溪组**　灰绿、黄绿、灰白色中厚层岩屑石英细砂岩、粉砂岩、粉砂质页岩、页岩韵律互层，与下伏霞乡组整合接触。岩层具有水平层理、单向斜层理，砂岩顶面有波痕，底面有槽模，具有复理石特征，为陆架内缘至近滨相沉积，浙江安吉一带厚度最大。富含三叶虫、腕足类及少量笔石。厚 244～1 742 m。

（6）**康山组**　下部为黄绿色厚层、块状长石石英砂岩夹粉砂岩、粉砂质泥岩；中部为黄绿色粉砂质泥岩、粉砂岩与砂岩互层；上部为紫红色及灰绿色砂岩、粉砂岩、泥岩互层。与下伏河沥溪组整合接触。岩层具水平层理、单向斜层理、波痕及虫管构造，为陆架至近滨带沉积，厚一般为 500～988 m，太平举坑（厚 1 252 m）、安吉康山（2 102 m）为两个沉降中心。含腕足类、双壳类、腹足类、三叶虫、鱼（刺鲛目）的鳍刺及微古植物化石。

（7）**唐家坞组**　灰绿色、紫红色薄至厚层中细粒岩屑长石石英砂岩夹粉砂岩及粉砂质泥岩，为总体向上变粗序列。下与康山组整合接触，上与西湖组平行不整合接触。其顶部各地岩性变化较大，在泾县至宁国一带的五通群底砾岩之下，普遍有一套乳白色石英砂岩，外貌酷似五通群下部岩性，俗称假五通，厚达 200 余米。本组岩层具斜层理、板状交错层及波痕，为潮坪至三角洲相沉积，厚 584～1 732 m，仍以太平举坑和浙江安吉两地最厚。含双壳类、腹足类、鱼及微古植物化石。

（二）东南地层区

东南地层区早古生代地层与扬子地层区迥然有别，为活动型的裂谷盆地沉积，以复理石陆源碎屑浊流沉积为主，夹少量火山岩及火山碎屑岩，且普遍遭受了不同程度的区域变质。生物群以漂浮或浮游类为主，但不繁盛。根据沉积环境和岩石组合特征，可分为桂-湘-赣、云开、武夷、沿海、五指山等五个地层分区。

1. 桂-湘-赣地层分区

寒武纪地层主要分布在江绍断裂以南，鹰潭-长汀-清远-梧州-南宁一线以北，包括永新、井冈山、赣州等地。以赣州地区发育最为典型，称**八村群**，自下而上可分为牛角河组、高滩组、水石组。奥陶纪地层分布范围与寒武纪地层大致相同，自下而上分为爵山沟组、对耳石组、石口组和花面垄组。志留纪地层仅见独栏桥组。

(1)**牛角河组**　灰—深灰色硅质岩、板岩、黑色硅质板岩、碳质板岩、粉砂质板岩、变质砂岩互层夹粉砂岩及凝灰质砂岩组成复理石韵律，与下伏老虎塘组整合接触。岩层具水平、微波状层理及细层纹板状斜层理，为深水盆地浊流沉积，含海绵骨针及微古植物化石，厚441～2 146 m。

本组下部的硅质岩称**华山硅质岩段**，其中石煤层（高碳质页岩）富含镍、钒、钼、铀等元素及胶磷矿结核，厚 50～269 m。

(2)**高滩组**　灰、灰绿色厚层变余杂砂岩夹黑白条带相间的板岩、灰绿色板岩、变余凝灰质砂岩、粉砂岩，顶部有一层凸镜状结晶灰岩，与下伏牛角河组整合接触。岩层具复理石韵律，属深海浊流沉积，富含小型无铰纲腕足类及海绵骨针化石，厚 993～4 353 m。

(3)**水石组**　灰绿、黄绿色条纹（条带）状板岩、粉砂质板岩夹中薄层变余长石石英砂岩、含长石石英砂岩和凝灰质板岩，与下伏高滩组整合接触。岩层显复理石韵律，为总体向上变细序列，属深海浊流沉积，富含小型无铰纲腕足类、古双壳类及海绵骨针，厚 311～2 391 m。

(4)**爵山沟组**　灰绿色变质细砂岩、绢云绿泥砂岩，夹粉砂质板岩及板岩，厚 560 m。系泥砂质复理石浊积岩，与下伏水石组整合接触，含少量笔石。

向南至崇义思顺一带相变为**茅坪组**灰绿色板岩、粉砂质板岩、含碳绢云板岩夹绿泥绢云板岩，具纹层状水平层理，为半深海滞留盆地沉积，厚 350～600 m。继续向南至广东曲江一带相变为**下黄坑组**，为灰绿、深灰至灰黑色板岩、绢云板岩夹变余长石石英杂砂岩，偶夹硅质结核或扁豆体，厚 60～220 m。

(5)**对耳石组**　灰黑色中薄层硅质板岩夹黑色板岩及含碳质板岩，与下伏地层为整合接触。岩层具纹层状水平层理，含星点状黄铁矿，为半深海还原环境笔石页岩相沉积，富含笔石，厚 391 m。

向南至广东始兴一带相变为**长坑水组**，为黑色硅质岩、硅质页岩夹碳质页岩，与下伏下黄坑组整合接触，含笔石、三叶虫、腕足类，为混合型半深海沉积，厚 103～227 m。

(6)**石口组**　灰绿、深灰至灰黑色粉砂岩、砂质板岩、长石石英砂岩及岩屑杂砂岩、硅质板岩，与下伏对耳石组整合接触。本组岩性、厚度变化较大，在永兴地区为砂板岩复理石沉积，厚达 2 000 m；在崇义至粤北一带为硅质板岩，厚仅 200 余米。

在江西崇义古亭一带相变为半坑组和古亭组。**半坑组**为灰绿色中薄层板岩、含碳绢云板岩、绢云板岩、条带状粉砂质绢云板岩及细粒长石石英杂砂岩，显复理石韵律，为浊流沉积，厚 400～700 m。**古亭组**为浅灰至灰黑色大理岩化灰岩夹板岩、灰岩，含砾屑、砂屑、生物屑及燧石结核，属陆架沉积，含腹足类、珊瑚及牙形刺。厚约14～166 m。

(7)**花面垄组**　灰黑、灰绿色含硅板岩、硅质板岩与变质粉砂质板岩、板岩及碳质板岩互层，与下伏石口组整合接触。岩层具纹层状水平层理，属笔石相复理石浊积岩，厚597 m。向南至崇义古亭一带相变为**黄竹洞组**，为灰、灰绿色板岩、粉砂质板岩及细粒长石石英杂砂岩夹变余砾岩、砂砾岩及含砾板岩，与下伏古亭组整合接触。岩层具粒序层理、条纹条带构造，冲刷槽模及原始滑动构造，为斜坡浊流相沉积，厚2 404 m。延至粤北相变为灰白、紫红色薄至厚层细粒石英砂岩夹粉砂岩及页岩，为近滨相沉积，含笔石、几丁虫，厚100～266 m。

上述半坑组、古亭组及黄竹洞组，合称**龙头寨群**，分布在江西赣州和广东韶关一带，其上为泥盆纪地层不整合覆盖。

(8)**独栏桥组**　分布在江西崇义阳岭乡一带，上被灵岩寺组不整合覆盖，下为断层破坏，其岩性可分为三段。下段为青灰、灰绿色粉砂质板岩、变粉砂岩与变余细粒岩屑石英杂砂岩互层，厚144 m；中段(亦称**阳岭砾岩段**)为灰绿、黄绿色巨厚层变复成分砾岩夹变余含岩屑杂砂岩、杂砂岩、凝灰岩、细碧岩、板岩，厚423～1 071 m；上段为灰绿、黄绿色变余岩屑杂砂岩、凝灰质砂岩、粉砂岩、板岩，厚376 m。岩层具有正粒序重力流之浊积岩特征，为较深水陡斜坡相沉积，厚度变化大，常呈大型楔状体展布。含微古植物、几丁虫化石。

2. 云开地层分区和东江地层分区

早古生代地层发育齐全。寒武纪地层主要分布于两广交界的云开地区至广东省东江一带，除分布有桂-湘-赣分区所见的八村群(牛角河组、高滩组、水石组)外，还有天堂山片麻岩。奥陶纪地层分为灵山片岩、罗洪组、新厂组、石圭组、罗东组、虎山组、东冲组、兰瓮组，分布范围与寒武纪地层大致相同。志留纪地层主要分布在云开地层分区的桂东南和粤西等地，自下而上分为大岗顶组、古墓组、合浦组、连滩组、防城组、岭下组。

(1)**天堂山片麻岩**　主要为花岗片麻岩、二云石英片岩、条带状长英质片麻岩、片理化变粒岩及变质砂岩，与下伏地层关系不详，与上覆灵山片岩整合接触，视厚度3 068 m。至隆盛场和大桥一带相变为混合岩夹片麻岩。

(2)**灵山片岩**　岩性为石英绢云片岩、二云片岩夹混合岩，与下伏天堂山片麻岩为连续过渡关系，视厚度达492～3 008 m。分布在广西密县灵山地区。

本组东延至广东德庆地区相变为**罗洪组**，岩性为灰白、灰黄、青灰色砾岩、砂砾岩、含砾长石石英砂岩、含砾千枚岩夹中细粒砂岩、泥质粉砂岩、绢云千枚岩及灰岩凸镜体，与下伏水石组为不整合接触。岩层总体向上变细，为浅海陆架至斜坡带沉积，含三叶虫、腕足类化石，厚600～1 050 m。

继续向东延至广东台山深井地区相变为**新厂组**，岩性为灰绿、黄绿、紫红色页岩夹石英砂岩，与下伏水石组整合接触。其为陆架至近滨带沉积，南薄北厚。富含笔石及小型无铰纲腕足类、海绵骨针等化石，厚63～110 m。

(3)**石圭组**　分布在广西密县、博白三滩、北流蜻龙一带，为深灰色灰岩夹钙质页岩，与下伏灵山片岩为整合接触。至博白一带相变为钙质泥岩夹白云岩。厚10～30 m。

延至广东德庆悦城称为**罗东组**，岩性为灰白色厚层块状白云质细晶灰岩、砂屑灰岩，与下伏罗洪组整合接触，厚5～160 m。含牙形刺、珊瑚。东延至开平县金鸡地区相变为**虎山组**，岩性为黄绿、灰、灰黑色薄层硅质页岩夹中厚层硅质岩及细粒石英砂岩，与下伏新厂组为连续沉积，富含笔石，厚110～229 m。

(4)**东冲组**　黄白、灰黄、浅紫色含钙细粒石英砂岩、砂岩夹石英绢云片岩，为滨岸带沉积，未获化石，与下伏地层关系不清。厚528～1 897 m。

(5)**兰瓮组** 灰黄、紫红、灰、灰白色含砾细粒石英砂岩、泥质粉砂岩，为滨岸带沉积，与下伏东冲组整合接触。含微古植物化石，厚580～1 726 m，西薄东厚。

(6)**大岗顶组** 灰绿色厚层块状砾岩、含砾砂岩夹砂岩及页岩，与下伏兰瓮组整合接触。砾石成分复杂、磨圆度分选性均差，为河流至三角洲相沉积，总体为向上变细序列，属退积型结构，具类复理石沉积特征，含笔石，厚223～1 700 m。

(7)**古墓组** 黄白、灰白色细粒长石石英砂岩、岩屑砂岩、粉砂岩与条带状(泥)页岩互层，与下伏大岗顶组整合接触。岩层具水平层理、条带条纹构造，复理石韵律发育，为半深海浊流相沉积，富含笔石。厚290～5 078 m，东薄西厚。

(8)**合浦组** 灰黑、紫灰色泥质粉砂岩、粉砂质泥岩与页岩互层，夹少量石英砂岩，与下伏古墓组整合接触。含凸镜状黄铁矿及磷铁矿，具有条纹、条带构造，复理石韵律发育，为较深海浊流沉积，由层型地向东西两侧增厚。含笔石、腕足类、三叶虫、苔藓虫、珊瑚、棘皮动物等化石，厚120～1 963 m。

东延至广东郁南、德庆、云浮及高要一带相变为**连滩组**，岩性为灰、灰白色条带状页岩夹粉砂岩及砂岩，为笔石页岩相沉积，厚596～1 125 m。

(9)**防城组** 黄绿、灰绿、灰黑色砂岩、粉砂岩、粉砂质页岩夹石英砂岩、长石石英砂岩，与下伏合浦组为整合接触。岩石多呈深灰至黑色，局部含碳质，条带、条纹状构造发育，有冲刷槽模，复理石韵律发育，为深海浊流沉积，东薄西厚，自东向西沉积变粗。富含笔石、三叶虫、海百合茎及苔鲜虫，厚513～1 593 m。

东延至广东云浮、德庆、高要一带相变为**岭下组**，岩性为灰紫、黄白色绢云千枚岩与薄层变质泥质粉砂岩、细粒石英砂岩互层，与下伏边滩组整合接触。岩层条带、条纹构造发育，复理石韵律明显，为较深海至浅海浊流沉积。含三叶虫、腕足类、腹足类、竹节石及微古植物化石，厚30～690 m，西南薄东北厚。

3. 武夷地层分区

寒武纪地层主要分布于闽赣交界的武夷山区，包括有闽北、闽西(北)、闽西南等地。自下而上为林田组、东坑口组。奥陶纪地层仅在闽西出露，自下而上为魏坊组和罗峰溪组。

(1)**林田组** 下段为灰、深灰色厚层变质含长石石英细砂岩夹变质粉砂岩、碳质板岩、千枚岩及硅质岩；上段为灰、深灰色中薄层变质细砂岩与薄层变质粉砂岩、硅质泥岩、千枚岩互层，夹少量硅质岩及结晶灰岩凸镜体，局部含重晶石矿层。其与下伏地层均为整合接触。岩层总体向上变粗，为浅海—半深海陆源碎屑沉积，含海绵骨针、几丁虫、微古植物化石，厚223～2 560 m。

(2)**东坑口组** 灰、浅灰色厚、巨厚层变质中细粒含炭屑石英(杂)砂岩夹薄层灰黑色千枚状粉砂岩，与下伏林田组整合接触。属较深海至陆架相沉积，含几丁虫及微古植物化石，厚571～1 422 m。

(3)**魏坊组** 灰、灰黑色薄层千枚岩、绢云千枚岩、千枚状(泥质)硅质岩、千枚状泥岩夹变质细砂岩，与下伏东坑口组整合接触。岩层具微细水平层理，含星散状黄铁矿，复理石韵律发育，为较深海浊流沉积，含笔石、几丁虫化石，厚752～815 m。

(4)**罗峰溪组** 下段为灰、灰黑色薄层(碳质)板岩、变质粉砂岩与中厚层变质中细粒(含长石)石英(杂)砂岩互层，夹条带状硅质页岩，偶夹千枚状页岩；上段为灰、灰绿色厚、巨厚层变质中细粒(含长石)石英(条)砂岩夹薄层碳质(或泥质)板岩及变质粉砂岩。下与魏坊组整合接触，上被天瓦栋组石英砾岩不整合覆盖。岩层具水平微细层理、条带状纹层，含碳质较高，复理石韵律发育，为总体向上变粗、单层变厚的进积型结构，属较深水浊积岩，东南薄、西北厚，含几丁虫和微古植物化石，厚 219～2 205 m。

4. 沿海地层分区

仅在闽东沿海一带有零星露头，且变质较深，称为**澳角群**，包括岩雅组和亲营山组。

(1)**岩雅组** 钾长二长(或斜长)浅(变)粒岩夹(红柱石)矽线黑云片岩，混合质变粒岩和混合岩，未见底，厚大于 510～2 217 m。

(2)**亲营山组** 含矽线石(红柱石)为特征的云母(石英)片岩，夹变(浅)粒岩、石墨二云石英片岩，未见顶，下与岩雅组接触关系不明。原岩为含有机质的砂泥质-火山碎屑建造，含微古植物和几丁虫化石，厚度 183～1 568 m。

5. 五指山地层分区

主要分布在海南五指山一带，寒武纪、奥陶纪地层不完整，而志留纪地层则较完整。

(1)寒武纪岩石地层 下部为石英砂岩、长石石英砂岩、二云石英片岩，中部为透辉石石英角岩、石英角岩；上部为砂泥质灰岩、结晶灰岩。未见底和顶，厚度大于 214 m。岩石普遍遭受区域变质和接触变质。由于基岩出露差，研究程度低，尚未建组。

(2)奥陶纪**南碧沟组** 下段为灰至深灰色千枚岩、板岩夹砂岩、石英岩；上段为深灰色绢云板岩、千枚岩、白云母片岩、石英砂岩、变质粉砂岩夹基性火山熔岩和火山碎屑岩。未见底，厚度大于 3 092 m。下段岩层具水平层理，韵律发育，为滨、浅海相沉积。上段为浅海泥砂质-火山碎屑岩相沉积。

(3)志留纪岩石地层自下而上可分为陀烈组、空列村组、大干村组、靠亲山组、足赛岭组。

①**陀烈组** 下段为青灰色绢云板岩夹灰岩凸镜体及变质细砂岩；中段为绢云板岩碳质硅质板岩；上段为青灰色绢云板岩夹变质粉砂岩。其与下伏南碧沟组整合接触。岩层具条带和条纹状的水平层理，复理石韵律发育，为浅海陆架相沉积，含几丁虫及微古植物化石，厚1 844 m。

②**空列村组** 石英岩、绢云石英粉砂岩、板岩、结晶灰岩及粉砂质板岩(或板岩)与绢云石英细(粉)砂岩互层，与下伏陀烈组整合接触。岩层具水平层理，为陆架至近滨相沉积，含珊瑚及海绵骨针，厚 855 m。

③**大干村组** 变质复成分砾岩、板岩及结晶灰岩，与下伏空列村组整合接触，为滨、浅海环境沉积，含珊瑚、海绵化石，厚度大于 675 m。

④**靠亲山组** 下部为青灰色千枚岩、石英粉砂岩夹碳质千枚岩及石英细砂岩；上部为结晶灰岩。与下伏大干村组整合接触。岩层具水平层理，显类复理石韵律，为浅海陆架相沉积，含珊瑚、腕足类、腹足类、三叶虫及牙形刺化石，厚 899 m。

⑤**足赛岭组** 灰色、灰黑色千枚岩、含碳千枚岩夹结晶灰岩及绢云石英粉砂岩，与下伏靠亲山组整合接触，上为南好组不整合覆盖。为浅海灰泥沉积，含珊瑚、腕足类化石，厚大于 892 m。

(三)三亚地层区

早古生代地层独具特色，与东南和扬子地层区均有显著差别，故单独分区，但是，仅在海南三亚一带有出露，研究程度较低，缺失志留纪沉积。寒武纪岩石地层自下而上可分孟月岭组、大茅组。奥陶纪岩石地层自下而上有大葵组、牙花组、沙塘组、榆红组、尖岭组、干沟村组。

(1)**孟月岭组** 下部为灰白至深灰色粉砂质(水云母粘土岩)泥岩夹浅灰色泥质粉砂岩；中

部为斑点状泥质粉砂岩、粉砂质(粘土岩)泥岩与细粒石英砂岩互层，偶夹含磷硅质岩；上部为粉砂质(粘土)泥岩及白云岩，底界不详，厚度大于 2 102 m。岩层具水平层理、小型沙纹层理、韵律明显，向上有变粗趋势，为浅海进积型沉积。

(2)**大茅组**　下部为灰白色中粒石英砂岩、灰黄色绢云泥质页岩夹少量硅质岩；中部为灰色硅质岩夹黑色磷锰矿层；上部为灰色粉砂质绢云泥质页岩、深灰色微粒灰岩与白云岩互层。其与下伏孟月岭组整合接触，为浅海硅灰泥沉积，富含三叶虫、腕足类、古介形类、双壳类及软舌螺。厚 309～794 m。

(3)**大葵组**　青灰色不等粒砂岩及深灰色厚层灰岩，与下伏大茅组平行不整合接触。岩层水平层理发育，为浅海陆架至近滨相沉积。含牙形刺，厚度大于 214 m。

(4)**牙花组**　黄白色石英砂岩、页岩、灰至灰黑色碳质砾屑灰岩、白云质灰岩、黑色含碳钙质页岩夹厚层状结晶灰岩，与下伏大葵组整合接触。岩层水平层理发育，含钙质砾屑，含碳较高，为浅海陆架沉积，富含笔石，厚 280 m。

(5)**沙塘组**　下段为钙质砾屑(竹叶状)灰岩、细晶灰岩夹细砂岩；上段为含碳质页岩、页岩及粉砂质页岩互层。其与下伏牙花组整合接触，岩层具水平层理，含碳质、钙质砾屑，韵律发育，为浅海陆架斜坡相浊流沉积。含笔石、牙形刺、苔鲜虫化石，厚 320～462 m。

(6)**榆红组**　粉砂岩、不等粒石英砾岩、不等粒石英砂岩、砾岩互层，近底部夹水云母粘土(泥)岩，组成倒粒序，为进积型结构，与下伏沙塘组整合接触，属滨岸相沉积。厚 452～1 828 m。

(7)**尖岭组**　下段为含砾砂岩、砾岩、岩屑砂岩、水云母粘土(泥)岩及粉砂岩；上段为含砾粉砂岩、岩屑粉砂岩夹水云母粘土岩。其与下伏榆红组整合接触，岩层具微层理及微波状层理，韵律发育，总体向上变细为退积型结构，属浅海碎屑沉积。含笔石、腕足类、双壳类、头足类、海百合茎等化石，厚 968 m。

(8)**干沟村组**　浅肉红色含砾石英砂岩、砂砾岩、粉砂质页岩，灰白色岩屑杂砂岩夹青灰色水云母含石英岩屑粉砂岩，与下伏尖岭组整合接触，为滨岸带沉积，含腕足类、头足类、双壳类及三叶虫等化石，厚度大于 64 m。

第二节　生物地层特征

以往我国对古生物地层进行了大量研究工作，取得了丰富的生物地层资料，但距系统建立生物地层单位的要求尚有差距。本次地层研究对比中虽也提出了延限带、顶峰带、组合带等生物地层的概念，但往往资料有限，生物地层单位定义不确切，也缺乏生物地层单位的层型或参考剖面，加之以往也未系统地按生物地层的要求广泛采集，缺乏数理统计资料。因此本书只用生物带来代表相对的时间概念。严格地讲生物带往往也是穿时的，各门类生物时间含义也还有矛盾，常需与测年和磁性地层等多方面的研究相配合。本次地层清理研究工作，将以往所建立的生物带进一步分析研究，这不仅对生物地层工作有很重要的参考价值，而且也可作为年代地层划分的重要依据。

一、震旦纪生物地层

生物有微古植物、宏观藻、叠层石和少量几丁虫。

（一）早震旦世莲沱期

以单球藻亚群为主，有少量多面藻、船形藻、线形藻群和异形藻分子。主要特征是个体小（<10 μm）、结构简单。分布于莲沱组、休宁组、古家组、下坊组、大绀山组、楼子坝组等岩石地层中，主要分子有：*Anguloplanica rhombica*，*Archoculpsoides* sp.，*Archaeohystrichosphaeridium* sp.，*Leiominuscula minuta*，*Leiopsophosphaera* spp.，*Leiofusa* sp.，*Laminarites* sp.，*Lignum* sp.，*Lophosphaeridium* sp.，*Margominuscula* spp.，*Monotrematosphaeridium* sp.，*Microhystridium* sp.，*Nostocomorpha prisca*，*Protoleiosphaeridium* sp.，*Protosphaeridium rigidulum*，*Pulvinomorpha* sp.，*Paleamorpha punctulata*，*Taeniatum* spp.，*Trachysphaeridium* sp.，*Trematosphaeridium* spp.，*Turuchania* sp.等。

（二）早震旦世南沱期

该期仍以单球藻亚群占优势，但已出现许多新类型。分布于南沱组、大沙江组、活道组、沙坝黄组、丁屋岭组、泮地组等层位中。主要分子有：*Asperatopsophosphaera* spp.，*Bavlenella faveolata*，*Granomarginata prima*，*Micrhystridium* sp.，*Nucellosphaeridium* sp.，*Leiopsophosphaera minuta*，*Leiomarginata* sp.，*Lophominuscula prima*，*Lophosphaeridium* cf. *acieatatum*，*Polyporata obsoleta*，*P. microporosa*，*Protoleiosphaeridium* sp.，*Polyedrosphaeridium* sp.，*Pseudozonosphaera asperella*，*Trematosphaeridium* sp.，*Trachysphaeridium* spp.，*Trachyminuscula simplex*。在福建还出现了几丁虫 chitinozoans。

（三）晚震旦世陡山沱期

微古植物形态类型复杂，除上述分子外，还出现了众多刺球藻亚群和棱面藻亚群的新类型。分布在陡山沱组、黄墟组、蓝田组、坝里组、三溪寨组、龙北溪组、南岩组中。主要分子有：*Archaeoramosus chaoyangensis*，*Archaeofavosina* sp.，*Archaeohystrichosphaeridium* sp.，*Bavlinella* spp.，*Baculimorpha* spp.，*Baltisphaeridium chaoyangense*，*Ephippiomorpha pingxiangensis*，*Gemmisphaera monogemmata*，*Kildinella* spp.，*Leiopsophosphaera* spp.，*Leiofusa* spp.，*Leiominuscula* sp.，*L. minuta*，*Lophominuscula* cf. *prima*，*Margominuscula antiqua*，*Macroptycha uniplicata*，*Micrhystridium minitum*，*Microconcentrica* sp.，*Nucellosphaeridium* spp.，*Nephromorpha* spp.，*Nostocomorpha prisca*，*Paleamorpha punctulata*，*Pterospermopsimorpha* sp.，*Protoliosphaeridium densum*，*Pseudozonosphaera rugosum*，*Trachysphaeridium* spp.。

另外在浙西和赣东北阎永奎等（1992）还发现了 *Layenochitinalike* 和 *Rhabdochifinellalike* 两种类型的几丁虫，江西和广西还有 *Chitinanlike*，*Desmochitina* sp.，*Ollachitina* sp.。值得提出的是 1981 年毕治国、王贤方在皖南休宁蓝田组中首次发现了大量宏观藻类化石，先后经邢裕盛、阎永奎等研究，已有 12 属 18 种，并被称之为"蓝田植物群"，主要分子有：*Huizhouella* spp.，*Flabelliphyton formosus*，*Vittaphyton vermiformis*，*Sinotaenia lantianensis*，*Catenasphaerophyton kungkangensis*，*Parochuaria* spp.，*Lantiania grossus*，*L.* spp.，*Cyathophyton simpticis*，*C. formosum*，*Xiuningia crassa*，*Semisphaerophyton minor*，*S. gracile* 等。这些化石个体大，数量多，形态类型多，结构复杂，器官分化明显，为底栖固着生态，已炭化，易风化脱落仅留下印模。这些化石目前仅在区内蓝田地区有发现，国内外均少见。

(四)晚震旦世灯影期

生物已开始繁盛,微古植物群发生了更大变化,属种更多,可达44属62种。此外还有宏观藻、叠层石、几丁虫和微体动物。分布在皮园村组、灯影组、板桥山组、老虎塘组、龙头组、稻香组、黄连组和石灰顶组中。

微古植物有:*Asperatopsophosphaera* spp.,*Acanthomorphida*,*Archaeorasus chaoyangensis*,*Baltisphaeridium chaoyangense*,*Cymatiosphaera* sp.,*Gemmisphaera monogemmata*,*Eoentophysalis* sp.,*Eomycetopsis* sp.,*Fuchunjiangella megalodus*,*Hubeisphaera figurata*,*Kaihuania minor*,*Kildinosphaera* sp.,*Laminarites antiquisiimus*,*Leiominuscula* spp.,*Leiopsophosphaera* spp.,*Laminarites* spp.,*Lophosphaeridium rarum*,*Leiofusabicornuta*,*Micrhystridium* spp.,*Nucellosphaeridium* spp.,*Nostocormorpha mininus*,*Orygmatosphaeridium rubiginosum*,*Protosphaeridium timofeev*,*Polyporata obsoleta*,*Pterospermopsimorpha yanganensis*,*Palaeomorpha figurata*,*Piyancunella irregularis*,*Pseudozonosphaera* spp.,*Quadratimorpha* sp.,*Rivularia* sp.,*Siphonophycus restron*,*Trachysphaeridium* spp.,*Taeniatum verrutum*,*Triangumorpha punctulata*,*Trematosphaeridium holtedahlii*,*Trachyminuscula* spp.,*Thelemorpha simphycis*,*Zonosphaeridium*。宏观藻有:*Shouhsienia shousienensis*,*Chuaria circularis*。叠层石有:*Baicalia* f.,*Conophyton* f.,*Collenia* f.,*Cryptozoon* f.,*Jacutophyton jiangshanense*,*Patomia longogemmata*,*Linella* f.。主要产在浙江五家岭灯影组中。江苏六合一带灯影组中也有*Irregularia*,*Kussiella*,*Cryptozoon* f.等叠层石。似几丁虫有:*Cyathochitina* like,*Conochitina* like,*Angochitina* like,*Chonelochitina* like,*Lagenochitina* like;微体动物有:*Baishania* spp.,*Jiandella bucerus*,*Zhejiangia siniensis*等,产于浙江建德洋安灯影组中。

二、寒武纪生物地层

本区寒武纪生物繁盛,化石丰富,已发现有三叶虫、腕足类、头足类、小壳类、藻类、笔石、腹足类、牙形刺等十余个门类,近千余个属种。这些化石中对寒武纪地层划分对比意义最重要的为三叶虫。鉴于目前国内对生物带的划分尚有分歧,本书采用1981年卢衍豪、朱兆玲的划分方案,将其分为31个化石带(表4-1)。

其中早寒武世以产莱得利基虫类动物群为特征,被称为东方或太平洋动物群。生物带是以滇东为标准建立的,为近岸浅海环境具底栖爬泳生活方式的生物类型,以个体较大的后颊类为主。而本区多为陆架至深海环境,生物为漂浮浮游类,以Cheiruroididae,Balanpgiidae,Oryctocphalidae等科的三叶虫为特征。

中及晚寒武世时,生物发展极快,种属增多,除底栖爬泳类三叶虫外,又产生了大量的球接子类和具漂浮能力的三叶虫。以底栖为主的称为华北型动物群,以漂浮方式为主的称为江南型动物群。扬子区介于两者之间,有混生、交替出现,属混合型。

综合前人研究成果,本区寒武纪生物带与31个化石带对比,各地层区及地层分区的生物面貌、发育程度和属种特征如下:

(一)梅树村期

仅在浙江江山至江西广丰一带的灯影组顶部“五家岭段”磷矿层中采获大量小壳类化石。

自下而上可分为 *Anabarites* - *Protohertzina* 带和 *Siphogonuchites* - *Lopchites* 带，与滇东梅树村阶两个生物带完全相当，层位、岩性及含矿性也可与之对比。其主要分子有三个属六个种：即 *Baishania clavatus*，*B. monogibberosum*，*B. mutatus*，*Jiandella bucerus*，*Zhejiangia sinensis*，*Z. anfracta*。

表 4-1 寒武纪生物地层化石带划分

序号	代号	化石带	时代
31	F4	*Mictosaukia orientalis* 带	
30	F3	*Sinoeremoceras* 带	
29	F2	*Quadraticephalus* 带	
28	F1	*Ptychaspis* - *Tsinania* 带	ϵ_3
27	Ch3	*Kaolishania* 带	
26	Ch2	*Changshania* 带	
25	Ch1	*Chuangia* 带	
24	G2	*Drepanura* 带	
23	G1	*Blackwelderia* 带	
22	Zh4	*Damesella* - *Yabeia* 带	
21	Zh3	*Amphoton* - *Taitzuia* 带	
20	Zh2	*Crepicephalina* 带	
19	Zh1	*Lioparia* 带	
18	Sh4	*Bailiella* 带	
17	Sh3	*Poriagraulos nanum* 带	ϵ_2
16	Sh2	*Sunaspis* 带	
15	Sh1	*Hsuchuangia* - *Ruichengella* 带	
14	Mao2	*Shantungaspis* 带	
13	Mao1	*Yaojiayuella* 带	
12	L2	*Redlichia nobilis* 带	
11	L1	*R. murakamii* - *Hoffetella* 带	
10	Ch5	*Megapalaeolenus* 带	
9	Ch4	*Palaeolenus* 带	
8	Ch3	*Paokannia* - *Sichuanolenus* 带	
7	Ch2	*Drepanuroides* 带	ϵ_1
6	Ch1	*Yunnaanaspis* - *Yiliangella* 带	
5	Q3	*Yunnanocephalus* - *Malungia* 带	
4	Q2	*Eoredlichia* - *Wutingaspis* 带	
3	Q1	*Parabadiella* - *Mianxiandiscus* 带	
2	M2	*Siphogonuchites* - *Zhijiangites* - *Sachites* 带	
1	M1	*Anabarites* - *Circotheca* - *Protohertzina* 带	

(二)筇竹寺期

在浙江、安徽的荷塘组中均采获 *Hunanocephalus* 和 *Hupeidiscus*，*Sinodiscus* 等漂浮浮游生物，从岩性和层位可与滇东筇竹寺阶 *Parabadiella* - *Mianxiandiscus* 带至 *Yunnanocephalus* - *Malungia* 带对比，故建 *Hupeidiscus* - *Hunanocephalus* 组合带。该带生物稀少，除带分子外尚见有腕足类 *Obolus* sp.，*Acrolus* sp.，藻类 *Vendotaenia antiquua*，*V. digymo* 及海绵骨针等化石。

(三)沧浪铺期

在滇东含第 6—10 等五个生物带，而本区只能建 *Redlichia* - *Paokannia* - *Shabaella* 组合带。主要分布于幕府山组、黄柏岭组及荷塘组上部地层中。主要分子有：*Redlichia chinensis*，*Cheiruroides primigenius*，*C.* sp.，*Shabaella jiangshanensis*，*Paokannia* sp.，及小壳类：*Anabarites* sp.，*Circotheca*(?) sp.，*Lapworthella* sp.，*Anhuiconus* sp.，*Biconicalspells*，*Quadratus sclerite*，*Skeletal problematics*，*Monoplacopharan*，*Allatheca*? sp.，*Hyolithes*? sp.，*Eonovitatus*? sp.，*Olivoides*? sp.，*Fomitchella*? sp.，*Tikitheca*? sp.，*Turcutheca*? sp. 等，值得指出的是本带出现了大量类似于滇东梅树村期的小壳动物组合，但其与 *Paokannia* 共生，且个体较大，故两者不能视为等同，本带应晚于梅树村期，相当于沧浪铺期的另一套小壳动物组合。

(四)龙王庙期

在滇东含 *Redlichia murakamii* - *Hoffetella* 带及 *Redlichia nobilis* 带生物，本区只有 *Changaspis* - *Arthricocephalus* 组合带，分布于大陈岭组及幕府山组的上部。主要分子有：*Changaspis* sp.，*Arthricocephalus duyuenensis*，*A. chauveaui* 及腕足类 *Obolus* sp.，腹足类 *Helcionella* sp.，软舌螺 *Circotheca mandingshanensis*，*Hyolithes* sp. 等。

(五)毛庄—张夏期

在滇东含第13—22带共10个化石带的生物,而本区因环境改变,生物发生很大变化,自上而下只能建 *Mufushania changi*,*Triplagnostus gibbus*,*Goniagnostus - Ptychagonstus*,*Hypagnostus - Pseudophalacroma*,*Lejopyge armata*,*L. sinensis* 等6个生物带,且不能逐一对比。

(1)*Mufushania changi* 带主要出现在炮台山组下部,除带分子外还有 *Kunmingaspis* cf. *divergens*,*K.* sp.,*Probowmaniella* sp.,*Ptychopariidia* sp.,*Chittidiella* sp.,*Redlichia* sp.,腕足类 *Billingsella* sp.和葛万藻等。

(2)*Triplagnostus gibbus - Lejopyge sinensis* 带分布于各地杨柳岗组地层中,尤以浙西发育最全,与之相当的碳酸盐台地高镁质的炮台山组中化石稀少难以见到。昆山地区的炮台山组实为杨柳岗组。上述生物带除带分子外,在滁县琅玡山和青阳一带的杨柳岗组中,还产 *Fuchouia* sp.等华北型生物,进一步说明这些地方处于华北与江南的过渡地带。

(六)崮山期

在华北地区含 *Blackwelderia* 和 *Drepanura* 两个生物带。本区的下扬子地层区团山组中也含有上述两个生物带,说明当时华北海与扬子海是畅通的,不同的是在其下部还含有江南型的 *Glyptagnostus stolidotus - G. reticulatus* 带的分子。而在属于江南型的华严寺组中就见不到上述华北型的两个生物带,相应出现的是 *Proceratopyge fenghwangensis* 带和 *Eriranium* 带,而两个碳酸盐台地(巢宁、开临)上的同期沉积物观音台组和超峰组中尚未发现这些生物。

(七)长山期

在华北含 *Chuangia*,*Changshania*,*Kaolishania* 等三个生物带,本区仅在下扬子地层分区青阳一带的青坑组下部发现有 *Chuangia* 带生物,上部被 *Aphelaspis* 和 *Yuepingia* 替代,而江南地层分区的西阳山组自下而上可分为 *Lotagnostus punctatus* 带、*Acaroceras - Antacaroceras* 组合、*Lotagnostus hedini* 带与之相对应。

(八)凤山期

在华北含第28—31等四个生物带。本区仅在安徽青阳至泾县唐村一带的青坑组上部发现大量生物,自下而上可分为 *Prosaukia*,*Dictyites*,*Saukia*,*Calvinella* 等生物带,其余相同时间沉积的观音台组上部、西阳山组上部尚未发现该期生物。

上述各期生物带的划分均属扬子地层区,而东南地层区寒武纪生物稀少,仅发现少量漂浮或特殊的三叶虫如 *Lotagnostus* sp.,*Hedinaspis* sp.,*Charchagia* sp.;主要为小型几丁质无铰纲腕足类,有:*Homotreta lisani*,*Acrothele chinensis*,*A. pentagonensis*,*A. rara*,*Obolus oboscurus*,*O. luanhsiensis*,*Paterina lucina*,*Lingulella liui*,*Palaeobolus discus*,*Micromitra* sp.,*Botsfordia* sp.,*Westonia* sp.;海绵骨针 *Protospongia* sp.,及微古植物:*Trachysphaeridium* sp.,*Leiopsophosphaera* sp.,*L. infriata*,*Zonosphaeridium* sp.,*Asperatopsophosphaera* sp.等化石,主要分布于高滩组、水石组、牛角河组,均无建带意义。林田组和东坑口组化石更为稀少,仅发现海绵骨针、原始头足类、微古植物和少量几丁虫等化石。

南海三亚地层区的寒武纪生物群较为特殊,孟月岭组仅有微古植物 *Leiominuscula* sp.,生物主要集中分布在大茅组中,有三叶虫、双壳类、腕足类、古介形等多门类化石。其中三叶虫先后经孙云铸(1961)、朱兆玲等(1978)、汪啸风等(1992)研究,均认为和澳大利亚中寒武世三叶虫群关系密切,层位相当,可以对比。三叶虫有:*Xystridura hainanensis*, *X. yaxianensis*, *X. orientalis*, *Galahetes hainanensis*, *G. pyrus*, *Kootenia* sp., *Pagetia* sp.,其中 *Xystridura* 是澳大利亚 Ordian 阶和 Timpltonian 阶的带化石,因此三叶虫所在层位与澳大利亚中寒武世早期至中期的层位相当。进一步说明当时海南岛与澳大利亚东北部的昆士兰州及北部的澳北区属同一古地理区。另外其中所产古介形类的高肌虫,也与澳大利亚关系密切,其中 *Ophioserna*, *Indota*, *Bradoria* 等三属均为澳大利亚昆士兰地区中寒武世早期的重要分子。此外还有腕足类:*Lingulella*, *Acrotreta*, *Botsfordia*, *Acrothele*, *Obolella* 等;小壳类:*Eiffella*? *bispanica*, *Archiasterella pentactina*, *Dimidia simpleca*, *Chancelloria altaica*, *Pseudortheca*, *Bucanotheca*, *Hyolithellus tenuis*, *Aegides* cf. *places*, *Tumuliolynthus macrospinosus* 等。

三、奥陶纪生物地层

奥陶纪生物十分繁盛,主要有笔石、头足类、三叶虫、腕足类、腹足类、双壳类、层孔虫、海绵、牙形刺、藻类、微古植物等 11 个门类。其中对地层划分对比最有意义的是笔石、头足类和牙形刺,并已分别建立了 27 个化石带(表 4-2)。各地层区、地层分区的生物带面貌、门类组合、属种特征和发育程度都不一样,不少化石带名称也不同。

(一)新厂期(或两河口期)

笔石页岩相主要分布在江南地层分区的西阳山组顶部和印渚埠组下部,东南地层区水石组的顶部和爵山沟组、茅坪组、下黄坑组及罗洪组的下部,生物地层层型位于广东的台山深井乡新厂村,为穆恩之 1974 年创建。自下而上可分三个带(X1—X3)。

赖才根等(1982)在介壳相地层中建立了两河口期 7 个笔石-三叶虫带,并把牙形刺又分为 5 带,腕足类分为两个组合。层型位于湖北宜昌黄龙场两河口。两河口期的生物群主要分布于本区的观音台组上部和仑山组、上欧冲组、分乡组中,且化石稀少,仅发现 *Acanthograptus sinensis* - *Tungtzuella* 带的笔石及其下的 *Proterocameroceras* - *Ellesmeroceras* 头足类组合,以及牙形刺 *Scolopodus bassleri* - *S. triplicatus* 组合和 *Cordylodus angulatus* - *C. intermedius* 组合等。

(二)宁国期

宁国期生物地层由穆恩之 1974 年创建于安徽宁国胡乐镇,生物地层以江西崇义县过埠乡牛皮湾宁国组为层型,共分为 11 个笔石带。并进一步分为早、中、晚三期。

1. 宁国早期(或红花园期)

笔石页岩相自下而上可分为三个化石带(N1—N3),主要分布于江南地层分区印渚埠组上部及东南地层区爵山沟组、茅坪组、下黄坑组、罗洪组的中下部。N1 与 N2 带在印渚埠组中普遍被 *Asaphopsis* - *Symphysurus* 和 *Euloma* - *Basilicus* 带三叶虫取代。

介壳相红花园期生物地层的层型创建在湖北宜昌黄花场的红花园组,以头足类建 *Manchuroceras* - *Coreanoceras* 组合,按牙形刺自下而上可分为 *Serratognatus diversus* 带和 *Oepikodus evae* - *Bergstroemognathus extensus* 带。下扬子地层分区和江南地层分区的红花园组中,头足类生物带普遍存在,牙形刺仅见下带分子。

表 4-2 奥陶纪生物地层化石带划分

序号	代号	化　石　带	时代
27	W6	*Diplograptus bohemicus* 带	
26	W5	*Paraorthograptus uniformis* 带	
25	W4	*Diceratograptus mirtus* 带	
24	W3	*Tangyagraptus typicus* 带	O_3
23	W2	*Dicellograptus szechuanensis* 带	
22	W1	*Pleurograptus lui* 带	
21	Sh2	*Dicellograptus johnstrupi* 带	
20	Sh1	*Orthograptus quadrimucronatus* 带	
19	Ha2	*Dicranograptus clingani - Climacograptus spiniferus* 带	
18	Ha1	*Climacograptus corand - C. diplacantus* 带	
17	Hu3	*Dicranograptus sinensis* 带	O_2
16	Hu2	*Nemagraptus gracilis* 带	
15	Hu1	*Glossograptus hincksii/Glyptograptus teretiusculus* 带	
14	N11	*Didymograptus murchisoni* 带	
13	N10	*Pterograptus elegans* 带	
12	N9	*Amplexograptus confertus/Nicholsonograptus fasciculatus* 带	
11	N8	*Didymograptus ellesae* 带	
10	N7	*Glyptograptus austrodentatus* 带	
9	N6	*Cardiograptus amplus* 带	
8	N5	*Oncograptus magnus* 带	O_1
7	N4	*Azygograptus suecicus/Didymograptus abnormis* 带	
6	N3	*Didymograptus protobifidus* 带	
5	N2	*Tetragraptus fruticosus/Didymograptus deflexus* 带 (*Euloma - Basilicus* 带)	
4	N1	*Tetragraptus* (*Etagraptus*) *approximatus* 带 (*Asaphopsis - Symphysurus* 带)	
3	X3	*Clonograptus tenellus calavei* 带	
2	X2	*Anisograptus - Clonograptus* 带	
1	X1	*Staurograptus* 带	

该期生物演化特点是反称笔石消亡，均分笔石大量出现，东北角石暴发式发育，两河口期很繁盛的地方性三叶虫群大为衰落。

2. 宁国中期（或大湾期）

笔石页岩相自下而上可分为4个笔石带（N4—N7），主要分布于江南地层分区的宁国组和东南地层区的爵山沟组、茅坪组、下黄坑组、罗洪组上部。

介壳相称大湾期，为多门类生物混合相地层，自下而上可分为 *Azygograptus suecicus*，*Protocycloceras deprati* 和 *Glyptograptus austrodentatus* 三个综合带。下带与N4相当，中带与N5—N6相当，上带与N7相同。但是，本区介壳相生物群主要分布于扬子地层区的大湾组、东至组和汤山组的下部，没有层型地层，特别是介壳相的东至组和汤山组下部化石稀少，仅见有少量腕足类 *Sinorthis typica*，*Yangtzeella* sp.，*Mimella* sp.，*Nothorthis* sp.，*Orthis* sp. 等分子，以及头足类 *Protocycloceras deprati* 带的分子。在混生相的大湾组以笔石为主，N4带分子最丰富。

本期的生物演化有显著特点，表现在隐轴笔石群突然繁盛，均分笔石群有一部分进入了胞管变形的发展阶段。珠角石动物群暴发式出现，东北角石类消亡。出现了众多的波罗斯堪和波希米亚分子，开始了南北型头足类群的分异。

3. 宁国晚期（或牯牛潭期）

笔石页岩相自下而上可分为4个带（N8—N11），主要分布在江南地层分区的胡乐组下部，东南地层区对耳石组、罗东组的下部、下黄坑组的上部及海南牙花组的上部。

介壳灰岩相称牯牛潭期，层型地区自下而上可分 *Meitanoceras* - *Dideroceras wahlenbergi* 和 *Sinoceras yichangense* 两个头足类组合。牙形刺自下而上可分为 *Eoplacognathus antioariabilis*，*E. pseudoplanus*，*E. foliaceus* 和 *E. reclinatus* 四个带，并可与笔石相的四个带相对应。本区牯牛潭期生物群主要分布于扬子地层区的牯牛潭组和汤山组中部，以头足类生物最为昌盛，除层型地下部组合分子外，还有 *Protocycloceras shensiense* - *Chisiloceras marinelli* 组合和 *Ancistroceras* - *Paradnatoceras* 组合，牙形刺仅发现层型地区中间两个化石带分子。

本期生物演化的特征是有轴笔石进一步发展，种类较多，围笔石开始繁盛，中国笔石科特别丰富，笔石枝开始了第一次复杂化。头足类和三叶虫与大湾期和庙坡期均有紧密联系。

（三）胡乐期（或庙坡期）

笔石页岩相胡乐期层型位于宁国县胡乐镇皇墓至滥泥湖剖面，生物地层经钱义元（1964）、穆恩之（1974）等研究，建立了三个化石带（Hu1—Hu3），主要分布在江南地层分区的胡乐组上部，东南地层区对耳石组、罗东组上部及长坑水组、石圭组中。此外在海南三亚地区的沙塘组中也有分布。

混生相称庙坡期，其中，笔石类也可分为三个带，第1、2带分别与Hu1和Hu2相同，第3带为 *Corynoides calicularis* 带；牙形刺相当笔石1带，称 *Polyplacognathus friendsvillensis* 带；头足类 *Lituites* 带还可延入宝塔阶下部，三叶虫称 *Calymenesun tingi* 带或 *Miaopopsis* 带。本区庙坡期的生物群主要分布于下扬子地层分区的庙坡组和汤山组的中上部，生物群面貌与上扬子地区基本相似，但没有上扬子地区丰富，以 *Lituites* 带头足类分布较普遍。

本期的生物特征是以笔石动物群最繁盛，均分笔石明显减少，下垂类对笔石和中国笔石科的分子绝灭，三叶虫出现了一些地方性属群如 *Miaopopsis*，*Tangyaia*，并加入了一些世界性属群。头足类以直角石动物群占主导地位。

（四）滿江期（或宝塔期）

笔石页岩相称滿江期，层型位于江西崇义县恩顺乡对耳石村。笔石可分为两个带（Ha1和Ha2），主要分布在东南地层区石口组的下部及长坑水组中，海南三亚地区的尖岭组中上部也有Ha2带的生物群。

介壳灰岩相称宝塔期，层型位于湖北省秭归县新滩龙马溪艾家山下滩陀沿江剖面。以头足类 *Sinoceras chinense* - *Michelinoceras elongatum* 组合为特征，牙形刺可分为 *Protopanderodus insculptus* 和 *Hamarodus europaeus* 上、下两个化石带；腕足类分为 *Ovalospira* - *Hallina* 和 *Ptychopleurella* - *Anisopleurella* 上、下两个组合；珊瑚称为 *Yohophyllum* - *Ningnanophyllum* 组合；三叶虫有 *Corrugatagnostus*，*Cekovia*，*Xenocyclopyge*，*Goniotelus*，*Sphaerexochus*，*Paracceraurus*，*Saukia* 等。

本区宝塔期生物群，分布于下扬子地层分区的宝塔组及汤山组的上部，江南地层分区砚瓦山组中生物群面貌与上述化石带组合相似，东南地层区的古亭组中也有少量分布。

（五）石口期（或临湘期）

笔石页岩相称石口期，层型位于江西崇义县恩顺乡对耳石村。1974 年穆恩之将其中的笔石分为两个带（Sh1—Sh2），它们主要分布于东南地层区的石口组上部。

介壳相称临湘期，命名地点在湖南临湘五里牌，选层型位于湖北省宜昌分乡临湘组剖面，以含 *Nankinolithus nankinensis* 为特征，其他三叶虫属与宝塔期相同。腕足类称 *Trimurellina - Parastrophina* 组合。珊瑚和头足类均不繁盛。

本区临湘期生物群广泛分布于扬子地层区的汤头组和黄泥岗组中。东南地层区的古亭组、东冲组和海南三亚地层区的尖岭组上部也有分布。生物群的面貌也与上扬子地层分区相同。

（六）五峰期

期名源于孙云铸（1931）的五峰页岩，命名地点在湖北省五峰县渔洋关，选层型位于湖北省宜昌市黄花场剖面。包括观音桥组和原五峰组。1974 年穆恩之将其中的笔石自下而上分为 6 个化石带（W1—W6）。广泛分布在下扬子地层分区的新开岭组、江南地层分区的长坞组、东南地层区的花面垄组、黄竹洞组中。其中长坞组和东南地层区的五峰期生物发育较全，唯 W1 与 W6 很多地区未见。另外分布在下扬子地层分区的五峰期生物带因受宜昌上升影响均发育不全。发育在浙江江山至玉山一带的三衢山组为本区的壳相地层，生物繁盛，化石最丰富，富含珊瑚已达 18 属 54 种。还有东南地层区的兰瓮组和三亚地层区的干沟村组也是壳相地层，但其中的生物发育程度远不及三衢山组。

四、志留纪生物地层

志留纪生物也很繁盛，有笔石、鱼、腕足类、双壳类、腹足类、三叶虫、珊瑚、头足类、海绵、层孔虫、锥石、板足鲎、软舌螺、海百合茎、蛇尾、海星、藻、苔鲜虫、几丁虫、微古植物等 20 个门类，200 多个属种。其中最有意义的是笔石、鱼和腕足类，并已分别建立了 22 个生物带（表 4 - 3）。

（一）龙马溪期（早志留世早期）

本区生物群以笔石最为繁盛，此外尚有少量双壳类和腕足类。笔石主要为双笔石科、两形笔石科及单笔石科，自下而上可分七个带（L1—L7），主要分布于下扬子地层分区新开岭组上部，江南地层分区的霞乡组，东南地层区连滩组的下部及古墓组中。新开岭组因受宜昌上升影响，下部 L1—L4 各地发育不全，自东南向西北缺失逐渐增多。

（二）石牛栏期（早志留世中期）

东南地层区笔石页岩相自下而上可分为三个化石带（Sh1—Sh3），主要分布在连滩组中部及合浦组下部地层中。

层型地介壳生物自上而下可分为四个组合，即 *Yichangoceras - Pristiograptus xiushanensis* 头足类笔石组合、*Qianbeilites/Meitanopora - Pentamerus/Clintonella* 珊瑚-腕足类组合、*Baikitolites - Paraconchidium/Pleurodium/Stricklandia* 珊瑚-腕足类组合和 *Troedssonites/Labyrinthies - Borealis/Virgiana/Camorotoechia fengkangensis* 珊瑚-腕足类组合。其时限大致相当于笔石 Sh1—Sh3。

表 4-3 志留纪生物地层化石带划分

序号	代号	化 石 带	时代
22	M2	*Pristiograptus transgrediens* 带	
21	M1	*Pristiograptus tumescens* 带	S_3
20	G2	*Monograptus scanicus* 带	
19	G1	*Pristiograptus nilssoni* 带	
18	X6	*Cyrtograptus lundgreni*/*C. ramosus* 带	
17	X5	*Cyrtograptus rigidus*/*Monograptus flexilis* 带	
16	X4	*Monograptus riccartonensis* 带	S_2
15	X3	*Monograptus firmus* 带	
14	X2	*Cyrtograptus murchisoni* 带	
13	X1	*Cyrtograptus centrifugus* 带	
12	B2	*Stomatograptus grandis* 带	
11	B1	*Oktavites spiralis* 带	
10	Sh3	*Monoclimacis griestoniensis* 带	
9	Sh2	*Streptograptus crispus* 带	
8	Sh1	*Spirograptus turriculatus* 带	
7	L7	*Monograptus sedgwickii* 带	S_1
6	L6	*Demirastrites convolutus* 带	
5	L5	*Demirastrites triangulatus* 带	
4	L4	*Pristiograptus cyphus* 带	
3	L3	*Orthograptus vesiculosus* 带	
2	L2	*Akidograptus acuminatus* 带	
1	L1	*Glyptograptus persculptus* 带	

本区石牛栏期壳相生物主要分布于下扬子地层分区高家边组中部，江南地层分区河沥溪组下部及海南空列村组中。尤以安徽含山县仑山与浙江安吉、大白地两地生物最丰富。

（三）白沙期（早志留世晚期）

生物层型位于四川秀山榕溪。笔石可分 *Stomtograptus grandis*(B2)和 *Oktavites spiralis* (B1)上、下两个带。主要分布在东南地层区云开地层分区连滩组及合浦组的中部地层中。在扬子地层区下扬子地层分区，见于江西的清水组，而在江苏和安徽只发现 *Hunanodendrum typicum*；江南地层分区的河沥溪组在浙江大白地地区发现 *Glyptograptus tamariscus*，因此本书认为扬子地层区可建 *Hunanodendrum typicum* - *Glyptograptus tamariscus* 带，与东南地层区 B1—B2 带时限相当。在上扬子地层分区和层型地区的相当地层中均有 *Hunanodendrum typicum* 分布，完全可以对比。

综观早志留世的生物组合特征是笔石相夹介壳相，两相界线附近均有混生现象。今后应根据这一特征将本区早志留世生物地层做进一步划分。

（四）秀山期（中志留世）

秀山期在层型地古生物群为笔石与介壳混合相地层。本区扬子地层区为壳相，分布在坟头组和康山组中；东南地层区为笔石相，分布在连滩组和合浦组的上部；海南琼中为壳相，分布在大干村组和靠亲山组地层中。

秀山期笔石据林宝玉等自下而上建立 6 个化石带(X1—X6)。

秀山期介壳相生物主要有三叶虫、腕足类、双壳类、头足类、珊瑚及鱼类，可建 *Coronocephalus rex - Strispirifer hsiehi - Orthonota perlala - Sichuanoceras - Pseudoamplexus - Kiangsuaspis* 组合。此外还有腹足类、海百合茎、蛇尾、大甲类、锥石、层孔虫、藻类等多门类生物。

（五）关底期和妙高期（晚志留世）

关底期与妙高期均源于云南曲靖县城西南关底组与妙高组层型剖面。层型地区为介壳相生物群，本区下扬子地层分区的茅山组、江南地层分区的唐家坞组与其相当，主要生物为双壳类、腹足类、腕足类和鱼类。其中除鱼类外均为中志留世常见的分子：*Goniophora* sp.，*Orthonota perlata*，*Modiolopsis* sp.，*Hormotoma* sp.，*Lingula* sp. 等。鱼类的高度发育和大量出现为本期特色，有无颌类：*Sinogaleaspis shankouensis*，*S. xikengensis*，*Xiuchuiaspis jiangxiensis*，*X. ganheiensis*，*Ningguolepis fancunensis*，*Neoasiacanthus shizikouensis*，*Latirostraspis chaohuensis*，胴甲鱼类：*Asiacanthus*? sp.，多鳃鱼类：*Sinacanthus* sp.，*S. wuchangensis*，*S. fancunensis*，*S. triangulatus*，*S. guodingshanensis*。

此外在云开地层分区的岭下组和五指山地层分区的足赛岭组中也有上述介壳相生物群分子，但尚未发现鱼化石。

关底期和妙高期尚有笔石相生物群，可分别建立关底期的 *Monograptus scanicus* 带（G2）和 *Pristiograptus nilssoni* 带（G1），以及妙高期的 *Pristiograptus transgrediens* 带（M2）和 *P. tumescens* 带（M1）等化石带。

上述两期生物群在本区主要分布于云开地层分区的防城组中。

第三节　年代地层划分及其特征

目前我国年代地层的研究较薄弱，绝大多数地层均无系统测年资料，阶的建立依据也欠充分。现据中国地质科学院主编的《中国地层》及 W B 哈兰德等编著的地质年代表和近年来一些新的进展，将本区震旦系分为两统，寒武系、奥陶系、志留系各分为三统六阶。本区震旦纪—志留纪地层基本上属于海相，受侧向堆积原理控制，岩石地层与年代地层的界线是不一致的，各岩石地层单位与年代地层单位阶均呈一个斜交面，其时限也因地而异，岩石地层单位的穿时性是普遍的。但是，目前对各岩石地层单位时限的研究还很薄弱，绝大多数岩石地层单位的时限尚不够准确，尽管区内有些地层剖面具有界线层型的标准，但在连续沉积的单一的岩性中确定年代界线是非常困难的，因此岩石地层单位时限的研究有待进一步深化。

一、震旦系

“震旦”一词用于我国地层名称由来已久，1922 年始用于“系”一级地层单位名称。湖北峡东剖面为建系的层型。据同位素年龄资料，震旦系的下限推定为 800±50 Ma，上限为 600±50 Ma。

（一）震旦系底界

在扬子地层区，震旦系底界是划在周岗组、莲沱组或休宁组之底。

莲沱组与休宁组均与下伏前震旦纪地层为不整合接触；周岗组与下伏地层为平行不整合一不整合接触。滁县地区周岗组之下张八岭（岩）群西冷（岩）组的锆石 U－Th－Pb 法年龄为 1 026 Ma，全岩年龄为 1 031 Ma（中国科学院华东富铁科研队，1977）。宁镇地区据丹阳县埤城乡 ZK01 孔资料，周岗组不整合在埤城（岩）群之上，埤城（岩）群 Sm－Nd 等时线年龄为 1 401±4 Ma（江苏省地质矿产局，1995）。皖南地区休宁组下伏许村花岗闪长岩中的黑云母 K－Ar 年龄为 900 Ma，休宁岩体为 954 Ma（中国科学院地质研究所，1965），1982 年南京大学地质系采样经中国科学院地质所用 Rb－Sr 法测得休宁岩体为 963±62 Ma，李应运（1989）采样用锆石 U－Pb 法测得歙县花岗岩年龄为 928 Ma。近年来在休宁组下伏地层中获得一批新的测年数据，伏川蛇绿岩中辉长岩 Sm－Nd 等时线年龄为 1 024±30 Ma（周新民，1989）、935±10 Ma（邢凤鸣，1992），铺岭组 Sm－Nd 等时线年龄为 1 084±50 Ma（谢窦克，1993），井潭组酸性火山岩和火山碎屑岩 Sm－Nd 等时线年龄为 829±36 Ma（徐备，1992），江西地区休宁组下伏九岭花岗岩 Ar－Ar 法年龄为 937 Ma（中国科学院地质所，1984），U－Pb 法年龄为 818 Ma（核工业部第三所，1981），K－Ar 法年龄为 805 Ma（中国科学院地质所，1962），其下伏地层赣东北蛇绿岩全岩 Sm－Nd 法年龄为 930±34 Ma，铁罗山细碧岩、安玄岩、中基性凝灰岩全岩 Sm－Nd 法年龄为1 112.9±53 Ma，樟树墩蛇绿岩 Sm－Nd 法年龄为 1 154±30 Ma，德兴中村德里堰变辉绿岩 K－Ar 法年龄为 1 138 Ma（马长信，1992），宜丰变基性火山岩全岩 Sm－Nd 法年龄为 1 038.3±27.5 Ma（徐备，1992）。

综上所述，扬子地层区震旦系的下限定为 800～1 000 Ma，且各地时限均有差异。自江南古陆向北至张八岭一带，震旦纪地层与下伏地层由不整合（江西、皖南、浙江）到平行不整合（东至小安里），其下限亦是自南而北变老。

东南地层区及三亚地层区的震旦纪地层与下伏地层多数为平行不整合或关系不明，仅在桂北地区的长安组与下伏拱洞组为整合接触。长安组底界的时限，根据侵入下伏丹洲群三门街组辉长辉绿岩锆石 U－Pb 法年龄为 893 Ma，其间尚有厚达 1 700 m 的拱洞组，故推断其下界为 800 Ma 左右。闽北东岩组据政和下坑一带斜长角闪片岩 Sm－Nd 年龄为 800±50 Ma，其余各组均无确切年龄资料。

当今国内或国际上均以 800 Ma 作为震旦系或相应地层的底界，显然本区相当于莲沱组的各岩石地层单位（周岗组、休宁组、古家组、长安组、大绀山组、黄潭组、吴墩组、楼子坝组、泮地组等）均为穿时地层单位，并推测其下界各地时限不一，大致为 800～900 Ma。

（二）震旦系的顶界

震旦系的顶界也就是前寒武系与寒武系的分界线。自 60 年代以来，即引起国际地质界的重视，1992 年国际地科联成立了国际前寒武-寒武系界线工作组。1978 年以考伊（J W Cowie）为首的工作组代表团来我国湖北、四川、云南等地考察，进一步促进了我国震旦系-寒武系界线的研究，在原来的灯影组顶部发现了多处小壳化石点，取得了重大进展。云南晋宁梅树村震旦系-寒武系界线层型剖面已被国际前寒武-寒武系界线工作组推荐为国际层型剖面。孙卫国（1990）利用梅树村阶小壳化石，采用 Sm－Nd 法测定年龄为 562.8±7.7 Ma。

本区震旦系与寒武系的界线可分为两种类型，第一种类型与我国中西部相同，两者界线位于灯影组上部，主要出露于宁镇和开临二个碳酸盐台地上；第二种类型是位于皮园村组或老虎塘组硅质岩中。前者经阎永奎等（1992）研究，在开临台地上的灯影组上部发现了以 *Anabarites*－*Protohertzina* 组合为代表的小壳化石动物群，与云南、四川、湖北、贵州等省梅树村阶第 1 小壳化石组合相当，并称为五家岭段。后者目前尚缺乏划分依据，根据环境分析作者认为震旦系-寒武系的界线应划在厚层硅质岩与薄层硅质岩之间。目前仅在休宁蓝田皮园村组厚层硅质岩与薄层硅质岩之间的一层灰色厚层粉砂质泥岩中发现了遗迹化石和粪化石，可能与五家岭段相当。介于二种类型之间还有一种过渡类型即浙西桐庐一带的板桥山组。出露很少，研究程度较低，目前尚无生物依据，暂将两系界线划在顶部砂岩与白云岩之间，有待进一步工作证实。老虎塘组的界线目前缺乏生物资料，也无测年资料，只能根据与皮园村组对比，两系的界线推断应在老虎塘组上部寻找。其余云开、武夷、沿海、五指山等地层分区两系界线的确定均无可靠资料，推断均应在龙头组、稻香组、黄连组、泮地组、石灰顶组等上部。由此可见本区震旦系与寒武系的界线均在震旦纪顶部地层中，上述各组均为穿时地层单位。

关于震旦系的上限年龄，目前尚不统一，有 570 Ma 和 600 Ma 两个数值，本书采用后一数值。

（三）震旦系上、下统的界线划分

震旦系分统界线，目前国内有两种意见，一种意见是 1991 年以刘鸿允等为代表将统界线放在莲沱组与南沱组之间，时限定为 740±20 Ma。主要依据是以澄江运动所形成的不整合面为划分标志。另一种是以 1982 年以邢裕盛等为代表将统界线放在南沱组与陡山沱组之间，主要是从生物演化角度考虑，时限定为 700±30 Ma。本书赞同后一种意见，将本区震旦系上、下统界线放在南沱组与陡山沱组及其相应地层之间，即苏家湾组与黄墟组，南沱组与陡山沱组或蓝田组、大沙江组或活道组与坝里组、黄潭组或宝石组与三溪寨组、吴墩组或东岩组与龙北溪组、丁屋岭组与南岩组等组之间。目前区内尚无测年资料。据马国干等资料，峡东陡山沱组全岩 Rb-Sr 年龄为 691±29 Ma 和 700±5 Ma，其下伏地层南沱组中部大塘坡段黑色页岩在鄂西长阳 Rb-Sr 法测得年龄为 739 Ma。本区陡山沱组和南沱组的层位和岩性与峡东完全相当，故推断南沱组的下限年龄为 700±5 Ma。目前国际上相当于这一界线的年龄值为 670 Ma（文德与斯图特之间的年龄值），因此本区相当于南沱组和陡山沱组的各岩石地层单位也是穿时的。

（四）阶的划分

目前对震旦系建阶的问题，多数地质工作者持慎重态度。唯有罗惠麟、蒋志义等 1982 年提出了"灯影峡阶"，并被邢裕盛等采纳。目前灯影峡阶的顶界依据较充分，既有年龄数据 570 Ma，又有丰富的微古植物、大型藻类和后生动物化石。因此本书也同意引用灯影峡阶，但其底界尚须做进一步的研究。

二、寒武系

根据 1982 年项礼文等的研究，以滇东和鲁西、冀东作为层型剖面所在地，将中国的寒武系分为三统十阶已为广大地质工作者采纳（表 4-4）。

（一）寒武系的顶界

目前国内划分比较统一，即采用北欧特马豆克阶的底部。上寒武统在华北最高的三叶虫带为 *Calvinella* - *Mictosaukia*，华南为 *Hedinaspis* - *Charchaqia* - *Lotagnostus* 组合。目前国内认

表 4-4 东南区寒武纪地层多重划分对比简表

年代地层单位			扬子地层区				东南地层区		三亚地层区		生物时限带
系	统	阶	下扬子分区		江南分区						代号
奥陶系	下统										
寒武系	上统	凤山阶	观音台组		青坑组 / 西阳山组	Calvinella Saukia Dictyites-Lotagnostus Prosakia-Neoanomocarella	水石组 / 东坑口组	Obolus sp. O. luanhsiensis O. taianensis			31F4 30F3 29F2 28F1
		长山阶	观音台组		青坑组 / 西阳山组	Yuppingia-Acaroceras Aphelaspis-Lotagnostus	水石组 / 东坑口组	Charchaqia sp. Lotagnostus sp. Hedinaspis sp.			27Ch3 26Ch2 25Ch1
		崮山阶	观音台组		团山组 / 华严寺组	Peudoglyptagnostus 同 G2 同 G1 Glyptagnostus reticulatus G. stolidotus	水石组 / 东坑口组	Acrothele sp.			24G2 23G1
	中统	张夏阶	炮台山组		杨柳岗组	Lejopyge sinensis L. armata Hypagnostus Pseudophalacroma triangulus	高滩组 / 林田组	Acrothele sp. A. chinensis A. cf. eryx Homotreta sp.	大茅组		22Zh4 21Zh3 20Zh2 19Zh1
		徐庄阶	炮台山组	Triplagnostus	杨柳岗组	Goniagnostus- Ptychagnostus atavus Triplagnostus gibbus	高滩组 / 林田组	H. shantungensis H. notens-H. venia	大茅组	Pelagiella cf. delioides Protowenella flemingi Bradoria Indota	18Sh4 17Sh3 16Sh2 15Sh1
		毛庄阶	炮台山组	Mufushania- Kunmingaspis	杨柳岗组		高滩组 / 林田组	Micromitra sp. Agnostus sp.	大茅组	Galahetes Xystridura	14M2 13M1
	下统	龙王庙阶	幕府山组	Changaspis- Arthricocephalus	大陈岭组	Changaspis- Arthricocephalus	高滩组 / 林田组	Protospongia sp.	孟月岭组		12L2 11L1
		沧浪铺阶	幕府山组	Redlichia- Paokannia	黄柏岭组	Redlichia chinensis Shabaella	牛角河组 / 林田组	Volborthella sp.	孟月岭组		10Ch5 9Ch4 8Ch3 7Ch2 6Ch1
		筇竹寺阶	幕府山组	Hupeidiscus- Sinodiscus Hunanocephalus	荷塘组	Hunanocephalus	牛角河组 / 林田组		孟月岭组	Leiominuscula sp.	5Q3 4Q2 3Q1
		梅树村阶	幕府山组	Siphogonuchites- Lopchites Anabarites- Protohertzina	荷塘组		牛角河组		孟月岭组		2M2 1M1

为三叶虫 *Hysterolenus*，*Onychopyge* 和牙形刺 *Drepanodus simplex* 的出现标志着已接近于奥陶系最低的化石层位，相当于特马豆克阶的底部。本区有很多发育良好的寒武系-奥陶系连续剖面，大致可分为下列四种类型：

(1)碳酸盐台地型沉积(观音台组-仑山组)，经江苏省地质矿产局和丁连生等研究认为，在汤山建新村仑山组三叶虫 *Dactylocephalus dactyloides* 带之下 5.7 m 的灰质白云岩中含牙形刺 *Oneotodus simplex* 带，和鄂西(峡东)地区 *Drepanodus simplex* 带可以对比，寒武系-奥陶系界线放在此处为宜。但这一类型在多数地区尚未获化石，根据岩性对比，这一界线可能均在观音台组上部或顶部。

(2)盆地相沉积的瘤状灰岩与泥岩型(西阳山组-印渚埠组)，经俞剑华、方一亭等(1983)研究，在宁国县胡乐镇西阳山组顶部青灰色薄层泥灰岩与黑色瘤状灰岩中，出现大量新厂阶 *Staurograptus*(X1)带化石，将原年代界线下移 31 m 至现划的西阳山组内。在赣西北地区经俞剑华等(1976、1982)研究，在西阳山组顶部发现大量的反称笔石、树形笔石、网格笔石分子，并结合牙形刺 *Cordylodus prion*，*C. lindsromi* 的出现，将原划分的寒武系-奥陶系界线下移 15 m 至西阳山组内。由此可见西阳山组是个穿时的岩石地层单位，且界线因地而异。

(3)过渡型沉积(灰岩、白云岩)：处于台缘至盆地的过渡地带，在滁县一带经董平(1983)的研究，以新厂阶底带牙形刺 *Cordylodus intermedius* 出现为界，划在琅玡山组内。芜湖-石台一带暂放在 *Mictosaukia* - *Calavinella* 组合或 *Oneotodus nakamurai* 牙形刺与 *Drepanodus* 层之间，位于青坑组上部。俞剑华等在石台县西南青坑组上部云朵状砂屑白云质灰岩中发现奥陶系底部的牙形刺 *Oneotodus nakamurai*，*Drepanodus*，将界线下移 66.1 m。

(4)深海槽盆相复理石沉积：由于属深海环境，化石稀少，又无测年资料，故寒武系-奥陶系界线尚难确定，仅根据岩性和层位对比，推断其界线应在水石组的上部以 *Staurograptus* - *Anisograptus* 带为界。界线以上为笔石动物群，界线以下为无铰纲腕足类。

其余云开、武夷、沿海、五指山等地层分区的寒武系-奥陶系界线均缺少资料，无法论证，据岩性和层位对比，相应推断该界线应在现划的寒武纪顶部各岩石地层单位中。

(二)寒武系下、中统界的划分

关键问题是毛庄阶的归属问题。本书同意 1982 年项礼文等的意见，将毛庄阶置于中寒武统最下部。划在 *Redlichia murakamii* - *Hoffelella* 带与 *Shantungaspis* 带之间。在本区是以盘虫类三叶虫的大量衰退作为早寒武世的结束，球接子类三叶虫的出现作为中寒武世的开始。从目前资料分析其确切位置难以确定，可能位于杨柳岗组、炮台山组、高滩组等的下部某处，这尚待今后工作证实。

(三)寒武系中、上统界的划分

这一问题的焦点是崮山阶的归属问题。目前国内已取得一致认识应属上统。在华北划在 *Damesella* 带与 *Blackwelderia* 带之间。在本区主要是依靠球接子类来划分。以 *Ptychagnostus*，*Goniagnostus*，*Triplagnostus*，*Diplagnostus*，*Linguagnostus*，*Peronopsis* 属群的消失，*Glyptagnostus*，*Pseudagnostus*，*Homagnostus* 属群的出现作为两者的分界。以 *Lejopyge laevigata* 带作为中统最高的化石带。下扬子地层分区划在炮台山组上部的 *Hypagnostus* - *Triplagnostus* 与 *Liostracina* - *Bergeronites* 组合之间。在江南地层分区划在杨柳岗组上部 *Lejopyge sinensis* 带与 *Glyptagnostus stolidotus* 带之间，显然杨柳岗组、炮台山组均为穿时岩石地层单位，因此，中

上统的界线位于其上部某处。

东南地层区化石稀少，据层位和岩性对比，推断寒武系中、上统界线可能位于高滩组、林田组的上部某处。

（四）寒武系阶的划分

阶是年代地层单位的基本单位。目前寒武系中、上统所建六个阶是以华北地层区为标准建立的，扬子与东南地层区，所获生物带不够系统，从岩性与生物均难以一一与之对比，尚难建阶，其划分与对比只能是相对的。

下统四阶是以滇东为标准建立的，本区从岩性和层位与其均有可比性。

相当于梅树村阶的地层，扬子地层区为灯影组、皮园村组、板桥山组等上部地层，东南地层区为老虎塘组、黄连组、稻香组等上部地层。其底界的划分已在震旦系-寒武系界线中论述，顶界应划在 *Siphogonuchites - Lopchites* 组合与 *Hunanocephalus* 之间。

筇竹寺阶顶界在本区应划在 *Hupeidiscus - Sinodiscus* 的消失，*Harites - Circotheca - Lapworthella* 组合的出现处，与其大致相当的地层为荷塘组。

沧浪铺阶顶界在本区划在 *Redlichia - Paokannia* 组合与 *Changaspis - Arthricocephalus* 组合之间，与之相当的地层有黄柏岭组及幕府山组和荷塘组的一部分。

龙王庙阶的顶界应划在 *Changaspis - Arthricocephalus* 组合与 *Mufushania* 或 *Triplagnostus gibbus* 层之间。

综合寒武纪岩石地层、生物地层和年代地层的划分对比（表 4 - 4）分析，本区岩石地层单元普遍穿时。

三、奥陶系

目前国内外对奥陶系的划分标准分歧很大，一时难以统一，在分统上主要是二分、三分与四分之争，在建阶上有笔石页岩相和介壳灰岩相两种类型。本书在分统上采用传统的三分法，在划阶方面因区内两种类型的沉积均有，故以笔石页岩相为主，两者相结合的划分方案，将奥陶系分为三统六阶（表 4 - 5）。

（一）奥陶系的顶界

这一问题国内外均有很大争议，争论的焦点是 *Dalmanitina* 动物群与 *Hirnantia* 动物群与笔石带的对比及其归属问题。目前国内是划在 *Glyptograptus persculptus* 带（龙马溪阶之底）与 *Diplograptus bohemicus* 带（五峰阶之顶）之间。小达尔曼动物群与赫南特动物群均是穿时的。达尔曼层的时限更宽，其分布以 W4—W5 带为主，但至 *Glyptograptus persculptus* 带还很丰富，个别地方可达 L3 带，赫南特动物群据戎嘉余（1979）研究，仅可与 W4—W6 三个笔石带对比，显然较达尔曼层的时限窄。

本区这一界线的确定也很复杂，大致可分为下扬子、江南、东南三种层序类型。

（1）下扬子地层分区包括台地及斜坡带的沉积。新开岭组与高家边组普遍为整合接触。在滁县地层小区内，高家边组底部普遍缺失 4 个笔石带，新开岭组顶部未获化石。

在宁镇及和县-安庆地层小区内，晚奥陶世晚期至早志留世早期均有不同程度的缺失，两者呈平行不整合接触，且普遍有风化壳存在，一般缺失 W3—L4 带，自西北向东南笔石带缺失逐渐减少，无为县高家坝子剖面及宿松龙山剖面，缺失 W3—L4 带。在宁镇地区缺失 W3—L4 带。汤山地区达尔曼虫与 W2 带共生，被 L2 带所覆。泾县北贡和江西武宁发现 W6 带与达尔曼动物群共生，被新开岭组或梨树窝组 L2 带所覆。上述为台地至斜坡带的变化情形，显然奥陶系与志留系的界线在新开岭组之间通过，这也是一个穿时界面。

(2)江南地层分区为盆地型沉积。长坞组与霞乡组为整合接触，奥陶系与志留系的界线应划在长坞组 W6 带与霞乡组 L1 带之间，达尔曼动物群一般与 W6 带共生。在安徽宁国东岸下扬湾、浙江于潜堰口和德清三桥的长坞组顶部，均发现 W6 带与达尔曼动物群共生，被霞乡组底部 L1 带所覆，二者为连续沉积，岩性难分，各地时限不一，推断长坞组与霞乡组均为穿时的岩石地层单位。在盆地中心奥陶系-志留系界线位于长坞组之顶或上部某处，至盆地两侧可能位于霞乡组的下部某处。

在浙江开临台地(或浙赣台地)，奥陶系-志留系的界线因笔石相与介壳相难以对比，推断界线位于三衢山组的中、上部某处。上述各地奥陶系-志留系的界线划分参见表 4－5、表 4－6。

由上可见，新开岭组、长坞组、三衢山组及梨树窝组、霞乡组均为穿时岩石地层单位。

(3)东南型为深海槽盆复理石沉积。本类界线层型剖面仅分布在云开地层分区的粤西和桂东南，奥陶系—志留系虽为连续沉积，但因深海环境化石稀少，难以划定其确切位置。据现有资料分析，在广东大岗顶组与古墓组均未获生物资料，而其上的连滩组下部已有 L4 带的标准分子，其下的 L1 为相似分子，不足为凭，故暂将奥陶系-志留系界线下移至大岗顶组底部砾岩处。

在广西北流北容剖面上，古墓组下部出现 L1 及 L2 带化石，其下未获晚奥陶世带化石，暂将奥陶系-志留系界线划在古墓组页岩与大岗顶组砾岩交界处。

海南琼中地区的奥陶系-志留系界线更难确定，南碧沟组尚无化石，陀烈组仅有几丁虫 *Conochitina edjelensis* － *C. armilata* 组合，与广东西部连滩组(L7) *Monograptus sedgwickii* － *Spirograptus turriculatus* 带相当，只能暂将其界线放在陀烈组与南碧沟组之间。

(二)奥陶系统的划分

目前国内尚有不同认识，本书采纳中国科学院南京地质古生物研究所的划分方案，将奥陶系三分，下、中统界线划在宁国阶与胡乐阶之间，或牯牛潭阶与庙坡阶之间。中、上统界线划在滟江阶与石口阶之间，或宝塔阶与临湘阶之间。

本区两种类型阶的地层都存在，现分述如下：

1. 笔石页岩型

(1)奥陶系下、中统界线　以宁国阶(N11) *Didymograptus murchisoni* 带与胡乐阶(Hu1) *Glyptograptus teretiusculus* 带为界，两者为连续沉积。在江南地层分区和东南地层区一般位于胡乐组和对耳石组及相当地层的中、上部，从岩性而言大致是以页岩的消失、硅质岩出现为界，各地时限不一，应注意研究。以生物而言宁国阶以对笔石动物群为主，胡乐阶则以叉笔石为主，双笔石类繁盛，下垂式对笔石、叶笔石、四笔石、假三角笔石、翼笔石等消失。在三亚地层区应划在牙花组 N9 带之上，沙塘组 Hu1 带之下的某处。

(2)奥陶系中、上统界线　以滟江阶(Ha2) *Dicranograptus clingani* 带或 *Climacograptus spiniferus* 与石口阶(Sh1) *Orthograptus quadrimucronatus* 带为界，一般位于石口组或东冲组的中部，大致相当于古亭组与半坑组的界线附近。在海南三亚地层区应划在尖岭组 *Climacograptus wilsoni* 带与(Ha2) *Dicranogaptus clingani* 带之间，岩性单一，界线难定，大致位

表4-5　东南区奥陶纪地层多重划分对比简表

年代地层 系	统	阶	扬子地层区 下扬子地层分区 (组)	下扬子地层分区 (带)	江南地层分区 (组)	江南地层分区 (带)	东南地层区 (组)	东南地层区 (带)	三亚地层区 (组)	三亚地层区 (带)	生物时限带代号
志留系	下统	龙马溪阶	新开岭组	L1	霞乡组	L1	大岗顶组	L1	干沟村组		L1
奥陶系	上统	五峰阶	新开岭组	—— *Dalmanitina* —— W6 W5 W3 W2	长坞组（文昌段、于潜段）；三衢山组	—— *Dalmanitina* —— W6 W5 W4 *Climacograptus leptotheralis-C. venustus* W3 *Pseudoclimacograptus anhuiensis*	花面垄组；黄竹洞组；兰翁组	—— *Dalmanitina* —— W5 W4 W3 W2	干沟村组	*Encrinuroides-Sowerbyella*	W6 W5 W4 W3 W2 W1
		石口阶	汤头组	*Nankinolithus nankinensis*	黄泥岗组	*Nankinotithus nankinensis*	石口组；古亭组；东冲组	Sh2 Sh1	尖岭组	*Climacograptus wilsoni*	Sh2 Sh1
	中统	滞江阶	宝塔组；汤山组	*Sinoceras chinense*	砚瓦山组	*Sinoceras chinense* *Xiushuilithus*	石口组；半坑组；东冲组	Ha2 Ha1	尖岭组	Ha2	Ha2 Ha1
		胡乐阶	宝塔组；庙坡组；汤山组	*Lituites*	胡乐组	Hu3 Hu2 Hu1	对耳石组；长坑水组；石圭组	Hu3 Hu2 Hu1	榆红组	Hu2 Hu1	Hu3 Hu2 Hu1
	下统	宁国阶	牯牛潭组；大湾组；东至组；红花园组；汤山组	*Dideroceras wahlenbergi-Meitanoceras* *Protocycloceras shensiense-Chisiloceras marinelli* *Michelinoceras* cf. *dobaosense-Ancistroceras densum* *Protocycloceras deprati*, *Sinorthis typica* *Azygograptus suecicus* *Didymograptus deflexus* *Didymograptus eobifidus* *Manchuroceras-Coreanoceras*	里山阡组；胡乐组；宁国组；印渚埠组	N11 N10 N9 N8 N7 N6 N5 N4 N3 N2 N1	对耳石组；下黄坑组；罗东组；罗洪组；爵山沟组；茅坪组	N10 N9 N8 N7 N6 *Oncograptus magnus* N4 N3/*Didymograptus protobifidus* *Tetragraptus fuuticosus* *Tetragraptus*(*Etagraptus*) *approximatus*	沙塘组；牙花组；大葵组	N9 N7	N11 N10 N9 N8 N7 N6 N5 N4 N3 N2 N1
		新厂阶	分乡组；上欧冲组；仑山组	*Acanthograptus-Tungtzuella* *Proterocameroceras-Ellesmeroceras*	大坞阡组；印渚埠组	X3 X2 X1	爵山沟组；茅坪组；下黄坑组；罗洪组	X3 X2 X1	大葵组		X3 X2 X1
寒武系	上统	凤山组	琅玡山组；观音台组；青坑组		西阳山组		水石组		大葵组		

表 4-6 东南区志留纪地层多重划分对比简表

系	统	阶	下扬子地层分区（组）	下扬子地层分区（化石）	江南地层分区（组）	江南地层分区（化石）	云开地层分区（组）	云开地层分区（化石）	五指山地层分区（组）	五指山地层分区（化石）	生物时限带代号
泥盆系	下统	玉龙寺阶					钦州组				
志留系	上统	妙高阶	茅山组	Antiarchi Climatjide	唐家坞组	*Sinocathus fancunensis* *Niugguolepis fancunensis*	防城组；岭下组	M2 M1	足赛岭组	*Plasmopora* sp. ? *Amplexoides* sp. *Tryplasma* sp.	M2 M1
		关底阶		*Modiolopsis*		*Orthonota* *Murchisonia*		G1		*Atrypa* sp. *Coronocephalus rex*	G2 G1
	中统	秀山阶	坟头组	*Coronocephalus rex* *Strispirifer* *Orthonota perlata* *Kiangsuaspis nankingensis* *Sinocanthus*	康山组	*Coronocephalus rex* *Strispirifer* *Orthonota perlata* *Modiolopsis* *Grammysia*	合浦组；连滩组	*Coronocephalus* *Pristiograptus vulgaris* X4 *Monograptus flemingii compactus* *Monograptus retroflexus* X1/*Cyrtograptus* sp.	靠亲山组；大干村组	*Eosprifer-Strispirifer* *Syringopora nanshanensis* *Heliolitella langgaoensis* *Squameolites densus* *Favosites* sp. *Tabularia* sp.	X6 X5 X4 X3 X2 X1
	下统	白沙阶	高家边组：清水组	*Hunanodendrum typicum* *Modiomorpha crypta*	河沥溪组	*Glyptograptus tamariscus* *Encrinuroides banwuensis*	古墓组；连滩组	B2 B1	空列村组	*Cateniopora* sp. *Receptaculites* sp.	B2 B1
		石牛栏阶	高家边组：殿背组	*Mesofavosites* sp. *Calocyrtocerina gaizhouensis*		*Nucleospira*		Sh3 Sh2 Sh1		*Tryplasma* sp.	Sh3 Sh2 Sh1
		龙马溪阶	高家边组：梨树窝组	*Pristiograptus changshanensis* *Demirastrites triangulatus* *Pristiograptus leei* L4 L3 L2/*Pararigraptus acuminatus* L1/*Glyptograptus gracilis*	霞乡组	*Monoclimacis crenularis* L6 *Pristiograptus leei-P. atavus* L4 L3 L2 L1	古墓组；大岗顶组	*Rastrites maximus* L7 L6 L5 L4 *Pristiograptus atavus* L2 L1	陀烈组	*Conochitina hiaensis* *C. emmtstensis*	L7 L6 L5 L4 L3 L2 L1
				—— *Dalmanitina* ——		—— *Dalmanitina* ——		—— *Dalmanitina* ——			
奥陶系	上统	五峰阶	新开岭组	W2	长坞组	W6	兰瓮组	W6	南碧沟组		W6

于尖岭组中、上部。

2. 介壳灰岩型(分布在下扬子地层分区、江南地层分区的开临台地上)

(1)奥陶系下、中统界线　以牯牛潭阶 *Dideroceras wahlenbergi*－*Meitanoceras* 组合带与庙坡阶 *Miaoposis*－*Orthograptus whitfieldi* 组合带为界。牯牛潭阶以灰岩为主,大量繁盛内角石类和似前环角石类为特征,庙坡组以泥质灰岩为主,局部地区夹页岩,以喇叭角石类为主,一般位于牯牛潭组与庙坡组或宝塔组界线附近,或汤山组的中部,若以牙形刺划分则是放在牯牛潭阶 *Eoplacognathus faliaceus* 带与庙坡阶 *Prioniodus variabilis* 带之间。

(2)奥陶系中、上统界线　一般是放在宝塔阶 *Sinoceras chinense* 带与临湘阶 *Nankinolithus nankinensis* 带之间。本区的下扬子地层分区是位于汤山组或宝塔组与汤头组的界线附近。江南地层分区是位于砚瓦山组与黄泥岗组界线附近。

(三)奥陶系阶的划分

目前国内根据不同类型的沉积,已有两种建阶方案,一种是1982年赖才根等以上扬子介壳灰岩相为代表将奥陶系自下而上建立了两河口阶、红花园阶、大湾阶、牯牛潭阶、庙坡阶、宝塔阶、临湘阶、五峰阶等八个阶。另一种是张文堂等以江南地层分区和东南地层区笔石页岩相为代表,将奥陶系自下而上建立了新厂阶、宁国阶、胡乐阶、滞江阶、石口阶、五峰阶等六个阶27个笔石带。本区这两种类型的沉积均有分布。各阶所含生物时限带及其展布规律已在生物地层部分论述。阶与各岩石地层单位的对应关系参见表4－5。组级岩石地层单位普遍穿时,而且各地的时限也不相同,阶的顶底界与岩石地层界面是斜交面。除上述与系、统划分有关的阶、组穿时或跨时外,其余资料不多,本书不做进一步论述。

综合本区奥陶纪地层各地层(分)区的岩石地层、生物地层和年代地层具有明显的差异,但是,从总体上看,又是可以对比(表4－5)。由表4－5可知岩石地层单元的穿时性是普遍的;生物地层的化石带(组合)在不同地区,有的缺失不全,有的为其他门类的化石带(组合)所替代,但却有一定的延展性和可比性,这在测年资料不全的情况下,不失为确定年代地层的主要依据。本区奥陶纪岩石地层与年代地层之间的关系如图4－4所示。

四、志留系

关于志留系的划分国内尚有较大的分歧,本书采用1984年林宝玉等意见,将志留系分为三统六阶(表4－6)。

(一)志留系上界

以往多数人认为中国受加里东运动的影响,志留系—泥盆系之间为不整合接触。近年来国内一些地方发现上志留统与下泥盆统为连续沉积,本区西邻的广西钦州地区就是其中之一。该地志留系—泥盆系为海相连续沉积,其界线划在上志留统防城组(M2) *Pristiograptus* cf. *transgrediens* 带与下泥盆统钦州组 *Monograptus uniformis* 带之间。

在江南地层分区的唐家坞组上部太平举坑至宁国老虎山一带,有一套厚达200余米的灰白色石英砂岩(假五通),与唐家坞组为连续沉积,毕治国曾在其中采获大量植物化石碎片,怀疑其属下泥盆统。在邻近江南地层分区的下扬子过渡带的茅山组之上,也普遍有这套地层,但厚度不及江南地层分区大,且向西北方向逐渐减薄,至滁县一带连同茅山组一并尖灭。因这一

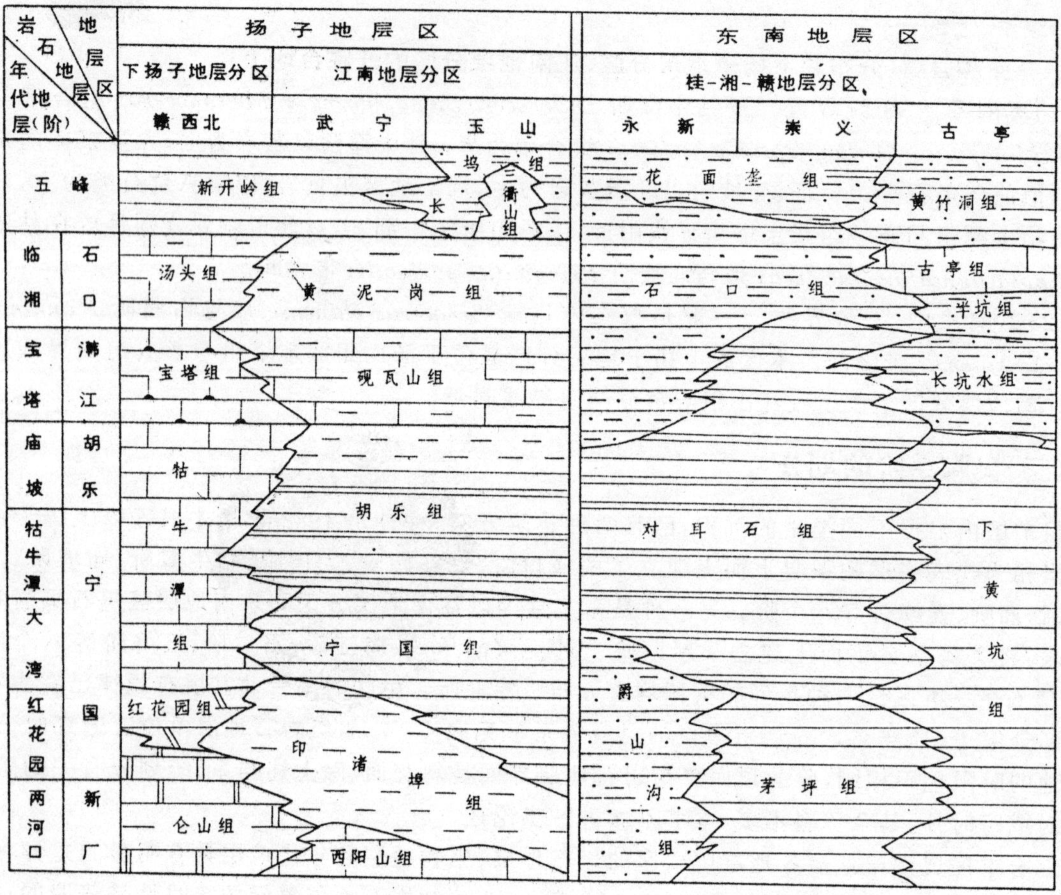

图 4-4 江西奥陶纪岩石地层与年代地层关系图

(据《江西省岩石地层》,1997,修编)

带志留系、泥盆系为陆相—滨海相沉积,化石稀少,研究程度较差,目前尚难定论。值得进一步工作。

其余各地志留系与上覆不同地层均为不整合接触,顶部出露不全。

(二)志留系统的划分

目前分歧较大,1990 年戎嘉余、陈旭等认为扬子区志留系均属下统——兰多维列(Llandoverian)统,其主要依据是 *Stomatograptus grandis*,*S. sinensis* 与 *Pterospathodus celloni* 共存,并无 *Amorphognathoides* 带的标准分子,且回星哨组、茅山组、唐家坞组地层中未获温洛克(Wenlock)世的化石群。

另一种意见是以林宝玉等为代表的传统认识,志留系可以分为下、中、上三统。在目前资料尚不充分的情况下,本书同意后者意见。

(1)志留系下、中统界线。以笔石划分,一般是将秀山阶(X1)*Cyrtograptus centrifugus* 带作为中统之底界。按牙形刺是以 *Pterospathodus celloni* 带作为下统之顶界,两者相当,后者可能略低。

扬子地层区志留系下统上部一般认为是介壳相,但自 *Hunanodendrum typicum* 带生物发现后应为笔石相，与中志留统的分界可用此生物带的出现为标志，将这一界线放在高家边组与坟头组或河沥溪组与康山组之间。

东南地层区志留系下、中统均为笔石页岩相，二者界线应放在秀山阶（X1）*Cyrtograptus centrifugus* 带与白沙阶（B2）*Stomatograptus grandis* 之间。这一界线大致位于合浦组或连滩组的中部。

三亚地层区及五指山地层分区志留系均为介壳相，志留系下、中统界线难以确定，推断其应在空列村组与大干村组之间的某处。

(2)志留系中、上统界线。在笔石页岩相序中，以关底阶（G1）*Pristiograptus nilssoni* 带的底界作为分界，东南地层区属此相序，两者界线应在合浦组与防城组或连滩组与岭下组之间的某处。在介壳相序中一般以 *Coronocephalus rex* - *Sichuanoceras* - *Stomatograptus sinensis* 组合的顶作为分界，扬子地层区和三亚地层区均属此相，以 *Coronocephalus rex* 的消失为标志，界线大致位于坟头组与茅山组，或康山组与唐家坞组，或靠亲山组与足赛岭组之间的某处。

(三)志留系阶的划分

(1)龙马溪阶顶部以 *Pristiograptus changshanensis* 为界，其上为石牛栏阶，相当本阶的岩石地层有高家边组中下部、梨树窝组、霞乡组、古墓组、连滩组下部及沱烈组。

(2)石牛栏阶和白沙阶在本区多数地区岩性单一，难以划分，其相当岩石地层有殿背组和清水组、高家边组上部、河沥溪组和空列村组。在扬子地层区普遍发现了 *Hunanodendrum typicum*，可考虑用生物相进行划分。石牛栏阶为介壳相，白沙阶为笔石相地层。并应根据岩石组合特征，建立相应的岩石地层单位。在东南地层区按生物虽可分开，但均位于连滩组、古墓组或空列村组中通过。

(3)秀山阶在本区多属壳相地层，与之相当的岩石地层有坟头组、康山组、大干村组和靠亲山组。东南地层区属笔石相，为合浦组和连滩组的上部地层。

(4)关底阶和妙高阶在本区为壳相地层，亦难划分。与之相当的岩石地层有茅山组、唐家坞组、岭下组和足赛岭组。在东南地层区防城组中以 *Pristiograptus nilssoni* 作为妙高阶底界将两阶分开。

综合中国东南部志留纪岩石地层，可用表 4 - 6 作为生物地层和年代地层等多重地层划分对比的研究结果。

第四节　沉积环境分析和沉积盆地演化

一、岩相古地理特征

(一)沉积相特征

本区在震旦纪—志留纪时，以海洋环境为主，大陆环境和过渡型环境为次。其沉积模式可综合如下（图 4 - 5）。

1. 陆相

(1)冲积扇与河流相主要发育于早震旦世，莲沱期沿古陆边缘均有冲积扇与河流相沉积。

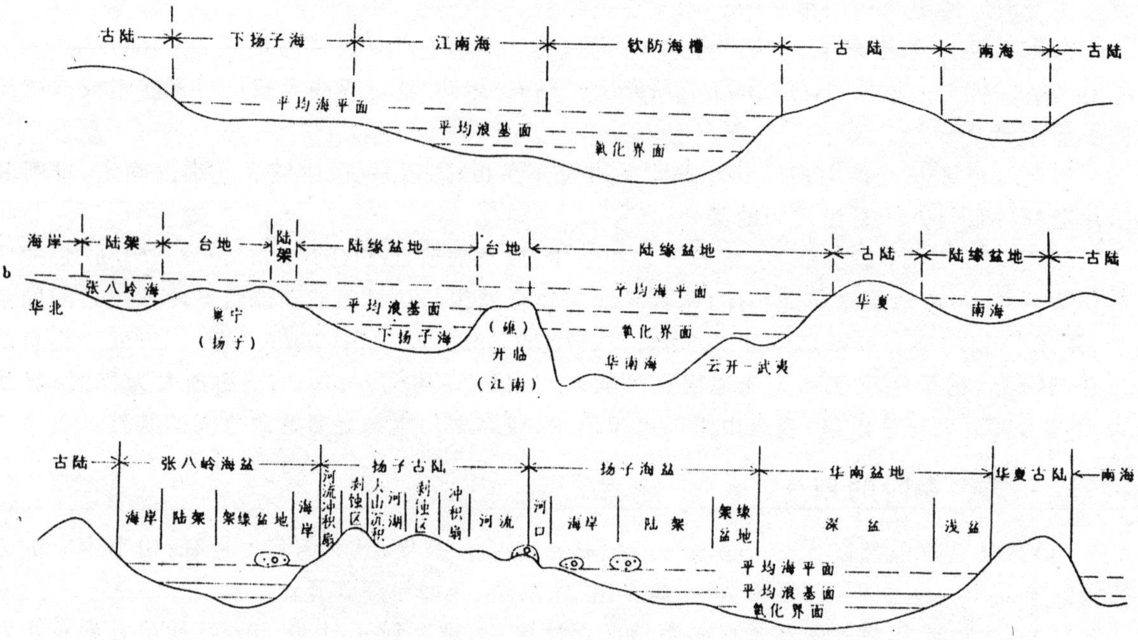

图 4－5　东南区震旦纪—志留纪沉积综合模式图

a. 早震旦世；b. 晚震旦世—奥陶纪；c. 志留纪

主要特征是以紫红色砾岩、含砾砂岩和砂岩为主，夹少量粉砂岩和泥岩。砾岩、含砾砂岩呈块状或叠瓦状构造，砂岩具有板状交错层和楔状交错层理，水平层纹发育。浙西和皖南的休宁组下部均有此相分布。

(2)南沱期的大陆冰川相，包括底碛、终碛和侧碛。沉积物主要为灰绿色、灰色块状杂砾岩，泥砂质砾岩和含砾砂岩，少数地区还有凝灰质砂砾岩。砾、砂、泥常混杂堆积，层理不显，分选性和磨圆度均差。江南古陆两侧，赣北、皖南、浙西等地的南沱组常见此相。

2. 海陆过渡相

主要有河口湾和少量海岸冲积扇沉积。江西修水一带的莲沱组可能属此相。主要特征为巨厚层状的砾岩或砾质砂岩夹薄层中细粒砂岩及粉砂岩，具有大型交错层和沙纹层理。

3. 海相

海相沉积分布广泛，类型复杂，仅分海岸相、陆架相及盆地相三类叙述。

(1)海岸相

针对陆源碎屑沉积环境，自陆向海可进一步分为泻湖相、潮坪相、海滩。本区属此相带的有皖浙一带的休宁组、南沱组，闽西的楼子坝组、丁屋岭组，海南的石灰顶组、榆红组、尖岭组、陀烈组和云开地层分区的大岗顶组。总体特征是细、微粒砂岩、粉砂岩和泥岩为主，有时常为石英质细砂岩和粉砂岩组成频繁向上变细的韵律互层，常见沙纹、脉状、波状、水平和羽状层理，有时也见大型交错层和粒序层理，流水和浪成波痕发育，常见冲刷泥砾。其中海岸冰川相为层状杂砾岩，常夹不含砾的砂岩和泥岩，有时还夹白云岩，可能是冰退期冰碛物消融在近滨海水作用下堆积而成。

针对碳酸盐沉积环境的海岸带，自陆向海可进一步分为蒸发台地、局限台地、开阔台地、台沟、台地边缘、台前缘斜坡等沉积环境。总体特征是氧化条件好，生物繁盛，以壳相为主，时有少量笔石。沉积物颜色较浅，波状层理、微波状层理及水平层理均很发育，以砾屑灰岩、砂屑灰岩、泥晶灰岩、瘤状灰岩、生物屑灰岩为主，时夹砂页岩。局限台地和蒸发台地上以镁质白云岩为主，时夹亮晶灰岩、藻灰岩、灰泥岩和膏盐，常有鸟眼和帐篷构造。属于此相的主要是巢宁和开临两台地上晚震旦世(陡山沱组)至中奥陶世(汤山组)的所有地层。开临台地上晚奥陶世三衢山组也属此相。

(2)陆架相

包括陆架内缘、陆架及架缘斜坡带的沉积。主要特征是位于氧化界面附近，水深十至数百米，水循环条件良好，沉积物一般为灰绿色，以页岩、泥晶灰岩为主，局部夹砂岩、灰岩凸镜体和硅质岩。生物仍较繁盛，以壳相为主，时有混合相出现。属于此相的有滁县地区的震旦系—寒武系，青阳、九江地区的寒武系—奥陶系，皖南、浙江地区的寒武系以及扬子地层区的中、下志留统。

(3)盆地相

①次深海盆地：主要特征是位于浪基面和氧化界面以下静水环境，水深一般在200～1 000 m左右，水循环条件差，沉积物颜色较暗，水平纹层和韵律层理发育。一般以砂、页岩和硅质岩为主，时夹泥晶灰岩和钙质页岩。局部可为浊积岩、钙屑浊积岩。生物为自游及浮游动物群，以笔石为主，壳相类少见。江南地层分区奥陶系最为典型，早志留世霞乡组、河沥溪组也属此相。

②深海槽盆：主要特征是处于氧化界面以下，水深一般在2 000 m左右，最深可达4 000 m。常为浊积盆地或饥饿盆地。因槽盆强烈坳陷，易产生火山喷发及连续而巨厚的深海沉积物。其颜色一般较暗，水平层理、粒序层发育，常具鲍玛序列。此外还常有等深流形成的等深积岩。沉积物以陆源碎屑为主，均来自邻近的陆架和斜坡，时夹钙屑浊积岩。生物不发育，以远海型生物翼足类、放射虫、海绵骨针、小腹足类、无铰纲腕足类等为主，富含有机质。属此相的以华南裂谷盆地最为典型，从震旦纪—志留纪地层均为此相。

(二)古气候与古纬度

1. 震旦纪

早震旦世莲沱期的陆相和滨、浅海相沉积普遍呈红色，沉积物中富含钾长石，表明当时气候不利于长石风化，应属炎热干旱气候；晚期有碳酸锰沉积表明趋向较温暖气候。古地磁资料表明古纬度变化大，但都在南纬10°～30°之间，属低纬度热带-亚热带。

早震旦世南沱期，扬子板块上普遍发育冰川和冰碛物，为寒冷气候。华夏板块的古陆上没有发现冰碛物尚难解释。由部分古地磁资料得知南沱期时本区古纬度变化范围为南纬7°～34°，属近赤道的低纬度区，这也可能是华夏古陆上没有冰川的原因之一。

晚震旦世陡山沱期大量发育碳酸盐沉积，藻类生物繁盛，应为温暖气候。古地磁资料表明在南纬9°～29°之间，应为低纬度热带-亚热带，暖-湿热气候。

晚震旦世灯影期，在巢宁台地上出现了含石盐假晶的白云岩。表明为炎热干旱气候。古地磁资料表明在南纬10°～25°之间。

2. 寒武纪

早寒武世以含有机质较高的碳质页岩和石煤为主，还有磷质风暴岩和白云岩，生物繁盛，表明为温暖-湿热气候。古地磁资料为南纬11°～13°，表明处于低纬度热带信风区，风暴多发期。

中、晚寒武世以碳酸盐岩为主，有膏盐、白云岩及台缘鲕粒灰岩，生物繁盛，表明为半干旱与湿热气候交替。古地磁资料为南纬 12°～15°，仍处于低纬度热带信风区。

3. 奥陶纪

以碳酸盐岩为主，古地磁为南纬 21°～23°，表明仍处于低纬度、温暖-潮湿气候。奥陶纪末，底栖类生物大量死亡，可能为全球冰期影响所致。

4. 志留纪

早、中志留世黑色碳质页岩及碳酸盐岩凸镜体，介壳相和笔石相生物均很繁盛，表明仍为温暖-潮湿气候。古地磁为南纬 16°。仍处于低纬度。

晚志留世以大量紫红色与杂色碎屑岩互层为特征，生物稀少，表明气候炎热，为干旱与湿热气候交替所形成。

（三）古地理概貌

中国东南区晋宁运动后，自北而南有张八岭海、扬子古陆、扬子海、江南古陆、华南海、华夏古陆及南海等古地理格局（图 4－6）。

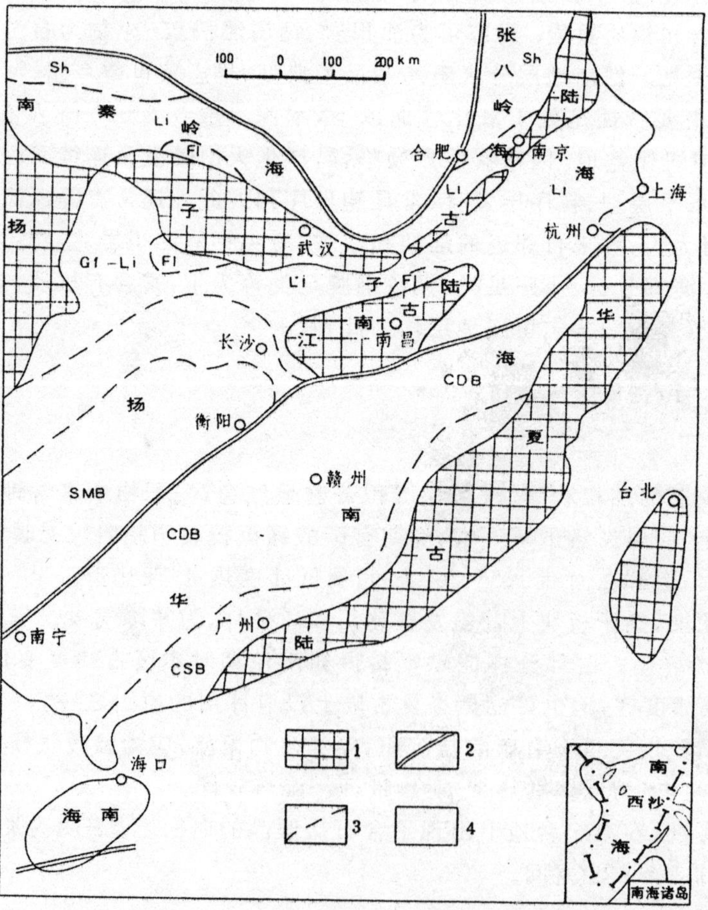

图 4－6　东南区震旦纪岩相古地理略图

1. 古陆；2. 板块边界；3. 岩相界线；4. 海域

Fl. 河流相；Li. 海岸相；Sh. 陆架相；CSB. 陆缘浅海相；CDB. 深盆相；Gf. 海湾相；SMB. 陆缘盆地相

1. 古陆特征

(1)扬子古陆

它是在古陆核不断增生的基础上发展起来的。自东向西有苏北地块、皖中地块、鄂中地块、川中地块等古陆核。分别由埤城(岩)群、董岭(岩)群、崆岭群、康定群等杂岩组成的结晶基底。其上为张八岭(岩)群、神农架群、会理群、昆阳群组成褶皱基底,具有双层基底特征。经四堡运动、晋宁运动固结,形成了扬子古陆。其后陆块经肢解,垂向加厚,出现呈串珠状相连的古陆格局(图 4-6)。局部地段可能未曾相连,或被晚期构造破坏生成海峡,尚须进一步研究证实。

早震旦世莲沱期,古陆的总体特征是西宽东窄,地势也是西高东低。长期遭受剥蚀为周边海域提供物源。早震旦世晚期(南沱期),气候发生突变,进入冰期,海平面下降,古陆面积稍有扩大,古陆上冰川发育,并有冰盖形成。至晚震旦世陡山沱期,冰川融化,海平面上升,海侵范围扩大,古陆大部分被淹没,有的时隐时现。被淹没的古陆开始形成台地。晚震旦世灯影期西部古陆已被夷平,不再提供泥、砂物质,东部古陆已发展为台地。东部古陆从寒武纪—志留纪均为海水淹没。

(2)江南古陆

位于皖、浙、赣交界地区。它是在四堡期岛弧的基础上发展起来的,岛弧四周有大量青白口纪的火山岩及晋宁期的中酸性侵入岩,标志该区已具有陆壳性质。这些火山岩为各种成分的熔岩、火山碎屑岩和沉积火山碎屑岩,厚达 2 000 余米。据徐备(1990)研究属岛弧火山岩。晋宁运动(休宁运动)使这些巨厚的岩层遭受挤压、褶皱、抬升隆起为陆。

它的形态极不规则,边缘常呈指状、港湾状或花边状形态。早震旦世莲沱期,地势不高,属低山地形。早震旦世南沱期进入冰期,海平面下降,古陆稍有扩大。古陆上冰川发育,冰盖广布,表明地势较平坦,坡降小。晚震旦世陡山沱期冰川融化,海平面上升,古陆被淹没,东南侧开始形成台地。灯影期在其东北方向出现了一个开临台地。从寒武纪至奥陶纪为此起彼伏的列岛和水下隆起。早志留世开始向陆地转化,至晚志留世末(也可能至中泥盆世)隆升为陆,并与南方大陆连成一体。

(3)华夏古陆

位于东南沿海一带,大部分被中生代火山岩覆盖,出露甚少。其变质基底以八都(岩)群、麻源(岩)群、陈蔡(岩)群等为代表。经震旦纪岩相古地理研究表明,华夏古陆是华南海碎屑沉积物的供给源,在辽阔的华南海中,堆积了厚达 2 000～8 000 m 的陆源沉积物,推测其应是一个较大的古陆,而且是一个长期隆起,地势起伏较大的山地。随着海平面的升降,古陆的范围也时有扩大和缩小。值得指出的是在寒冷的南沱期,古陆上没有冰川存在,显示其与扬子古陆和江南古陆有较大差别。

2. 海盆特征

(1)张八岭海

张八岭海是南秦岭海的东延部分,位于扬子古陆北侧滁县张八岭一带。它的北界是被郯庐断裂分割的桐柏-大别和胶南-苏北古陆。呈北北东方向展布,向西南方向延伸至湖北广济一带与南秦岭海槽相连。

它可能是四堡运动时生成的一个沟弧盆系,至晋宁期仍具有张裂的活动性,充填了大量的火山熔岩和火山碎屑岩。震旦系与其为整合—平行不整合接触。从晚震旦世开始至早志留世,其海水与扬子海相通,沉积物与生物群也有很多相似之处,故以往常将其归属为下扬子海的一部分。海盆北深南浅呈箕状,滨岸带不发育,北侧为宽广的陆架海域。从中志留世开始隆升为陆，结束充填。

(2)扬子海

位于扬子古陆的东南侧，与华南海毗邻，呈北东向展布。它是四堡运动时华夏板块沿江绍断裂带向扬子板块不断俯冲形成的沟弧盆系。是一个较典型的被动陆缘海盆。大致以长沙为界，其东北称下扬子海，西南称上扬子海。北与南秦岭海及张八岭海可能常有海峡相通。南与华南海常为一个较陡的斜坡带相接。早震旦世莲沱期滨岸带宽广、发育；主要为潮坪、泻湖相沉积。本区未见架缘盆地相沉积。南沱期时海域相似，接受了较广泛的海岸冰川和冰筏沉积。晚震旦世时，下扬子海两侧分别为巢宁和开临台地，中间为斜坡-台沟相。早寒武世继承了晚震旦世的面貌，海平面略有上升，海域扩大，中晚寒武世海域进一步扩大，向北与华北海连成一片，海盆中间进一步下沉向架缘盆地演化。奥陶纪继承了晚寒武世的格局，海盆中部江南断裂与海盆南部的德兴-乌镇断裂(均为同沉积断裂)进一步发展，使两个台地之间变成了盆地相。从晚奥陶世开始，华夏板块与扬子板块碰撞挤压，海盆开始向前陆盆地演化，五峰期时盆地沉降加剧，浙西、皖南一带充填了巨厚的浊积岩。早中志留世前陆盆地持续发展，堆积了厚达 5 000 余米的类复理石和磨拉石建造，志留纪末(局部地区可能为中泥盆世)隆升为陆，盆地充填结束。

(3)华南海

位于华夏古陆的西侧，与扬子海毗邻，是在晋宁期残留海盆及华夏陆块西缘沟弧盆系基础上发展起来的边缘海。它不仅水深，而且沉陷也强烈。沉积物均为暗色，表明水深，在氧化界面之下，以浊流沉积为主，时夹碳酸盐岩，说明海底起伏不平。海中火山活动强烈，不仅有爆发相，还有喷溢相，形成了火山碎屑浊流。早震旦世莲沱期紧靠古陆一侧有不太发育的滨岸带。在沟弧盆基础上发展的海盆为陆缘浅盆相，残留海盆处为深盆相。南沱期继承了莲沱期的特征，在西北缘有一个萍乡深水斜坡，物源来自江南古陆，有冰筏所提供的冰碛物，东南缘未见冰碛物沉积。晚震旦世至中寒武世保持了早震旦世的海盆特征，寒武纪末受郁南运动的影响，在武夷一带隆升为陆与华南古陆连成一片，结束充填。奥陶纪除上述武夷地区外仍与寒武纪海盆特征相似。奥陶纪末除钦防海槽外，其余地区均上升为陆。志留纪时范围缩小的钦防海槽，仍保持了深槽盆的特征，只是在早期堆积了一套复成分的砂砾岩(大岗顶组)，系周边上升为陆所致。志留纪末发生了加里东运动，盆地消亡。

(4)南海

位于琼州海峡以南，为南海-印支板块的一个北部被动边缘海。北与华南海毗邻，南界不详，从震旦纪时为滨浅海环境，推测古陆应在西沙群岛附近。寒武纪—奥陶纪时也是滨浅海环境，且沉积物和生物组合与澳大利亚相似，故将其与华南海分开。

上述海陆在剖面上呈三隆四凹的格局(图 4－7)，它们一直控制本区震旦纪以来的地层形成和分布，志留纪末与华南海一起消亡，三大板块连成一片成为山区和陆地。

二、沉积盆地及其演化

自震旦纪至志留纪，东南区呈现南北分野的格局，北部扬子陆块以微扩张和垂向沉积加厚为特征，在固结的扬子基底上形成了震旦系—志留系第一套稳定型沉积盖层；主体的南华裂谷海槽由发展到消亡，堆积一套以复理石建造为主的活动型沉积，志留纪末经加里东运动形成褶皱基底，与扬子陆块联为一体；南端的海南盆地，在前寒武纪基底上为一套由寒武系—奥陶系组成的地台盖层，但又卷入加里东运动。震旦纪—志留纪时期的沉积盆地是晋宁运动形成和发

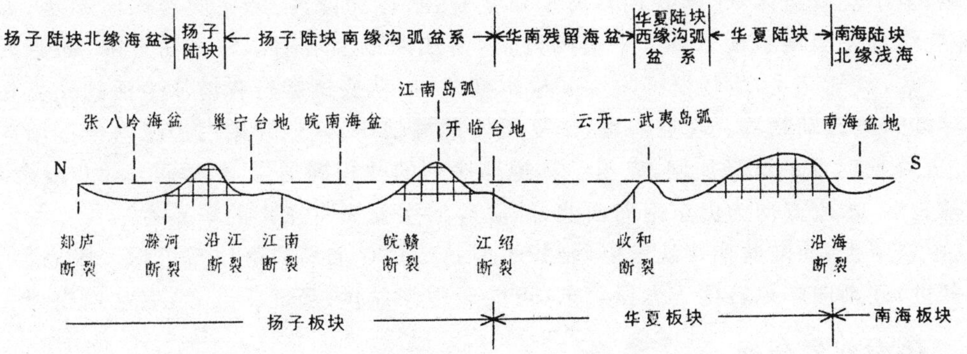

图 4-7　东南区前震旦纪古地理格局示意图

展的产物，主要有裂谷和被动陆缘两种类型的四个盆地。自北而南依次为滁县陆缘裂谷盆地、下扬子被动陆缘盆地、华南裂谷盆地、南海被动陆缘盆地。其间为扬子陆块、江南岛弧、华夏陆块三个古陆所隔。每个盆地均具有不同的性质和特点。

(一)滁县陆缘裂谷盆地

它是在晋宁期活动性强烈的张八岭-南秦岭海盆基础上发展起来的裂谷盆地，沉降幅度大，火山活动强烈。两侧为郯庐和滁河断裂围限，呈北东向展布的三角状。进入震旦纪后火山活动减弱。从震旦纪到寒武纪均为陆架沉积环境。奥陶纪至早志留世逐步演变为海岸环境，中志留世上升为陆结束了沉积史。

(二)下扬子被动陆缘盆地

它是在晋宁期的江南-龙胜岛弧及弧后盆地基础上发展起来的。由于新生张性断裂比较发育，自北而南有沿江断裂、江南断裂、德兴-乌镇断裂。形成了两台夹一盆的分异格局。

1. 巢宁和开临台地

巢宁台地围限于滁河断裂与江南断裂之间，开临台地位于江绍断裂与德兴-乌镇断裂之中。两者在早震旦世时分别为苏北古陆和江南古陆的滨岸带，到晚震旦世时断裂和碳酸盐建隆作用的影响，发展为碳酸盐台地。寒武纪至早奥陶世新厂期和宁国早期为台地扩大和持续发展期。台地两侧由于断裂影响，坡折明显。台地边缘高能量的浅滩发育，具有镶边陆架性质。早奥陶世宁国中期(或大湾期)为奥陶纪最大海侵期之一，台地被淹没，中奥陶世至晚奥陶世早期(临湘期)，仍为淹没台地环境。晚奥陶世晚期(五峰期)，发生又一次大规模海侵，海平面进一步上升，巢宁碳酸盐台地消亡，进入浅海盆地演化阶段。开临台地大部分地区浸没消亡，仅在三衢山一带演变为礁滩相环境。志留纪开始大规模海退，海平面下降，陆源碎屑大增，浅海盆地逐渐变为陆架环境。志留纪末，抬升为陆，结束充填。

2. 皖南(或江南)断陷盆地

受江南和德兴-乌镇断裂围限，处于巢宁和开临两台地之间，早震旦世为滨海环境，晚震旦世由于受两侧断裂的影响，缓慢下沉，进入被动大陆边缘发展阶段。逐渐变为台缘斜坡一边缘盆地环境。寒武纪时由于两个碳酸盐台地向盆地推进扩大，碳酸盐迅速加积，盆地中充填厚近千米的碳酸盐岩及硅、灰、泥混合型沉积物。早、中奥陶世仍处于热沉降阶段，早奥陶世陆源泥质物增多，至早奥陶世末（宁国晚期），海平面上升，水体加深，陆源泥质物供应不足，形成饥饿盆地，并持续到中奥陶世胡乐期。中奥陶世末（滞江期或宝塔期），海平面下降，陆源泥质物增加，海水正常，氧气充足，生物群亦发生了根本变化，由营底栖爬行和游泳生活的介壳相生物取代了漂浮类的笔石动物群。晚奥陶世，华夏板块碰撞挤压，盆地开始由边缘盆地逐渐向前陆盆地演化。五峰期时盆地沉降加剧，充填了具鲍玛序列的浊积碎屑岩，最厚可达2 000余米。从浊积岩槽模显示，水流方向为由东南向西北，陆源碎屑主要来自东南的华夏古陆。

早、中志留世，前陆盆地持续发展，堆积了厚达5 000余米的磨拉石沉积。晚志留世（可能至中泥盆世）逐渐向陆地转化。志留纪末（可能至中泥盆世）隆起为陆，结束盆地充填。

（三）华南裂谷盆地

它是在华南残留盆地、云开-武夷岛弧及其弧后盆地基础上发展起来的。其西界为华夏板块的边界即江绍断裂，东界大致沿惠州—政和—绍兴一线，呈北东向展布，西南宽，往东北变窄，显楔状，具明显的活动性。震旦纪时江绍断裂左行走滑，使华夏板块向东运动，扬子板块向西运动，导致残留盆地重新拉开，江绍断裂变成了转换断层带，华南残留盆地变成了拉张裂谷盆地，强烈拗陷，使大部分地区始终处于氧化界面之下的深水盆地环境，浊流沉积发育，沉积厚度可达万米，火山活动强烈，并具有双峰式特点。在这里震旦系与下伏地层为连续沉积，直到加里东运动才使晋宁期沉积和下古生界一起发生了褶皱变形和变质，因此华南裂谷盆地是上叠在残留盆地上的复合盆地，它的沉积作用不是从陆相开始而是从次深海相开始。

江绍断裂也是分隔中国南方加里东时期（包括震旦纪）两大沉积域——扬子域和华夏域的主要断裂。其北侧扬子域为浅水碳酸盐岩至次深海细钙屑浊积岩，南侧为华夏域盆地相碎屑浊积岩。同时还是加里东运动两大形变域的边界。北侧扬子域在加里东造山时期，以整体抬升和向东侧运动为主，未发生明显的褶皱和变质作用，泥盆系和石炭系分别与下古生界为平行不整合或不整合超覆。南侧的华夏域则发生了强烈的构造变形，S型褶皱带倒转褶曲屡见不鲜。

另外盆地东部由华夏陆块西缘沟弧盆系基础上发展起来的盆缘与盆内的情形也基本相似，只是在震旦纪早期这里有滨、浅海环境和相应的沉积物，但很快被拉张环境产生的快速下沉变成了浊流相沉积，而且这里的火山活动比盆内更强烈。

华南盆地现存宽度达350 km，盆地已经受了强烈的消减和褶皱作用，按压缩量为70%计算，当时盆宽也可达600 km，加上两侧的大陆坡，其宽度可能在1 300 km以上，深度达4 000 m以上，已是小洋盆规模。

华南造山带从寒武纪与奥陶纪之间的郁南运动开始至志留纪末的加里东运动，持续了一亿多年。

华南盆地的消亡与华南造山带的形成是一个问题的两个方面，反映了扬子和华夏两大板块的相互作用。

（四）南海被动陆缘盆地

南海是东南陆缘最大的边缘海之一，北邻华南大陆，南接巴拉望海槽，西倚印支陆块，东靠菲律宾岛弧带。晚白垩世为边缘海萌发期，印支、南海联合古陆逐步解体。海南岛三亚地区和西沙群岛一带为残留微陆块。从已有资料分析，基底为前寒武纪中深变质岩系，Rb－Sr等时线年龄值1 465 Ma，推测在寒武纪之前曾有一次造山运动发生，使地槽回返固结成为基底。南海被动陆缘盆地正是在这一基础上形成、发展和演化的。

寒武纪开始，地壳下降，在崖县一带成为浅海—滨海潮坪，早寒武世沉积了一套含磷、锰碎屑岩、硅质岩与碳酸盐岩互层的岩石组合，含三叶虫、腕足类和少量古介形虫、双壳类及软舌螺等。总厚度大于 2 000～3 306 m。

奥陶纪继承了寒武纪海盆。在崖县一带，早奥陶世沉积了厚大于 494～609 m 的浅海台地相碳酸盐岩夹页岩，页岩中富含笔石化石。岩性和厚度比较稳定，说明当时的地壳比较宁静。中奥陶世早期沉积了厚 320～462 m 的笔石页岩和碳酸盐岩，页岩中含丰富的笔石。中晚期沉积一套浅海—滨海相碎屑岩，其中底栖的腕足类与浮游的笔石混生。晚奥陶世初，崖县地区又开始了另一海退旋回，底部为一层砂砾岩和砾岩，往上为砂岩、砂质页岩和泥质页岩互层，有三叶虫、底栖腕足类、双壳类和浮游的笔石。

总之，虽然下古生界保存不完整，沉积历史尚难系统叙述，但沉积组合反映了地壳变动的基本状况，生物面貌反映本区（南海地层大区）与澳大利亚生物群的相似性，而明显不同于扬子地层区和东南地层区。

第五章

泥盆纪—中三叠世

区内泥盆纪—中三叠世地层分布广泛，除粤东及雷州半岛地表无出露外，均有发育，层序较齐全，化石丰富，沉积类型多样，并赋存有煤、铁、锰、磷、石灰石等矿产资源。

本断代是在加里东运动所形成的构造剥蚀面上发育起来的，为一套由粗到细的碎屑岩、碳酸盐岩、含煤碎屑岩、硅质岩及泥质岩等组成，构成一个完整的海进海退沉积旋回，延续时间长达 170 Ma。其底界，在东南地层区，泥盆系超覆不整合在前泥盆纪浅变质岩系之上；在扬子地层区，只发育上泥盆统，与下伏志留纪地层多为平行不整合接触。中三叠世，由于印支运动的影响，海水逐渐退出，其上被晚三叠世—中侏罗世的陆相湖盆沉积覆盖。此一时期，华南的地壳运动是以区域性的差异升降运动为主，地层之间未出现长时期的明显的沉积间断。

生物演化方面，在此期间完成了动植物大规模登陆并占领大陆各种生态环境。由于植物的大量繁盛，地史上出现了世界性的成煤期。海生无脊椎动物以珊瑚、腕足类、䗴类最为繁盛，早古生代极为繁盛的三叶虫和笔石已大大衰退，只剩少数属种，较繁盛的正形贝、五房贝等腕足类也相继衰落，被新兴的小嘴贝、石燕及长身贝等取而代之。四射珊瑚在石炭纪出现三带型，是演化的高峰阶段。从晚石炭世兴起的䗴类，成为石炭纪二叠纪地层划分对比的标准化石。二叠纪末，四射珊瑚、䗴类完全绝灭，床板珊瑚大多数绝灭，腕足类也大大衰退。在三叠纪，双壳类、菊石及腹足类等却兴盛起来。总而言之，在二叠纪、三叠纪之间生物群面貌发生了巨大变革，是地史上一次重大的生物绝灭事件（杨遵仪等，1991）。

第一节　岩石地层划分及其特征

由于各时期地壳升降运动发展不平衡，次一级的海进海退和沉积间断时有发生，造成了岩石地层序列、沉积结构、岩石组合及空间排列的不同，泥盆纪—中三叠世断代可进一步划分为四个次一级的断代：泥盆纪—早石炭世，以碎屑沉积为主；晚石炭世—早二叠世早期，以碳酸盐岩沉积为主；早二叠世晚期—晚二叠世，以含煤碎屑和硅、泥质岩沉积为主；早、中三叠世，以碳酸盐岩沉积为主。特别重要的是，许多地层在扬子地层区和东南地层区均可拉通对比，已不像早古生代那样存在明显的分区性。本断代共有岩石地层单位 120 个（群 4 个，组 103 个，段 13 个）。地层序列见表 1－2。

一、泥盆纪—早石炭世岩石地层

本区露头良好，尤以广东、江西、苏皖南部及浙西地区出露最佳（图 5－1）。这一断代主要

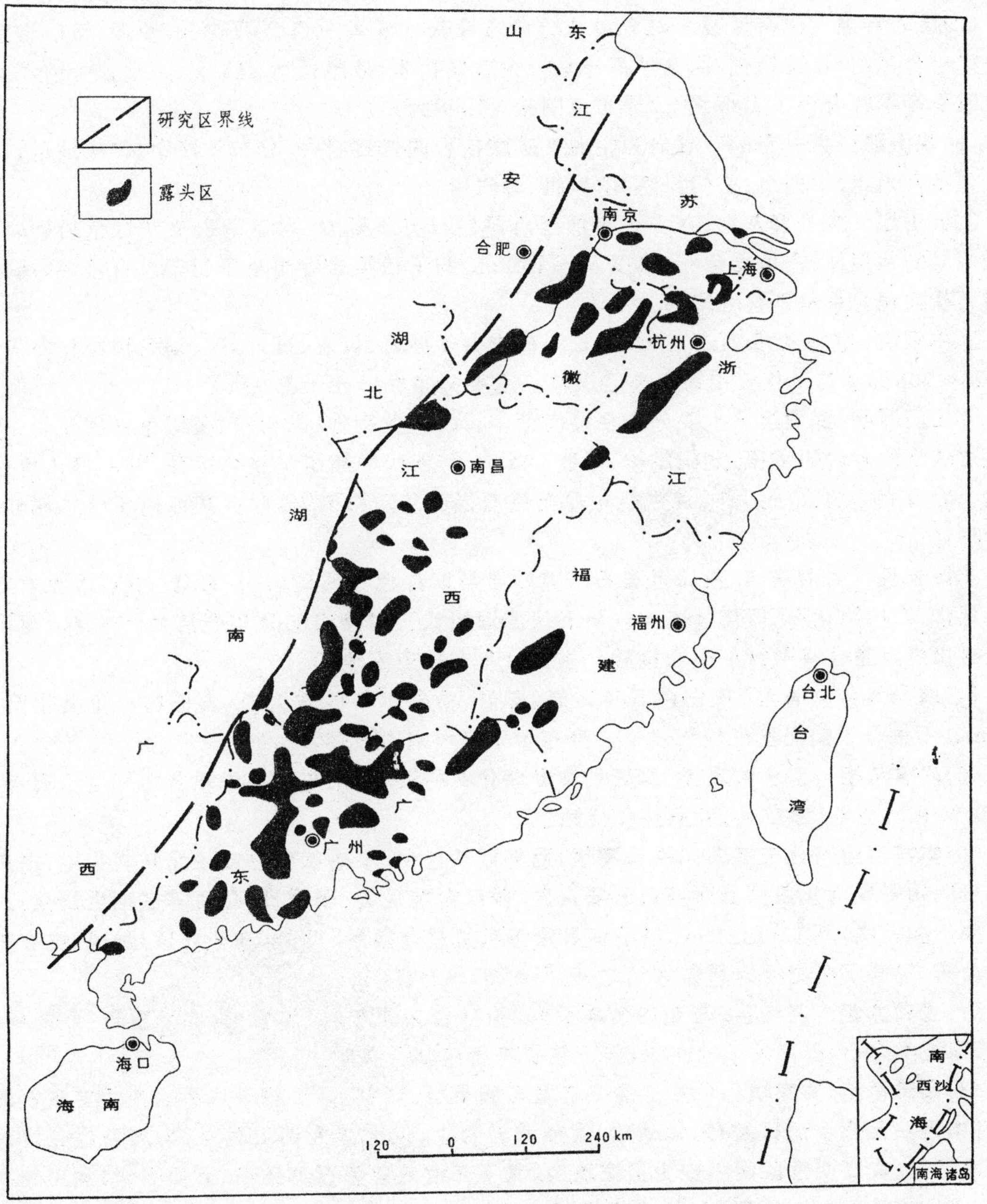

图 5-1　东南区泥盆纪—早石炭世地层露头分布图

为一套碎屑岩组合，时空变化较大，岩石地层名称较多，各地层分区乃至地层小区都保留各自的岩石地层名称。

(一)东南地层区

1. 桂-湘-赣地层分区

主要分布在赣西、赣南、赣中一带。

(1)丫山组　为一套厚、巨厚层状以复成分砾岩为主的砾岩、砂砾岩、砂岩或粉砂岩组合，具韵律结构，厚 368 m。不整合于寒武系牛角河组之上，主要分布在江西大余、崇义一带。

(2)**灵岩寺组** 由灰紫或紫红色复成分砾岩及灰紫或黄白色含砾砂岩、砂岩、粉砂岩形成的韵律组合，含少量植物化石，区域展布呈一大型楔状体，最厚处达 348 m。不整合于前泥盆纪地层或平行不整合于丫山组之上，分布范围较丫山组为广。

(3)**峡山群** 为一套以砂砾岩为主偶夹碳酸盐岩的岩石组合。分布于赣中、赣南地区，自下而上包括云山组、中棚组、三门滩组/罗埁组、嶂岽组。

①**云山组** 为一套灰白、灰黄色厚层至巨厚层石英质砾岩、含砾砂岩夹灰绿色粉砂岩、粉砂质泥岩的地层体，产植物化石，厚度 15～139 m。与下伏灵岩寺组呈平行不整合接触，局部地区与下伏前泥盆系呈不整合接触。

②**中棚组** 为一套长石石英砂岩、长石砂岩夹粉砂岩、页岩、砾岩，产植物、鱼类化石等，厚度 223～706 m。与下伏云山组呈整合关系。主要分布在赣南于都一带。

③**三门滩组/罗埁组** 主要分布在赣南信丰、兴国、龙南地区，为黄、黄绿色钙质泥岩、钙质粉砂岩或钙质砂岩的沉积，产腕足类，厚度 194 m。与下伏中棚组呈整合接触。在湘赣边境中棚组之上发育有一层 30 m 厚的深灰色中厚至巨厚层状灰质白云岩，时夹灰绿色粉砂质泥岩，另名罗埁组。

④**嶂岽组** 为由灰白、灰绿色长石石英砂岩与紫红色泥质砂岩、粉砂岩、粉砂质泥岩组成的地层体，产植物化石，厚度 436 m。与下伏罗埁组或三门滩组均呈整合接触，与其上覆麻山组或梓山组呈整合或平行不整合接触。主要分布在赣东南地区。

(4)**跳马涧组** 紫红、灰白色石英砂岩、砾岩、粉砂岩和砂质页岩，含植物和鱼类化石，厚 188 m。不整合于前泥盆纪地层之上。分布于乐平坳陷西段萍乡、高安一带。

(5)**易家湾组** 富含腕足类、双壳类和珊瑚化石的页岩、泥灰岩夹泥质灰岩和生物屑灰岩，厚 30.96 m。与下伏跳马涧组呈整合接触。

(6)**棋梓桥组** 分布范围同跳马涧组，西部以灰色中、厚层状生物或粉晶灰岩为主，向东延至高安一带多变为灰质白云岩或白云质灰岩。西部含腕足类、珊瑚、层孔虫等底栖生物化石，东部主要产腕足类，厚 17～124 m。与下伏易家湾组呈整合接触。此外，在云开地层分区也有棋梓桥组分布，整合于东岗岭组和东坪组之间，厚度 67～1 271 m。

(7)**龙口冲组** 灰色、深灰色粉砂质泥岩、粉砂岩夹泥灰岩、灰岩，具水平层理，含腕足类、珊瑚、双壳类化石，厚度大于 343 m，与下伏棋梓桥组整合接触。

(8)**佘田桥组/吴家坊组** 主要为一套富含腕足类、珊瑚、牙形刺等以页岩为主夹灰岩的地层，在本区赣西萍乡地区发育，以灰岩、泥质灰岩为主，仅上部为钙质页岩，与其下伏龙口冲组呈连续沉积。在高安地区则相变为**吴家坊组**，其下部由灰紫色石英砂岩、砂质页岩（顶夹泥质灰岩，产腕足类）组成韵律层；上部为页岩或砂质页岩，顶部见腕足类、双壳类及植物化石，厚 195 m。代表佘田桥期滨海碎屑岩相沉积。

(9)**麻山组** 为一套盛产腕足类的灰、青灰色钙质泥页岩、钙质粉砂岩、砂岩夹泥灰岩、灰岩的沉积，厚 49～424 m。与佘田桥组或嶂岽组呈整合接触。主要分布在赣西萍乡高安地区。

(10)**洋湖组** 灰色、灰绿色、灰白色细粒石英砂岩、粉砂岩、粉砂质泥岩，上部偶夹碳质泥岩，下部尚夹鲕状赤铁矿层。含腕足类、植物化石，与下伏麻山组或嶂岽组整合接触。厚 100～958 m。主要分布在湘赣边界。

(11)**杨家源组** 灰黑色灰岩、泥灰岩夹少量薄层页岩、碳质页岩及白云岩，产䗴类、珊瑚、腕足类化石，与下伏洋湖组整合接触，厚 18.6～224.38 m。

(12)**梓山组**　为含煤碎屑岩沉积。下部厚层状石英砾岩、粗砂岩夹少量粉砂岩及页岩；中部为砂岩、粉砂岩、页岩夹碳质页岩及煤层；上部以黄白、紫红色页岩或粘土岩、细粉砂岩为主夹碳质页岩，产植物、菊石、腕足类化石。其下与杨家源组或洋湖组、嶂崇组为连续沉积。赣中一带厚 276～627 m，赣东 164～611 m，赣西 11～438 m。

赣西—赣南泥盆纪地层时空展布如图 5-2 所示。

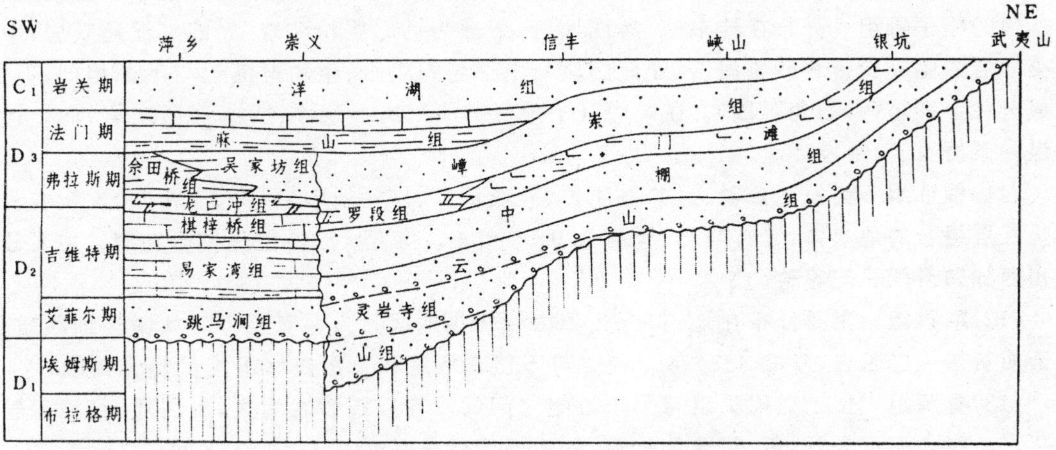

图 5-2　东南区赣西—赣南泥盆纪地层时空展布示意图

2. 云开地层分区和东江地层分区

(1)**莲花山组**　下部为浅灰色厚层底砾岩、细砾岩、中粗粒砂岩，上部为灰色含砾粗砂岩、砂岩、粉砂岩、粉砂质泥岩，与下伏前泥盆系呈不整合。砂岩具楔形、槽状、板状交错层；砂质泥岩具小型交错层理，应属潮间带砂坪沉积环境。

(2)**杨溪组**　下部为杂砾岩、石英砂砾岩夹砂岩；上部为砂岩、粉砂岩夹含砾砂岩，局部夹砂质页岩或含火山细碎屑岩。与下伏前泥盆纪地层呈不整合接触，厚 25～815 m，见于粤西、粤北一带，代表加里东期风化剥蚀面上河流相为主的粗碎屑沉积。

(3)**老虎头组**　石英砾岩、砂砾岩、含砾砂岩、石英砂岩、粉砂岩及粉砂质泥岩。梅县一带以砂页岩为主，含铁质粉砂岩及铁质泥岩；平远一带见含火山凝灰物质。含植物、鱼类、叶肢介及双壳类化石，与下伏杨溪组呈整合接触，厚数十米至 800 m。

(4)**信都组**　为一套以砂岩为主夹页岩、长石石英砂岩、砾岩、灰岩、白云岩、赤铁矿及磷矿层的地层，产腕足类、双壳类及鱼类化石，厚 50～300 m。仅分布在桂东南和粤西、粤北一带，与下伏莲花山组、老虎头组整合接触。属潮间带下部至滨海相沉积环境。

(5)**唐家湾组**　为一套灰、灰黑色厚层层孔虫灰岩、白云质灰岩、白云岩，局部夹生物灰岩的组合，产双孔层孔虫、腕足类、珊瑚及藻类等，具纹层、水平、微波状层理、鸟眼、窗格构造，属半局限台地沉积环境。与其下伏信都组为整合接触。

(6)**东岗岭组**　为一套钙质粉砂质泥岩、含碳质粉砂质泥灰岩、瘤状灰岩、泥质灰岩和生物屑灰岩。所含生物与唐家湾组类同。厚 8～334 m。它与棋梓桥组的区别是岩石中不含白云质。

(7)**巴漆组**　为一套含碳泥质的硅质条带和结核灰岩，含少量珊瑚、腕足类、竹节石等化石，厚度 78～80 m。与下伏棋梓桥组或东岗岭组呈整合接触，主要分布在粤西北连州、连南至英德西部和清远北部地区。

(8)**东坪组** 分布在韶关、英德、阳山及粤中地区。为一套含钙、泥、碳质的粉砂质泥岩，夹泥晶灰岩及生物屑泥晶灰岩凸镜体，产珊瑚、腕足类化石，厚度2～269 m。与下伏棋梓桥组整合接触。

(9)**天子岭组** 主要分布在桂东南、粤中、粤西北地区。下部以中至厚层生物屑泥晶灰岩为主夹少量白云质灰岩、薄层钙质页岩(**十里亭段**)；上部为薄层条带状泥晶灰岩(**滞泷段**)。厚达千余米，产腕足类、珊瑚、牙形刺等化石。与下伏唐家湾组、棋梓桥组、春湾组呈整合接触。

(10)**帽子峰组** 分布在桂东南、粤西地区。下部为钙泥质粉砂岩，局部夹泥晶灰岩；中部为石英砂岩为主夹少量粉砂质泥岩(即**北门段**)；上部岩石组合、生物群面貌与下部相似，但钙、泥质成分往上渐增(称**石角咀段**)。在粤中开平地区其中部有一层3～4 m厚凝灰岩，向上还有劣质煤和碳质页岩，最厚达1 337 m。

(11)**榴江组** 为一套含磷、锰的硅质岩、硅质页岩、硅钙质砂岩、页岩、粉砂岩、灰岩和泥灰岩呈互层组合的地层体，含竹节石，厚度329～596 m。与下伏巴漆组呈整合接触。主要分布在连州西部和云浮石门等地。

(12)**融县组** 主要分布在连州东部、阳山和怀集地区。为一套巨厚层状微至细晶质灰岩、白云质灰岩夹白云岩，厚度383～683 m。与下伏东坪组和上覆长垑组均呈整合接触。

(13)**春湾组** 位于老虎头组与天子岭组之间的一套以细砂岩为主，夹泥质、钙质泥岩及薄层灰岩。富含海百合茎、鱼、轮藻等化石，各地厚度变化在210～544 m之间。

(14)**长垑组** 以生物碎屑泥晶灰岩为主，夹有亮晶颗粒生物屑灰岩或薄层泥灰岩，在粤北与粤中，与帽子峰组相伴展布，厚17～293 m，西、北厚，向东向南变薄。在粤西北位于榴江组(或融县组)与连县组之间，岩性主要为泥质灰岩。

(15)**额头村组** 为一套灰、深灰色中厚层状灰岩夹泥质灰岩、生物屑灰岩组合，产珊瑚、腕足类等化石，厚度64 m。与下伏帽子峰组呈整合关系。

(16)**连县组** 分布在粤西连州、阳山、怀集、罗定地区。为一套灰、深灰色中厚—厚层白云质灰岩和白云岩，其中部夹泥质灰岩，层间夹泥岩或碳质泥岩。产珊瑚，腕足类等，厚度240 m。与下伏长垑组呈整合接触。在粤中地区称**大赛坝组**，为砂泥质碎屑岩夹灰岩的复合地层体，厚度90～161 m。在西邻桂东南地区与连县组层位相当的地层则分为两组，下为尧云岭组，上为英塘组。**尧云岭组**为深灰色中厚层灰岩、含泥质灰岩、生物屑灰岩，产珊瑚、腕足类等，厚度116 m，与下伏额头村组呈整合接触。**英塘组**为灰、灰黑色泥岩、砂岩、泥灰岩、灰岩、燧石灰岩所组成，也产珊瑚、腕足类等，厚度320 m，与下伏尧云岭组呈整合接触。为浅海碳酸盐台地相沉积。

(17)**大湖组** 主要分布在粤东连平、蕉岭地区。为一套以紫红色为主的杂色泥岩、页岩、粉砂质泥岩、粉砂岩、石英砂岩、含砾石英砂岩夹钙质泥岩所组成的地层体。产植物化石，厚度74～245 m。与下伏帽子峰组、春湾组或老虎头组呈平行不整合接触。

(18)**石磴子组** 由灰、深灰色生物碎屑、粉晶、泥晶灰岩夹白云质灰岩、白云岩、燧石灰岩、薄层泥质灰岩所组成，时夹碳质页岩或钙质砂岩，产珊瑚、腕足类等，厚度250～456 m。与下伏连县组呈整合关系，分布在粤西和粤中地区。其西邻桂东南地区则称为**黄金组**。

(19)**测水组** 主要分布在粤西连县、阳山和粤中乳源一带。为一套杂色砂岩及页岩，夹碳质页岩及煤层。局部也夹灰岩、泥灰岩、铁质砂岩、粘土岩、菱铁矿、黄铁矿结核等，产植物、腕足类等化石，厚度130～300 m。与下伏石磴子组为连续沉积。在其西邻桂东南地区称为**寺门组**，厚度57 m，与下伏黄金组呈整合接触。

(20)**忠信组** 主要分布在粤东地区，为一套棕黄、灰白夹紫红及灰黑色含煤碎屑岩系。其下部为含砾砂岩、砂岩、粉砂岩、泥岩夹碳质泥岩；中部为灰岩、砂岩夹碳质泥岩及薄煤层；上部为砂岩、粉砂岩、粉砂质泥岩及碳质泥岩夹薄煤层。产腕足类、植物等化石，厚度 100～808 m。与下伏大湖组呈平行不整合接触。

（21）**梓门桥组**　与其下伏测水组形影相随。为灰、深灰色厚层至块状灰岩、白云质灰岩夹白云岩，常含硅质团块或条带。产珊瑚、腕足类、䗴类等化石，厚度 150～237 m。与下伏测水组呈整合关系。在西邻桂东南地区称为**罗城组**，未见顶，厚度大于 74 m。属浅海碳酸盐台地沉积。与上覆大埔组白云岩呈平行不整合接触。

（22）**曲江组**　分布在粤北、粤东北一带。下部为浅灰、深灰色硅质岩、硅质泥岩、泥岩为主夹砂岩；中部为浅灰色厚层砂岩，往上为杂色泥岩夹砂岩、硅质岩、灰岩，夹有薄煤层，含腕足类、植物等化石；上部为浅灰、浅红色砂岩，往上为泥灰岩、灰岩。厚 181 m。层位与梓门桥组相当，与下伏忠信组或测水组呈整合关系。

3. 武夷地层分区

自下而上包括安砂群（天瓦岽组、桃子坑组）、林地组。**安砂群**指不整合于前泥盆纪变质岩之上，平行不整合于林地组之下的一套石英砾岩、石英砂岩、粉砂岩，组成下粗上细的两个旋回，即天瓦岽组和桃子坑组。

（1）**天瓦岽组**　下段为灰白、黄白色厚层石英砾岩夹砂砾岩；上段为灰紫色薄层粉砂岩夹石英砂岩和砂砾岩。产植物化石，厚度 877 m。与下伏前泥盆系呈不整合接触。

（2）**桃子坑组**　下段为灰白、黄白色厚层石英砾岩、石英砂砾岩夹灰绿、灰紫色薄层粉砂岩；上段为紫红色薄层粉砂岩夹砾岩、石英砾岩。产植物等化石，厚度 215～1 460 m。与下伏天瓦岽组和上覆林地组均呈平行不整合接触。

（3）**林地组**　为一套以石英砂岩、砂砾岩为主，夹粉砂岩、泥岩，局部夹碳质页岩及煤线构成由粗到细的沉积旋回。产植物化石，厚度 200～810 m。与下伏桃子坑组和上覆经畲组均呈平行不整合接触。

桂东南—闽西南泥盆纪地层时空展布如图 5－3 所示。

4. 五指山地层分区

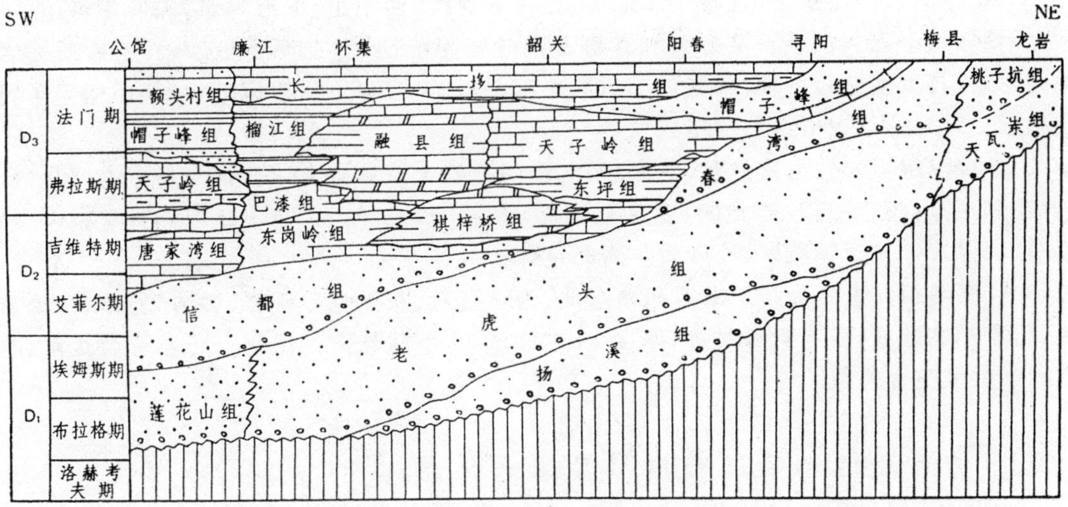

图 5－3　东南区桂东南—闽西南泥盆纪地层时空展布示意图

南好组 主要分布在保亭县南好、东方县江边、昌江县王下及万宁县龙滚等。岩性为灰色薄层状粉砂质绢云母板岩、浅灰色细粒石英砂岩、绢云母板岩、绢云母含石英砂岩夹薄层绢云母板岩、绢云母石英粉砂岩，产腕足类化石，厚度大于156 m。在东方县江边一带底部夹凝灰质砂岩、凝灰岩，厚达394 m。与下伏前泥盆纪地层呈不整合接触。

(二)扬子地层区

1. 下扬子地层分区

分布在长江中下游的赣西北和苏皖沿江地区，自下而上分为观山组、擂鼓台组、金陵组、高骊山组、和州组。

(1)**观山组** 灰白色厚层至块状含砾粗至细粒石英砂岩，有时夹灰白、暗紫色粉砂质泥岩，细粒岩屑石英砂岩，下部常夹砾岩。产植物及孢子化石，厚度63～137 m。与下伏茅山组呈平行不整合接触。

(2)**擂鼓台组** 为杂色泥岩、页岩、粉砂岩、薄层砂岩、石英砂岩。粉砂岩中常有铁质结核，顶部常有薄层铁质石英砂岩。产鱼类、腕足类、植物及孢子化石，厚度116 m。与下伏观山组呈整合接触。

(3)**金陵组** 主要分布在宁镇山脉及安徽巢县至怀宁地区。为灰、灰黑色中厚层状微晶生物屑灰岩，产腕足类、珊瑚、牙形刺等，厚度8.5～23 m。与下伏擂鼓台组为连续沉积。

(4)**高骊山组** 广布于长江下游地区。为黄绿、紫红色页岩、泥岩、粉砂岩夹细粒石英砂岩、石英杂砂岩、少量含泥灰岩，局部夹碳质页岩、煤线及赤铁矿层，产植物、腕足类等化石，厚度31～53 m。与下伏金陵组呈整合接触。

(5)**和州组** 分布在宁镇山脉、苏北滨海、大丰和安徽长江北岸和县至怀宁一带。为一套灰黄色薄至厚层状含生物屑粉晶白云质灰岩、粉晶含泥质白云质灰岩，下部夹钙质页岩和泥岩，产珊瑚、腕足类、䗴类等，厚度2.6～25 m。与下伏高骊山组呈整合接触，与上覆老虎洞组呈平行不整合接触。

2. 江南地层分区

分布在苏南、皖南、浙西北、赣东北地区，分为**五通群**(西湖组、珠藏坞组)和叶家塘组。

(1)**西湖组** 以灰白色石英砂岩和含砾石英砂岩为特征，偶夹泥质粉砂岩、粉砂质泥岩及石英砂砾岩，具大型交错层理、斜层理等。厚度80～323 m。与下伏唐家坞组/茅山组呈平行不整合接触。其层位与观山组大致相当。

(2)**珠藏坞组** 岩性由紫红色、灰绿色、灰色间互的含砾砂岩、石英砂岩、粉砂岩、泥岩所组成。具交错层理、楔状层理。产植物、腕足类化石，厚度125～160 m。与下伏西湖组呈整合关系。在苏南、皖南一带夹含钙质砂岩、砂质灰岩凸镜体。

(3)**叶家塘组** 主要分布于浙西和赣东北。为一套灰、灰黑色砂砾岩、砂岩、粉砂岩、泥岩夹煤层。富产植物化石，还有疑源类等，厚度19～91 m。与下伏珠藏坞组呈平行不整合接触，与上覆藕塘底组呈整合关系。

二、晚石炭世—早二叠世早期岩石地层

上石炭统大埔组或老虎洞组至下二叠统茅口组是一大套以碳酸盐岩组合为主的地层体。除台湾省及桂东南未见出露外，全区几乎都有分布(图5-4)，并可相互拉通对比。

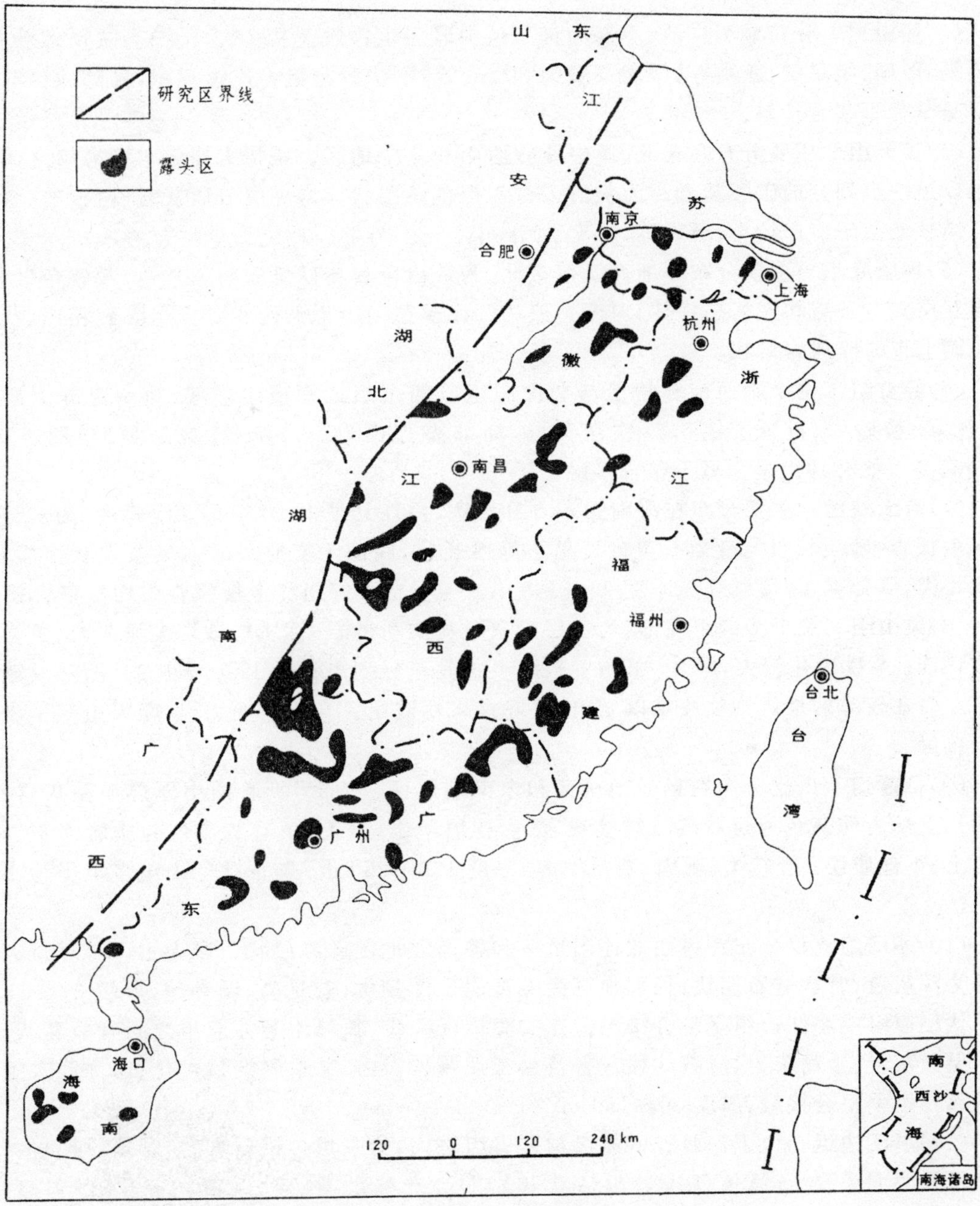

图 5-4　东南区晚石炭世—早二叠世早期地层露头分布图

(1)**大埔组/老虎洞组**　大埔组为梓门桥组与黄龙组之间以一套以灰、深灰、微红色厚层至块状白云岩为主，夹白云质灰岩或灰岩。产少量珊瑚、腕足类和䗴类等，厚度 100～435 m。与下伏梓门桥组呈整合或平行不整合接触。主要分布在云开地层分区的粤北、粤东。下扬子地层分区、江南地层分区和桂-湘-赣地层分区的赣西、赣南则称老虎洞组，厚度 22～60 m。与下伏和州组、擂鼓台组、梓山组等呈平行不整合关系。但应指出的是，在南京附近和安徽巢湖老虎洞组中发现早石炭世晚期色彩的少量珊瑚、䗴类及牙形刺，表明老虎洞组具穿时特征。

(2)**黄龙组**　为一套灰、浅灰微带肉红色厚层微晶泥晶生物屑灰岩，标准地区底部有一结晶灰岩层与下伏老虎洞组呈整合接触。富产䗴类、牙形刺，以及珊瑚、腕足类化石等，属开阔碳酸盐台地相沉积。

(3)**船山组** 分布颇为广泛。下部为深灰色中厚层生物屑微晶灰岩，上部为灰色球状灰岩。产䗴类、珊瑚、腕足类、藻类等，厚度一般为30 m。与下伏黄龙组为连续沉积，局部地区与下伏地层呈平行不整合接触。

(4)**壶天组** 主要分布在粤北、粤中及赣西南和赣中地区。是指大埔组与栖霞组之间的一套难以进一步划分的碳酸盐岩。为灰白、灰、灰黑色厚层状灰岩夹白云质灰岩、白云岩，含少量燧石结核或条带。产䗴类、珊瑚等，厚度200～633 m。与上下地层均呈整合关系。

(5)**藕塘底组** 主要分布在浙西及赣东北。为灰白色石英砂砾岩与紫红色、灰紫色砂岩、粉砂岩互层夹白云岩和灰岩凸镜体，厚度一般30 m。层位与老虎洞组和黄龙组大致相当，代表潮间—潮上带的碎屑岩沉积。

(6)**经畲组** 位于闽西南林地组与老虎洞组或船山组或栖霞组之间，为一套硅泥质角砾岩、泥岩、粉砂岩、硅质岩、灰岩、铁锰页岩，局部夹火山岩。产䗴类、腕足类、珊瑚等，厚度167 m。与下伏林地组呈平行不整合接触。

(7)**青天峡组** 主要分布在海南省东方县江边、昌江县王下、万宁县龙滚等地。为灰、灰绿、暗灰色板岩、砂质板岩与变质石英砂岩呈不等厚互层，底部为变质细砂岩夹条带状结晶灰岩。产腕足类、双壳类、牙形刺等。厚度93～338 m。与下伏南好组和上覆峨查组均呈整合接触。

(8)**梁山组** 位于栖霞组底部，为一层深灰色泥质粉砂岩、钙质粉砂岩夹泥灰岩、页岩及煤层或煤线。厚度变化较大，厚2～30 m。较厚者将其单独划出称梁山组，如广东、浙江及赣西北地区。而在较薄的地区则往往难以划出，只好并入栖霞组。与下伏船山组、壶天组等呈平行不整合接触。

(9)**栖霞组** 广泛分布在扬子地层区和东南地层区，下部为沥青质中厚层泥晶灰岩(臭灰岩层)；上部为深灰色厚层状燧石结核灰岩、生物屑灰岩，其上、下有灰黑色硅质岩夹灰岩时称之为上、下硅质层。产䗴类、珊瑚、腕足类等，厚度130～250 m。与下伏船山组多呈平行不整合关系。

(10)**茅口组** 仅分布在粤西北连阳地区和赣西北地区。厚层状灰岩为主，下部为浅灰色，上部为深灰色，常含燧石团块，局部地区尚夹页岩。产䗴类、腕足类、珊瑚等，厚度37～164 m。与下伏栖霞组或小江边组呈整合接触。在安徽沿江一带，孤峰组与龙潭组之间有一套灰、深灰色厚层状灰岩、生物灰岩、燧石结核灰岩及白云质灰岩，富产茅口晚期䗴类化石，称**武穴组**。与下伏孤峰组呈整合接触，厚度30～150 m。

(11)**小江边组** 位于江西省栖霞组与茅口组之间，为灰黑色钙质页岩、含碳质泥岩夹薄层泥灰岩及大量灰岩凸镜体(俗称"眼球状灰岩")。产腕足类、菊石、䗴类等化石，厚度35～285 m。与下伏地层呈整合接触。

(12)**孤峰组** 主要分布在长江下游和广东各地。为一套灰褐色薄层硅质岩、硅质页岩，局部夹钙质页岩，普遍含磷质结核及含锰灰岩。产菊石、腕足类、放射虫、牙形刺等，厚度在30 m左右，最厚可达140 m。与下伏栖霞组为连续沉积。赣南的**鸣山硅质岩**，颇似孤峰组。在闽西南地区与孤峰组层位大致相当的称为**文笔山组**，碎屑成分较孤峰组为多，厚度71～347 m。与下伏地层间有一厚仅10 m的黑色页岩夹硅质灰岩，与栖霞组标准地区栖霞组的上硅质层相似。鸣山硅质岩和文笔山组与下伏地层均为整合接触。

(13)**峨查组** 分布在海南省昌江县王下、南界河和东方县燕窝岭、白查一带。下段为灰绿色石英岩与板岩互层，产䗴类、腕足类、牙形刺等；上段为灰色变质含砾中、粗粒岩屑砂岩、变质中厚层粗至中粒石英砂岩与深灰色泥钙质板岩、粉砂质页岩互层，顶部夹变质石英质砾岩。厚度 57～384 m。与下伏青天峡组呈整合接触。

(14)**鹅顶组** 分布在海南省东方县鹅顶、石岭及昌江县鸡实一带。为一套灰、灰黑色中厚层至块状微晶生物屑灰岩，部分含燧石结核或条带，偶夹页岩、石英砂岩。产䗴类、有孔虫，厚度 543 m。与下伏峨查组呈整合接触。

(15)**南龙组** 分布于海南省东方县白查至东风林场一带。下段由细砂岩、泥岩与细砂岩互层和泥质粉砂岩、泥岩组成；上段为长石石英砂岩夹杂砂岩和泥岩、粉砂质泥岩。产䗴类、头足类、双壳类、植物化石，厚度 448 m。与下伏鹅顶组呈整合接触。

三、早二叠世晚期—晚二叠世岩石地层

主要是海陆交互相含煤碎屑岩沉积，是我国南方重要的含煤岩系，全区均有分布，出露较好(图 5-5)。

(1)**童子岩组** 主要分布于闽粤两省，位于文笔山组、孤峰组或茅口组与翠屏山组、水竹塘组或格顶组之间，为一套海陆交互相碎屑岩含煤建造。中部为含磷结核的海相泥岩，上部和下部均含煤。东部成煤早，西部较晚，煤层由东往西有抬高之势。产腕足类、菊石、䗴类、植物等，厚度 290～838 m。与下伏地层呈整合或平行不整合接触。

(2)**翠屏山组** 分布在闽西南及粤东北。为一套砂岩、粉砂岩、泥岩夹煤层或煤线及粘土岩，底部为细砾岩、含砾砂岩、粗砂岩。产植物、腕足类、双壳类等，厚度 366～647 m 。与下伏童子岩组呈平行不整合接触。

(3)**沙湖组** 分布在粤中广花、阳春等地。为杂色粉砂岩、细砂岩、页岩、长石石英砂岩，夹碳质页岩及煤线。底以铝土泥岩、凝灰岩或长石石英粗砂岩平行不整合于童子岩组之上，与上覆圣堂组为整合接触。产大羽羊齿植物和腕足类。厚度 40～300 m。

(4)**格顶组** 主要分布在粤北韶关地区。以灰黑色页岩为主夹薄层粉砂岩、细砂岩、泥灰岩、生物灰岩，含黄铁矿结核。产菊石、腕足类、双壳类等，厚度 70～90 m。与下伏童子岩组和上覆九陂组均为连续沉积。其西邻连州、阳山地区则相变为**水竹塘组**，以灰岩、硅质灰岩为主，夹硅质岩。产䗴类、腕足类及珊瑚等，厚度 65～120 m。

(5)**乐平组** 主要分布在赣中袁水流域和赣西地区。自下而上分为四段：**官山段**、**老山段**、**狮子山段**、**王潘里段**。其中除狮子山段砂岩不含煤外，分 A、B、C 三个煤组。产菊石、腕足类、䗴类、植物等，厚度 100～445 m。与下伏茅口组、鸣山硅质岩等和上覆长兴组或大隆组均呈整合接触，但其间界线非常清楚。在赣西北修水、德安一带则相变为一套含燧石结核或燧石条带的厚层灰岩，产䗴类、腕足类、珊瑚等，厚度 57～180 m，称为**吴家坪组**。

(6)**龙潭组** 主要分布在苏皖沿江、浙西、江西德安等地。为一重要的含煤岩系：下部以深灰色砂页岩互层为主，微细层理发育，含星点状黄铁矿，其顶为砂岩及砂质含䗴灰岩；中部以中至粗粒长石石英砂岩、铝土质泥岩、碳质页岩及煤层，产植物；上部以黑色页岩为主夹有厚层不纯灰岩，富产菊石、腕足类等，局部地区相变为碎屑岩含煤沉积，与下伏孤峰组、武穴组、茅口组呈整合或平行不整合接触，厚度 80～570 m。

(7)**罗坑组** 分布在福建邵武、南平一线以南，南靖、德化一线以西，为一套灰、灰黄色中薄层砂岩、细砂岩、粉砂岩、泥岩，产菊石、腕足类、双壳类、䗴类等，厚度 15～254 m。

(8)**圣堂组** 主要分布在广州、恩平、阳春等地。为紫红色含豆状铁质结核砂岩、泥质细砂岩，常与土黄色长石石英砂岩、细砂岩、粉砂岩互层，偶夹黑色页岩及碳质页岩，产植物化石，厚

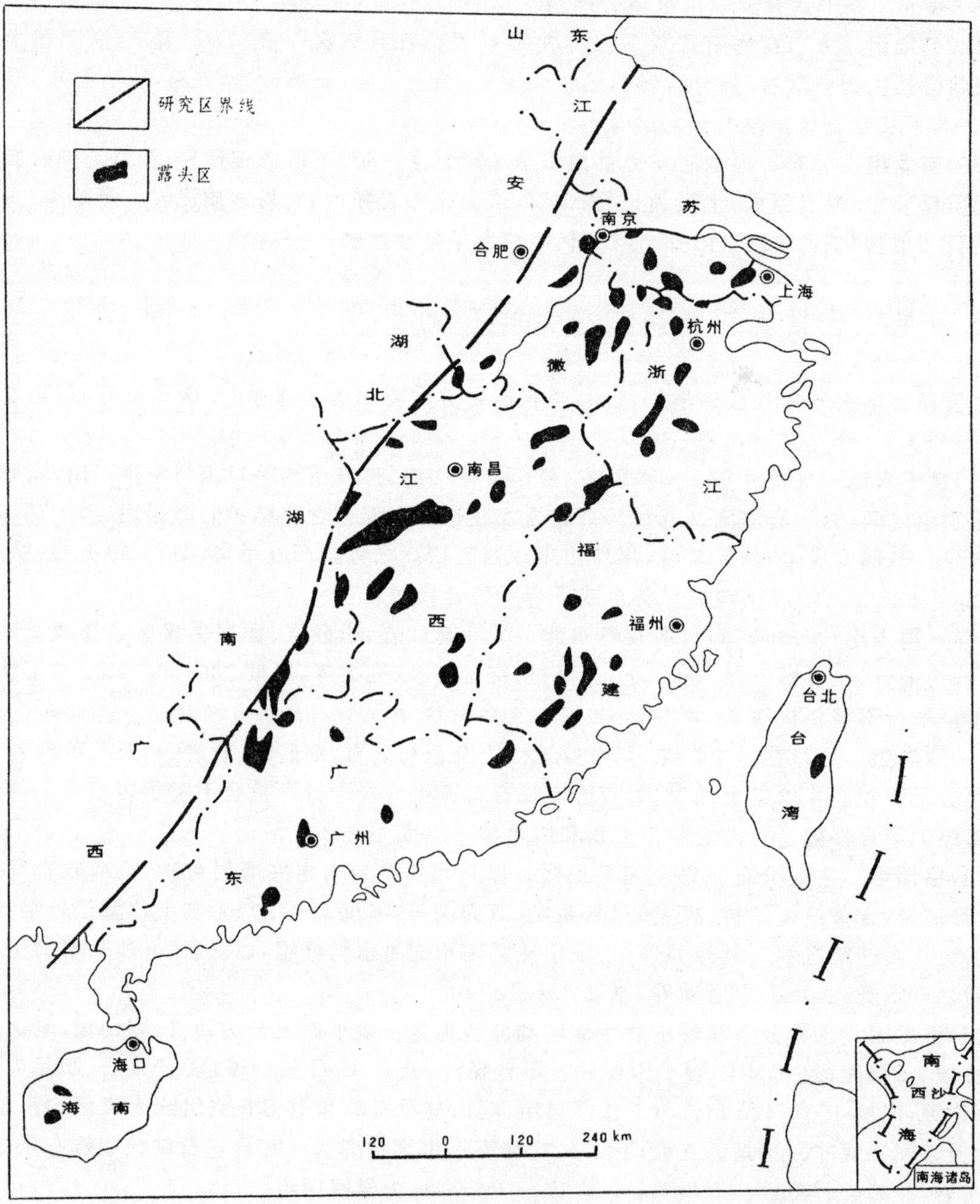

图 5-5 东南区早二叠世晚期—晚二叠世地层露头分布图

度 140～270 m。与下伏沙湖组呈整合接触或超覆于童子岩组之上。与上覆大冶组为连续沉积。

(9)**九陂组** 主要为泥岩、粉砂岩及细砂岩，夹煤层及多层煤线。有时上部和底部夹灰岩或灰岩凸镜体。产腕足类、䗴类及植物化石，厚度 30～300 m。与下伏及上覆地层均呈整合接触。

(10)**大隆组** 主要分布在长江下游苏皖沿江两岸、浙西、赣东北及粤北地区。为一套灰黑色泥岩、粉砂岩为主，夹硅质岩、硅质页岩及灰岩。富产菊石、腕足类、放射虫等，厚度 8～130 m。与下伏地层呈整合或平行不整合接触。

(11)**长兴组** 主要分布浙北、赣中、粤西北地区。由灰色微晶至粉晶生物屑灰岩、白云质灰岩组成，局部含燧石结核和条带，下部夹厚 0.19 m 流纹质晶屑凝灰岩。产蜓类、腕足类、菊石、牙形刺等。与下伏龙潭组、吴家坪组、翠屏山组呈整合关系。与大隆组为同期异相，与上覆地层均为连续沉积。

(12)**芝溪头变质杂岩**　分布在沿海地层分区的浙东南青田、庆元、文成、苍南等地的变质岩，原称鹤溪群。据《浙江省岩石地层》(1996)，因命名地（景宁县鹤溪）鹤溪群岩性相当复杂，夹于断裂带中，层序不清，混合岩化强烈，与陈蔡（岩）群相似，缺乏晚古生代地层的依据，故命名地点的鹤溪群不能成立。现以青田县芝溪头为命名地，称芝溪头变质杂岩（相当于群级地层单位）。岩性为变质石英砂岩、石墨石英片岩、大理岩等。在大理岩中采到古生物化石，经中国科学院南京地质古生物研究所鉴定为 fish bones（鱼骨化石）、*Bairdia*（介形类土菱介）等，时代为二叠纪；徐步台等(1989)在青田芝溪头、白沙及永嘉桥头采集变质岩，由三个样品获得 Rb－Sr 参考等时年龄为 231±7 Ma。该书认为其成岩时代为晚古生代，主变质期可能为二叠纪—三叠纪。

下扬子地层分区二叠纪地层时空展布见图 5－6。

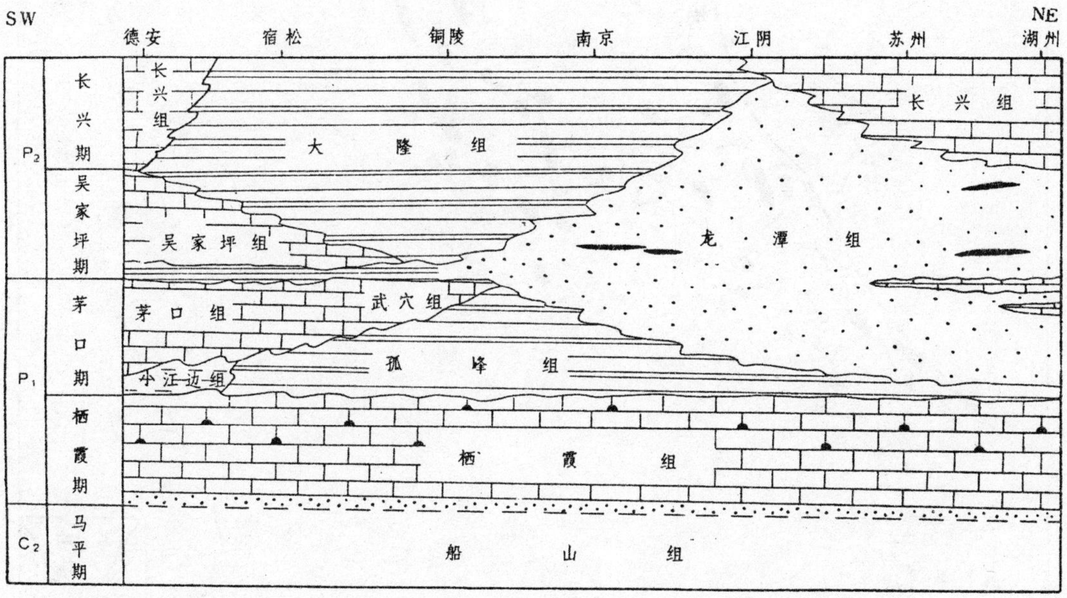

图 5－6　东南区下扬子地层分区二叠纪地层时空展布示意图

四、早、中三叠世岩石地层

分布较广，露头良好（图 5－7），层序齐全，化石丰富，并含有石膏、岩盐等矿产。其中以下扬子地层分区的宁镇地区和安徽巢县、铜陵、贵池、安庆一带发育最为完整，属稳定的碳酸盐台地相沉积。产有属特提斯区系动物群，以底栖双壳类、菊石为主，还有牙形刺等。而江南地层分区和东南地层区早、中三叠世以地台型滨海—浅海碎屑岩沉积为主，碳酸盐岩沉积次之。其中早三叠世生物群与上扬子地区相似。

(1)**青龙组**　主要分布在宁镇山脉及安徽沿江地带，在浙北、苏南、皖南也有其存在。在标

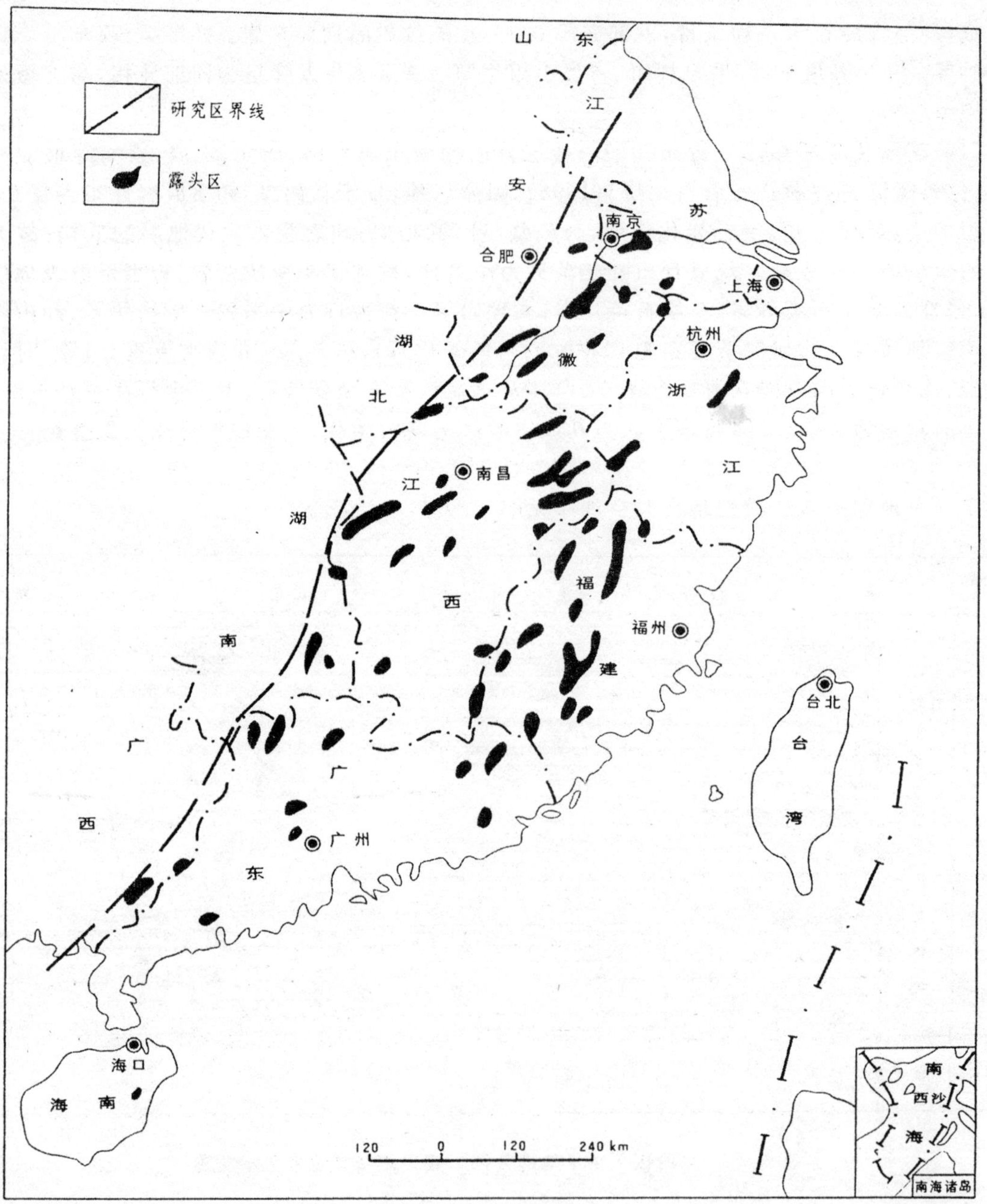

图 5-7　东南区早、中三叠世地层露头分布图

准地区南京附近青龙组划分为两段：下为**湖山段**，上为**沧波门段**。湖山段下部为灰黄色薄层泥岩夹泥灰岩，中上部为灰色薄层粉晶灰岩夹泥质泥晶灰岩及泥岩；沧波门段下部为灰色薄至中层粉晶灰岩与紫色泥晶瘤状灰岩互层，上部粉晶灰岩夹蠕虫状灰岩。产菊石、双壳类等，厚度391～700 m。与下伏地层呈整合接触。在浙北长兴煤山和南京东郊湖山等地发现有二叠纪、三叠纪生物混生的过渡层。故将长兴煤山作为二叠系、三叠系界线层型的标准地区（赵金科等，1981）。在安徽长江沿岸地区青龙组自下而上划分为：**殷坑段**、**和龙山段**、**南陵湖段**。在赣东北和赣中，自下而上分为**殷坑段**、**高安灰岩段**。富产菊石、双壳类、牙形刺等。属浅海碳酸盐台地沉积。

(2)**周冲村组** 与青龙组相伴而生，形影相随。下部为灰黄色薄至中厚层砾屑灰岩与泥晶灰岩互层，以及薄至厚层粉晶灰岩、泥质灰岩及膏溶砾屑灰岩夹白云岩、白云质灰岩；上部为泥岩夹砂岩、泥质灰岩。产双壳类等。厚度120～384 m。与下伏青龙组呈整合接触。该组以产膏盐矿床为特征。

(3)**黄马青组** 主要分布在江苏宁镇地区至安徽怀宁一带。下部为杂色薄至厚层细粒长石石英砂岩与粉砂岩互层(称杂色层)；上部为紫红、灰紫色薄至厚层砂砾岩、砂岩、泥岩呈不等厚的韵律层，含钙质结核，交错层理发育。产双壳类、叶肢介、轮藻等，厚度30～959 m。与下伏地层呈整合接触。

(4)**铁石口组** 分布在赣南信丰、龙南、崇义、莲花、吉安和赣东北上饶等地。为一套黄褐、灰绿色中至薄层状泥质、钙质粉砂岩、粉砂质泥岩和页岩，中、上部夹灰岩。产菊石、双壳类、牙形刺等，厚度250～1 375 m。底部有二叠纪、三叠纪混生动物群的过渡层。与下伏大隆组或长兴组为连续沉积。在浙西江山—衢州一线以南地区则称为**政棠组**。产菊石、双壳类等，厚度160～475 m。底部也具有二叠纪、三叠纪过渡层(傅肃雷，1988)。

(5)**杨家组** 分布于赣东北铅山和赣中萍乡、高安等地。为一套紫红色泥岩、页岩、粉砂岩为主，下、中部夹细砂岩。产双壳类、叶肢介、植物化石等，厚58～1 159 m或大于1 150 m。与下伏铁石口组呈整合关系，与上覆安源群呈不整合接触。

(6)**溪口组** 分布于闽西南地区。为一套条带状角岩化硅泥岩、角岩、灰岩、钙质砂泥岩、砂泥岩。可分为**新祠角岩段**、**兰田灰岩段**、**石碧溪泥岩段**等三段。产双壳类、菊石、腕足类等，厚度1 295 m。与下伏罗坑组或长兴组呈整合接触。溪口组底部也有二叠纪、三叠纪生物混生的过渡层。

(7)**安仁组** 分布在闽西南漳平及大田部分地区。为一套细碎屑沉积。下段为灰色中厚层钙质砂岩、钙质粉砂岩；上段以紫红色为主的粉砂岩、细砂岩夹长石石英砂岩，局部含砾。产植物及孢粉，厚度1 309 m。与下伏溪口组为整合接触。

(8)**大冶组** 分布在粤西北连州、阳山地区。以深灰色薄至中厚层状灰岩为主，下部可相变为以泥灰岩为主或灰岩与泥灰岩互层。产菊石、双壳类等，厚度214～421 m。与下伏地层呈整合接触。

(9)**四望嶂组** 分布在粤东兴宁四望嶂、梅县金坑、广州加禾、恩平圣堂、韶关仁化、连州及阳山地区。以钙泥质粉砂岩、钙质粉砂质泥岩、薄层泥灰岩为主，夹细砂岩、粉砂岩。产双壳类、菊石等，厚度358～1 053 m。与下伏大隆组或长兴组呈整合接触或超覆大冶组之上，在恩平圣堂地区与下伏圣堂组呈平行不整合接触。

(10)**黄坌组** 分布于粤北连州、阳山、韶关地区。底部以杂色泥质砂岩、砂质泥岩为主，中上部为紫红色泥质细砂岩、粉砂岩。产双壳类、植物化石等，厚度56～430 m。与下伏四望嶂组呈整合接触。顶部遭受剥蚀，界线不明。

(11)**岭文组** 分布于海南省琼海县九曲江和定安县翰林地区。下段砾岩夹砂岩、含砾细砂岩、粉砂质泥岩夹砾岩、砂砾岩、长石粗砂岩、细砂岩；上段为粉砂质泥岩夹泥岩，泥岩、粉砂质泥岩夹粉砂岩，粉砂质泥岩夹含砾粉砂岩、泥岩。产植物、孢粉化石，厚160 m。与下伏抱板岩群混合片麻岩呈不整合接触。未见顶。

第二节　生物地层特征

一、泥盆纪—早石炭世生物地层

泥盆纪地层生物比较丰富，但中泥盆统下部多为以碎屑岩为主的沉积，故生物不多；而其上在桂东南、粤西、赣湘边境则以碳酸盐岩为主的沉积，浅海底栖的生物颇发育，其中以珊瑚、腕足类最为重要；早石炭世地层在下扬子坳陷区普遍发育有一套厚度不大、以海相灰岩为主和滨海相碎屑岩的沉积，珊瑚、腕足类动物群也较丰富。

(一)珊瑚生物带①

(1)*Endophyllum* 带　其他分子还有 *Temnophyllum*，*Sinospongophyllum*，*Grypophyllum*，*Sunophyllum*，*Cystiphylloides*，*Keriophyllum*，*Stringophyllum*，*Smithiphyllum*，*Chaetetes*，*Thamnopora*，*Caliapora*，*Dialythophyllum* 等属种。分布在广东英德红岩以西棋梓桥组和东岗岭组，桂东南唐家湾组。大致与腕足类 *Stringocephalus* 带相当。

(2)*Temnophyllum liumaensis* 组合带　较重要分子有 *T. liumaensis*，*Disphyllum longiseptatum*，*Thamnopora* cf. *retardata* 等，见于粤北棋梓桥组。与腕足类 *Emanuella* 带至 *Ilmenia sinensis* - *Leiorhynchus* 组合大致相当。

(3)*Hexagonaria* - *Sinodisphyllum* 组合带　主要分子有 *H. oompasi*，*H. orientalis*，*H. sinensis*，*H. regularis*，*Sinodisphyllum variabile*，*Disphyllum cylindricum*，*D. frechi* 等。分布于乳源、乐昌等地天子岭组或棋梓桥组上部。与腕足类 *Theodossia* - *Devonoproductus* 组合可以对比。

(4)*Cystophrentis* 延限带　其含义与标准 *Cystophrentis* 带相同，代表属种总的延伸范围，以其出现和消失作为顶底界线标志，见于广东长垑组。

(5)*Cystophrentis kolaohoensis* 组合　常见分子有 *C. kolaohoensis*，*Caninia* sp.，*Kueichowpora* sp. 等。个体很多而单调，以代表属为最丰富。见于革老河组(黔南)、孟公坳组(湘中)及本区粤北的连县组。

(6)*Pseudouralinia gigantea* 组合　它是岩关期上部的一个珊瑚带，分布广泛。常见分子有 *P. kaolishanensis*，*P. nankingensis*，*Michelinia aequalis*，*Syringopora subramulosa*，*Koninckophyllum* sp.，*Siphonophyllum* sp.，*Keyserlingophyllum* sp. 等。见于桂东南尧云岭组、粤北连县组、宁镇地区金陵组。

(7)*Caninophyllum kureikaense* - *Carinokoninckophyllum carinatum* 组合带　本带是代表 *Pseudouralinia* 的消失，*Dorlodotia* 属出现之前，以犬齿珊瑚型珊瑚再度发育和具中轴的珊瑚为特征的珊瑚动物群，具有岩关期—大塘期混生的属种。主要分布在粤西、粤北石磴子组底部至下部和桂东南地区黄金组。

(8)*Dorlodotia shaoyangensis* - *Kwangsiphyllum permicum* 组合带　经 Poty(1981)研究，

---

① 据广东区调队资料，曾在粤西云浮县岭下信都组中发现 *Favosites*，*Aulopora* 等珊瑚化石，位于 *Eospiriferina wangi* 等腕足类层之上，覆于 *Zosterophyllum* 等植物层之上。时代属早泥盆世。

丛状的 *Thysanophyllum*，即 *Dorlodotia* 属，故将 *Thysanophyllum shaoyangensis* - *Kwangsiphyllum permicum* 组合带改称现名 *D. shaoyangensis* - *K. permicum*。此带代表属常见粤西石磴子组、桂东南地区黄金组。以群体为主，出现少量三带型单体珊瑚，床板珊瑚以笛管珊瑚最为发育。

(9)*Aulina carinata* - *Arachnolasma sinense* 组合带　分布于广东连县、阳春、乳源、惠阳等地的测水组，连平地区忠信组。

(10)*Yuanophyllum kansuense* - *Kueichouphyllum sinense* 组合带　是大塘期上部一个珊瑚带。以 *Yuanophyllum* 分布最广，共生的主要有 *Y. kansuense*，*Kueichouphyllum* sp.，*Arachnolasma* sp.，*Lithostrotion asiaticum* 等。主要分布于桂东南的寺门组、粤北的石磴子组、长江下游的和州组。

(二)腕足类生物带①

(1)*Stringocephalus* 组合　在粤西、粤北的东岗岭组、棋梓桥组和桂东南的唐家湾组均有分布。主要分子有 *Stringocephalus burtini*，*S. obovatus*，*Buchanathyris subplana*，*Emanuella* sp.，*Atrypa* sp.，*Desquamatia* 等。

(2)*Emanuella* 组合　以 *Emanuella takwanensis* 为代表。在广西、贵州、湖南等地碳酸盐岩台地相区的 *Stringocephalus* 富集层之上，往往下部为小型的 *Emanuella* 介壳层。在粤北、粤中地区分布在东岗岭组、棋梓桥组。

(3)*Leiorhynchus kwangsiensis* 组合带　组成分子有 *Leiorhynchus*，*Leioseptothyris* 以及 *Athyris*，*Schizophoria* 的许多种。仅见于英德红寨、乳源等地棋梓桥组上部。而大部分地区棋梓桥组、东岗岭组上部则以大量无洞贝(如 *Atrypa*，*Spinatrypa* 等)和 *Schizophoria*，*Athyris* 等繁盛为特征。

(4)*Theodossia* - *Desquamatia* - *Devonoproductus* 组合　分布于乐昌西岗寨东平组至天子岭组下部，粤北和粤中地区也有分布。该带特点是弓石燕科和无洞贝科的种群占绝对优势。一般情况下，*Theodossia*，*Devonoproductus*，*Hypothyridina*，*Spinatrypina* 等首先出现，随后以 *Cyrtospirifer*，*Tenticospirifer*，*Desquamatia* 等大量富集为特征。但二者之间并无明显的分界线。

(5)*Yunnanellina* - *Yunnanella* 组合　在一般情况下，*Yunnanellina* 与 *Yunnanella* 是上下关系，前者出现较早，后者则较晚，其间没有明显界线，往往有一过渡层。广布于粤北东部和粤中的天子岭组上部，粤东的春湾组(未见 *Xinshaoella*)和赣西南的三门滩组等。

(6)*Mesoplecta* - *Tenticospirifer* 组合　除命名分子外，以发育一些高级长身贝类和大量 *Cleiothyridina* 为特征。分布在粤北和粤中帽子峰组。吴望始(1980)等以 *Plicochonetes*，*Spheospira*，*Mesoplecta* 为这一组合代表，并认为其面貌与西欧艾特隆层(Etroeungt)的腕足类组合相似。

(7)*Paulonia menggongaoensis* - *Waagenoconcha retiformis* 组合　仅见于韶关-乐昌地区的长垑组。下限以 *Paulonia menggongaoensis* 出现为标志，上限则以 *Waagenoconcha retiformis*

---

① 据南颐报道，在粤西怀集、封开、云浮的信都组(其层位相当广西的郁江组和那高岭组)中发现 *Orientospirifer nakaolingensis*。又据广西、广东区调队介绍，在郁南连滩大地坡等地的信都组产有 *Athyrisina plicata*，共生有 *Mucrospirifer*，*Indospirifer*，*Tylotyris chui* 等。

的消失为界。以长身贝类进一步繁盛，有新分子出现为特色。

(8)*Eochoristites neipengtaiensis* - *Martiniella elongata* 组合　代表属 *Eochoristites* 有6种之多，*Martiniella chinglungensis* 个体丰富，另有 *Ptychocamarotoechia kinlingensis*，*Neospirifer lungtangensis*，*Praewaagenoconcha kiangsuensis*，*Leptagonia analoga*，*Cleiothyridina submabranacea* 等。该组合相当于珊瑚 *Pseudouralinia* 带。时代属早石炭世岩关期。分布于下扬子地区金陵组，粤北连县组及桂东南地区英塘组。

(9)*Pugilis hunanensis* - *Vitiliproductus groberi* 组合　除代表分子外，有 *Rugosochonetes hardrensis*，*Balakhonia yunnanensis*，*Linoproductus* cf. *tennistriatus*，*Punctospirifer pahangensis* 等。该组合还见珊瑚 *Kueichouphyllum sinensis*。分布在粤西、粤北地区石磴子组，桂东南地区寺门组及下扬子地区高骊山组。时代属早石炭世大塘期。

(10)*Rugosochonetes kansuensis* - *Marginifera viseeniana* 组合　常见于广东测水组和忠信组中部，另在桂东南地区黄金组中也见有其主要分子。

(11)*Gigantoproductus edelburgensis* - *Kanseuella kansuensis* 组合带　以大长身贝类占优势，除代表分子外，主要有 *Gigantoproductus giganteus*，*Phricodothyris* cf. *echinata*，*Martinifera* cf. *derbiensis* 等。时代为早石炭世大塘晚期。主要分布于苏皖沿江地区和州组、粤西粤北地区梓门桥组、曲江组及桂东南地区罗城组。

(三)䗴类生物带

(1)*Eostaffella* 带　通称 *Eostaffella* 动物群。以 *Eostaffella*，*Novella*，*Pseudoendothyra* 为主。䗴类化石个体微小，旋壁构造简单，系张遴信(1962)在安徽和县研究和州组层型剖面时所建立的一个䗴带，这是石炭系最低层位的䗴带。主要分子有 *E. accepta*，*E. galinae*，*E. designata* 等。该带在宁镇山脉、安徽长江北岸沿江地带均有分布。

(四)植物组合

晚泥盆世以陆相为主及海陆交互相沉积，在本区分布颇广，植物化石丰富，其中以世界性标准植物 *Leptophloeum rhombicum* 分布最广，故称 *Lept. rhombicum* 植物群。在本区以赣南于都和宁镇地区研究较详。早、晚期各有一个植物组合：

(1)*Leptophloeum rhombicum* - *Cyclostigma kiltorkense* 组合　除代表种外，主要分子有 *Platyphyllum williamsoni*，*Sphenopteridium* sp. 及沟鳞鱼属 *Bothriolepis* sp. 等。产于赣南中棚组，闽西南安砂群下部天瓦崇组，粤北、粤西南帽子峰组下部。

(2)*Leptophloeum rhombicum* - *Sublepidodendron mirabile* 组合　这一组合除代表种外，主要有：*Sublepidodendron wusihense*，*Lepidodendropsis hirmeri*，*Sphenophyllum lungtangense*，*Hamatophyton verticillatum*，*Lioestheria longtangense* 等。共生的有鱼类 *Sinolepis wutungensis*，*Asterolepis sinensis* 和法门期的孢子 *Cymbosporites scabellus*，*Hymenozonotriletes lepidophytes*，*Lophozonotriletes curvatus* 等。产于苏浙皖擂鼓台组、赣南嶂崇组、闽西南桃子坑组、粤东大湖组及粤北帽子峰组上部。

早石炭世植物组合，本区长江下游和珠江流域的广大地区，广泛发育着海陆交互相的早石炭世地层，尤以大塘期最为发育，其中并有煤层，故研究程度较高，分别称为高骊山组和测水组。其植物组合介绍如下：

(3) *Lepidodendron gaolishanense* - *Eolepidodendron wusihense* - *Sublepidodendron*

mirabile 组合 主要分子有：*Lepidodendropsis hirmeri*，*Sublepidodendron mirabile*，*Eolepidodendron wusihense*，*Lepidodendron gaolishanense*，*Hamatophyton verticillatum*，*Rhadeopteridium* cf. *hsianghsiangense*，*Archaeocalamites* sp.，*Sphenophyllum* sp.，*Telangium* sp. 等。主要分布于苏浙皖高骊山组、珠藏坞组。

(4)*Cardiopteridium spetsbergense* - *Archaeocalamites scrobiculatus* - *Triphyllopteris collombiana* 组合 在命名标准地区湖南双峰湾头除代表种外，主要有：*Arch. prolixus*，*Lepidodendron* cf. *robertii*，*Adiantites gothanii*，*Rhodeopteridium hsianghsiangense*，*Lepidostrobophyllum* spp.，*Stigmaria* sp. 等。产于粤西、粤中测水组、桂东南寺门组、闽西南林地组和浙西叶家塘组中下部。

(5)*Neuropteris gigantea* - *Rhodeopteridium chinghaiensis* 组合 除代表种外，主要有 *N. pseudogigantea*，*Sublepidodendron mirabile*，*Cordaites principalis*，*Archaeocalamites orientalis*，*Triphyllopteris collombiana*，*Sphenophyllum tenerrimum*，*Sphenopteris obtusiloba* 等。产于闽南林地组上部、赣中梓山组、浙西叶家塘组上部。

二、晚石炭世—早二叠世早期生物地层

晚石炭世—早二叠世早期这一断代地层是一大套以碳酸盐岩组合为主的地层，在全区广泛分布，岩相稳定，化石丰富，均可相互对比。但由于古地理环境的影响，生物分布并不一致，各地研究程度也不平衡，所以现就其中分布普遍，研究水平较高，对地层划分对比具有重要意义的䗴类、珊瑚、腕足类分述如下：

(一)䗴类生物带

第二届全国地层会议期间，吴望始等(1982)将威宁阶分为三带，即 *Pseudostaffella* 带、*Profusulinella* 带及 *Fusulinella* - *Fusulina* 带，后者又分为 *Fusulinella praebocki*，*Beedeina cheni*，*Fusulina quasicylindrica* 三个亚带。马平阶也分为三个带，即 *Triticites* 带、*Sphaeroschwagerina*(或称 *Pseudoschwagerina*)带、*Robustoschwagerina schellwieni* 带。第二带又分为 *S. constens* 亚带和 *S. glomerosu* 亚带。这一划分与本区䗴类发育情况类似，故本书基本上采用这一划分方案。但本区可能缺失最上部一个䗴带。

(1)*Pseudostaffella* 带 主要分子有 *Pseudostaffella antiqua*，*Profusulinella* cf. *brevissima*，*P. parva*，*Fusiella* sp.，*Schubertella obscura* 等。全区分布广泛，主要产于粤西、粤北大埔组，江西和苏南、浙北、皖南老虎洞组。

(2)*Profusulinella* 带 主要有 *Profusulinella wangyui*，*P. parva*，*P. ovata*，*P. prolibrovitchi*，*Eofusulina triangula*，*Taitzehoella* sp.。主要产于黄龙组下部。

(3)*Fusulinella* - *Beedeina* 带 可分为三个亚带，自下而上为：①产比较原始的 *Fusulinella* 为主，未见 *Profusulinella* 和 *Beedeina*，称 *Fusulinella praebocki* 亚带；②出现原始的 *Beedeina* 为特征，如 *B. mayiensis*，*B. cheni*，*Fusulinella* 仍占相当份量，称 *B. cheni* 亚带；③产有 *Fusulina* 较多，常有 *Fusulinella* 和 *Beedeina* 二属中较进化的种族共生，称 *Fusulina quasicylindrica* 亚带。主要分布于黄龙组中上部。为晚石炭世威宁期。

(4)*Triticites* 延限带 在全区均有分布，代表属的主要种，*Triticites schwageriniformis*，*T. minimus*，*T. chinensis*，*T. parvulus*，*T. lolaotuensis*，还有 *Rugosofusulina* sp.，*Eoparafusuli-*

na sp. 等。产于船山组下部、壶天组中部。

(5) *Pseudoschwagerina* (*Sphaeroschwagerina*) 延限带　包括有 *P.* cf. *galatca*, *S. subrotunda*, *S. sphaerica* 等，以 *Pseudoschwagerina* 大量富集为特征，共生分子有 *Schwagerina tschernyschewi*, *Eoparafusulina zellia* 等。本带以代表属首次出现为其下界，上界止于栖霞组 *Misellina claudiae* 带。此带在船山组上部，广泛分布于全区各地。

此外，*Robustoschwagerina schellwieni* 带是石炭系最高的一个䗴带，在本区很少发现，仅在粤中壶天组见有该属。这可能与船山组顶面普遍有一平行不整合剥蚀面有关。

(6) *Misellina claudiae* 带，以代表属首次出现开始，以其最后消失为终止。共生属种有 *Schwagerina tschernyschewi*, *Pseudofusulina*, *Schubertella*, *Boultonia*, *Nankinella* 等。广泛分布于全区栖霞组下部。

(7) *Cancellina* - *Parafusulina* 带　主要分子 *Parafusulina multiseptata*, *Schwagerina chihsiaensis*, *Chusenella* sp., *Kauserella erratica*, *Boultonia longipertica*, *Cancellina schellwieni*, *Verbeekina grabaui*, *Yangchienia* sp., *Pseudodoliolina* sp. 等。主要分布在本区皖南、浙西、闽西南等地栖霞组中上部。

(8) *Neoschwagerina* 带　以命名属和 *Pseudodoliolina* 最为富集。共生的重要属有 *Verbeekina*, *Chusenella*, *Parafusulina*, *Yangchinia* 等。主要分布在广东、江西等地茅口组下部。时代为茅口期早时。

(9) *Yabeina* - *Neomisellina* 顶峰带　以代表属大量繁育为特征。共生有 *Neoschwagerina*, *Nankinella*, *Verbeekina* 等。层位与贵州标准地区 *Yabeina* - *Neomisellina* 带相当。分布在本区粤西北、湘赣边境地区茅口组上部和长江下游赣西北、皖南地区茅口组或武穴组中。

(10) *Codonofusiella* - *Neomisellina* 组合带　又称 *Polydixodina* - *Neomisellina* 组合带，主要分子有 *Neomisellina*, *Polydixodina*, *Schwagerina*, *Codonofusiella*, *Kahlerina* 等属。分布在东南沿海地区，北起江苏滨海通榆，南至广东蕉岭宝坑，发育在龙潭组下部和童子岩组，以及乐平组官山段。层位高于西南地区茅口组 *Yabeina* - *Neomisellina* 带，是下二叠统最高一个䗴带，属茅口期晚时。

(二)珊瑚生物带

(1) *Lithostrotionella stylaxis* 带　以 *Lithostrotionella*, *Kionophyllum* 属的繁盛为特征，*Chaetetes* 较常见。主要有 *L. stylaxis*, *L. belinskiensis*, *Caninia lipoensis*, *Chaetetes lungtanensis* 等。产于本区黄龙组下部，属晚石炭世威宁期。

(2) *Caninia lipoensis* - *Chaetetes flexis* 组合带　本带以刺毛珊瑚大量发育和犬齿珊瑚类富集为特征，常见于广东黄龙组中部。

(3) *Chuanshanophyllum* 带　以 *Chuanshanophyllum*, *Pseudocarniaphyllum* 发育为特征，主要有 *Lytvophyllum mengi*, *Caninia* sp., *Caninophyllum* sp., *Timania* sp., *Pseudotimania* sp., *Pseudocarniaphyllum* sp., *Qinglongshanophyllum* sp., *Koninckocarinia* sp., *Protoivanovia* sp., *Kionophyllum* sp., *Amygdalophylloides* sp., *Ivanovia* sp. 等。产于苏南船山组下部。

(4) *Parawentzellophyllum* 带　以发育群体的 *Parawentzellophyllum* 和 *Kepingophyllum* 为特征。这些属种的面貌与二叠纪的 *Wentzellophyllum* 和 *Polythecalis* 的某些种较为接近。因此，本带的珊瑚群具有石炭纪—二叠纪的过渡性质。产于船山组上部(俞学光，1980)。

(5) *Wentzellophyllum* (相当 *Stylidophyllum volzi* 带)　由黄汲清 1932 年建立。据王建华

(1978)在南京附近地区观察，该带产在栖霞组下部臭灰岩 *Misellina claudiae* 之上约 1 m 处，应与 *M. claudiae* 簸带相当。分布在下扬子地区及江西和广东等地的栖霞组下部。

(6)*Hayasakaia elegantula* - *Polythecalis yangtzeensis* 组合带　以往都分为上下两带，前者在下，后者在上，据几年来研究，在南京附近发现二者相互混生，不易划分，故建议合并为一组合带。广泛分布于栖霞组。

(7)*Ipciphyllum* 珊瑚动物群　由詹立培等 1982 年建立。在本区广东、江西等地茅口组中也产有此类珊瑚，但其成员有哪些种属，有待进一步研究。时代为早二叠世茅口期。

(三)菊石生物带

(1)*Kufengoceras* 延限带　它是华南早二叠世晚期层位最低一个菊石带。*Kufengoceras* 属是我国特有的菊石。主要见于广西、广东孤峰组的底部。

(2)*Paragastrioceras* - *Altudoceras* 组合　除代表属外，主要分子有 *Paraceltites*, *Lopingoceras* 等。产于下扬子地区苏浙皖孤峰组，为茅口期早时。

(3)*Shouchangoceras* - *Altudoceras* 组合　主要分子除代表属外，还有 *Paragastrioceras*, *Paraceltites*, *Cyclolobus*, *Domatoceras*, *Shangraoceras*, *Mexicoceras* 等。广布于闽西南、广东童子岩组，长江下游苏浙皖地区龙潭组下部及江西乐平组官山段。属茅口期晚时。

(四)腕足类生物带

(1)*Choristies mosquensis* 组合　共生分子有 *C. mosquensis*, *C. fischeri*, *Phricodothyris asiatica*, *Linoproductus* sp., *Rugosochonetes* sp. 等。广泛分布于黄龙组、壶天组。

(2)*Orthotichia chekiangensis* - *Tyloplecta richthofeni* 组合　除命名种外，还有 *Tyloplecta nankingensis*, *Linoproductus sinensis*, *Rugosochonetes nantanensis*, *Acosarina* sp. 等。广泛分布于栖霞组下部臭灰岩中。

(3)*Chaoina reticulata* 组合　除代表种外，主要分子有 *Dictyoclostoidea kiangsiensis*, *Spirigerella grandis*, *S. obesa*, *Loczyella nankiagensis* 等。主要产于栖霞组中部，属栖霞期中时。

(4)*Urushtenoidea chaoi* - *Haydenella chianensis* 组合　以出现大量 Unisteginae 亚科中 *Urushtenoidea*, *Uncisteges* 属的分子为特征，主要成员还有 *Pygmochonetes*, *Chonetinella* 等。广泛分布栖霞组上部，属栖霞期晚时。

(5)*Cryptospirifer* 组合　本组合除代表属外，主要分子有 *Tyloplecta*, *Orthotichia*, *Kiangsiella*, *Meekella*, *Haydenella*, *Linoproductus*, *Vediproductus*, *Waagenoconcha*, *Dictyoclostoidea*, *Urushtenoidea*, *Monticulifera*, *Neoplicatifera* 等。主要赋存于江西各地的小江边组(胡世忠，1983)，具有栖霞期至茅口期过渡特征。

(6)*Neoplicatifera huangi* 组合　主要产于孤峰组下部，除代表种外，共生的有 *Derbyia*, *Tenuichonetes*, *Pygmochonetes*, *Cathaysia*, *Compressoproductus*, *Dictyoclostoidea*, *Urushtenoidea*, *Uncisteges*, *Tyloplecta*, *Crurithyris* 等的一些种。这一组合也赋存于本区茅口组及其相当的地层中。属茅口期早时(金玉玕等，1978)。

(7)*Pygmochonetes* - *Tenuichonetes* 组合　主要分子有 *Pygmochonetes jingxianensis*, *Tenuichonetes tenuilirata*, *T. plicatiformis*, *Lingula* sp., *Cathaysia* sp. 等。化石一般个体较小。分布于童子岩组中上部，属茅口期晚时。

三、早二叠世晚期—晚二叠世生物地层

以海陆交互相碎屑岩为主，晚二叠世晚期则为海相沉积。生物化石颇为丰富，既有植物，又有动物，门类很多，但对地层划分对比具有指导意义的主要是䗴类、菊石以及腕足类和植物。

（一）䗴类生物带

（1）*Codonofusiella* 顶峰带　除代表属外，共生分子有 *Reichelina*，*Gallowayinella*，*Palaeofusulina* 等。个体很小，旋壁很薄。以 *Codonofusiella* 的大量繁盛和分布广泛为特征。主要产于赣西北吴家坪组，龙潭组或乐平组中部海相段灰岩中也有分布。

（2）*Palaeofusulina* 顶峰带　代表中国东南部二叠系最高的一个䗴带，并以发育高级的 *Palaeofusulina* 䗴类为特征，代表属种有 *P. sinensis*，*P. wangi*，*P. simplex*，*Nankinella*，*Gallowayinella*，*Reichelina*。广布于各地长兴组。其中 *Gallowayinella* 分布在长兴组下部，也有将其划出建 *Gallowayinella* 带的。

（二）菊石生物带

（1）*Andessonoceras* - *Prototoceras* 组合带　分布广泛，生物个体较小，数量多，以高凸的脐缘为特征。共生有 *Planodiscoceras*，*Xiangulingites*，*Leptogyroceras*，*Pachyrotoceras*，*Periptychoceras* ，*Pericarinoceras* 等，主要产于乐平组老山段和龙潭组中部海相页岩段，属吴家坪期早时。

（2）*Araxoceras* - *Konglingites* 组合带　生物个体较大，属种单纯，以 *Konglingites* 大量发育为特征，共生的有 *Prototoceras*，*Huananoceras*，*Pseudogastrioceras*，*Kiangsiceras* 等。分布在乐平组老山段和龙潭组中上部，为吴家坪期。

（3）*Sanyangites* 延限带　该带分布较窄，仅见于赣中宜春、分宜等地乐平组老山段。共生的有 *Pseudogastrioceras*，*Jinjiangoceras* 等。为吴家坪晚期。

（4）*Tapashanites* - *Shevyrevites* 组合带　包含 *Paratirolites*，*Shevyrevites*，*Sinoceltites*，*Pseudostephanites*，*Changhsingoceras*，*Pseudogastrioceras* 等。赵金科等（1978）把 *Paratirolites* - *Shevyrevites* 和 *Tapashanites* - *Pseudostephanites* 作为两个独立带。由于两带的代表属共生，分界不明，因而将其合二为一。本带是长兴期早期的一个菊石带。产在大隆组最多，也见于长兴组。

（5）*Pseudotirolites* - *Pleuronodoceras* 组合带　分布广泛，几乎遍及我国南方各省区的大隆组及与其相当地层中。除代表属外，共生的有 *Rotodiscoceras*，*Pachydiscoceras*，*Dushanoceras*，*Qianjiangoceras*，*Chaotianoceras*，*Pernodoceras*，*Huananoceras* 等。上列的菊石皆为我国特有的化石，也是长兴晚期的标准分子。赵金科等（1978）曾建立的 *Rotodiscoceras* 带位于本带之上，在许多地方该带化石与其下 *Pseudotirolites* - *Pleuronodoceras* 带的化石共生，难以分出上下带，故作为一个菊石带。

（三）腕足类生物带

（1）*Edriosteges poyangensis* - *Spinomarginifera lopingensis* 组合带　在第二届全国地层会议期间中国地质科学院詹立培等（1982）将其与 *Tyloplecta yangtzeensis* - *Squamularia grandis* 组合合并，建立 *Tyloplecta yangtzeensis* - *Edriosteges poyangensis* 组合带。除代表种外，主要分子有 *Enteletes*, *Martinia*, *Dictyoclostus*, *Leptodus*, *Oldhamina*, *Neophricodothyris*, *Tschernyschewia*, *Waagenites*, *Cathaysia*, *Crurithyris*, *Haydenella*, *Asioproductus* 等。分布在本区各地乐平组、龙潭组中上部与其相当的层位中，属吴家坪早期。

(2)*Tyloplecta yangtzeensis* - *Squamularia grandis* 组合　除代表种外，主要有 *Asioproductus gratiosus*, *Cathaysia chonetoides*, *Orthotetina ruber*, *Acosarina regularis*, *Spinomarginifera chengyaoyenensis*, *Haydenella* sp., *Waagenites* sp. 等。主要分布在本区龙潭组上部。

(3)*Oldhamina* - *Spinomarginifera alpha* 组合或 *Fusiproductus baoqingensis* - *Paryphella sulcatifera* 组合　前一组合产于长兴组浅灰色较纯灰岩中，主要分子有 *Meekella kueichowensis*, *Tschernyschewia* cf. *pseudoriginae*, *Squamularia squamularioides*, *Uncinunellina timorensis*, *Araxathyris araxensis*, *Leptodus* cf. *nobilis* 等。后一组合产于富含硅质岩相的长兴组或大隆组上部。除代表种外，重要分子有 *Paryphella* spp., *Fusichonetes* spp., *Waagenites* sp., *Neowellerella pseudoutah* 等。这一组合特征是大多数属种贝体很小，属种数量不多，其中以 *Paryphella*, *Waagenites*, *Paracrurithyris* 的个体数目特多，属晚二叠世长兴期。

(四)植物组合

(1)*Gigantonoclea fukienensis* - *Asterophyllites longifolia* 组合　除代表种外，共生的属有 *Lepidodendron*, *Stigmaria*, *Calamites*, *Annularia*, *Lobatannularia*, *Asterophyllites*, *Tingia*, *Fascipteris*, *Cladophlebis*, *Neuropteridium*, *Cathaysiopteris* 等。这一组合是从以往大龙潭组大羽羊齿植物群划分出来的。李星学等(1982)称为 *Gigantonoclea fukinensis* - *Tingia carbonica* 组合，广布于本区童子岩组和乐平组官山段或龙潭组下部。属早二叠世茅口期晚时。

(2)*Gigantopteris nicotianaefolia* - *Lobatannularia multifolia* 组合　除代表种外，常见的共生属有 *Pecopteris*, *Annularia*, *Sphenophyllum*, *Compsopteris*, *Cladophlebis*, *Otofolium*, *Calamites*, *Neuropteris*, *Stigmaria*, *Taeniopteris*, *Protoblechnum* 等。广布于本区龙潭组主要含煤段、乐平组老山段和王潘里段，在与龙潭组层位相当的地层也均有发育，俗称“大羽羊齿植物群”。

四、早、中三叠世生物地层

三叠纪是中生代的第一个纪，其生物界与二叠纪有重要差别，尤其是海生无脊椎动物发生了重大的变革。晚古生代重要的䗴类、四射珊瑚完全绝灭，腕足类也锐减，代之而起的是软体动物。特别是菊石和双壳类最为重要，不仅数量多，而且分布广，对三叠纪地层划分对比起着重要作用。因此，现将这两类生物带介绍如下：

(一)菊石生物带

(1)*Hypophiceras* 延限带　主要分子有 *H. martini*, *H. changxingense*，共生有 *Metophiceras*, *Tompophiceras*。目前所知，它是我国南方三叠系最低菊石带，见于本区浙北长兴青龙组殷坑段底部最下一个混生过渡层。以其底作为三叠系的底界。

(2)*Ophiceras* - *Lytophiceras* 组合带　属种单调，层位稳定，除命名属外，共生有 *Ophiceras demissum*, *O.* cf. *compressum*, *Lytophiceras commune*, *L.* cf. *chamunda*, *L.* cf. *sinensis* 等。广布于长江下游苏浙皖地区青龙组殷坑段或湖山段下部。属早三叠世印度期。

(3) *Gyronites* - *Prionolobus* 组合带　主要分子有 *Gyronites* cf. *psilogyrus*, *Prionolobus impressus*，伴生的有 *Koninckites*, *Kymatites*, *Paranorites* 等一些种。主要分布在长江下游苏浙皖地区青龙组湖山段或殷坑段中部。本带代表属在巴基斯坦盐岭、帝汶岛、马达加斯加及我国广西、西藏珠峰地区均有分布，与上扬子地层分区 *Koninckites* - *Prionolobus* 组合带相当。都代表中印度期。

(4) *Flemingites* 带　主要分子为 *Flemingites ellipticus*, *F. kaoyunlingensis*, *F. anhuiensis* 等，其次有 *Xenodiscoides*, *Pseudosageceras*, *Koninckites*, *Paranorites*, *Meekoceras* 等。在苏浙皖地区分布很广，层位稳定，产于青龙组殷坑段上部及与其相当层位中，为印度期层位最高的菊石带。

(5) *Owenites* 层　化石丰富，主要分子有 *Owenites* sp., *Dieneroceras* sp., *D. tientungense*，伴生有 *Wyomingites*, *Prosphingites*, *Aspenites* 等。在本区见于皖南泾县、宣城、铜陵、贵池及长江北岸巢湖等地青龙组和龙山段下部。属奥伦尼克早期。

(6) *Anasibirites kingianus* 延限带　除代表种外，主要分子有 *A. onoi*, *A. nevolini*，重要的伴生分子有 *Arctoprionites*。本带以 *Anasibirites* 属大量出现为特征。主要分布在青龙组和龙山段中上部。

(7) *Columbites* - *Tirolites* 组合带　除命名属外，优势属有 *Sibirites*, *Dorikranites*，其中以 *Columbites* 占绝对优势，主导分子的属有 *Tirolites*, *Columbites*, *Sibirites*, *Dorikranites* 等。其次还有 *Preflorianites*, *Beneckeia*, *Aspentes*, *Xenodiscoides*, *Dinarites*, *Pseudosageceras*, *Hellenites* 等。主要产于安徽巢湖和南京附近青龙组南陵湖段和沧波门段下部，种属很多；其他地区则相对较少。属奥伦尼克期中晚时。

(8) *Subcolumbites* 延限带　主要分子有 *S.* cf. *perrinismithi*, *S. minutus*, *S. chaohuensis*。伴生有 *Pseudoceltites*, *Arnautoceltites* 等。它们都是早三叠世晚期重要分子。代表下三叠统最高层位菊石带。但分布局限，只见于安徽巢湖地区青龙组南陵湖段上部。

(9) *Lenotropites* 层　见于江苏句容的周冲村组，数量很少，仅发现 *Lenotropites* 和 *Ussurites* 两属，个体都很小，保存欠佳。前者是西伯利亚和北美下安尼阶重要化石，在我国青海也有发现；后者是特提斯区下安尼阶的分子，但二者共生。据此，本层代表早安尼期。

华南地层区三叠纪菊石，仅见于早三叠世地层中，且分布零星，未能系统采集研究。据现有资料，只能将其大致划分五个性质待定的层。自下而上为：①*Hypophiceras* 层，②*Ophiceras* 层，③*Prionolobus* 层，④*Flemingites* 层，⑤*Tirolites* 层。前四层属印度期，后一层为奥伦尼克期。①层见于赣南的铁石口组、闽南的溪口组下部；②层发现在粤北大冶组、赣南铁石口组、福建溪口组下部、浙西政棠组；③—④层见于赣南铁石口组中部；⑤层见于铁石口组上部。

(二)双壳类生物带

(1) *Towapteria scythica* 顶峰带　除代表种外以 *Pteria ussurica variabilis* 繁盛为特征。共生分子有 *Eumorphotis multiformis*, *Promyalina putiatiensis* 及“二叠纪型”的腕足类，产于下扬子地层分区青龙组底部二叠系与三叠系之间的过渡层中。时代为早印度期。

(2) *Claraia wangi* 延限带　以 *C. wangi* 为延限标志分子，共生有 *C. griesbachi*, *C. painkhandana* 等。本带广布于我国南方各省下三叠统底部泥岩中。为早印度期。

(3)*Claraia stachei* 顶峰带　以顶峰带代表种大量繁盛为特征。位于 *C. wangi* 延限带之上，产于下扬子地层分区青龙组殷坑段或湖山段中部。共生的有 *C. dieneri*，*C. hunanica*，*C. fukiaenensis*，*C. kiparisovae*，*C. guizhouensis* 等。分布于下扬子地层分区青龙组殷坑段、湖山段中部，为潮下缓坡相生物组合。

(4)*Claraia aurita* 组合带　以 *Claraia aurita*，*C. concentrica* 最繁盛为特征。是世界性分布的种，见于阿尔卑斯区、外高加索、伊朗、越南北部和我国南部。在本区见于下扬子地层分区青龙组殷坑段上部及其相当层位中，为晚印度期。

(5)*Guichiella subrotunda* - *Entolium discites microtis* 组合带　这是一新生的地方性双壳类组合带。除代表种外，伴生的有 *Guichiella angulata*，*G. styliformis*，*Claraia griesbachi minor*，*Posidonia* spp.，*Bakevellia subpannonica*，*Leptochondria* sp. 等。产于安徽沿江地区青龙组和龙山段。为早奥伦尼克期。

(6)*Periclaraia circularis* 组合带　地方性双壳类组合带，有 *Periclaraia reticulata*，*P. chaoxianensis*，*Leptochondria bitteri*，*Entolium discites* 等。与其共生有鱼龙化石 *Chaohusaurus* sp.，*Anhuisaurus* sp.。分布于安徽巢县、无为白牡山及南京珠山等青龙组南陵湖段、沧波门段。本带对划分中、下三叠统的界线，起着重要的作用。属晚奥伦尼克期。

(7)*Eumorphotis illyrica* - *Costatoria radiata* 组合带　除含代表种外，还有 *Leptochondria* spp.，*Costatoria radiata hsuei*，*C. submulitistriata*，*C. proharpa multiformis*，*C. goldfussi*，*Unionites spicatus*，*U. letticus*，*Pleuronectites laevigatus*，*Entolium discites*，*Lima convexa*，*Mytilus eduliformis* 等。分布于本区下扬子地层分区周冲村组。属安尼期。

(8)*Mytilus eduliformis* - *Bakevellia modiolaeformis* 组合带　除含命名种外，还有 *Mytilus eduliformis praecurser*，*M. longtanensis*，*Modiolus frugi*，*Bakevellia* cf. *albertii*，*B. wanjaiensis*，*Entolium*，*Promyalina*，*Unionites* 等。它们都是些广盐度的分子。在宁镇山脉常与叶虾类 *Yanyzicaris xiangxiensis* 共生。这一双壳类组合面貌与阿尔卑斯区中三叠世的基本相似，也是我国上扬子区常见分子。分布于下扬子区黄马青组中上部。属拉丁期。

东南地层区早、中三叠世双壳类动物群，自下而上也可划分 5 个生物带：①*Towapteria scythica* 顶峰带，②*Claraia wangi* 延限带，③*Claraia stachei* 顶峰带，④*Claraia aurita* 组合带，⑤*Eumorphotis multiformis* 顶峰带。与下扬子地层分区早、中三叠世双壳类带基本可对比。

第三节　年代地层划分及其对比

年代地层单位顶、底界线均以等时面为界，这是年代地层划分与其他地层划分的本质区别。目前，确定等时面的方法虽然有多种，诸如生物地层、同位素年龄、古地磁、古气候、构造运动等方法。但对含化石的地层，主要采用生物地层法进行年代划分和对比。因此，本节是以生物地层界线为主要依据，并结合岩石地层划分年代地层界线，对我国东南区泥盆系、石炭系、二叠系、三叠系及其统、阶界线论述如下。

一、泥盆系

关于我国泥盆系划统建阶问题，第一届全国地层会议(1959)期间提出一个初步方案。但由于生物地层研究的进展和对阶的概念、含义等认识理解不够全面，现在看来有些基本问题尚待讨论和统一认识。根据《中国地层指南及中国地层指南说明书》，阶是年代地层基本单位，适应于大区，将有可能成为国际广泛使用的单位。目前国际泥盆纪地层表上常见的阶就有三套之多（王钰等，1982）。我国目前已建立的阶也存在一些问题，尚待研究解决。如莲花山阶没有上下界线层型，同时性的标志不符合建阶的条件；应堂阶、东岗岭阶是否有建阶的必要也值得商榷。另外，上泥盆统锡矿山阶的建阶条件也值得研究（王钰等，1982）。总而言之，本区泥盆系的建阶仍需进一步工作，暂不具备建阶条件。

（一）泥盆系的顶界

泥盆系的顶界，亦即泥盆系与石炭系的分界问题。1988 年 5 月，在国际地层委员会的领导下，在爱尔兰召开了国际泥盆系-石炭系界线工作组的最后一次会议，并在 1989 年第 28 届国际地质大会期间，国际地层委员会确定法国的兰塞尔（La Serre）剖面作为全球界线层型（正层型），德国的哈森巴赫塔尔（Hasselbachtal）剖面和中国的桂林南边村剖面作为全球界线辅助界线层型剖面（副层型），以牙形刺 *Siphonodella sulcata* 的首次出现作为确定石炭系底界的标志。

本区属浅海碳酸盐岩腕足类、珊瑚相区的只有桂东南、粤西北及湘赣边境地区，其他大部分地区则为陆相、滨海相碎屑岩沉积。根据广东省地质科学研究所的研究，*Cystophrentis* 在粤北地区均与上泥盆统法门阶的牙形刺共生，其延展的上限与弓石燕科分子的延展上限大致相同。故以 *Cystophrentis* 延限带的顶界作为泥盆系-石炭系的分界标志。依此划分标准，在广东境内泥盆系-石炭系的分界可有三种情况：

（1）在长垑组与大赛坝组下段（粉砂岩）之间通过。以牙形刺 *Polygnathus communis shangmiaobeiensis* 带和介形虫 *Spinobairdia yuebeiensis* – *Primitia quadrata* 组合带的消失；孢子 *Verrucosisporites nitidus* – *Anapiculatisporites hystricosus* 组合带（位于牙形刺 *Siphonodella simplex* 带之下）的出现作为界线划分的直接生物标志。腕足类是在 *Paulonia menggongaoensis* – *Waagenoconcha retiformis* 组合带（*Cyrtospirifer* 延限带）与 *Eochoristites neipentaiensis* – *Martiniella elongata* 组合带之间；珊瑚在 *Cystophrentis* 带与 *Pseudouralinia* 带之间，或牙形刺 *Siphonodella simplex* 带的出现作为泥盆系-石炭系的分界线。

（2）在长垑组（灰岩）内部通过。在这一沉积相中，几乎没有发现腕足类，珊瑚的丰度也不高，而且分布较为局限。但牙形刺和介形虫却较发育，故以牙形刺 *Polygnathus communis shangmiaobeiensis* 带与 *Siphonodella simplex* 带之间分界。介形虫则以 *Spinobairdia yuebeiensis* – *Primitia quadrata* 组合带与 *Rectobairdia korzenwskaje* – *Healdianella subaequlis* 组合带为分界。珊瑚划在 *Cystophrentis* 带与 *Pseudouralinia* 带之间。其分界与牙形刺划分相一致。

（3）在帽子峰组（碎屑岩）内部通过。这种沉积类型以植物 *Leptophloeum rhombicum* – *Sublepidodendron mirabile* 组合带与 *Sublepidodendron songziensis* – *Archaeocalamites scrobiculatus* – *Rhodeopteridium* 组合带作为分界；另以鱼类 *Bothriolepis* 等的消失以及孢子 *Lycospora* – *Calamospora* 组合带的出现，都可以作为确定泥盆系-石炭系分界标志。

在桂东南地区额头村组中含有 *Cystophrentis* 带，其中所含孢子都属晚泥盆世，有孔虫 *Quasiendothyra* 的一些种与晚泥盆世牙形刺共生。可见，该组是属泥盆系—石炭系的过渡层。两系界线也自然在额头村组中通过。在赣中萍乡地区的锡矿山组灰岩中产 *Yunnanella* 带，上部有珊瑚 *Cystophrentis* 带和 *Pseudouralinia* 带。泥盆系-石炭系的界线，显然是在其间通过。此外，在长江下游宁镇地区的擂鼓台组与金陵组灰岩之间以往都视为呈平行不整合接触，泥盆系

-石炭系界线分明，可近些年来详细观察，并非呈平行不整合接触，而是连续沉积。并在擂鼓台组上部采到早石炭世早期的 *Dibolisporites distinctus*，*Auroraspora*，*Crassispora* spp. 等。从生物群演替分析，擂鼓台组与金陵组之间并未出现缺失(蔡重阳等，1988)。1984 年张俭等对宁镇地区大量钻孔资料研究后，早就得出同样的结论。因此，擂鼓台组上部产杜内期早时孢子组合的这段地层的时代应是早石炭世早期的沉积。这样，泥盆系与石炭系的界线自然也是在擂鼓台组内部通过。大致是以早石炭世分子 *Archaeocalamites scrobiculatus*，cf. *Lepidocarpon* sp.，cf. *Lepidodendron* sp.，cf. *Palaeostachya* sp.，*LC*(*Knoxisporites literalatus* - *Reticulatisporites concellatus*)和 *DM*(*Dibolisporites distinctus* - *Auroraspora macra*)孢子组合带的出现作为下石炭统标志(张遴信等，1988)。

综上所述，在本区无论是腕足类、珊瑚的碳酸盐岩相区，还是在产植物为主的碎屑岩相区，泥盆系与石炭系界线与以往按传统地层学统一地层划分界线相比，都有明显的不同。这一界线不仅下移数米，而且是划在一个明显跨系的岩石地层单位的单一岩相之中。这显然是完全符合《国际地层指南》(1978)界线层型要求在连续层序中选择年代地层界线的原则。

(二)关于是否存在下泥盆统问题

李作明等(1990)于香港船湾的红色砂岩中发现 *Zosterophyllum*，*Taeniocrada*，*Psilophytopsida*? 和 *Psilophytites*? 等，建立了 *Zosterophyllum* - *Taeniocrada* 组合带，并认为其层位相当于早泥盆世埃姆斯阶，可与广西的二塘组大致对比。但在广东内地迄今尚未见有该组合带分子的报道，因此，目前仍有争论。广东可能有下泥盆统的也只是在粤西的封开、怀集、云浮地区。

据广东区调队资料，在粤西云浮岭下剖面附近于信都组中采获 *Favosites*，*Aulopora* 等珊瑚化石，并位于 *Eospiriferina wangi* 等腕足类层之下。根据南颐报道，在粤西的怀集、封开、云浮境内的信都组中还产有腕足类 *Orientospirfer nakaolingensis*。另据广西区调队、广东区调队介绍，在郁南连滩大地坡等地的信都组中产腕足类 *Athyrisina plicata*，共生有 *Mucrospirifer*，*Indospirifer*，*Tylothyris chui* 等展翼、多褶石燕类。在粤西和粤北地区信都组碎屑岩夹层中产植物 *Psilophyton princeps*，鱼类 *Wudinolepis*，双壳类 *Edmondia* 等。在老虎头组还产鱼类 *Hunanolepis tieni* - *Bothriolepis sinensis* 组合。其上覆为含珊瑚 *Endophyllum* 带和腕足类 *Stringocephalus* 组合，属中泥盆世吉维特期的东岗岭组。上列化石表明信都组和老虎头组的时代应包括早、中泥盆世。

(三)中、上泥盆统的分界

本区中、上泥盆统层序较全，沉积类型多样，化石丰富者则首推粤西和粤北地区。故以其为代表来探讨中、上泥盆统的界线划分问题。这一地区中泥盆统可以划分为三种岩相组合类型：第一种是以含硅质灰岩为特征的巴漆组；第二种是泥质碳酸盐岩组合的东岗岭组或棋梓桥组；第三种是以碎屑岩为主的老虎头组。

巴漆组是一套含碳泥质的硅质条带和结核灰岩沉积。分布在连州、连南至英德西部和清远北部地区。其中仅发现珊瑚化石 *Prismatophyllum*，*Thamnopora hilame*，*Pachyfavosites* 等。中、上泥盆统界线一般是依竹节石 *Tentaculetis* 的出现作为标志来划分的。但因其与珊瑚化石位置不一，尚难确定。

东岗岭组或棋梓桥组，主要为含碳质粉砂质泥灰岩、瘤状灰岩、泥质灰岩、生物碎屑灰岩，生物相对较发育，但连续剖面不多。在我国华南地区腕足类、珊瑚生物相地层中，是以 *Stringo-*

cephalus 的消失或者是以 *Cyrtospirifer* 的出现划分中、上泥盆统的界线。侯鸿飞等认为其间还有一含过渡性动物群的沉积。下部为 *Emanuella* 介壳相，上部为 *Leiorhynchus kwangsiensis* 组合带。因此，中、上泥盆统界线划分还要参考过渡动物群出现的位置。本区中、上统界线附近 *Stringocephalus*，*Leiorhynchus* 仅发现在英德以西地区，英德红寨及乳源南水少数地点也有出现。*Emanuella* 却分布较广，故以其消失和以 *Leiorhynchus*，*Theodessia*，*Devonoproductus*，*Cyrtiopsis*，*Cyrtospirifer* 等出现作为标志来确定中、上泥盆统的分界线。

老虎头组是以碎屑岩相为主的沉积，分布广泛。在粤东北地区，其上覆的春湾组灰岩夹层中产腕足类 *Yunnanella* 等晚泥盆世法门期的标准化石。从而推测老虎头组在粤东北地区应是属中泥盆世晚期沉积。然而迄今尚未发现确切时代之化石。所以，中、上泥盆统界线暂置于老虎头组与春湾组之间。

在赣南地区的于都县峡山，类似沉积的云山组为陆相夹滨海相砾岩、砂岩及粉砂质泥岩，产 *Protolepidodendron scharyanum*，*Barrandeina duslina*，*Lepidodendropsis* sp. 等中泥盆世晚期植物。与下伏地层呈不整合接触。从其所处的古地理位置来看，层位可能与棋梓桥组相当。云山组上覆的中棚组中则产 *Leptophloeum rhomibicum*，*Cyclostigma kiltorkense*，*Platyphyllum* cf. *williamsoni*，*Sphenopteridium* sp. 等植物和鱼化石 *Bothriolepis* sp.，层位相当黄家磴组（湖北），时代属晚泥盆世早期。据此，在峡山剖面上，中、上泥盆统的界线划在云山组紫色泥质细砂岩与其上覆中棚组灰白色块状中粒石英砂岩之间。二者呈整合接触，界线明显，易于区分。但在赣西南的上犹县陡水铁扇关剖面上，在中棚组上覆的罗埂组中采得腕足类 *Emanuella* 和 *Ambocoelia* 等，是华南中泥盆世晚期（吉维特期）上部化石带的重要分子，因此伏于其下的中棚组应为中泥盆世。这说明从赣西南至赣南，中棚组是穿时的。

二、石炭系

我国石炭系的建阶工作正在进行深入研究，建阶的层型剖面都将选择在扬子地层区。故本书石炭系的阶名也采用这同一大沉积区所习惯用的阶名。石炭系下统称丰宁统，分为岩关阶和大塘阶；上统称壶天统，分为威宁阶和马平阶。

（一）石炭系的顶界

关于石炭系的顶界，亦即石炭系-二叠系的界线划分，以往意见比较统一，通常划在船山组或马平组灰岩与栖霞组（包括其底部碎屑岩或煤系）之间，即划在 *Pseudoschwagerina* 带与 *Misellina claudiae* 带之间。近些年来由于国际上兴起了界线层型，年代地层界线应当选择在基本上连续沉积的序列中，拟将石炭系-二叠系的界线下移至船山组或马平组产有 *Pseudoschwagerina* 带与 *Triticites* 带灰岩之中（周铁明等，1987）。贵州省 108 队（1973）曾在黔西普安县龙吟马平组与梁山组之间发现石炭系-二叠系过渡层，取名龙吟组。这是一套厚数十米至 800 余米的碳酸盐岩或碎屑岩夹灰岩的连续沉积。其中所产䗴类既有晚石炭世标准化石，又有较为典型的早二叠世早期分子，故对其时代争论颇大。众所周知，世界各生物地理大区二叠系之间的对比异常困难，以致一个统一的二叠系年代地层表（系统）至今尚未确立（盛金章等，1982）。因而对石炭系-二叠系界线划分同样也未统一。本书仍主张根据我国实际情况，采用传统的界线。晚石炭世末黔滇运动使华南发生海退，造成石炭系-二叠系间普遍有一平行不整合存在，在栖霞期早时发生新的大规模海侵，超覆在不同地层之上，船山组以浅灰色厚层灰岩为主，富产 *Pseudoschwagerina*，*Quasifusulina*，*Rugosofusulina* 为代表的䗴类动物群，栖霞组则为深灰、黑色厚层至块状灰岩，富含硅质结核或条带，上述船山组常见䗴类群完全消失而被出现的 *Misellina*，*Pisolina*，*Sphaerulina*，*Nankinella* 等䗴分子所取代。珊瑚、腕足类等也是另一番面貌。显然这是一条岩性岩相及生物的突变线，以其作为石炭系-二叠系的自然分界线，是比较合理的。地层连续性固然能取得完整的自然历史记录资料，可“间断”也同样是一种重要的记录方式。只有将二者相比较才能较全面地描述地壳运动的历史过程。“连续”和“间断”是对立统一、相辅相成的。地层界线，既有连续沉积的整合接触，也可有间断的不整合或平行不整合接触。只有这样全面研究而确定的界线，才真正具有划时代的意义。着重解释地质演变的“事件地层学”认为地质作用演变过程中，稀有的事件起着关键性的作用，它是在短暂时间内以飞跃式完成的，重大事件基本上是等时的。早在 1943 年我国地质学家孙云铸就根据地壳运动、沉积旋回、海水进退及生物群演替等事件，将石炭系-二叠系界线划在船山组 *Pseudoschwagerina* 带与栖霞组 *Misellina claudiae* 带之间。这种划分持续了五十多年，一直沿用至今。看来这是符合我国地层发育实际情况的。

（二）上、下石炭统的划分

关于石炭系内部划分问题，历届国际石炭纪地层会议都曾进行过讨论。总的目的就是要寻找世界性的石炭系中间界线划分标准。1983 年在西班牙召开的第 10 届国际石炭纪地层及地质会议上，提出一个综合运用菊石、牙形刺、钙质有孔虫来确定石炭系内部界线的划分方案：

（1）下石炭统与上石炭统的界线大致相当于从菊石 *Eumorphoceras* 带演变到 *Homoceras* 带，并以 *Homoceras subglobosum* 的第一次出现作为上石炭统的开始。

（2）因为 *Homoceras* 的分布局限，可以牙形刺 *Gnathodus girithisimplex* 到 *Declinognathodus noduliferus* 的变化作为界线标志，并以后者出现作为上石炭统的底。

（3）识别界线的辅助分子有：有孔虫 *Globivalvulina* sp.；䗴 *Millerella depressa*，*M. marblensis*；牙形刺 *Adetoynathus lautus*，*Rhachistognathus primus*，*Rh. minutus*。这些分子在一些地区与牙形刺 *Declinognathodus noduliferus* 出现的层位相同或相近，所以也可作为晚石炭世开始的标志。1987 年在我国召开的第 11 届国际石炭纪地层及地质会议上，石炭系中间界线工作组将层型剖面的选择作为重要讨论内容之一。目前各国地层学者都在加紧研究，力争将界线层型剖面选在本国境内。我国学者杨敬之等（1986）根据我国石炭系中间界线的研究现状，菊石、牙形刺、有孔虫在石炭纪地层中都有保存，可以用其划分上、下石炭统，提出划在 *Eumorphoceras* 带与 *Homoceras* 带之间。并指出贵州西部的摆佐组、贵州南部的上司组、广西的罗城组、湖南的梓门桥组、江苏安徽的和州组的顶部应有与 *Eumorphoceras* 带相当的沉积。也可以说，在含珊瑚 *Yuanophyllum* 带的层位之上可能与 *Eumorphoceras* 带的层位相当。

本区老虎洞组或大埔组直接伏于含 *Profusulinella* 带、*Fusulinella* - *Beedeina* 带黄龙组灰岩之下，与下石炭统和州组、珠藏坞组、梓门桥组、林地组等呈平行不整合接触（淮南运动）。1962 年黄建辉等在南京东郊黄龙山老虎洞组白云岩中找到 *Lithostrotion*，*Clisiophyllum*，*Arachnolasma* 等早石炭世晚期珊瑚。嗣后，在南京附近和安徽巢县一带还发现了䗴类动物群，以 *Eostaffella hohsienica*，*E. designata* 为主，称之为 *Eostaffella* 带，但在宜兴、长兴、广德、贵池一带则找到晚石炭世䗴类 *Pseudostaffella antiqua*，*Profusulinella* cf. *brevissima* 等，其层位较之 *Eostaffella* 带为高。从而对老虎洞组白云岩时代产生了争论。近些年来，在南京东郊茨山老虎洞组白云岩中，在上部发现一层厚 15～25 cm 的白云质泥岩。在其上白云岩中采到 *De-*

clinognathodus lateralis, *Diplognathodus calorodoensis*, *Idiognathoides sinuatus*, *Idiognathodus delicatus*; *Hindeodella* sp. 等牙形刺。其中 *Idiognathodes sinuatus* 在北美见于宾夕法尼亚系的 Morrowan 阶至 Artokan 阶，西欧的 Namurian 阶上部 R1 带和 G2 带；在日本见于 Kodoni 组的 *Gondolella clarki* - *Polygnathodella ouachitensis* 带；在我国见于辽宁复州湾本溪组下部，新疆昆仑山北坡卡拉乌依组及贵州望谟威宁组下部。*Declinognathodus lateralis* 在西欧出现于 Namurian 阶的 H1 带到 G2 带，在我国见于贵州望谟威宁组下部。*Idiognathodus delicatus* 是北美宾夕法尼亚系下部的常见分子，在我国见于山西太原的本溪组及辽宁复州湾的本溪组。由此可见，这泥岩之上白云岩中所产牙形刺与宜兴、广德一带的老虎洞组的牙形刺基本一致，同属于晚石炭世早期。但在该白云质泥岩之下含燧石结核或条带白云岩中则发现 *Gnathodus bilineatus*, *Apatognathus varians*, *Neoprioniodus scitulus*, *Anchignathodus* sp. 等牙形刺。其中 *Gnathodus bilineatus* 常见于北美密西西比系的 Valmeyeran 阶上部及 Chesterian 阶，在西欧见于维宪阶上部及 Namurian 阶下部的 E 带；在我国见于甘肃靖远地区靖远组下部，并与 E 带菊石 *Eumorphoceras* aff. *bisulcatum*, *Anthracoceras* sp. 等共生，在贵州望谟桑朗下石炭统上部也有发现。*Neoprioniodus scitulus* 也见于北美密西西比系的上部，在英国见于 Namurian 阶的 E 带。*Apatognathus* 属的时代限于晚泥盆世到早石炭世。总之，这一牙形刺带和所保存的珊瑚化石与以往在安徽巢县王家村等地白云岩所发现的䗴类、牙形刺都显示出早石炭世晚期的面貌。时代属早石炭世晚期。据此，应中锷等(1986)则把老虎洞组白云岩层一分为二，以白云质泥岩作为划分标志，其下仍称为老虎洞组，其上归于黄龙组的下部。从岩石地层学分析，这样分层显然是不符合《中国地层指南及中国地层指南说明书》划分原则的。

老虎洞组岩石地层基本特征，它是由同生和成岩两种白云岩所组成，是一个特征明显而独立的地层体。其所产的化石组合面貌，既包括早石炭世晚期的珊瑚、牙形刺，又包括晚石炭世早期的䗴类、牙形刺。因此，南京附近至安徽巢县一带的老虎洞组是一个跨统的岩石地层单位。其牙形刺带明显地可分为上、下两部分：下部为早石炭世晚期 *Gnathodus bilineatus* 牙形刺动物群；上部为晚石炭世早期 *Idiognathoides sinuatus* - *Idiognathodus delicatus* 牙形刺动物群。显然，石炭系分统界线应在老虎洞组中间通过。

(三)下、上石炭统内阶的划分

下统称丰宁统，分为岩关阶和大塘阶；上统称壶天统，分为威宁阶和马平阶。

(1)**岩关阶**　是 1959 年首届全国地层会议期间提出的，标准剖面在贵州独山城南汤耙沟。包括革老河组和汤耙沟组，包含 *Cystophrentis* 带和 *Pseudouralinia* 带。这是本区石炭系最下部一个年代地层单位。其下界在海相地层区是以珊瑚 *Cystophrentis kolaohoensis* 带，腕足类 *Paulonia* - *Cleiothyridina serra* 组合带、牙形刺 *Siphonodella quadruplicata* - *Polygnathus inornatus* 组合带来划分的；在陆相地层区则以植物 *Lepidodendron kaolishanense* - *Lepidodendron hemeri* - *Eolepidodendron* 组合带、孢子 *Vallatisporites vallatu* - *Aneurospora incohatus* 组合带为界。岩关阶的上界在海相地层区以珊瑚 *Pseudouralinia gigantea* 带、腕足类 *Eochoristites neipeataiensis* - *Ptychomalotoechia kinglingense* 或 *Martiniella ellongata* 组合带之顶为界。在陆相地层区则以植物 *Lepidodendron kaolishanense* - *Lepidodendropsis hermeri* - *Eolepidodendron* 组合之顶为界。本区包括在岩关阶的岩石地层单位有尧云岭组、英塘组(桂东南)、长垑组上部、连县组、大赛坝组(粤西北)、擂鼓台组上部、金陵组(苏皖沿江地区)、嶂崇组和三门滩组上部、洋湖组(赣西南)、珠藏坞组(浙西)、大湖组(粤东北)、南好组(海南)。

(2)**大塘阶** 是1959年首届全国地层会议期间提出的，标准剖面在贵州罗甸大塘一带。包括旧司组和上司组，划分两个珊瑚带：*Thysanophyllum* 带和 *Kueichouphyllum* 带。本阶下界始于珊瑚 *Thysanophyllum asiatica* 带、腕足类 *Delepinea subcarinata* - *Megachonetes* 组合带，植物 *Archaeocalamites scrobiculatus* - *Anisopteris* cf. *transionis* 组合带之底。上界止于䗴 *Eostaffella hohsienica* 或 *E. mosquensis* 带、珊瑚 *Yuanophyllum kansuensis* - *Neoclisiophyllum yangtzeensis* 组合带；腕足类 *Gigantoproductus edelburgensis* - *Kansuella kansuensis* 组合带；植物 *Neuropteris gigantea* 组合带的顶界。包括在本阶的岩石地层单位有三类：一是以纯碎屑岩为主的林地组（闽西南）、忠信组（粤东北）、梓山组（赣南）、叶家塘组（浙西），除闽西南地区外，均夹煤层或煤线；二是滨海浅水底栖生物灰岩和含煤砂页岩的地层体，分布广泛，有黄金组、寺门组、罗城组（桂东南）、测水组、梓门桥组（粤西北、赣西），高骊山组、和州组（苏皖地区）；三是变质板岩与杂砂岩互层偶夹灰岩的青天峡组（海南）。

(3)**威宁阶** 是1979年第二届全国地层会议期间提出的。标准剖面在贵州威宁县城附近。包括3个䗴带：*Pseudostaffella* 带、*Profusulinella* 带和 *Fusulinella* - *Fusulina* 带。本阶富含海相动物群，以䗴类为主，其下界始于 *Pseudostaffella* 䗴带，珊瑚 *Lithostrotion ellastylaxis* - *Larinthiophyllum exquisitum* 组合带，菊石 *Reticuloceras* 底界；上界止于䗴类 *Fusulina* - *Fusulinella* 带，珊瑚 *Arachnastraea* - *Kionophyllum* 组合带，菊石 *Pseudoparalegaceras* 带的顶界。此阶以广泛分布的白云岩和含䗴灰岩最为典型。白云岩层位低，单独称大埔组或老虎洞组。老虎洞组在安徽巢湖一带还含有大塘晚期色彩的珊瑚和䗴类。在南京附近以威宁阶为主，再南至宜兴地区层位更高，是一穿时岩石地层单位。在本区老虎洞组、大埔组白云岩之上为黄龙组，在粤中地区黄龙组与船山组难以划分而称壶天组，但在浙西江山地区威宁阶含煤碎屑岩系称藕塘底组；在闽西南则称经畲组。在闽东福鼎和海南是以浅变质板岩为特色。

(4)**马平阶** 来自广西柳州市的旧名马平。因该地无完整剖面，1982年侯鸿飞等建议选用贵州威宁鸭子塘至赵家山剖面。以浅灰色灰岩夹钙质页岩的马平组为代表，包括3个䗴带：*Montiparus* 带、*Triticites* 带和 *Pseudoschwagerina* 带。本区该阶生物群以希瓦格䗴科最为丰富。分别以 *Montiparus weiningica* 带之底，*Pseudoschwagerina*（=*Sphaeroschwagerina*）带之顶作为马平阶的开始和结束。在本区属于本阶的除东南地层区赣西南及粤中地区上石炭统难以进一步划分称壶天组、五指山地层分区名为青天峡组外，均称船山组。岩性组合除苏北滨海、闽南永梅地区东部含碎屑岩，海南地区为板岩与灰岩、硅质岩组成外，所有地区均由碳酸盐岩所组成。

三、二叠系

（一）二叠系的顶界

二叠系顶界即为二叠系与三叠系间的界线，曾采用多种方法进行研究，如生物地层学、事件地层学、磁性地层学、同位素地层学方法等等，都取得了不小的进展（杨遵仪等，1991）。本书仅从生物地层学方面来介绍其年代界线位置。

赵金科等（1981）、杨遵仪等（1991）对二、三叠系界线曾先后进行了详细研究总结。目前我国学者对二、三叠系界线位置主要有两种意见：一种意见是主张传统界线，但用哪种生物作标志却认识不同。殷鸿福等（1988）主张以牙形刺 *Hindeodus*（*Anchignathodus*）*parvus* 带底作三叠系的底界。因 *Otoceras* 属在全球分布不广，目前仅在当时纬度较高的地区发现，在广大的特提斯海域很少出现。而 *Hindeodus parvus* 则分布较为普遍，便于应用。王义刚等(1989)也主张用传统界线，但仍用 *Otoceras* 带的底为界。因其是一个全球性分布典型的三叠纪新生属，地质历程短，具有稳定性。以 *Otoceras* 带底作为二、三叠系间界线，不但代表了绝大多数二叠纪型生物的绝灭和三叠纪型分子的兴起，而且与事件地层界线大体一致。另一种意见则主张以 *Ophiceras* 带(层)的底作为三叠系的开始，认为以 *Otoceras* 带之底为界的传统界线实质上是一条事件地层界线，它反映各种事件的发生，地层不一定连续。而以 *Ophiceras* 层为底才是一条生物地层学界线(李子舜等，1984)。我们主张采用传统界线，并选用 *Hypophiceras*，*Hindeodus* (*Anchigonathodus*) *parvus* 带或 *Ophiceras*，*Claraia wangi*，*Cl. griesbachi* 组合作为本区三叠系底界生物地层标准。

本区在南京、安徽巢县、宿松、浙北长兴、湖州、浙西政棠、赣东北上饶及闽西南永定等地的三叠系底部普遍发现有一个二叠系—三叠系的过渡层，其中有"二叠纪型"的腕足类 *Chonetes*，*Waagenites*，*Crurithyris*，*Neowellerella*，*Spinomarginifera* 与典型的三叠纪标准化石 *Ophiceras*，*Hypophiceras* 等菊石及 *Claraia wangi*，*Cl. griesbachi* 等双壳类混生。如上所述，本书将二叠系、三叠系之间的界线置于过渡层之底。这是一条生物绝灭与新生的事件界线，也是一条比较理想的连续沉积的自然界线。

(二)下、上二叠统的分界

第一届全国地层会议(1959)将华南地区二叠系划分为两统：下统为阳新统，上统称乐平统。其界线在茅口组(*Yabeina* 带)与吴家坪组(*Codonofusiella* 带)、孤峰组与龙潭组以及文笔山组与童子岩组(当时改称"龙潭组")之间。彼此之间均呈平行不整合接触。江苏地质四队和江苏省煤炭局 175 队(1962)先后在苏锡地区的煤田钻孔中，于龙潭组下部不含煤段之顶砂质灰岩中发现以茅口期晚时标准䗴类 *Neomisellina* 为主的动物群(盛金章等，1962)。胡世忠(1962)据此，将这不含煤段与其下伏孤峰组合并命名为堰桥组(无锡北郊堰桥)，代表茅口晚期以碎屑岩为主并含煤的一种沉积类型。下、上二叠统的分界线上移 60～250 余米至粗拉长石石英砂岩之底。此后，在浙北湖州、安徽巢湖、浙西桐庐、赣中新余和莲花、赣东北铅山、湘南马田、闽西南龙岩及粤东北蕉岭等东南沿海广大地区相继发现了类似化石，并按传统地层划分方法，将原龙潭组等地层单位肢解，新建了一些"组"。按照地层多重划分的原则，从生物组合序列来看，以 *Neomisellina* - *Codonofusiella* 组合带作为划分下、上二叠统的标志是合适的。其具体界线在含 *Neomisellina* 等化石的砂质灰岩与厚层状中至粗粒长石石英砂岩之间。但若据此而将连续沉积的龙潭组肢解，另建一些组，显然不符合岩石地层单位的划分原则，因此堰桥组及一些相应的组应停止使用。龙潭组、乐平组为跨统穿时的岩石地层单位。

(三)下、上二叠统内阶的划分

第二届全国地层会议(1979)期间，詹立培等(1982)提出二叠系划分二统五阶方案，即：下统分为三个阶：未建阶、栖霞阶、茅口阶；上统分为二个阶：龙潭阶、长兴阶。盛金章等(1982)则提出将我国二叠系分为二统四阶的方案，即下统为栖霞阶和茅口阶，上统为吴家坪阶和长兴阶。本书采用后一方案，即二统四阶方案。

(1)**栖霞阶**　命名和层型剖面在南京东郊栖霞山。栖霞阶以富产䗴类、珊瑚、腕足类为特征。其中包括䗴类 *Misellina claudiae* 带、*Nankinella orbicularia* 带、*Schwagerina chihsiaensis*

带。珊瑚自下而上为：*Wentzellophyllum volzi* 组合、*Hayasakaia elegantula* 组合、*Polythecalis yangtzeensis* 组合。腕足类有 *Chaoina reticulata - Dictyoclostoidea kiangsiensis* 组合及 *Haydenella chianensis - Urushtenoidea chaoi* 组合。在这二组合之下时有 *Orthotichia chekiangensis - Tyloplecta richthofeni* 组合。

前述的梁山组、栖霞组、小江边组部分均属此阶。以 *Misellina* 带的底为底界，又以 *Misellina* 延限带的顶作为本阶的上界。或以 *Neoschwagerina* 带分子的出现作为与茅口阶分界。在未发现 *Neoschwagerina* 分子地区，栖霞阶与茅口阶的界线，则以孤峰组的底部菊石 *Altudaceras - Paragastrioceras* 或 *Kufengocerasr* 延限带的分子出现作为茅口阶的下界。

(2)**茅口阶**　命名剖面在贵州郎岱茅口河一带，在茅口阶层型剖面所在地，栖霞阶与茅口阶为碳酸盐岩连续沉积，茅口阶底界以 *Neoschwagerina* 分子的出现为准，其顶部为 *Neomisellina* 带，与上覆龙潭组呈平行不整合。由于受东吴运动的影响，茅口阶上界还是一个尚未解决的问题。在苏南地区龙潭组下部不含煤段之顶含 *Neomisellina - Codonofusiella* 或 *Neomisellina - Polydiexodina* 组合带的顶作为茅口阶的上界。茅口阶包括 *Neoschwagerina* 带、*Yabeina - Neomisellina* 带、*Neomisellina - Codonofusiella* 带。属茅口阶有两种岩相类型，即碳酸盐台地相的茅口组灰岩，较深水硅质岩盆地相的孤峰组、文笔山组等及海陆交互相含煤沉积的童子岩组或龙潭组下部不含煤段。

(3)**吴家坪阶**　命名和层型剖面在陕西汉中梁山。吴家坪阶与茅口阶的界线以䗴类 *Codonofusiella* 带，牙形刺 *Neogondolella liangshanensis - N. bitteri* 带，珊瑚 *Liangshanohyllum lui - L. wuae* 组合带为标志。在本区除赣西北地区有吴家坪组灰岩沉积外，吴家坪阶的岩性大部分为海陆交互相的含煤碎屑岩，称龙潭组（下部属茅口阶），中部产 *Gigantopteris nicotianaefolia - Lobatannularia multifolia* 植物群。上部含菊石 *Anderssonoceras - Prototoceras*、*Araxoceras - Konglingites* 组合带和腕足类 *Tyloplecta yangtzeensis - Edriosteges poyangensis* 组合等，这主要分布在江南地层分区。而在东南地层区则以陆相碎屑岩为主沉积的翠屏山组，含有植物 *Gigantopteris - Lobatannularia* 植物群为特征。

(4)**长兴阶**　命名和层型剖面在浙江长兴煤山，在本区岩相变化很大，生物群面貌不一。在层型剖面上，长兴阶以 *Palaeofusulina* 带分子出现为下界（据说近年来发现有 *Gallowaiinella* 䗴），其上界以菊石 *Ophiceras* 组合的底为准。本区长兴阶的沉积有三种类型，一为灰岩相的长兴组；再一为硅质泥岩相的大隆组；另一为碎屑岩相为主的罗坑组或圣堂组。前者以 *Gallowaiinella*，*Palaeofusulina* 带分子出现为其下界，又以其消失为上界标志。后二者下界是以 *Pseudotirolites - Pleuronodoceras* 组合分子的出现为准，上界以其消失为长兴阶沉积的终结。长兴阶灰岩相有腕足类 *Oldhamina - Spinomarginifera alpha* 组合，硅质岩相有 *Fusiproductus baoqingensis - Paryphella salcatifera* 组合。

四、下、中三叠统

中国南方三叠系的岩相和生物相变化较大，生物地层带的建立远不完善，建阶工作还未正式进行。所以，三叠系长期采用国际上比较通行的方案，划分为三个统七个阶：下三叠统——印度阶、奥伦尼克阶；中三叠统——安尼阶、拉丁阶；上三叠统卡尼阶、诺利阶、瑞替阶。其中有的统、阶的分界，目前仍存在分歧，但总的并不影响使用，故本书采用这一划分方案。本章论述范围是下、中三叠统，故只对三叠系下、中三叠统和中、上三叠统的分界及下三叠统内阶的划分进行论述。

(一)下、中三叠统的界线划分

在下扬子地层分区菊石颇为发育，将下、中三叠统的界线置于奥伦尼克阶顶部 *Subcolumbites* 延限带之顶与安尼阶 *Linotropites* 带底界之间；双壳类发育地区则置于奥伦尼克阶 *Periclaraia circularis* 组合带与安尼阶 *Eumorphotis illyrica* – *Castatoria radiata* 组合带之间。无论是以菊石，还是以双壳类为标准的分界，在下扬子地层分区都同青龙组南陵湖段或沧波门段纹层状微晶灰岩、蠕虫状灰岩或鲕状灰岩与其上覆周冲村组底部白云岩的分界相一致。在东南地层区闽、赣、粤等省下、中三叠统的分界则主要是以双壳类为标准，将其置于安尼阶 *Eumorphotis illyrica* – *Unionites letticus* 组合带之底，亦即在溪口组与安仁组之间。当然，主要是依靠生物化石组合，但也要结合区域岩性对比来确定。

(二)中、上三叠统的界线划分

本区下扬子地层分区中、上三叠统的分界，涉及到黄马青组的时代问题。黄马青组下部杂色层产双壳类 *Mytilus*，*Entolium*，*Promyalina*?；腕足类 *Lingula*；叶肢介 *Xiangxiella bicostata*，*Euestheria* sp.，*Protomonocarina sinensis*，*P. ziguiensis*，*P. carinata*；叶虾类 *Yangzicaris xiangxiensis*；植物 *Danaeopsis*? *fecunda*，*Equisetites*?sp.，*Neocalamites*?sp. 及 *Annalepsis zielleri*；孢粉 *Lundbladispora* 为主(陈楚震等，1988)。本段可称 *Xiangxiella* – *Yangzicaris* 动物群。时代应属拉丁期为宜。上部红色层产双壳类 *Bakevellia modiolaeformis*，*B.* cf. *alberilü*，轮藻仍以 *Stellatochara*，*Stenochara* 为特征；叶肢介保存不佳，有 *Euestheria*?，*Palaeolimnadia*? 等属。上述轮藻化石属 *Stellatochara* – *Stenochara* 组合，以及石松类植物 *Annolepis* 的出现，表明黄马青组上部也属于拉丁阶。类似黄马青组的沉积有江西万载地区的杨家组(产植物 *Neocalamites*，叶肢介 *Protomonocaria*，*Euestheria*，海相双壳类 *Plagiostoma*)；福建中部的安仁组(产 *Neocalamites*)；粤北的黄岔组(产 *Mytilus*，*Neocalamites* 和叶肢介)；这些组的岩层大多是紫红色的碎屑岩，都位于上三叠统含煤岩系范家塘组、安源群、艮口群等之下，层位可以大致对比，地质时代也应都属拉丁阶。

(三)下三叠统内阶的划分

下三叠统包括印度阶和奥伦尼克阶。在下扬子地层分区，采用菊石 *Flamingites* 带的上线作为印度阶的上界，或以菊石 *Owenites costatus* 带的底作为印度阶与奥伦尼克阶的分界标志。双壳类则位于 *Eumorphotis multiformis* 带与 *Guichiella subrotunda* – *Entolium discites microtis* 组合带之间。岩石地层划在青龙组殷坑段与和龙山段及相当地层之间。东南地层区下三叠统是以碎屑岩相为主的沉积，其双壳类也可自下而上划分 *Towapteria ascythica*，*Claraia wangi*，*Claraia stachei* – *Claraia aurita* 和 *Eumorphotis* 四个组合，但其数量及研究程度都不如下扬子地层分区。菊石类研究的更少。印度阶与奥伦尼克阶的界线在铁石口组、四望嶂组、溪口组中通过。

综上所述，通过对本区岩石地层、生物地层和年代地层的详细研究、对比，选用本区研究程度较高的宁镇山脉、粤西北、赣西北和其他典型地区的岩石地层单位为代表，可将本区泥盆纪—中三叠世地层多重划分对比列成简表 5－1。

表 5－1　东南区泥盆纪—中三叠世地层多重划分对比简表

年代地层 系	年代地层 统	年代地层 阶	岩石地层 组	岩石地层 组	生物地层 珊瑚	生物地层 䗴类	生物地层 腕足类	双壳类 扬子地层区	双壳类 东南地层区	菊石 扬子地层区	菊石 东南地层区	植物
三叠系	上统	下卡尼阶	范家塘组	大坑组								
	中统	拉丁阶	黄马青组	安仁组				⑧				
		安尼阶	周冲村组					⑦		⑨	⑤	
	下统	奥仑阶	青龙组	溪口组				⑤ ⑥	⑤	⑦ ⑧	④	
		印度阶						① ② ③ ④	① ② ③ ④	① ② ③ ④ ⑤ ⑥	① ② ③	
二叠系	上统	长兴阶	长兴组／大隆组	罗坑组							④ ⑤	
		吴家坪阶	龙潭组／乐平组	翠屏山组		②	③			②	③	
	下统	茅口阶	龙潭组、孤峰组／茅口组、小江边组	童子岩组、文笔山组	⑦	① ⑨ ⑩	① ② ⑤ ⑥ ⑦			① ② ③ ①		① ②
		栖霞阶	栖霞组		⑤ ⑥	⑥ ⑦ ⑧	② ③ ④					
石炭系	上统	马平阶	船山组		④	⑤						
		威宁阶	黄龙组；老虎洞组	大埔组	① ② ③	① ② ③ ④	①					
	下统	大塘阶	和州组；高骊山组	梓门桥组；测水组；石磴子组	⑦ ⑧ ⑨ ⑩	①	⑩ ⑪					⑤
		岩关阶	金陵组；擂鼓台组	连县组	⑤ ⑥		⑧ ⑨					③ ④
泥盆系	上统	法门阶	擂鼓台组	长垓组								
		弗拉斯阶	观山组	帽子峰组；天子岭组	④		⑤ ⑥ ⑦					① ②
	中统	吉维特阶		巴漆组；东岗岭组／棋梓桥组	② ③		② ③ ④					
		艾菲尔阶		东岗岭组／棋梓桥组	①		①					
	下统	埃姆斯阶		信都组；莲花山组／老虎头组								

注：生物组合名称（①、②、③……）见正文；——生物繁盛期

第四节 区域地层的沉积作用

一、各时代沉积相特征

本区泥盆纪至早、中三叠世沉积相发育齐全，既有海相，也有陆相，还有两者之间的过渡相。但由于地层发育不平衡，大部分地区在不同程度都有缺失而不完整。岩相研究程度也不平衡，有高有低。综观本区地层层序发育较好，岩相研究程度较高应首推广东地区，并具有一定的代表性。故以其为主，再结合其他地区一些资料，将本区各时代沉积相特征介绍如下。

(一)泥盆纪沉积岩相特征

泥盆系是加里东褶皱回返后的第一个沉积盖层。加里东运动后的华南板块进入泥盆纪沉积阶段，形成不同类型的沉积盆地，并接受不同类型的沉积建造。早泥盆世本区基本上处于剥蚀状态，仅在桂粤、湘赣边境地区沿云开、华夏古陆西侧沉积一套以砂砾岩为主的类磨拉石建造，应属山间或山前盆地沉积。与下伏前泥盆系呈不整合接触。自中泥盆世开始，由于海侵范围不断扩大，由西南向东北逐渐加大，碎屑岩也随之逐渐增多，形成明显的海侵超覆。总的来看，在泥盆系底部沉积一套底砾岩，其上依次沉积了粗、细碎屑岩、泥质岩及碳酸盐岩。在晚泥盆世晚期多为泥质岩、细—粗碎屑岩或砂砾岩沉积。显然泥盆系基本上构成一个由海进到海退的完整沉积旋回。当然，在不同时期、不同地区都有着不同的沉积相分布，见图 5－8。

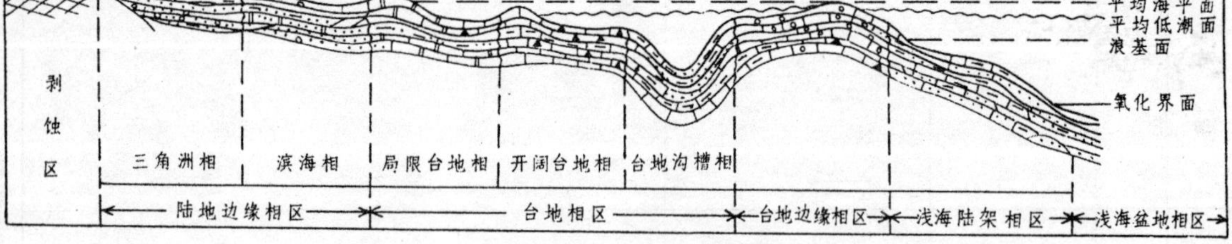

图 5－8 广东泥盆纪主要沉积相模式示意图

①河流相 包括有粤西地区杨溪组、老虎头组、信都组底部(部分)。主要是一大套杂色碎屑岩和底砾岩，大型斜层理发育，局部地区含较多长石碎屑和火山碎屑。生物化石稀少，偶见植物化石碎片。

②三角洲相 发育于粤东北的老虎头组中、上部及粤北信都组。以紫红色碎屑岩沉积为主，局部夹灰岩、凝灰岩。产植物、鱼类、双壳类、腕足类等。沉积构造有斜层理、交错层理等。

③滨海相 见于粤西地区信都组的中部和上部、粤北地区老虎头组上部及棋梓桥组下部，粤中区的春湾组。岩性较复杂，以碎屑岩为主，局部地区夹铁质砂岩、胶磷矿砂岩、灰岩、豆状赤铁矿等。有平行层理、交错层理。产腕足类、双壳类、鱼类及植物等。

④局限台地相 有廉江地区东岗岭组、融县组，粤北棋梓桥组、天子岭组等。主要为白云岩、白云质灰岩、灰岩、生物屑灰岩夹粉砂质页岩。水平层理发育，含腕足类、群体珊瑚、有孔虫、

苔藓虫等。

⑤开阔台地相　有粤西东岗岭组、融县组、榴江组下部等。以浅灰色灰岩、燧石结核灰岩为主夹泥质岩、细砂岩、白云质灰岩、凝块灰岩等。水平层理发育，偶有微波层理。生物丰富，有腕足类、头足类、珊瑚、苔藓虫、棘皮类、藻类、层孔虫、牙形刺等。

⑥台沟(槽)相　见于粤西的榴江组、巴漆组，粤北的棋梓桥组。岩性为深灰色薄层灰岩，泥质灰岩，硅质条带灰岩，含磷、锰、硅质粉砂质页岩，含磷、钒、铜的黑色页岩。生物以竹节石为主，少量头足类、腕足类、牙形刺及植物化石碎片。

⑦台地边缘相　仅见于粤北天子岭组、长垑组的部分及粤西融县组的局部层段。主要为厚层块状鲕状灰岩、生物碎屑白云岩化灰岩、介壳滩灰岩、角砾状灰岩等。产腕足类、珊瑚、层孔虫、藻类等。

⑧浅海陆架相　发育于粤北曲江—英德东部的棋梓桥组，天子岭组、长垑组部分岩段。主要为泥灰岩、页岩、泥质粉砂岩夹细砂岩。水平层理为主，常见小韵律层。产腕足类、双壳类、棘皮类、珊瑚等。

(二)石炭纪沉积相特征

①三角洲相　见于粤东北大湖组、琼中南好组。以紫红、灰黄、浅灰色砂岩为主，并有砾岩、含砾砂岩、泥质粉砂岩夹长石石英砂岩及粉砂质钙质砂岩等。各种交错层理发育。局部有三角洲平原沼泽相砂岩夹碳质页岩及含碳质泥质粉砂岩，产植物、鱼类、腹足类、腕足类等。

②滨海沼泽相　有各地区的测水组，粤东北的忠信组，粤中区的石磴子组及梓门桥组，海南的石岭组部分层段。主要为砂页岩、碳质页岩，常夹含砾砂岩、铝土质页岩、铁质砂岩、硅质岩或硅质页岩、泥质灰岩，常夹薄煤层、黄铁矿、菱铁矿结核或条带。偶见交错层理。产植物、腕足类、双壳类、珊瑚、棘皮类、䗴类、有孔虫、头足类等。

③滨海相　有粤北地区连县组、梓门桥组部分岩段，粤东北的忠信组，海南地区的南好组、青天峡组、石岭组。岩性为杂色细砂岩、粉砂岩、粉砂质页岩、页岩、钙质砂页岩、泥灰岩。常夹灰岩、白云质灰岩，局部夹钙质砂岩、火山质砂岩等。微波状层理、小型交错层理、纹层构造发育，局部有斜层理、潮汐层理。产珊瑚、腕足类、䗴类为主，还有双壳类、有孔虫、腹足类及棘皮类等。

④局限台地相　出现于粤北连县组、石磴子组及廉江地区梓门桥组、黄龙组等。岩性为白云岩、白云质灰岩，夹灰岩，有时含硅质条带，偶夹白云质、钙质页岩及粉砂岩。多为厚层块状，微波状纹层理和水平纹层等。产腕足类、珊瑚、棘皮类及少量䗴类。

⑤开阔台地相　有粤西连县组、石磴子组、梓门桥组、黄龙组部分层段及船山组。主要岩性为灰岩夹白云质灰岩、生物碎屑灰岩，偶有钙质页岩、页岩等。多为水平层理。生物主要有珊瑚、腕足类、䗴类、棘皮类，还有双壳类、牙形刺、介形虫、有孔虫等。

⑥台地边缘相　有连县组、石磴子组部分岩性段、壶天组(局部)。主要为灰岩、白云质生物碎屑灰岩、角砾状灰岩，夹白云岩及白云质灰岩，含燧石结核或条带灰岩、砂质泥灰岩。以厚层块状为主，局部有斜层理、缓波状层理、水平层理。生物有腕足类、珊瑚、苔藓虫、䗴类、棘皮类、有孔虫、双壳类等。

(三)二叠纪沉积相特征

二叠纪的沉积作用，是在黔滇运动地壳上升隆起之后，在残留水体盆地不断缩小情况下，又开始了一个新时期继承性的沉积。总体反映是：早二叠世早期为海进型，是晚古生代以来最大规模的海侵期。早二叠世末期呈现为一套海退型的层序，表现由碳酸盐岩—硅质岩—碎屑岩或碳酸盐岩(局部)。在晚二叠世则普遍沉积一套海陆交互相含煤建造和浅海碳酸盐岩或盆地相硅质岩沉积。显然是早、晚二叠世各为一个沉积旋回。可分为湖泊相、三角洲相、滨海沼泽相、滨海相、台地相等。

①湖泊相　表现为以内陆淡水湖盆红色碎屑沉积为主要特征。主要分布于广花—阳春地区的圣堂组、沙湖组的上部，其次有粤东北童子岩组、翠屏山组部分岩性段。岩性是紫红色中、细粒砂岩(有的含长石碎屑)，粉砂岩(常含泥质)，紫红或砖红色粉砂质泥岩。岩石中常含豆状铁质小结核，常见暗紫红色铁质斑点，局部夹碳质页岩及煤线；常见断续状水平层理；生物以植物及双壳类较多，偶见腕足类、腹足类及海百合茎等。

②沼泽相　主要有广花—阳春地区的童子岩组，粤东北兴梅地区的童子岩组、翠屏山组及局部地区大隆组部分岩性段，连阳地区的九陂组、栖霞组的底部。主要岩性为深灰色细砂岩、粉砂岩及页岩，常夹中、粗粒砂岩、铝土质页岩、钙质粉砂岩、碳质页岩、煤层或煤线，偶夹含细砾砂岩、长石石英砂岩、不纯灰岩或泥灰岩、薄层硅质岩，常含黄铁矿、菱铁矿结核。还有火山碎屑岩、安山岩、根土岩等。具水平层理、微斜层理、缓波状层理等。生物以植物为主，还有腕足类、双壳类、腹足类、䗴类及海百合茎等。广大地区的龙潭组、乐平组也应属于该相带。

③三角洲相　文笔山组上部，局部地区童子岩组、翠屏山组，沙湖组、格顶组部分层段，南龙组属该相带。岩性有粉砂岩、页岩，夹细砂岩、长石石英砂岩、硅质页岩、泥灰岩，并偶夹凝灰质砂岩、含海绿石砂岩等。具微细水平层理、楔形层理、大型斜层理。生物有腕足类、双壳类、海百合茎及植物，局部有头足类、腹足类。

④滨海相　文笔山组中下部、童子岩组上部、格顶组、峨查组、部分长兴组及大隆组属该相。岩性为灰、深灰色页岩、粉砂岩、硅质岩、硅质页岩，常夹细砂岩、含碳质粉砂质页岩、泥灰岩、硅质灰岩，生物碎屑灰岩，常含黄铁矿、硅质及锰质结核，局部有凝灰岩、含砾砂岩。小型交错层理发育，还有斜层理、微波状水平层理、斜层理。生物有腕足类、䗴类、头足类、双壳类，偶见植物及珊瑚。

⑤台地相　主要分布在栖霞组、鹅顶组、水竹塘组、长兴组。岩性为灰岩、燧石结核或条带灰岩、白云质灰岩、含沥青质灰岩、硅质灰岩、生物碎屑灰岩、页岩、粉砂岩、钙质砂岩，偶夹凝灰岩。具水平层理、微波状水平层理。生物以䗴类、腕足类、珊瑚为主，还有头足类、藻类、海绵、苔藓虫、有孔虫等。

(四)早、中三叠世沉积相特征

下扬子地层分区早、中三叠世地层发育齐全，研究程度也较高，尤以苏、皖两省为最。故以该区为代表介绍早、中三叠世的沉积相(图 5-9)。

①陆架相　分布在宁镇地区的青龙组。岩性主要是泥岩夹泥灰岩、泥晶灰岩与泥岩互层、微、粉晶灰岩夹泥岩，还有瘤状灰岩夹生物碎屑灰岩等。产双壳类、菊石、腕足类、牙形刺等。

②台地前缘(碳酸盐)斜坡相　发育在茅山、溧阳、常州地区的青龙组。岩性为泥页岩，下部泥岩与微晶灰岩互层或全为灰岩，上部为微晶灰岩与砾屑灰岩互层。砾屑呈竹叶状。产双壳类、菊石、牙形刺等。

③开阔台地相　仅见于苏州、无锡地区的青龙组。岩性底部为泥岩，向上为泥晶灰岩与砂屑灰岩互层，含海绿石、黄铁矿、石膏假晶；无锡嵩山主要为粉晶灰岩、砂屑灰岩与鲕粒灰岩、粉

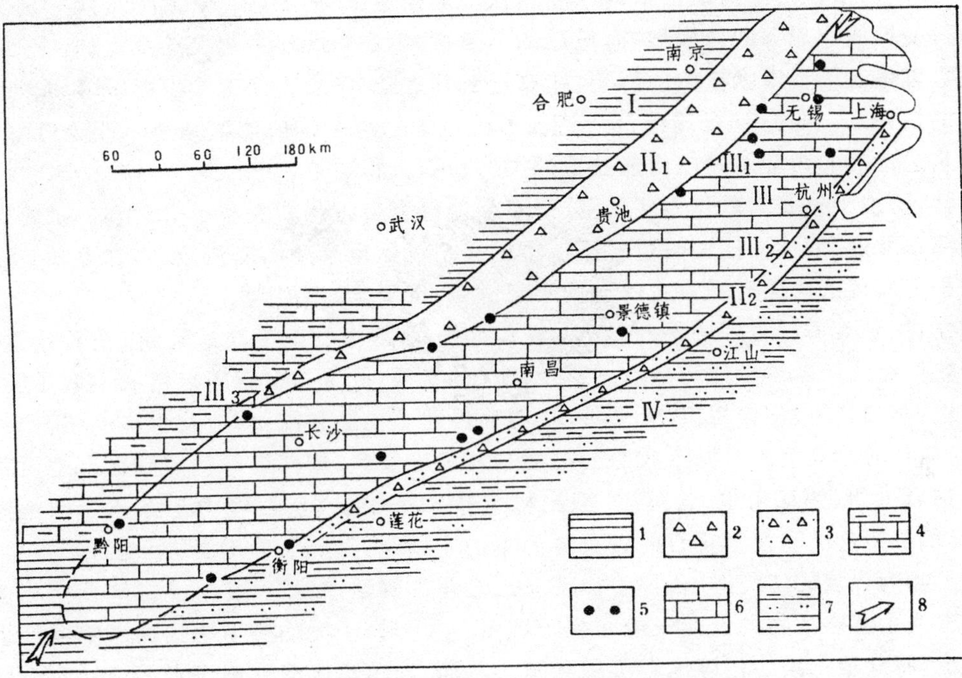

图 5－9 下扬子地层分区早三叠世岩相古地理图

（据朱洪发等，1992）

1. 陆架盆地相（Ⅰ）；2. 碳酸盐斜坡相（Ⅱ$_1$）；3. 碎屑岩斜坡相（Ⅱ$_2$）；4. 开阔台地相（Ⅲ$_3$）；5. 台缘高能鲕滩相（Ⅲ$_1$、Ⅲ$_2$）；6. 碳酸盐台地相（Ⅲ）；7. 陆屑浊积岩（Ⅳ）；8. 海侵方向

晶白云岩互层。产牙形刺、双壳类等。

④局限台地相　仅发育在苏州地区青龙组上部。岩性为泥晶砂屑灰岩与泥晶灰岩互层，夹砾屑泥晶灰岩，属潮间带沉积。未见化石。

⑤咸化泻湖相　分布在苏皖沿江一带周冲村组。岩性下部为薄层藻纹层灰岩和泥晶白云岩互层，泥晶白云岩具鸟眼构造，石膏假晶发育，为局限台地沉积；上部在地表常为膏溶角砾岩，成分复杂，有白云岩、灰岩、生物碎屑灰岩等，角砾棱角尖锐，无分选，大小不等。井下为藻纹层白云岩与硬石膏互层。产双壳类、菊石等。

⑥淡水湖泊相　分布在宁镇至怀宁一带的黄马青组，分布局限或呈孤立状。可以南京下五旗黄马青组为代表，岩性为紫红、灰、灰黄色薄、中厚层状粉砂岩、粉砂质泥岩、泥岩夹少量中厚层含砾粗粉砂岩和含砾细砂岩。粉砂质泥岩中广布钙质结核，以水平微细层理、波状交错层理为主，细砂岩也见双向交错层理、中小型槽状层理等。生物有淡水双壳类、介形类、轮藻、叶肢介、植物碎片等。

二、各时期古地理概况

（一）泥盆纪古地理概况

早泥盆世，本区大面积为陆地，包括华夏古陆、武夷-云开古陆、江南隆起与上扬子古陆连为一体，主要是处于被剥蚀阶段，仅南部的钦防成为第二次海面上升的通道。据刘宝珺等

(1993)研究，海水沿钦防海槽从西南向东北进入滇黔桂地区。早泥盆世早期为陆源碎屑滨海—泻湖、潮坪，晚期演化成碳酸盐缓坡，海域范围不断扩大。在本区桂粤边境的罗定、怀集、封开一带及湘赣边境地区因受滇黔桂海的影响，在靠近云开古陆、华夏古陆边缘发育一套以紫红色砂砾岩为主的沉积(莲花山组、杨溪组、信都组、丫山组等)，与下伏前泥盆系呈不整合接触，显然代表加里东运动后的内陆山间或山前盆地的类磨拉石沉积建造。

中泥盆世，由于拉张离散作用使华夏、扬子板块缝合带拉张断裂和走滑运动的加剧以及海平面上升海水北进，形成湘桂、湘赣浅海。但本区在中泥盆世早期因海侵较晚，在粤西、粤北、赣南一带沉积一套以滨海碎屑岩为主的老虎头组、跳马涧组、云山组。

晚泥盆世，随着海侵范围的不断扩大，海水加深，原滨海已变为浅海环境，在粤桂、湘赣边境地带开始形成碳酸盐岩台地与硅质岩盆地并存的格局，故普遍沉积了以富底栖腕足类、珊瑚的唐家湾组、东岗岭组、棋梓桥组、天子岭组。继而沿北东向断裂拉张，海盆也进一步割裂，产生岩相分异，在台间盆地沉积了海水较深的硅质岩相的巴漆组、榴江组等。碳酸盐台地沉积了以灰岩为主的融县组、锡矿山组、长垑组、额头村组等。而此间在江西境内于都一带已沦为滨海区，下部沉积了产鱼类和植物化石的砂页岩为主的中棚组，上部为碎屑岩夹灰岩，产云南贝、小云南贝腕足类为代表的三门滩组。位于该滨海区之东的闽西南地区，在华夏古陆西侧相变为以陆相碎屑岩为主富产植物的天瓦岽组和桃子坑组。在下扬子坳陷及浙西钱塘断陷盆地也仅有泥盆系上统，属陆相—滨海相碎屑岩沉积环境。总而言之，本区泥盆纪海水是由钦防海槽自西南向东北侵进，随着海侵加剧，碎屑岩也逐渐增多，形成明显的泥盆系底界海侵超覆现象。东南的华夏古陆(山地)，是主要陆源供给区。福建以东，台湾究竟是海是陆？目前尚无资料，暂推测为陆(图 5-10)。

(二)石炭纪古地理概况

石炭纪早期古地理面貌与晚泥盆世相似。东南仍为华夏古陆(山地)，北有江南隆起和下扬子海，华南海大致沿贵阳、长沙一线以南是一典型陆架性质的浅海。云开岛布露于该陆架海中，海岸线大约在乳源、翁源、新丰、吴川一线。其西为清水碳酸盐沉积区，在桂东南、粤西、粤北一带沉积了以富产底栖珊瑚、腕足类的尧云岭组、英塘组、连县组等。在其东为灰泥、碎屑混合坪沉积。故萍乡、定南、陆丰一带沉积了海陆交互相的杨家源组、大赛坝组等。在靠近华夏古陆西侧的闽西南永梅地区出现河流相碎屑岩的林地组，浙西地区则沉积了以陆相碎屑岩为主的珠藏坞组。在早石炭世晚期，在上述浅海沉积区之上普遍发育一套海陆交互相含煤建造，分别为寺门组(桂东南)、测水组(广东)。该煤系上下均为浅海相灰岩沉积，以富产个体较大的腕足类大长身贝和珊瑚为特征，称为黄金组、罗城组(桂东南)，石磴子组、梓门桥组(广东)。在华夏古陆西侧的赣东、浙西沉积了以产植物陆相碎屑岩为特色的梓山组、叶家塘组。在下扬子浅海中，在铜陵、宿松一带似属江南隆起区，据陈宏明等(1994)研究，其北为下扬子陆表海，其南为宜宣冲积平原。在下扬子坳陷区北部早石炭世以碎屑岩为主夹灰岩和白云岩，属滨岸碎屑潮坪、混合坪沉积；在中部宁镇山脉至安徽宿松为准平原、潮坪和局限台地相沉积。沉积了细碎屑岩的擂鼓台组、灰岩相金陵组、含煤碎屑岩建造高骊山组及泥质灰岩为主的和州组(图 5-11)。在江南隆起东南缘的苏南宜兴、皖南宣城和贵池一带则沉积了以陆相—滨海碎屑岩的珠藏坞组，其中含有煤线(图 5-12)。据胡世忠(1978)研究，本区海水并非都来于西南地区，在石炭纪、二叠纪，甚至早三叠世都不排除海水来自东北太平洋。另据古地磁资料，当时本区地处赤道附近，气候温热、雨量充沛，有利于植物繁殖形成泥炭坪，所以普遍发育有含煤的碎屑岩沉积。

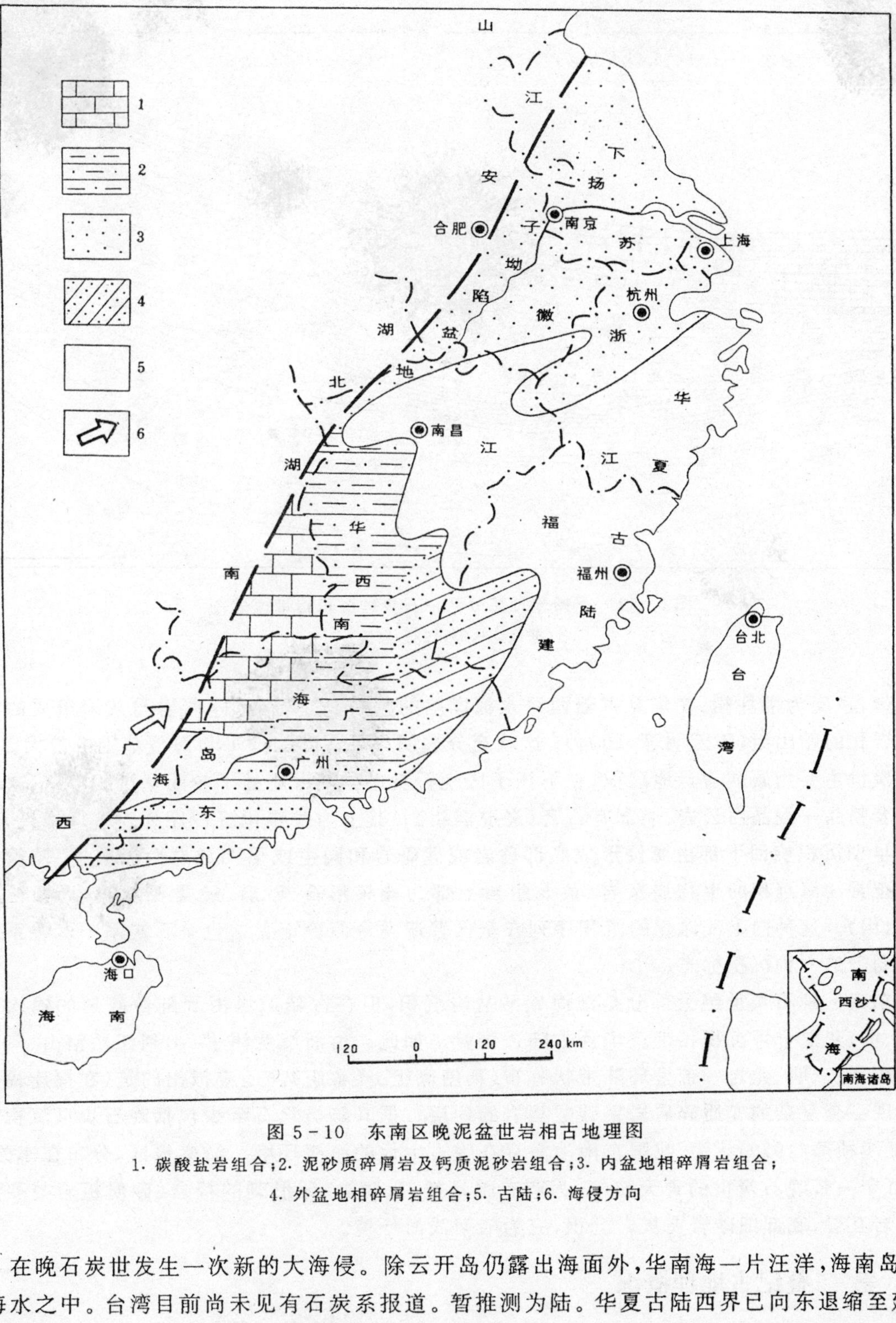

图 5-10　东南区晚泥盆世岩相古地理图

1. 碳酸盐岩组合；2. 泥砂质碎屑岩及钙质泥砂岩组合；3. 内盆地相碎屑岩组合；
4. 外盆地相碎屑岩组合；5. 古陆；6. 海侵方向

在晚石炭世发生一次新的大海侵。除云开岛仍露出海面外，华南海一片汪洋，海南岛也沦陷海水之中。台湾目前尚未见有石炭系报道。暂推测为陆。华夏古陆西界已向东退缩至建明、三明、漳平、永宁、大埔、海丰一线以东；江南隆起区也沉陷于海下。总之，陆地大大缩小，海域猛增，华南海与下扬子海相通。但地势仍然是东高西低，海水东浅西深。主要是浅海碳酸盐岩沉积，岩相稳定，以台地为主。浅海域的东部靠近华夏古陆边缘，早石炭世发育为宽缓的陆源碎屑

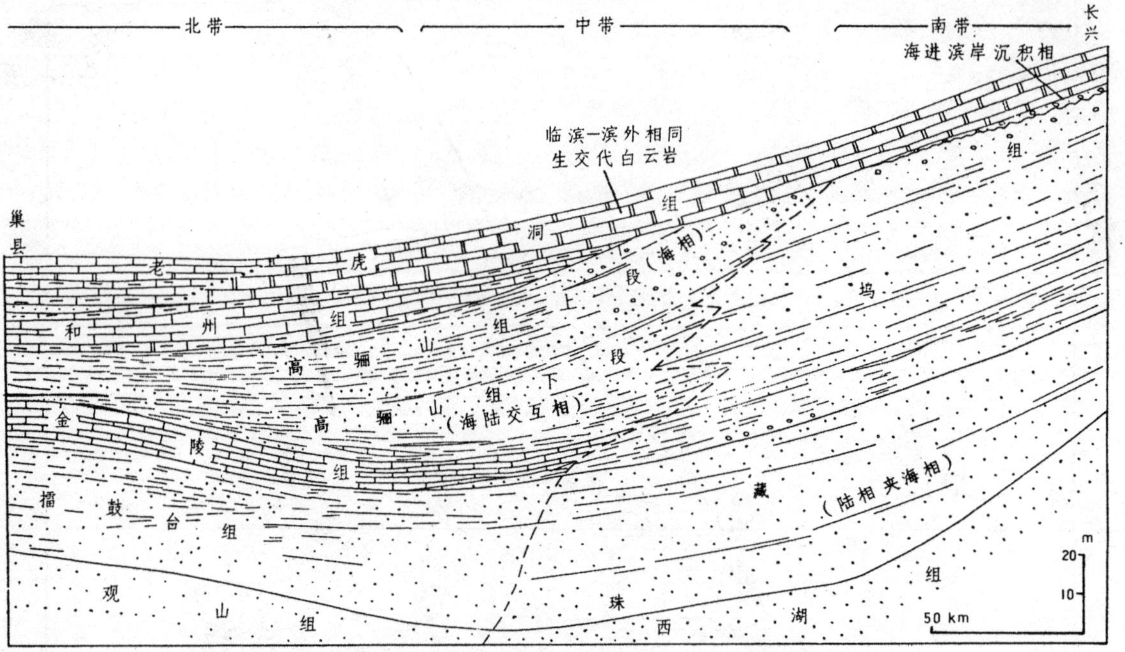

图 5-11　下扬子地层分区早石炭世沉积相带模式图

(据韩克从等,1988,修编)

岩相带,也变为潮坪相;在华夏古陆西缘永梅坳陷的顺昌、安溪见有碎屑岩与灰岩组成的陆缘碎屑岩相的船山组(陈宏明等,1994)。这就充分表明华夏古陆的夷平与海侵范围的扩大。本区晚石炭世主要为碳酸盐台地沉积。在下扬子区晚石炭世早期可能处于较闭塞沉积环境,普遍发育一套粉晶—泥晶白云岩,局部有石膏(老虎洞组)。其上为浅滩化沉积序列。总体来说,晚石炭世早期沉积旋回下部由海侵形成底部砂岩或砂砾岩和同生或早期成岩白云岩(大埔组);中部为正常浅海沉积的生物屑灰岩(黄龙组);上部为藻核形石、砂屑、䗴类泥粒灰岩、颗粒灰岩(船山组)。这种向上浅滩化的沉积序列在全区普遍发育而稳定。这也是石炭系与二叠系灰岩界线划分的一种沉积标志。

东南区晚石炭世绝大部分是浅海碳酸盐岩沉积,但在古陆边缘由于陆源碎屑的输入而出现砂、泥、灰混合坪沉积相带。华夏古陆边缘就是如此。由浙江兰溪、江山到江西铅山、广丰和福建顺昌、三明、龙岩一带呈环陆带状分布(藕塘底组、经畲组)。还应指出的是,在福建福鼎地区发现一套复杂的变质碎屑岩夹碳酸盐岩的地层。据其䗴类化石至少包括晚石炭世沉积。据此,王鸿祯等(1979)认为,我国东南沿海存在晚古生代的海槽环境。海南地区,分布在东方、昌江、万宁一带晚石炭世的青天峡组,为产有腕足类、双壳类、牙形刺的板岩、砂质板岩与变质石英砂岩互层,底部细砂岩夹灰岩沉积,应为陆架浅海环境。

(三)二叠纪古地理概况

早二叠世栖霞期是晚古生代以来中国南方最大的海侵期,整个南方为一片汪洋。普遍被海水淹没成为广阔的浅海域,几乎全为碳酸盐沉积,为一个巨型碳酸盐缓坡,垂向呈向上变深的序列。但其古地理格局和岩相展布仍受江南古陆的控制,并以此为界,北为碳酸盐缓坡,南为开

图 5-12 东南区早石炭世晚期岩相古地理图

1. 砾岩；2. 砂、泥岩；3. 碎屑岩夹碳酸盐岩；4. 泥粒灰岩夹粉砂质泥岩；
5. 白云岩夹灰岩；6. 古陆；7. 海侵方向

阔台地，过渡到台前斜坡至深水盆地沉积体系（刘宝珺等，1993）。在本区栖霞期早时普遍有一层厚度不大的陆源碎屑含煤岩系，属滨海沼泽沉积环境（栖霞组底部或梁山组）。栖霞期生物繁盛，富含䗴类、腕足类、珊瑚、牙形刺等。

早二叠世茅口期，华夏古陆的露出改变了单一的碳酸盐岩沉积格局，发生明显岩相分异。在粤西、粤北及湘赣边境仍然为碳酸盐岩沉积（茅口组），但在江西境内以眼球状灰岩沉积为主

(小江边组),在闽西南、浙西及赣东北相变为硅质页岩为主(文笔山组、孤峰组、鸣山硅质岩)等。在此较深水硅质岩相带之上相应发育一套海陆交互相含煤建造(童子岩组、乐平组官山段)。在下扬子坳陷区早二叠世发育齐全,并是我国南方标准地区,栖霞组、孤峰组、龙潭组就在区内南京东郊和皖南泾县孤峰镇。应指出的是龙潭组是一跨统穿时单位。其下部不含煤段和下伏孤峰组合起来相当茅口期的沉积。总之,茅口期尽管岩相变化较大,但其中生物化石颇多,均可拉通对比。总的趋势是西部海水较深而东部较浅。西南地区以碳酸盐台地沉积(茅口组)而到本区则多相变为深水相带硅质岩沉积(孤峰组),在本区东南部则相变为海陆交互相含煤碎屑岩沉积(童子岩组)。

晚二叠世吴家坪期,是我国南方最重要的成煤期,也是东吴运动发展到高潮的时期。该运动不仅使加里东运动残留下来的钦防海槽终极关闭,而且还使云开古陆西侧发生造山性质的构造运动,使一套粗碎屑岩的彭久组不整合于泥盆系榴江组之上。最大的特征是在茅口期末华南地区发生了大海退,普遍抬升为成煤准平原化提供了有利条件。当然在上扬子区康滇古陆及其东侧由于海西期拉张裂谷作用还有峨眉山玄武岩喷发活动。根据采自峨眉山玄武岩和宣威组测得的古地磁资料,其古纬度为 2.4°S(张正坤,1984)。表明南方板块二叠纪时位于赤道附近。古地理条件、沉积环境、温暖湿润、雨量充沛的古气候,都有利于植物繁盛,使吴家坪期成为我国南部最重要的一个成煤期。早二叠世末东吴运动使我国南方板块上古地理格局发生重大变革,首先是本区除华夏古陆外,武夷-云开古陆、江南古陆也相继上隆,并形成了两条呈北东向展布的沉积相带:①苏浙皖经赣中萍乐坳陷延伸至粤北韶关一带,沉积一套海陆交互相碎屑岩为主的含煤建造(龙潭组、乐平组、格顶组等)。其中含有重要煤层。②在该带东侧华夏古陆西侧则沉积了一套以陆相碎屑岩为主的翠屏山组、沙湖组等。此外,在萍乐坳陷含煤碎屑岩相带之西侧的赣西北地带则沉积一套以碳酸盐岩为主的吴家坪组。这些沉积相带由西向东为浅海碳酸盐岩相-海陆交互相含煤沉积-陆相碎屑岩建造(图 5-13)。上列几个古陆则是陆源碎屑供应地。在此应强调的是,近些年来对含煤地层深入研究,发现二叠纪的各期都有成煤环境,如梁山组、童子岩组、乐平组或龙潭组、宣威组或汪家寨组(滇黔地区长兴期)都是含煤地层。由此不难看出,二叠纪含煤层位有自东向西逐渐抬高之势。晚二叠世长兴期,又是一个海侵期。随着海平面的上升,华夏古陆、武夷-云开古陆、江南古陆范围缩小,陆源碎屑岩相分布范围后退,而碳酸盐台地和深水盆地硅质岩相范围扩大拓宽,普遍沉积了灰岩相长兴组、硅质岩相大隆组(图 5-14)。长兴组主要在浙江、赣中、粤北地区,其他地区则为大隆组。在闽西南华夏古陆西侧沉积了以碎屑岩为主的罗坑组,在粤中广州、花县、阳春地区还见有非海相沉积的圣堂组。在台湾大洋盆地,二叠系为火山沉积和浊积岩相。火山岩主要是海底喷溢的层状基性、超基性岩和侵入体。沉积岩主要为陆源碎屑浊积岩和钙屑浊积岩(刘宝珺等,1993)。

(四)三叠纪古地理概况

早三叠世古地理格局与晚二叠世晚期相似。但中三叠世开始了板内造陆运动,至中三叠世末达到顶峰,结束了本区的海相沉积的历史。早三叠世印度期处于发生海侵时期,下扬子坳陷区是一末端变陡的碳酸盐缓坡。在其东南侧浙赣线(铁路)以北地区主要沉积一套黄绿色钙质页岩为主,还有含泥质灰岩,产双壳类、菊石等。属海水较深,静水低能的陆架—盆地沉积环境。在浙西江山、赣东北上饶铅山、赣中萍乡、闽南将乐、龙岩、粤东北梅县、韶关地区印度期主要为钙质泥岩、泥质粉砂岩为主夹泥灰岩的沉积。属海水较深的盆地沉积环境。但在广东恩平地区发育一套棕色含砾砂岩,属靠陆较近的滨岸环境。在奥伦尼克期由于海平面下降,在下扬子区

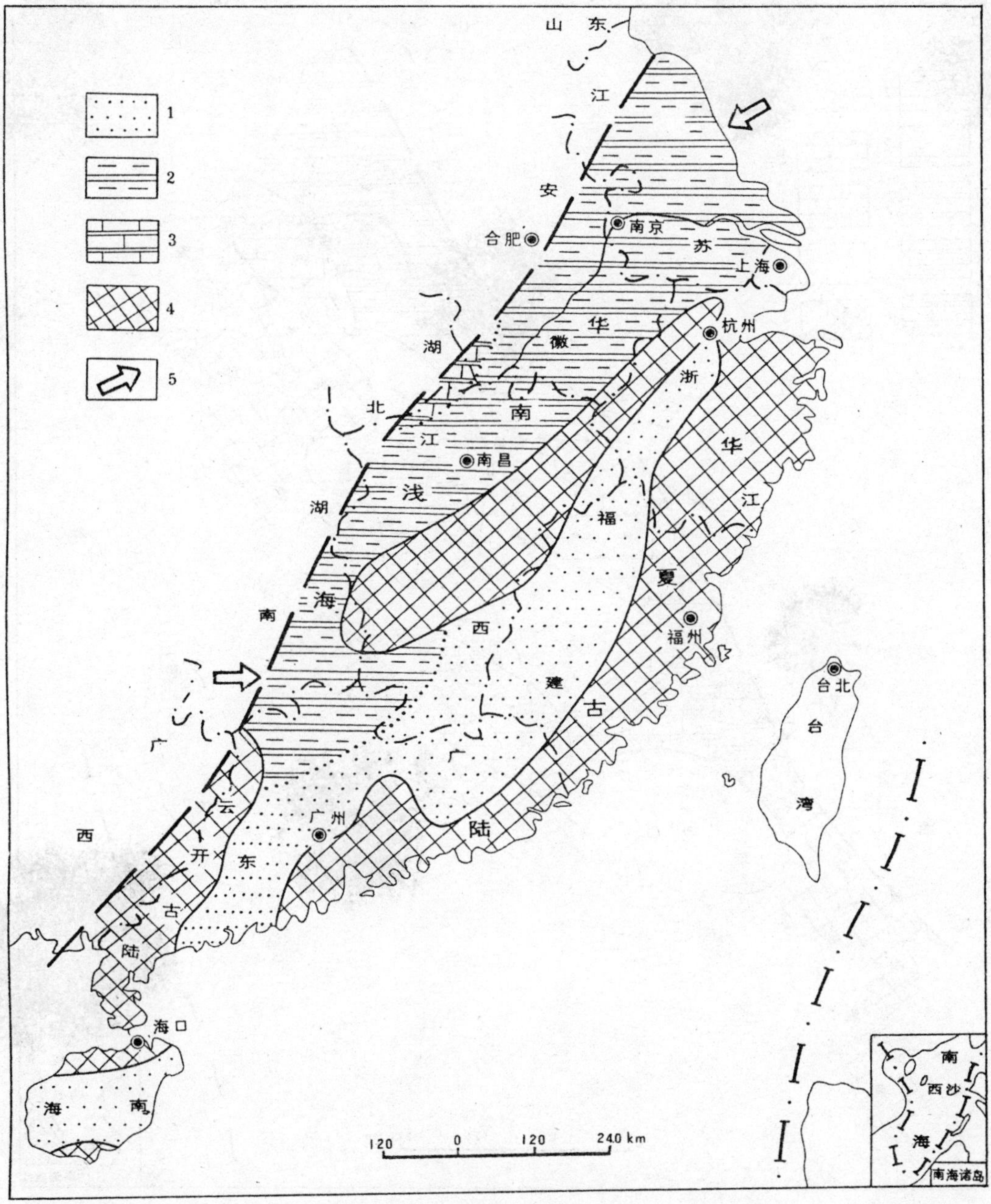

图 5-13　东南区晚二叠世吴家坪期岩相古地理略图

1. 陆相含煤砂泥质组合；2. 海陆交互相砂泥质组合；3. 碳酸盐岩及底部含煤组合；4. 古陆；5. 海侵方向

呈北东-南西向展布的碳酸盐台地印度期的浅滩（无锡嵩山、景德镇、乐平）基础上发育为浅水高能滩相沉积的碳酸盐沉积环境。在宜兴—南京—铜陵一带为陆架边缘斜坡相带沉积环境。在赣中高安、萍乡一带主要为薄层微晶灰岩夹厚层状砾屑灰岩，属海水较深，时有突发性重力流滑垮塌的陆架斜坡环境，在赣东北铅山、闽南龙岩、粤东北梅县、韶关一带则主要为碎屑岩夹泥灰岩及薄层微晶灰岩，产双壳类。显然是属潮坪沉积环境。在赣南地区早三叠世发育为一套细碎屑岩沉积，产菊石、双壳类（铁石口组），应属滨海相环境（图 5-15）。在早三叠世末扬子板块向南发生俯冲，导致黔桂海盆关闭，应力由引张转为挤压，致使本区地壳抬升，古地理面貌的

图 5-14　东南区晚二叠世长兴期岩相古地理略图

1. 海相碎屑岩；2. 海陆交互相碎屑岩；3. 硅质岩、碎屑岩；4. 硅质岩、硅质泥岩；
5. 硅质碳酸盐岩；6. 灰岩；7. 燧石团块灰岩；8. 推断后期剥蚀；9. 古陆

变化对此反映极为明显。

进入中三叠世，江南台地的大部分及其东南侧的浊积盆地也消失为陆。但在下扬子坳陷盆地南京—贵池一带，由江南古陆环抱形成海湾地貌，加之气候转为干旱炎热，故沉积一套蒸发泻湖环境的白云岩和石膏（周冲村组）。在其周围为泻湖边缘—潮坪环境。在江南古陆南侧江西高安、万载、浙西江山一带为陆屑潮坪环境，沉积了钙质粉砂岩、粉砂岩、粉砂质泥岩。在闽西南和粤北盆地则沉积一套潮坪相碎屑岩。在中三叠世安尼期至拉丁期，地壳进一步抬升，海陆

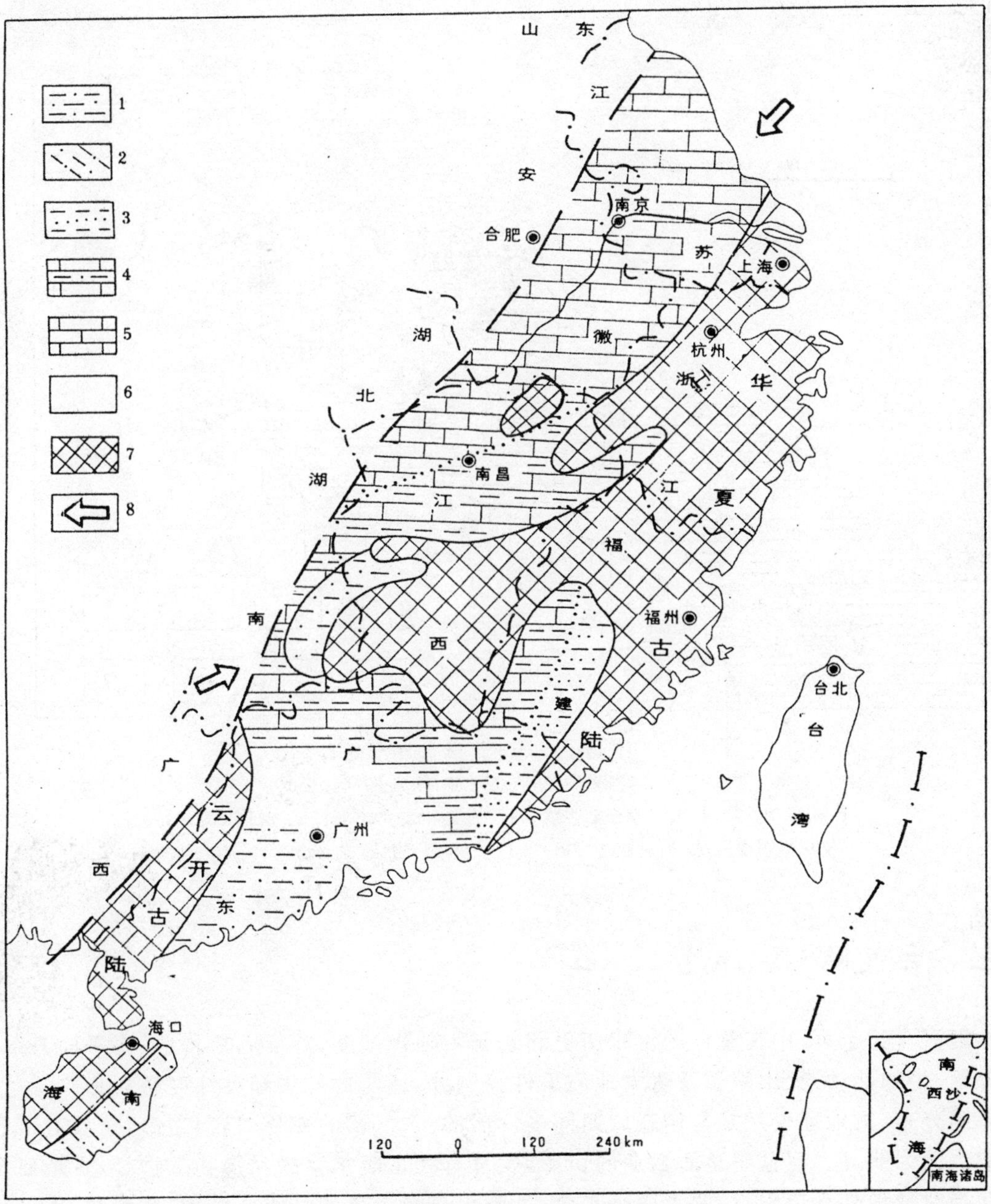

图 5-15　东南区早三叠世岩相古地理略图

1. 滨浅海砂泥质组合；2. 山间或山麓盆地碎屑组合；3. 断陷海盆砂泥质组合；4. 陆表海或滨浅海砂泥质碳酸盐组合；5. 浅海碳酸盐组合；6. 推断后期剥蚀；7. 古陆或隆起；8. 海侵方向

界线向西移至合肥—黔阳一线(图 5-16)。呈北东-南西向平直延伸。在下扬子区沉积一套以紫红色碎屑岩为特征的黄马青组，产双壳类、腕足类、叶虾类、植物等。与其大致相当的尚有江西的杨家组、福建的安仁组、粤北的黄坌组，都似属滨海平原及三角洲沉积。综上所述，中三叠世是我国南方地质历史上一个重要的转折突变时期。印支运动使海水从东南大陆最后退出。自此，结束了海相沉积的历史，而形成了新的陆相沉积的古地理格局。

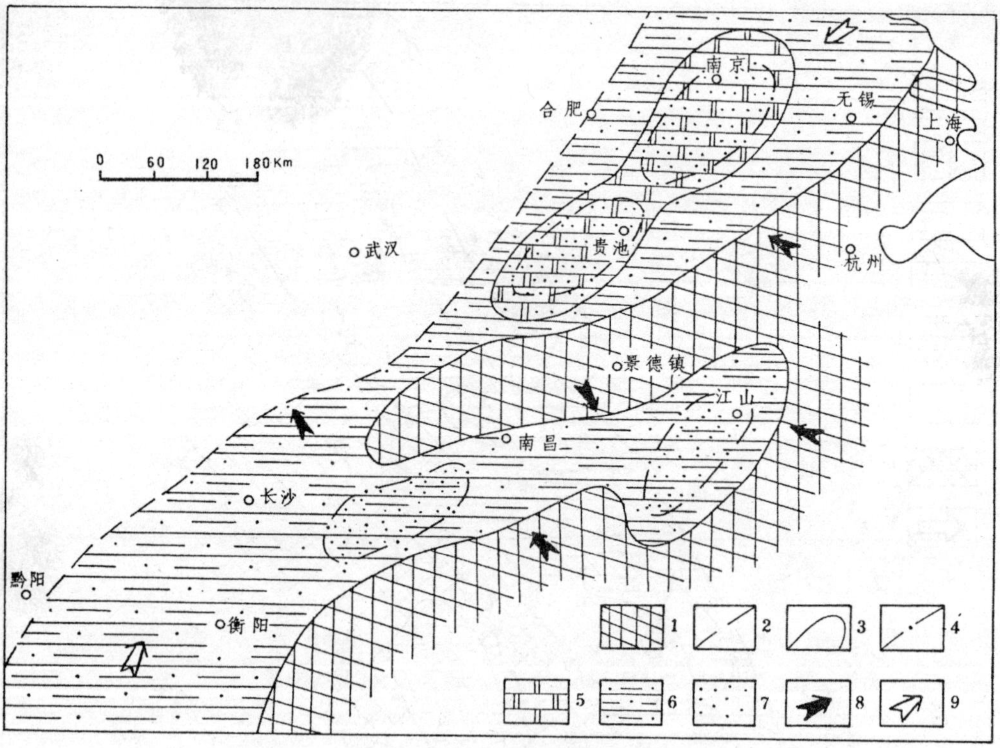

图 5-16 下扬子地区中三叠世岩相古地理图

（据朱洪发等，1992 年，修编）

1. 安尼期古陆；2. 拉丁期海陆界线；3. 安尼期相带界线；4. 拉丁期相带界线；5. 安尼期泻湖相；6. 安尼期潮坪相；7. 拉丁期湖泊相；8. 陆源方向；9. 海侵方向

三、古气候与古纬度

本区泥盆纪至早、中三叠世的沉积历史和岩相古地理演变，除受大地构造、海平面升降、沉积物补给、生物活动、火山喷溢及重大地质事件控制外，还与古气候和古纬度密切相关。

海陆分布、古地理变迁是与构造旋回同步发展的。古气候的变化对岩相古地理及其沉积性质影响也颇为明显。泥盆纪是海西期的伊始，发育有大量暖水型的动物和生物礁，古地磁资料也表明当时是地处赤道附近，两者完全吻合，反映出热带湿热的气候环境。石炭纪时，本区也发育有丰富的暖水型动物群和大量的碳酸盐岩，早石炭世大塘期含煤岩系常有铝土矿、煤层及鲕状赤铁矿，反映出位于热带—亚热带湿热气候环境。二叠纪时，据扬子区峨眉山玄武岩等古地磁研究结果，古纬度为 2.4°S。这表明华南地区是位于赤道附近的低纬度区。气候温暖潮湿。显然这一气候特征决定了二叠纪发育一大套稳定的碳酸盐岩和富含煤的沉积以及形成生物礁。三叠纪时，气候较干旱，特别是中三叠世时尤为显著，是形成膏盐沉积时期。晚三叠世转为湿热及干湿交替，局部有成煤环境的湿热气候。在此应提及的是，在区内长兴煤山二、三叠系界线处粘土岩中发现铱的异常，可能是天体撞击事件造成的界线沉积和生物绝灭事件（柴之芳等，1988）。

古纬度，这是一个关系到华南板块的原始位置的问题。根据刘椿、梁其中（1984）对扬子地台云南曲靖泥盆系玉龙寺组和翠峰山群界线古地磁研究结果，其沉积时期的纬度为0.64°S。从而表明在早泥盆世时云南曲靖位于赤道附近。这一数据和McElhinny等(1981)根据二叠纪峨眉玄武岩所测出的古纬度数据很接近。换句话说，泥盆纪和二叠纪之间的古纬度变化是微小的。中国大陆向北位移至少是在二叠纪以后发生的(侯鸿飞等，1985)。尽管现在的生物地理区、古地磁资料能够大致确定华南板块在泥盆纪—二叠纪时为低纬度区，属热带气候，但是其经度仍不能很好地确定。据刘宝珺等(1993)研究，考虑到石炭纪时受到古西太平洋的影响，将我国南方板块置于古特提斯东部，并与印支板块活动边缘相联系。程裕淇等(1994)也认为海西(华力西)期，华南陆块在赤道附近徘徊，而且大部分地区以伸展沉陷为特征。经印支运动，华南地区才完成了向陆的转变，并成为欧亚超级大陆板块的一部分。

四、沉积盆地的分类及其演化

根据沉积盆地基底性质、盆地所处板块的位置和盆地形成的地球动力过程，将本区泥盆纪至早、中三叠世这一断代主要划分成六种类型。

(1)**下扬子克拉通盆地**　这类沉积盆地比较稳定，因其还不是典型的克拉通盆地，所以仍有一定的活动性，主要表现在盆地纵向上有明显的相变。该盆地是在泥盆纪晚期坳陷盆地基础上发展起来的板内克拉通盆地。自晚泥盆世开始的五通群沉积直至中三叠世都是稳定的浅海碳酸盐岩和碎屑岩沉积。基本上都是连续的。地层厚度不大。其成因是属拉张坳陷。

(2)**华夏克拉通盆地**　基底发育在加里东褶皱带上。其稳定性要比加里东褶皱带的西部稳定。但因处于加里东山系克拉通化的初期阶段，故其活动性要比下扬子克拉通大得多。除惠州盆地有近岸相沉积外，主要是剥蚀区。晚石炭世最大海侵期，大部分沦为海域，陆地缩小，海水很浅，沉积厚度也薄。地动力也是由拉张坳陷而形成的。

(3)**下扬子克拉通边缘断陷盆地**　为晋宁期结晶基底。此类盆地的形成是与华夏板块对扬子板块碰撞和走滑有关。在扬子板块上形成与缝合带呈雁行状排列的断裂系。海西初期的引张离散机制，将其拉薄成断梯型的断陷盆地。钱塘断陷盆地就是马金-乌镇断裂控制的，萍乐断陷盆地是由宜丰-景德镇断裂和萍乡-广丰断裂组成的。在成因上显然与华夏、扬子板块碰撞而沿绍兴-萍乡断裂带走滑密切相关，也属转换拉张盆地。因其地处扬子克拉通边缘，所以活动性增强，多少具有被动大陆边缘盆地的性质。这类盆地也是在晚泥盆世接受沉积，至早、中三叠世为海相为主的碳酸盐岩和碎屑岩。但在早石炭世和晚二叠世为海陆交互相含煤建造。盆地沉降幅度较大，如萍乐断陷盆地仅石炭系就厚达1 500 m，钱塘断陷盆地也厚达千米，并有较明显的火山活动。

(4)**华夏陆缘坳陷盆地**　基底是加里东褶皱带。在加里东运动后，由于强烈的挤压和热效应而导致板缘区上隆，继以剥蚀使地壳变薄，在泥盆纪拉张与热下沉的综合作用下，在扬子克拉通与华夏克拉通之间形成了华夏陆缘坳陷盆地。此类盆地分布很广。自泥盆纪至三叠纪均有沉积。主要沉积浅海碳酸盐岩和碎屑岩，东部由于活动性较强，地壳振荡较频繁，所以地层间有沉积间断存在。而在西部尤其是在粤桂、湘赣边境地区上古生代地层发育齐全，中泥盆统以下为碎屑岩，其上多为碳酸盐岩沉积，这显然与靠近钦防海槽有关。而且泥盆系底部均为类磨拉石建造，与下伏前泥盆系呈不整合接触，并自西南向东北有海侵超覆现象。

(5)**海南被动陆缘盆地**　发育在加里东褶皱带上。这是一个年轻的被动陆缘，似乎只由一个裂谷拉张并演化为陆间裂谷，裂谷的边缘即大陆坡。海南被动陆缘以其岩相的时空变化迅速、跨度较大而有别于其他被动大陆边缘。在空间是窄陆架宽陆坡,时间上变化大。晚石炭世早期的陆架区是滨海相碎屑岩,而晚期即变为半深水相的硅泥质岩。还有基性火山岩喷发活动,充分表明其裂陷的速度性,深度也大。

(6)**钦防残留海槽** 位于本区西邻,与红河海相通而和特提斯海相连,是侵入本区的海侵通道。该海槽内志留系与泥盆系为连续沉积,表明加里东运动对其影响不大,是华夏板块与扬子板块碰撞对接而残留的海槽,主要为含放射虫的硅质岩、硅质页岩沉积,直到早二叠世末期东吴运动才使这钦防海槽封闭,而华夏板块与扬子板块终极完全拼合对接。

综上所述,加里东运动是以汇聚和大陆增生为特色。加里东运动后,华夏、扬子板块已汇聚为统一的南方大陆,唯广西南部还残留有钦防海槽,成为本区海西期海平面上升的通道。海西—印支期是继加里东旋回后的另一个离散汇聚旋回。海西期的构造作用主要是拉张(伸展)-离散作用。在泥盆纪初期本区拉张-离散作用不甚显著,海水沿钦防海槽从西南向东北侵入黔桂地区形成陆架海,并未侵入本区。但受其影响,在桂东南、粤西及湘赣边境地区沿云开古陆、华夏古陆边缘发育一套以紫红色砂砾岩为主的沉积(莲花山组、杨溪组、丫山组),与下伏前泥盆系呈不整合接触。显然代表加里东运动后内陆山间或山前盆地类磨拉石沉积建造。此后,海西期离散作用逐渐强化,而且主要是沿原相关几个板块的加里东缝合带发生,在其内部及边缘形成地堑、地垒裂谷组合。在华夏板块与扬子板块缝合带上,构造离散作用演化的特点是缝合带边缘不规则,加里东运动使其大部分闭合,而西南段未关闭,残留有钦防海槽,从而为重新拉开提供了条件。再一特点是岩石圈的伸展作用发生在陆壳,时间是泥盆纪至早二叠世末期。另外应提及的是,由于地壳伸展变薄,岩石圈均衡效应所引起的从泥盆纪至早二叠世逐渐发展的海侵,至二叠纪阳新海侵达到最大规模,江南古陆、云开古陆全部淹没,华夏古陆面积缩到最小。印支期,是我国南方大陆又一重要的汇聚时期。它是加里东运动汇聚后经海西期的构造离散而再汇聚的过程。主要发生在诸板块缝合带并形成印支造山带。当然,其表现也是多方面的,如在早二叠世末华夏板块与扬子板块之间缝合带西南段的钦防残留海槽最终关闭。自古生代至早二叠世一直保持连续的深海—半深海含放射虫硅质岩、硅质页岩沉积,则被晚二叠世及早三叠世前陆盆地沉积不整合所超覆。与此同时,该缝合带东北段边缘及华夏板块内部也发生构造挤压。原加里东期的武夷-云开古岛弧及华夏古陆开始活化抬升,扬子克拉通碳酸盐台地也抬升了。在华夏古陆西侧闽粤盆地内有大量陆屑充填。此外,在华夏、扬子板块之间的碳酸盐台地和硅质岩盆地(茅口期)在晚二叠世早期突变为含煤沼泽环境。嗣后,则发生沉降,沉积了欠补偿盆地硅质泥质沉积(即大隆组)。在早三叠世沿原板块缝合带发生新的冲断及陆屑堆,中三叠世时由于扬子板块向华夏板块陆内俯冲增强,沿缝合带两侧发生强烈冲断,使武夷-云开古岛弧以东全部抬升为陆,扬子碳酸盐台地边缘发生前陆隆起,形成江南古陆,导致赣湘桂盆地变浅、消失。这陆内俯冲一直持续到晚三叠世早期,形成华南造山带,其山链主要沿江南古陆、武夷-云开古陆及华夏古陆呈北东向展布。自此,海水已从南方大陆退出,这一由海变陆是地质历史上的重大突变事件。从此结束了本区海相沉积的历史而出现陆相沉积的新纪元。

第六章

晚三叠世—第三纪

印支运动后，除台湾有海相沉积外，全区基本成陆，大地构造演化进入一个新的阶段——现代板块构造(或大陆边缘活动)阶段，形成以陆盆沉积和陆相中、酸性为主的火山喷发岩系。按区域性不整合和岩石组合类型，本区可划为晚三叠世—中侏罗世、晚侏罗世—白垩纪和第三纪三个断代地层，它们均以区域性不整合面为界。

晚三叠世—中侏罗世，除湘、赣、粤、闽局部地区早期有浅海-海湾泻湖相沉积外，皆为大陆河流-湖泊相，形成本区一套重要含煤碎屑岩建造。晚侏罗世—白垩纪火山活动强烈，尤以长江中下游和东南沿海为最，晚侏罗世以厚度巨大的陆相火山沉积岩系为主，与铜、铁、多金属及次生石英岩、玻璃岩有关的非金属矿产成矿关系密切；白垩纪为火山或非火山红色盆地沉积，是本区重要的膏盐含矿层位。第三纪除台湾有海陆交互相含煤细碎屑岩地层外，余皆属陆相红色或灰色碎屑岩建造，赋存有膏盐、油页岩、褐煤等沉积矿产，局部伴有大陆玄武岩浆喷发。

本区晚三叠世—第三纪地层发育完整，分布面广，除沿海晚侏罗世火山岩地层呈大面积出露外，其余多呈盆地型式展布，与区域性北东、北东东及北西向断裂有关(图 6-1)。

晚三叠世—第三纪地层是本区的重要断代地层之一，但研究程度较低。本书在东南各省岩石地层清理研究基础上，共划分出岩石地层单位 312 个，包括群级 28 个，组级 284 个。其中晚三叠世至中侏罗世群级 6 个，组级 51 个；晚侏罗世至白垩纪群级 18 个，组级 115 个；第三纪群级 4 个，组级 118 个。

第一节　岩石地层划分及其特征

一、晚三叠世—中侏罗世岩石地层

晚三叠世—中侏罗世地层分布较广，是重要含煤地层之一，呈盆地型式零星散布，主要受河湖盆地控制，地层的分区性已不明显。大部分省区岩石地层序列总体较完整(表 1-2)。岩石组合类型以一套海陆交互相向陆相过渡的含煤碎屑岩建造为特征，与下伏中三叠世地层在扬子区为整合或平行不整合接触，在东南区则为明显不整合关系，其上普遍被晚侏罗世地层不整合所覆。

(一)晚三叠世岩石地层

包括两类岩石组合。

1. 海陆交互相含煤碎屑岩建造

本类型分布较广，呈北东或北东东方向展布，以粤北艮口群及赣西安源群研究较详。

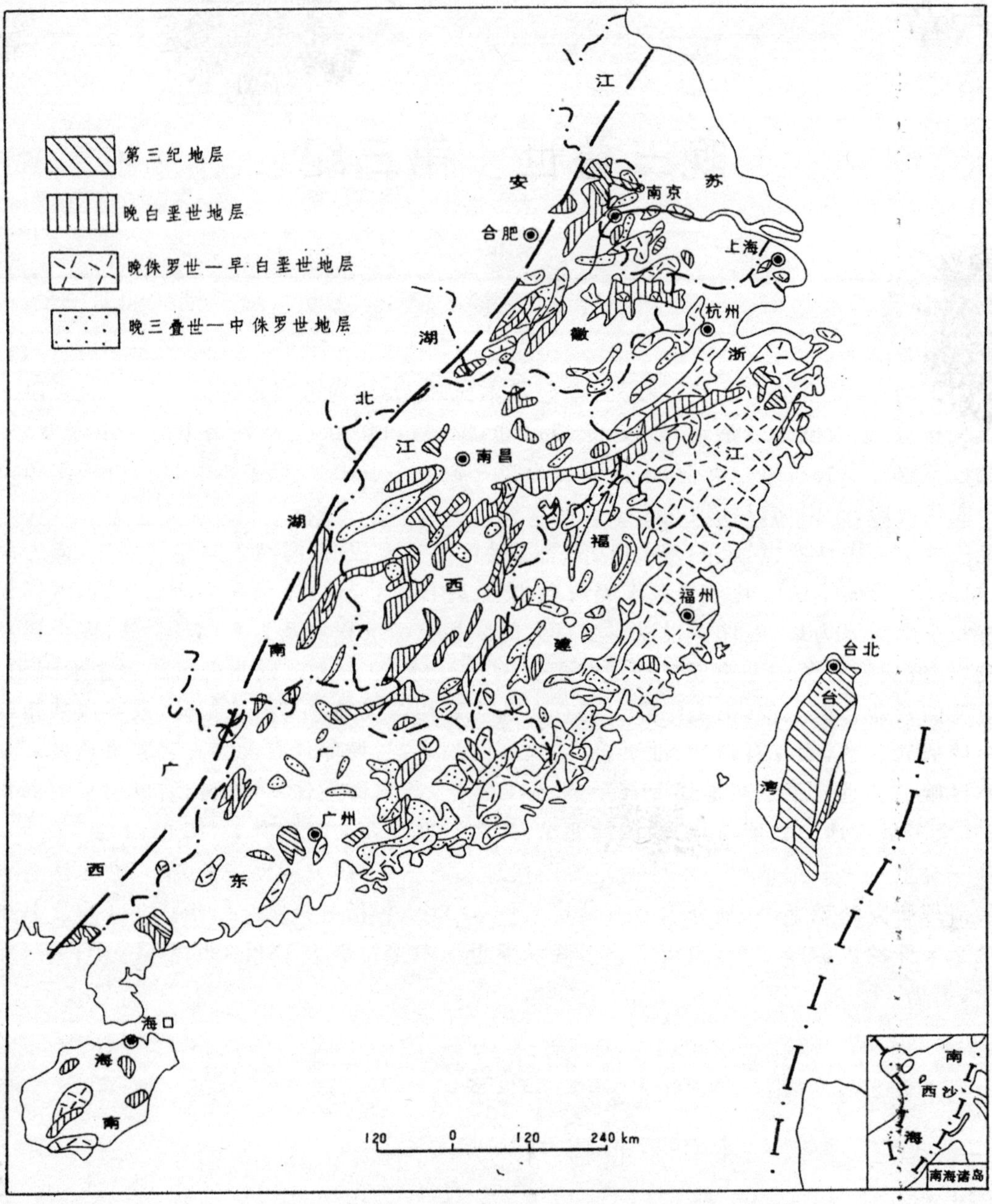

图 6-1 东南区晚三叠世—第三纪地层露头分布图

艮口群 分布于粤北及粤东，由一套灰黑色为主的含煤碎屑岩组成，包括上、下两个含煤地层和中间一个海相地层。自下而上分为红卫坑组、小水组和头木冲组，与下伏中三叠世地层普遍以底砾岩作为不整合分界，其上被早侏罗世金鸡组或蓝塘群整合或平行不整合所覆。

红卫坑组 下部(社主段)以砂砾岩、砂岩为主，夹砂页岩及煤层(线)；上部(牛牯墩段)以砂页岩为主，总体岩性具有下粗上细的变化，纵向上粗细碎屑岩相互叠置，煤层主要位于中部，横向上岩性变化较大，局部地区夹中、酸性火山岩及火山碎屑沉积岩，偶夹微晶灰岩凸镜体。下部富含植物，上部含双壳类。厚 66～901 m 不等，西薄东厚。

小水组 由一套灰色粉砂岩、粉砂质泥岩组成，夹少量细砂岩及灰黑色泥岩，韵律层发育，以含大量海相双壳类化石为特征，与下伏红卫坑组整合接触。局部夹鲕状赤铁矿层及中酸性火山岩，厚 59～792 m 不等，双壳类以 *Plagiostoma*，*Oxytoma* 等为代表。

头木冲组 以灰白色石英砂岩为主，夹少量粉砂岩、碳质泥页岩及煤层(线)，组成粗细岩层反复叠置的韵律层，与下伏小水组整合接触。各地岩性较稳定，厚 54～954 m 不等，西薄东厚，富含植物及双壳类等。

艮口群在东江地层分区的广州北郊及梅州地区相变为**小坪组**，岩性以灰白色砂砾岩为主，夹灰黑色粉砂岩、碳质页岩及薄煤层，沉积韵律发育，底部以砾岩为标志与下伏地层不整合接触，其上与金鸡组整合或平行不整合接触，厚 14～810 m 不等，岩性及厚度变化较大，化石以植物和双壳类为主，属种与艮口群相同，但从岩性对比分析，可能仅相当艮口群上部。

安源群 分布在赣西萍乡一带，与艮口群完全可以对比，自下而上分为紫家冲组、三家冲组和三丘田组，上下皆含煤，中间为海相层，与下伏中三叠世地层呈不整合接触，其上与多江组呈平行不整合关系。

紫家冲组 底部为灰白色厚层砾岩，向上为灰黑色砂页岩夹煤层(线)，组成多个粗细沉积旋回，局部见油页岩及铝土矿夹层，厚 14～659 m 不等，含大量植物及双壳类。

三家冲组 以盛产海相双壳类的灰黑色泥岩为主，间夹少量粉砂岩和细砂岩，多见菱(黄)铁矿结核及条带，底部有厚层砂岩与下伏紫家冲组整合接触，厚 36～285 m，含丰富的双壳类及少量腹足类和植物化石。

三丘田组 由灰白色砾岩、石英砂岩、粉砂岩和灰黑色泥岩等构成韵律层，间夹煤层(线)，底部常见砾岩与三家冲组整合分界或超覆于更老地层之上，各地厚度变化较大，自 179～576 m 不等，含丰富的双壳类及植物化石。

多江组 为一套灰白、黄褐、灰紫、深灰色砂泥质碎屑岩夹碳质页岩及煤线，底部以细砾岩与安源群呈平行不整合或超覆于更老地层之上，其上为早侏罗世灰白色巨厚层水北组砂岩整合所覆，厚 113～370 m，含双壳类及植物化石。

在湘东南，晚三叠世地层自下而上划分为**出炭垄组**、**杨梅山组**、**杨梅垄组和唐垄组**，上下都为含煤地层，中部杨梅山组为海相层，但仅见出露于宜章一带，向东北至资兴可能尖灭，其岩性组合、生物群特征及层位关系均可与艮口群及安源群对比。

2. 海湾泻湖-陆相含煤碎屑岩建造

零星出露，主要分布在苏皖沿江地带和闽西南地区，前者称范家塘组，后者称大坑村组及文宾山组。

范家塘组 岩性为灰、深灰色中厚至厚层细砂岩、粉砂岩与灰黑色中薄层泥岩互层夹碳质泥岩，局部夹煤层(线)，其底以细砂岩或含砾粉砂岩与下伏中三叠世黄马青组及上覆钟山组均为平行不整合。地层厚度变化大，最大厚度达 249～300 m(范家场井下厚度)，地表多为数十米。植物化石丰富，偶见淡水及半咸水双壳类。主要见于苏皖沿江一带。皖南山区这套层位与范家塘组基本可以对比。

大坑村组 分布局限，仅见于闽西南漳平、龙岩等地几个小盆地中。下段为灰、灰黑色细砂岩夹粉砂岩及煤层(线)，其底常以细砂岩、砂砾岩与下伏中三叠世安仁组呈整合或平行不整合接触或超覆于更老地层之上；上段为灰、灰黑色粉砂岩、泥岩夹细砂岩、碳质泥岩，偶夹煤线，地层厚度变化大，漳平大坑最厚达 428 m，含植物化石。

文宾山组 为大坑村组之后的继承性盆地沉积，但分布范围较广。下段为灰白色石英砂岩、含砾砂岩夹粉砂岩、碳质泥岩及煤层(线)；上段为灰黑色碳质粉砂岩、泥岩夹细砂岩及煤线，偶夹中基性火山岩，其上被早侏罗世梨山组整合或平行不整合所覆。地层厚度变化大，自96～945 m 不等。富含植物化石，偶见双壳类。

与文宾山组岩性及层位相当的地层，在闽北称**焦坑组**，在浙西称**乌灶组**，在粤西称**小云雾山组**，在赣西南称**天河组**(包括跨时的**安塘组**)，均属一套陆相含煤碎屑岩建造，各地厚度变化大，但岩性及古生物特征基本可以相互对比。

(二)早侏罗世岩石地层

早侏罗世地层为晚三叠世的继承性沉积，以浅海相为主的碎屑岩建造和陆相含煤碎屑岩建造发育为特征，陆相沉积范围虽有所扩大，但含煤性却大为逊色，局部尚伴有较强的中、基性火山喷发。其下与晚三叠世地层多为平行不整合，其上为中侏罗世地层整合或平行不整合所覆。

1. 浅海相碎屑岩建造

主要分布于桂-湘-赣、沿海及东江地层分区，以粤东沿海研究较详，称蓝塘群。

蓝塘群　由灰黄、灰白、灰黑色(长石)石英砂岩、粉砂岩、泥页岩组成，薄至中厚层状，偶夹砂砾岩，粗细韵律层发育。自下而上划分为**银屏山组**、**上龙水组**、**长埔组**、**吉水门组**、**青坑村组**，构成岩性由粗—细—粗—细—粗变化的沉积旋回，各组间均呈整合接触，累计厚度达 3 500～5 600 m。砂泥岩中以富含菊石及少量海相双壳类为特征。蓝塘群之上逐渐过渡为海湾泻湖-陆相沉积，被早侏罗世晚期桥源组整合所覆。**桥源组**岩性为紫灰、深灰、灰黑色长石石英砂岩、粉砂岩、泥岩夹少量粗砂岩及煤层(线)，下粗上细，韵律层发育，煤层多位于中部，厚 444～1 408 m，富含植物及双壳类。

与蓝塘群层位及岩性基本可以对比的地层，在湘东南称**心田门组**，由石英砂岩、泥岩及碳质泥岩组成，含菱铁矿结核，含海相双壳类，厚 80 余米；在粤北、粤中称**金鸡组**，亦为一套以浅海相为主的含煤碎屑岩建造，由砂岩、粉砂岩、泥页岩互层组成，夹少量砂砾岩及劣质煤层(线)，粗细韵律层发育，组成 5～8 个沉积旋回，厚 270～580 m，富含海相双壳类 *Hiatella* 及菊石 *Arietites* 等。该地层向东北延至梅州及闽西南永定地区，由于含中基性、中酸性火山岩层及陆相沉积层增多，分别称为**嵩灵组**和**象牙群**(包括下部**下村组**及上部**藩坑组**)。沉积岩层多见于下部，火山岩发育于中上部，岩性变化大，特别是火山岩层极不稳定，地层厚度亦随地而异，一般为数百米至 2 700 m 不等。砂泥岩中所含植物及菊石与金鸡组相似。

2. 陆相含煤碎屑岩建造

分布于扬子地层区及东南地层区东北部。扬子地层区以**象山群**下部钟山组研究较详，东南地层区以梨山组出露完整。

钟山组　见于苏、皖沿江一带。下部为灰黑色厚层石英砾岩、含砾砂岩偶夹粘土岩，中部为灰黄色中薄层粉砂岩、页岩夹煤层(线)；上部为黄褐色中薄层长石石英砂岩夹粉砂质页岩，偶夹火山岩。底以砾岩或含砾砂岩与下伏晚三叠世范家塘组呈平行不整合接触。地层厚度变化大，最厚可达千余米，含植物及淡水双壳类等化石。该组向西南延至皖南、赣西及湘东南，砂岩显著增多。皖南称**月潭组**，江西全境称**水北砂岩**，湘东南称**茅仙岭组**，均以白色厚层长石石英砂岩为主，下部夹粉砂岩、页岩及煤线，上部夹紫红、黄绿色条带状泥岩，所含化石与钟山组相似，最大厚度达 1 880 m。

梨山组　发育于闽西，下部为灰白、黄白色砂岩、复成分砂砾岩夹粉砂岩，上部为灰黑、浅灰色粉砂岩、泥岩、细砂岩，局部夹煤线及中基性火山岩，最大厚度达 700 m。其底以砂砾岩与下伏文宾山组或焦坑组呈整合或平行不整合接触，所含化石以植物为主，其次有少量淡水双壳类。

与梨山组岩性及层位相当的地层，在浙东南称**枫坪组**，在桂东南博白盆地称**西湾组**。但西湾组以粗碎屑岩为特征，岩性为浅灰、灰白色厚层巨砾岩、砾岩、细砾岩及石英砂岩，局部夹少量碳质页岩，厚 312 m，北流六麻盆地尚夹中酸性火山岩，由于盆地受后期断裂破坏，现今出露面积极小，均不足 0.5 km^2。

（三）中侏罗世岩石地层

中侏罗世地层为早侏罗世继承性盆地沉积，全为陆相，属一套以紫红色为主的杂色细碎屑岩建造，以闽西漳平组研究较详，在东南地层区引用颇广，与下伏早侏罗世梨山组或象牙群呈整合接触。

漳平组 下部以紫红色为主的杂色细砂岩、粉砂岩、泥页岩，其底以紫红色粉砂岩与梨山组整合分界或超覆于盆地边缘更老地层之上，上部为黄灰、浅紫色等杂色砂岩、粉砂岩夹含砾杂砂岩，偶夹凝灰质粉砂岩及凝灰岩等，局部偶夹钙质砂岩及煤线。岩性及厚度变化较大，一般厚 130～2 500 m 不等，富含淡水双壳类和少量植物。

中侏罗世地层由于各地含火山物质不等，岩性变化较大，各地划分不尽相同。粤中、粤东在漳平组之下、桥源组之上，存在一套杂色碎屑岩和火山碎屑沉积岩，普遍以含火山物质为特征，因而单独划出称**塘厦组**，所产淡水双壳类与漳平组完全相同，其时代可能由早侏罗世晚期延至中侏罗世早期。而粤西及粤北所称之**麻笼组**，则由一套较粗的碎屑岩组成，局部夹有流纹岩，岩石组合特征基本可与漳平组对比。

在赣东南，中侏罗世地层称**罗坳组**，为一套以紫红色为主的杂色砂页岩夹砂砾岩，含凝灰质较高，局部夹沉凝灰岩、泥灰岩等，底部为砂砾岩与下伏水北组砂岩或更老地层呈不整合接触，厚 750 余米，与漳平组岩石组合特征基本相同，含双壳类。

湘东南中侏罗世地层划为下部**千佛岩组**、上部**沙溪庙组**或统称**两江口组**，均以一套紫红色为主的杂色碎屑岩组成，下部较细，上部较粗，以产双壳类为特征，其次有植物，总厚千余米，与下伏茅仙岭组整合接触，岩性及古生物特征与漳平组完全可以对比。

在浙东，**毛弄组**是中侏罗世含煤地层，由一套灰、黄色含砾粗砂岩、砂砾岩，间夹细砂岩、粉砂岩、碳质页岩、煤层（线）及凝灰岩组成，岩性及厚度变化大，最厚可达 2 000 m，尚未见底，含植物及双壳类。

扬子地层区的中侏罗世地层，各地名称不同，江苏称**北象山组**，安徽称**罗岭组**或**洪琴组**，均以一套紫红色为主的砂泥岩夹灰白色长石石英砂岩、砂砾岩、粉砂岩，偶夹火山碎屑岩，与下伏钟山组或月潭组呈整合或平行不整合接触。地层厚度变化大，自 240～1 560 m 不等，产双壳类、腹足类、介形类、轮藻及孢粉等。在浙西，中侏罗世地层称**同山群**，包括下部**马涧组**和上部**渔山尖组**，岩性均为灰绿、黄绿色砾岩、砂岩、粉砂岩、泥岩，下部夹煤线，与下伏地层呈不整合接触，厚度变化较大，马涧组最厚达 500 m，渔山尖组可达 3 000 m。均以产双壳类为主，其次有腹足类、叶肢介、介形类、轮藻及植物等，岩性及生物组合特征与沿江北象山组可以对比。

二、晚侏罗世—白垩纪岩石地层

晚侏罗世—白垩纪地层分布很广，按照区域性不整合和岩石组合类型，可进一步划分为晚侏罗世(或晚侏罗世—早白垩世早期)、早白垩世(或早白垩世中晚期)和晚白垩世三个小的断代地层,它们相互间多有不整合面为界。晚侏罗世—早白垩世为一套厚度巨大的陆相中酸性火山喷发-沉积岩系,分布面广,可进一步划分为长江中下游火山喷发带和东南沿海火山喷发带,后者又大致以绍兴-江山、政和-大埔、五华-深圳断裂为界分为内、外两个岩带;晚白垩世则由紫红色为主的陆相碎屑岩组成,以含膏盐沉积为特色。各带岩石地层单位序列不完全相同(表1-1)。

(一)长江中下游火山岩带

本带包括郯庐断裂与江南断裂之间的苏皖沿江一带。

1. 晚侏罗世岩石地层

呈盆地型式分布于沿江地带,早期为沉积岩,晚期为火山岩,以宁(南京)芜(湖)地区研究较详,自下而上划为西横山组、龙王山组、大王山组,属一套以灰、紫灰色为主的安山质、粗安质火山岩及火山碎屑沉积岩系,与下伏地层呈明显不整合接触。

西横山组 下部为紫灰色薄至厚层灰质砾岩、砂砾岩、长石石英砂岩夹钙质砂岩,上部为红、灰色薄至厚层含砾中粗粒长石石英砂岩、粉砂岩、泥岩、泥灰岩互层,夹砂砾岩凸镜体,偶夹火山熔岩,与下伏象山群的北象山组呈平行不整合或不整合接触。化石较丰富,有植物、孢粉、腹足类、介形类、叶肢介及昆虫等。各地岩性及厚度不尽相同,但总体以色杂、多岩屑、含钙质、由下粗上细的沉积韵律频繁出现为特征,最大厚度达 607 m。与此相当的地层,在皖南繁昌地区称**红花桥组**。

龙王山组 为一套灰白、紫灰色角闪安山质、粗安质、玄武粗安质火山岩及火山碎屑沉积岩,下部以火山碎屑岩为主,上部为火山碎屑岩与熔岩相间出现,岩性由中性、中偏碱性的熔岩及相应成分火山碎屑岩组成,局部偏基性,与下伏地层呈喷发不整合接触。岩性及厚度变化较大,随地而异。皖南繁昌地区为红色流纹质凝灰岩及熔岩,称**中分村组**。最大厚度达 725～875 m,沉积岩夹层偶见植物、孢粉及昆虫、叶肢介、腹足类等化石。

大王山组 下部为灰黄、灰绿、紫红色沉火山角砾岩、沉凝灰岩、凝灰质粉砂岩夹粉砂岩及泥页岩,产植物、孢粉及叶肢介,与下伏龙王山组呈平行不整合接触;上部为灰、紫灰、黄绿色(辉石)安山岩、粗安岩及相应成分的火山碎屑岩,顶部偶有粗面岩及粗面质火山角砾岩。岩性由中性过渡为碱性。各盆地岩性及厚度变化较大,宁芜盆地以中性为主,溧水盆地以碱性为主。皖南繁昌地区为红色英安质熔岩夹流纹岩、粗面岩,属中分村组上部。最大厚度达 1 100～1 973 m(怀宁),同位素年龄介于 125.3～127.9 Ma。

2. 早白垩世岩石地层

呈盆地型式分布于沿江一带,下部以沉积岩为主,上部发育各类火山岩。以安徽境内研究较详,自下而上划为姑山组(双庙组)、娘娘山组(江镇组和浮山组)。在江苏则统称为葛村组。由于各盆地岩性变化较大,地层名称及划分难尽一致。与下伏晚侏罗世地层均呈平行不整合或不整合接触。

姑山组 发育于苏、皖边界的当涂、马鞍山一带。下部为紫红色凝灰质砂岩及砾岩,厚 150 m,与下伏大王山组有较长的沉积间断,两者呈平行不整合接触;上部为石英安山岩和石英粗安岩、石英粗面岩,厚 510～730 m,下部沉积岩中产叶肢介、介形虫、植物、孢粉等化石。与本组岩性及层位相当的地层,在沿江地区的繁昌、庐(江)枞(阳)、怀宁等地,上部常见粗面玄武岩、安山岩夹砂页岩,称**双庙组**,盛产植物、孢粉、腹足类、双壳类、介形类及叶肢介等多门类化石。

娘娘山组 仅见于苏、皖边界的马鞍山地区。下部为灰紫色粗面质集块岩、角砾凝灰岩，与下伏姑山组呈喷发不整合接触；中部为紫灰、灰黄色粗面质熔结角砾岩、熔结凝灰岩、集块岩；上部为灰红、灰黑色黝方石响岩及响岩质熔结凝灰岩。最大厚度590 m(江宁)。与娘娘山组层位相当的火山岩，在庐枞、繁昌、铜陵地区为碱性粗面岩夹粗安岩、粗面质角砾岩，称**浮山组**；在怀宁地区为钾长流纹岩，称**江镇组**。各地火山岩岩性虽不尽相同，但层位相当，均位于双庙组或姑山组之上、浦口组之下，相互可以对比。

葛村组 呈盆地型式广布于江苏境内。下部为紫褐、黄灰色细砂岩夹粉砂质泥岩、砂砾岩及砾岩，与下伏晚侏罗世火山岩地层呈不整合接触；上部为紫红、棕红、灰黄色泥岩、粉砂质泥岩与泥质粉砂岩互层，中上部零星分布有中、酸性及碱性火山岩，由于岩性及厚度变化大，火山岩在各喷发盆地中岩性各异，自成体系，故作为非正式岩石地层单位归属于葛村组中。如宁芜的姑山安山岩、英安岩及宁镇的上党石英安山岩、石英粗安岩、石英粗面岩带，岩性与姑山组火山岩相似；在宁镇、宜兴、溧阳、溧水、苏州、无锡一带的甲山流纹岩锥，岩性与江镇组火山岩相似；而分布于江宁县的娘娘山响岩锥，在安徽则称娘娘山组，两者实为同一火山喷发盆地。葛村组由于各盆地互不连通，延伸范围小，故岩性各地略有差异，一般在盆地中心粒度较细，颜色较深，而盆地边缘粒度较粗，氧化程度高，色调亦浅。厚度自数十米至820余米(茅山)不等，化石丰富，有植物、孢粉及双壳类、腹足类、叶肢介、介形类、轮藻等。

3. 晚白垩世岩石地层

呈盆地型式广布于苏皖沿江地区，以江苏境内研究较详，划分为浦口组和赤山组，均由一套紫红色为主的陆相碎屑岩组成，与下伏早白垩世地层呈不整合或平行不整合接触。

浦口组 苏南地区下部为紫灰、紫红色钙质粉砂岩、砂岩、安山质角砾熔岩，底部为钙质角砾岩与下伏葛村组不整合接触；上部为紫灰、紫红色钙质粉砂岩、泥岩互层夹细砂岩。岩性及厚度变化大，最大厚度达1 250 m(南京)，俗有"红浦口"之称；苏北浦口组多为宽广盆地沉积，碎屑物粒度较细，颜色深暗，地层厚度达3 000 m，与苏南不同，故有"黑浦口"之称，反映出浅湖(局部为深湖)的沉积环境，盆地中心偶夹膏盐矿层。浦口组产化石丰富。在皖南郎溪、广德、歙县、休宁、南陵、怀宁等地所产化石有鱼类、双壳类、介形类、轮藻、叶肢介、植物及孢粉等，但部分盆地生物群反映晚侏罗世—早白垩世面貌，因此，是否混有晚侏罗世及早白垩世地层尚待进一步研究。

赤山组 为浦口组之后的继承性沉积，下部岩性为紫红、棕红色细砂岩、粉砂岩夹砂砾岩，皖南多有底砾岩与浦口组不整合接触；上部为砖红色细砂岩、粉砂岩夹泥岩，偶有薄层石膏。岩性各地相对稳定，但厚度变化大，沿江地区可达1 030～5 390 m，含孢粉、轮藻、介形类及脊椎动物和恐龙蛋化石。

(二)东南沿海火山岩内带

包括绍兴-江山、政和-大埔、五华-深圳断裂以西的江南、桂-湘-赣、武夷、云开、东江、五指山等地层分区，具有两种岩石组合类型：晚侏罗世—早白垩世早期为火山沉积建造，火山活动多为中心式喷发；早白垩世中晚期—晚白垩世为陆相红色碎屑岩建造，两者均呈盆地分布。

1. 晚侏罗世—早白垩世早期岩石地层

按岩石组合可分为三部分，下部为沉积岩，中部为火山岩，上部为以沉积岩为主夹少量火山岩。地层划分以浙西研究较详，统称**建德群**，自下而上包括劳村组、黄尖组、寿昌组和横山组。

劳村组 为一套暗紫色泥质粉砂岩、砂岩夹不稳定的流纹质凝灰岩、流纹岩和砂砾岩，底部常以砾岩不整合于下伏较老地层之上，厚 1 236 m，含植物和腹足类、双壳类、叶肢介、介形类及昆虫等。区域上岩性及厚度变化大，火山岩层各地发育程度不同，苏南及皖南劳村组及炳丘组未见火山岩，地层厚度显著变薄为 140～210 m。与此相当的地层在闽西偶夹碳质页岩、泥灰岩，称**园盘组**，在赣西南称**如意亭组**，赣东南称**龙潭坑组**。尽管各地岩性有一定差异，但均下伏于一套晚侏罗世中酸性火山熔岩之下，层位及时代可以相互对比。

黄尖组 为一套灰、灰紫、灰绿色中、酸性熔岩和火山碎屑岩，偶夹薄层沉积岩，与下伏劳村组呈喷发不整合接触。分布于建德黄尖—寿昌一带的黄尖组，岩性为灰、灰紫色流纹斑岩、球泡流纹岩夹流纹质晶屑凝灰岩及少量珍珠岩，厚 943 m。本组化石稀少，偶见植物及昆虫。与黄尖组层位相当的地层，由于在不同地区火山活动强度不同，岩性及厚度变化较大，地层名称及划分详细程度不尽一致。苏南黄尖组进一步划分为下段安山岩、粗安岩夹流纹质（熔结）凝灰岩及薄层砂泥岩，上段为凝灰质砂页岩、粉砂岩，向上为石英粗安岩、英安岩及相应成分的火山碎屑岩，厚达 3 260 m；皖南**石岭组**及闽西**下渡组**与黄尖组岩性基本可以对比，仅下部偶有安山岩出露；赣南龙南会昌一带进一步划为下部**鸡笼嶂组**流纹质熔结凝灰岩和上部**菖蒲组**玄武（安山）岩；赣东北峡江—广丰一带，则称**鹅湖岭组**，并自下而上分为**周家源段**、**花草尖段**、**王桥段**、**虎岩段**或**打鼓顶段**、**梧溪段**或**鹅湖段**；粤北划分为下部**吉岭湾组**安山（玄武）岩和上部**热水洞组**中酸性火山碎屑岩及熔岩。本组火山岩地层厚度由西南向东北略有增厚趋势，同位素年龄表明其地层时代亦趋偏新。

寿昌组 由一套灰绿、黄绿、紫红等杂色砂、页岩组成，夹凝灰质砂岩及含砾砂岩，偶有厚度不稳定的酸性火山岩，由建德向东经墩头、浦江至诸暨等地火山岩明显增多，与下伏黄尖组呈整合接触，厚 1 200 m。化石极丰富，门类繁多，主要有腹足类、双壳类、鱼类、昆虫、叶肢介、介形类和植物等化石。与之相当的地层，在闽西称**坂头组**，江西称**石溪组**，均属一套以沉积岩为主的地层。

横山组 分布局限，为一套紫红色富含钙质的粉砂岩，偶夹细砂岩、凝灰质砂砾岩及薄层凝灰岩。与此岩性及层位相当的地层，在江西称**冷水坞组**，由杂色砂泥岩夹砂砾岩组成；在闽西坂头组之上称**吉山组**，由灰白色厚层砾岩及砂砾岩组成。尽管各地岩性及厚度不同，但层位相互可以对比，代表晚侏罗世大规模火山活动之后的盆地萎缩期沉积，其上普遍为早白垩世中晚期紫红色碎屑岩层不整合所覆。

2. 早白垩世中晚期岩石地层

分布广泛，常组成较大的红色盆地，晚期局部发育中酸性火山岩，与下伏地层呈区域性不整合，岩石地层以浙西发育完整，属一套紫红色为主的陆相碎屑岩夹少量火山岩，称**永康群**，自下而上划分为馆头组、朝川组、方岩组和壳山组。

馆头组 为灰绿、紫红等杂色砂岩、泥岩夹少量中、酸性火山岩，偶见安山玄武岩，底部以砾岩或砂砾岩与下伏各老地层呈不整合接触，厚度 130～600 余米，化石丰富，以腹足类、叶肢介、介形类、鱼类及双壳类等为主。

朝川组 为一套红色中、中厚层砂岩、泥岩之互层，间夹含砾砂岩、砂砾岩及凝灰岩，与下伏馆头组整合，厚度变化大，最大达 1 083 m，含腹足类、双壳类及介形类。

方岩组 为紫、紫红色厚层块状砂砾岩、砾岩；顶部偶夹粉砂岩、泥岩，常形成较典型的丹霞地貌，与下伏朝川组整合接触，最厚达 1 735 m，含少量叶肢介及植物化石。

壳山组 分布局限，为肉红色流纹（斑）岩，与下伏方岩组呈喷发不整合接触，最大厚度

239 m。

与永康群岩性及层位相当的地层，各地发育程度不同，划分亦不尽一致，但均以明显不整合与下伏地层分界，除湘东南**石门组**和**东井组**全为紫红色砾岩及粉砂质泥灰岩、细砂岩外，其他各地多有不同程度火山喷发。诸如皖南**岩塘组**和**徽州组**，闽西**白牙山组**，江西**茅店组**，粤北**伞洞组**和**马梓坪组**，粤东北**官草湖组**、**合水组**（可能包括**优胜组**），粤西三水盆地**百足山组**、**白鹤洞组**，粤西**罗定组**（可能包括**三丫江组**），桂东南**新隆组**、**大坡组**（可能包括其上之**西垌组**），海南**鹿母湾组**及**六罗村组**、**汤他大岭组**、**岭壳村组**等。它们均以一套紫红色为主的杂色砂、砾岩、粉砂岩夹泥岩组成，局部地区晚期发育双峰式火山岩，有玄武安山岩、流纹岩及粗面岩等。所产化石也相似。

3. 晚白垩世岩石地层

本带晚白垩世岩石地层，大部分地区始于早白垩世晚期的盆地沉积，例如浙西的**衢江群**，江西的周田组，粤北的**南雄群**及闽西的**赤石群**等，与下伏地层多为不整合或平行不整合。以浙西发育较完整，划分为衢江群和桐乡组，前者自下而上包括中戴组、金华组和衢县组。

中戴组　为紫红色块状砾岩、砂砾岩、砂岩及粉砂岩夹泥岩，偶夹凝灰岩及玄武岩。各地岩性变化较大，火山岩夹层多不稳定，总体特征是下部粗，以紫灰色砾岩、砂砾岩为主，偶夹火山岩层；上部细，为紫红色砂岩、粉砂岩夹泥岩。最大厚度达 800 m（龙游）。化石稀少，偶见恐龙蛋、双壳类、介形类及轮藻。

金华组　由一套浅灰紫色薄层粉砂质泥岩、粉砂岩夹细砂岩组成，下部多有暗色泥岩及泥灰岩，偶夹薄层石膏，与下伏中戴组整合接触，一般厚度达 800～2 126 m。化石丰富，计有双壳类、腹足类、介形类、轮藻、叶肢介、昆虫、恐龙蛋及植物。

衢县组　为棕褐、棕红色中、厚层或块状砂砾岩、砂岩、粉砂岩及泥岩，组成粗细韵律，水平及交错层理发育，厚度一般在 1 000 m 以上，最大厚度达 2 361 m（兰溪），含丰富的介形类、轮藻，偶见恐龙蛋及恐龙牙骨碎片。

桐乡组　为浅粉红色厚层至块状钙质不等粒砂岩夹薄层泥岩，下粗上细，底部多见砾岩与下伏衢县组平行不整合接触，一般厚 1 000 m。含丰富的介形类、轮藻及孢粉等。

晚白垩世地层各地区岩性及厚度变化大，地层发育程度差异明显，地层划分详细程度各不一致，但基本是按碎屑物粒度进行地层划分。如皖南划为下部**齐云山组**和上部**小岩组**，湘东南自下而上划为**栏垄组**、**神皇山组**和**罗镜滩组**、**红花套组**、**戴家坪组**、**车江组**；在闽西称**赤石群**，自下而上包括**均口组**、**沙县组**和**崇安组**；在江西划为下部**周田组**和上部**圭峰群**（包括下部**河口组**、**塘边组**和上部延至第三纪的**莲荷组**）；在粤北包括**南雄群**（**大凤组**、**主田组**、**浈水组**）及**丹霞组**和**罗佛寨群**下部的**上湖组**；粤东北统称**叶塘组**；粤西三水盆地划为下部**三水组**和上部**大塱山组**；茂名盆地称**铜鼓岭组**；桂东南称**罗文组**；海南五指山地区称**报万组**，等等。其岩性总体特征是多呈紫红色，全由沉积岩组成，基本未见火山岩，沉积物由下而上粒度变粗，由砂泥岩向砂砾岩变化，或粗细岩石相间出现。化石丰富，有双壳类、叶肢介、介形类、昆虫、爬行类和植物等。下部多见石膏层，上部（晚白垩世晚期）多含恐龙蛋化石，构成本带地层划分、对比的重要标志，同位素及古地磁年龄介于 70～103.2 Ma。

（三）东南沿海火山岩外带

本带包括绍兴-江山、政和-大埔、五华-深圳断裂以东的沿海地层分区。晚侏罗世火山岩呈大面积岩流覆盖，以裂隙或沿裂隙带的中心式喷发为主，白垩纪地层多赋存在北东、北西向火山喷发盆地中，火山活动相对较弱，以中心式喷发为主。

1. 晚侏罗世—早白垩世早期岩石地层

广泛分布于沿海地层分区，火山岩呈面式覆盖，面积约 100 000 km^2，与下伏地层呈区域性不整合接触。空间上由西北向东南依次形成北东向火山喷发带。包括浙东奉化-龙泉、象山-温州，闽东寿宁-梅林、福安-平和、平潭-东山，粤东莲花山、潮安及南澳等火山喷发带。岩石地层以闽东研究较详，称**南园群**，自下而上包括长林组、鹅宅组、赤水组和小溪组，由一套以灰色为主的钙碱性火山沉积岩系组成，与浙东**磨石山群**及粤东**高基坪群**基本可以对比。

长林组 为一套陆相火山碎屑-沉积岩系，岩性主要为灰白、灰绿、紫红色凝灰质砂砾岩、长石石英砂岩夹细砂岩、砂泥岩及凝灰岩，局部夹硅质粉砂岩及泥灰岩凸镜体，与下伏漳平组及其更老地层呈不整合接触。各地岩性及厚度变化大，厚 400～1 005 m 不等。含少量植物、孢粉及叶肢介。本组向东北延入浙东与**大爽组**可以对比，但火山岩略有增多，厚度增大；向西南与粤东**龙潭坑组**亦基本可比，但据该区上覆热水洞组同位素年龄分析，地层时代偏老，沉积时代可能起始于中侏罗世。

鹅宅组 由一套灰、灰绿色流纹质晶、岩屑凝灰熔岩夹火山碎屑岩、流纹岩及沉积岩，下部偶有深灰、灰黑色安山岩或安山英安质火山碎屑岩，组成一个由中性—酸性的岩浆演化旋回，与下伏地层呈喷发不整合接触。岩性及厚度变化大，最厚达 1 900 m。沉积岩夹层中含植物、叶肢介，偶有脊椎动物 *Rhynchosaurus orientalis* 等。本组与浙东**高坞组**可以对比，但浙东岩石定名多称熔结凝灰岩，层位与粤东**吉岭湾组**和**热水洞组**下部相当。

赤水组 下部为灰、深灰色英安岩、流纹英安质凝灰熔岩、熔结凝灰岩夹薄层砂页岩，分布广，与下伏地层呈喷发不整合；上部为灰白、紫灰色流纹质晶屑凝灰岩、凝灰熔岩及流纹岩，分布较局限，组成一个中酸性—酸性岩浆演化旋回。各地岩性相对稳定，但厚度变化大，最厚可达 2 300 m。含少量植物、腹足类、叶肢介，凝灰熔岩全岩 K－Ar 同位素年龄为 149±4 Ma，全岩 Rb－Sr 等时线年龄为 147.5±6～151±15 Ma。本组岩性及层位与浙东**西山头组**可以对比，但浙东岩石定名多为熔结凝灰岩，且以酸性岩发育，同位素年龄值略小，与粤东热水洞组之层位相当，岩性相似，但同位素年龄值偏大。

小溪组 由下部灰、深灰、紫红色钙质、凝灰质粉砂岩、硅质岩夹凝灰岩、碳质粉砂岩组成，底部为凝灰质砂砾岩偶夹安山岩，与下伏赤水组或鹅宅组呈平行不整合接触；上部为灰、紫灰色流纹质凝灰岩、熔结凝灰岩、流纹岩偶夹薄层沉积岩。岩性及厚度变化大，但二分性明显，下部为沉积岩，上部为火山岩，最厚可达 1 700 余米。沉积岩化石较丰富，以植物为主，另有少量叶肢介。与小溪组岩性及层位相当的地层，在浙东为**茶湾组**及其上之**九里坪组**，可能还包括**祝村组**一套中酸性—酸性火山岩夹沉积岩。茶湾组化石丰富，有双壳类、叶肢介、鱼类、昆虫、腹足类及植物等，在粤东称**水底山组**和**南山村组**，水底山组亦含植物、孢粉、叶肢介及鱼类。

2. 早白垩世中晚期岩石地层

呈北东及北西向火山喷发盆地分布，火山活动强度较晚侏罗世大为逊色。岩石地层在闽东划为下部黄坑组和上部寨下组，属**石帽山群**中下部，均由一套紫红色火山喷发-沉积岩系组成，分别构成两个沉积-喷发旋回。

黄坑组 下部为灰紫、紫红色凝灰质砂砾岩、砂岩、粉砂岩夹英安质凝灰岩，与下伏地层呈不整合接触；上部为紫灰、紫红色英安岩、流纹英安质熔结凝灰岩，偶夹流纹岩，其下偶有安山玄武岩。各地岩性基本稳定，但厚度变化大，最厚达 1 836 m(平和)。下部沉积岩中偶有植物、叶肢介及鱼类化石。与黄坑组岩性及层位相当的地层，在浙东包括**馆头组**、**朝川组**和**方岩组**—

套沉积岩及壳山组或小平田组一套酸性火山岩，在粤东则与官草湖组可以对比。火山活动强度亦有从西南向东北(粤东→闽东→浙东)逐步增强迁移趋势。

寨下组 由一套巨厚的中、酸偏碱性火山喷发-沉积岩组成。下部为紫红色凝灰质砂砾岩、粉砂岩、泥岩，偶夹英安岩，与下伏黄坑组平行不整合接触；上部为紫灰、灰绿色流纹(斑)岩、凝灰熔岩、钾长流纹岩、石英粗面岩，偶夹粉砂岩，其下偶见玄武岩。岩性及厚度变化大，最厚可达1 698 m(建瓯仁山)。下部沉积岩中产少量植物、叶肢介化石，本组向东北延至浙东与**塘上组**基本可以对比，下部为紫红色碎屑岩，上部为酸性火山岩，向西南至闽南及粤东则可能缺失。

此外，与福建沿海遥望的台湾省澎湖、北港地区，由钻孔揭示的早白垩世**云林组**，其岩性为一套灰、灰白色砂岩、粉砂岩、页岩及灰岩，有少量砾岩和玄武岩夹层，底部见一层砾岩不整合覆于时代不明的变质岩地层之上，厚60～530 m，含钙质超微化石及菊石、孢粉、双壳类、腹足类等。

3. 晚白垩世岩石地层

仅见于浙东与闽东，亦呈火山喷发盆地分布，但火山活动强度十分微弱。岩石地层在闽东称**石牛山组**，属石帽山群上部地层，仅见于永泰、福州几个小盆地中心。下部由紫红色凝灰质砂砾岩、粉砂岩、泥岩组成，与下伏寨下组平行不整合接触；上部为紫灰色流纹质熔结(角砾)凝灰岩夹流纹岩及薄层凝灰质粉砂岩，最大厚度1 912 m。下部沉积岩产少量植物、孢粉及叶肢介化石。在浙东，晚白垩世地层划为下部**两头塘组**，由紫红色泥岩、粉砂岩夹砾岩组成，厚691 m，偶有薄层(熔结)凝灰岩，产恐龙蛋化石；上部**赤城山组**由紫红色厚层块状砾岩、砂砾岩夹粉砂岩及泥岩凸镜体，偶夹薄层凝灰岩，与下伏两头塘组整合接触，厚660 m，岩性与丹霞组相似。

(四)关于台湾地层分区的大南澳(岩)群

在台湾省中央山脉东翼及其邻侧的脊梁山脉广泛出露的变质岩地层称为大南澳(岩)群，其上被第三纪碧侯组或毕禄山组不整合所覆。

根据近年王执明(1991)的研究，**大南澳(岩)群**自下而上划为**开南冈(岩)组**、**九曲(岩)组**、**长春(岩)组**和**天祥(岩)组**，为一套巨厚的变质基性岩等混杂岩石组成的变质岩系，推测总厚度为6 000 m。

开南冈(岩)组主要由片麻理发育的片麻岩组成。**九曲(岩)组**为厚层块状大理岩及少量白云岩、片岩。**长春(岩)组**以绿色片岩为主夹石英岩及薄层大理岩。**天祥(岩)组**以灰、深灰色石英云母片岩和千枚岩为主，夹多量变质砂岩、绿色片岩、角闪岩及少量大理岩的外来岩块，沿花莲至南横一带分布，长达150 km，平均宽7～8 km，是大南澳(岩)群分布最广的地层。

大南澳(岩)群的时代一直存有争议。颜沧波等在九曲(岩)组大理岩中曾发现有䗴科及珊瑚，证明其时代是二叠纪或泛指古生代晚期；陈政恒(1989)在苏澳、天祥等地天祥(岩)组石英云母片岩中发现许多沟鞭藻化石，推论其年代约在早侏罗世晚期至早白垩世。此外，变质岩的同位素年龄资料虽不少，但它们多是变质作用、造山运动或岩浆活动的记录。由此看来，大南澳(岩)群的时代无疑包含了晚古生代至早白垩世，但由于各岩组在宏观上呈不连续性，剪切褶皱或剪切断裂使不同性质的岩石交错混杂出现，因此，笼统地把大南澳(岩)群归属前第三纪更为合适。

三、第三纪岩石地层

本区第三纪地层分布较广，尤以台湾、粤西、海南等地发育，既有海相沉积又有陆相沉积。

古生物丰富，门类繁多，陆相地层中所含的哺乳类、介形类、轮藻、孢粉以及海相地层的有孔虫、钙质超微化石独具特色，同时蕴藏着丰富的石油、油页岩、煤、膏盐类矿产，是目前研究本区地层学中一个重要断代地层。

第三纪地层均呈大小不等的盆地型式零星分布，岩石类型以陆相碎屑岩建造为主，台湾为海陆交互相含煤碎屑岩建造，与下伏地层均呈明显不整合接触。岩石地层序列在各地变化较大，使用名称也较局限(表 1-1)。

(一)早第三纪岩石地层

1. 扬子地层区

扬子地层区早第三纪地层以苏北发育最好，自下而上可分为泰州组、阜宁组、戴南组和三垛组。

泰州组 下部为棕红、灰白色块状细砂岩、含砾砂岩夹薄层泥岩及粉砂质泥岩，与下伏赤山组呈不整合接触；上部为灰、灰黑、棕红色泥岩夹薄层粉砂岩，局部夹泥灰岩、鲕状灰岩、生物灰岩及玄武岩，产轮藻、介形类及孢粉。岩性及厚度变化较大，西部沉积物较粗，厚度薄；东部沉积物粒度细，厚度大，可达 400 余米。沿溱潼断陷带及白驹、海安凹陷分布，下部砂砾岩层是本区产油层之一。

阜宁组 岩性为深灰、灰黑色泥岩及细砂岩、粉砂岩，组成两个粗—细沉积旋回，局部夹玄武岩，与下伏泰州组整合接触，化石以介形类为主，其次有腹足类、轮藻、孢粉等。岩性及厚度变化较大，一般在盆地中心沉积物粒度细，厚度大，以苏北盆地发育最好，厚达 500 余米；盆地边缘沉积物粒度粗，厚度减薄。由苏南向西至皖南沿江一带，古新世地层在来安、滁州一带称**舜山集组**，岩性仍为棕红色砂泥岩夹泥灰岩，厚达 560～670 m，至铜陵、潜山地区，沉积物粒度迅速变粗，下部**望虎墩组**及上部**痘姆组**均以砂、砾岩为主夹砂泥岩，厚度变化大，含介形类及哺乳动物化石，与江西**池江组**哺乳动物群相似。此外赣北**磨下组**亦为一套含钙粗碎屑岩，偶夹玄武岩及灰岩(**王埠灰岩段**)，与皖南铜陵、潜山地区基本可以对比。

戴南组 分布局限，仅见于江苏兴化戴南一带钻孔中，地表未出露，下部为棕灰、灰白色砂岩、砂砾岩与灰黑、灰绿色粉砂质泥岩互层，与下伏阜宁组呈平行不整合或不整合接触；上部为棕灰色细砂岩与棕红色泥岩、粉砂质泥岩互层，化石以介形类为主，其次有轮藻、孢粉等，局部地区夹玄武岩层。苏北盆地厚度最大达 900 余米，富含灰黑色泥岩及石膏、岩盐。高邮、溱潼一带有含油砂岩，下部厚达 42.7 m，上部 52.6 m，为本区的主要产油层。在皖南沿江一带，与戴南组岩性及层位相当的地层称**狗头山组**、**双塔寺组**和**照明山组**，赣北的**郑家渡组**亦与之相当，均以一套浅湖—深湖相含钙细碎屑岩为主及少量砂砾岩，偶夹泥灰岩及石膏和玄武岩，化石以介形类为主，其次有腹足类、轮藻、哺乳动物(双塔寺组)，厚度变化大，最大厚度可达2 680 m(郑家渡组)。

三垛组 岩性为浅棕红、灰白色粉砂岩、细砂岩夹薄层泥岩，向上部泥岩增多，组成互层，局部夹玄武岩；底部为砂砾岩与下伏戴南组不整合接触。化石以介形类为主，次有孢粉、轮藻等。岩性及厚度变化大，盆地中心多有泥灰岩，边缘夹多层砂砾岩，最大厚度 1 300 余米(江都)，下部有含油砂岩，厚 27.6 m，油气显示与戴南组相似。三垛组与皖南沿江、天长、来安一带的**张山集组**及赣北**奉新砾岩**等地层基本可以对比；仅沉积物粒度变粗，以砂砾岩为主夹砂泥岩，厚度变化大，与下伏地层整合接触。

此外，在浙西慈溪至杭州一带及平湖、嘉兴、湖州等地第四纪地层之下的**长河组**，按岩性自下而上分为四段，长一段为棕红色含砾砂质泥岩、泥质粉砂岩与下伏地层呈不整合接触；长二段为灰绿、灰黑色钙质泥岩，夹钙质粉砂岩、泥灰岩；长三段为灰、浅灰色姜结状泥岩、砂岩或火山岩；长四段为砖红色块状含钙质泥岩夹砂岩。总厚达 1 300 余米。化石以轮藻、介形类、孢粉为主。

2. 东南地层区

东南地层区早第三纪地层包括陆相和浅海—海陆交互相两种沉积类型。

(1)陆相沉积以雷琼地层分区发育完整，自下而上可分为长流组、流沙港组和涠洲组。

长流组 岩性为棕红、棕褐色泥岩与灰绿、灰黑色泥岩不等厚互层，上部夹粉砂岩、砂岩，下部夹钙质砂岩、含砾砂岩及砂砾岩，与下伏地层呈不整合接触。本组多见于雷州半岛地下，而地表露头极少，岩性纵向上组成两个粗—细沉积旋回，横向上自南向北变粗，含介形类、腹足类及孢粉化石，厚 280～570 m 不等。

流沙港组 为深灰、灰黑、灰绿色泥岩与灰白色中细粒砂岩不等厚互层，与下伏长流组整合接触，厚 140～520 m，产孢粉化石。岩性自盆地中心向边缘变粗，由北往南增厚。

涠洲组 为紫红、棕红、灰白、深灰、灰绿色泥岩、粉砂岩与砂岩、含砾砂岩、砂砾岩互层，与下伏流沙港组呈平行不整合接触，含介形类、腹足类及孢粉。岩性及厚度变化大，沉积物粒度由盆地中心向边缘变粗，最大厚度达 1 430 m。

海南五指山地区与粤西三水盆地早第三纪地层出露不全，仅见古新世及始新世地层。五指山地区自下而上划为**昌头组**、**长昌组**及**瓦窑组**，均由一套紫红、灰白、灰黑色碎屑岩夹含油砂泥岩、油页岩组成，总厚近千米。其中长昌组尚夹薄煤层及褐煤。三水盆地亦由一套含钙质的碎屑岩组成，自下而上划为莘庄村组、埇心组、宝月组及华涌组。

莘庄村组 下部为暗红色砂、砾岩，上部为粉砂岩、钙质泥岩、泥灰岩夹石膏层，厚 40～820 m 不等，含丰富的介形类、腹足类、轮藻等化石，古地磁年龄距今 50～60 Ma，与下伏地层呈平行不整合接触。

埇心组 为一套深灰色钙质泥岩、泥灰岩、油页岩、粉砂岩和砂岩组成，厚 105～730 m，以含油气、膏盐为特征，富含化石，计有鱼类、双壳类、介形类等。

宝月组 下部为深灰色钙质泥岩与钙质粉砂岩互层，中部为紫灰色粉砂岩、细砂岩夹含砾砂岩及泥岩，上部为紫红、浅灰色砂砾岩与砂岩、粉砂岩互层夹泥岩。厚度变化大，自 136～1 744 m不等，含哺乳动物化石，古地磁年龄距今 44～69 Ma。

华涌组 下部为灰白、灰紫色砂砾岩、含砾砂岩、粉砂岩与流纹岩、粗面岩、玄武岩组成互层，上部为砖红色砂砾岩、粉砂岩及泥岩夹少量玄武岩，厚度变化自 275～1 070 m 不等。沉积岩中所含化石以介形类、腹足类为主，火山岩全岩 K－Ar 同位素年龄平均值为 49.78 Ma。

云开地层分区仅出露始新世—渐新世地层。始新世**上垌组**为灰色砂质粘土岩、粉砂岩、细砂岩及砂砾岩，底部有砾岩或角砾岩与下伏地层呈不整合接触，其上被油柑窝组平行不整合所覆。**油柑窝组**为茂名盆地重要含油地层，由褐黑色油页岩夹少量粘土岩、细砂岩、粉砂岩、褐煤和泥灰岩组成，含爬行类及鱼类化石，厚度 19～46 m。岩性及层位与桂东南合浦盆地**伏平组**及其上之**建都岭组**可以对比，均由一套碎屑岩夹油页岩及褐煤层组成。

此外，在粤北、赣西南及湘东南，早第三纪地层亦较发育。粤北的**丹霞组**主要由一套紫红色厚层块状砾岩、砂砾岩、砂岩夹粉砂岩组成，厚度变化大，最厚可达 4 280 m，以形成风景优美的丹霞地貌为其特征；**罗佛寨群**与丹霞组层位相当，自下而上包括**上湖组**、**浓山组**及**古城村组**，由一套暗棕、紫红、灰绿色粉砂质泥岩夹泥岩、粉砂岩和细砂岩组成，局部夹煤线和泥灰岩，总厚达 1 300 余米，含哺乳类、爬行类、腹足类、介形类等化石，整合或平行不整合覆于南雄群之上。赣西南早第三纪地层岩性变化较大，古新世—始新世地层有**新余组**及**池江组**，由一套细碎屑岩夹砂砾岩组成，厚数百米至 1 300 余米，产大量钙芒硝、硬石膏及岩盐层，与下伏圭峰群整合接触，化石丰富，以介形类、腹足类、轮藻为主，亦见哺乳类及爬行类；晚始新世—渐新世地层有**下虎组**和**临江组**含油细碎屑岩及**鱼仙塘砾岩**，厚数十米至 320 余米不等。而在吉水一带则出露一套厚达 450 余米的浅水湖泊相灰岩夹少量碎屑岩地层，称**水田灰岩**，其时代主要为古新世—始新世，但不排除有偏晚的可能性。湘东南仅在醴(陵)攸(县)盆地及茶(陵)永(兴)盆地有古新世**枣市组**及**茶山坳组**零星出露，岩性亦以紫红色为主的砂泥岩，局部含钙质，有泥灰岩及薄层石膏，含哺乳类、鱼类和介形类、轮藻等化石与粤北上湖组可以对比，厚 100～200 m。

(2)浅海—海陆交互相沉积以台湾地层分区出露较完整。

在中央山脉西翼，古新世地层称**碧侯组**，下部为千枚岩夹薄层结晶灰岩，底部见底砾岩(“M 砾岩”)与下伏大南澳(岩)群不整合接触，上部为板岩夹砂岩及含砾砂岩，厚 2 900 m。本组下部可能包括有晚白垩世沉积。在北港、澎湖地区，由钻孔揭示的**王功组**，由杂色火山碎屑岩、砂岩和页岩组成，含钙质超微化石及有孔虫，厚度大于 1 450 m，时代主要属晚古新世。

始新世地层在雪山山脉自下而上划为**十八重溪组**、**达见组**、**西村组**或**佳阳组**。十八重溪组为黑、暗灰色板岩夹薄层变质砂岩，有时两者组成黑白相间的薄互层，属雪山山脉出露的最老地层，厚度不详。达见组由浅灰、灰白色中粗粒厚层块状石英砂岩组成，夹薄层板岩或含碳质页岩，厚 2 700 m，产双壳类、腹足类及有孔虫等。西村组与佳阳组主要由厚层板岩或千枚岩组成，夹少量细砂岩或粉砂岩，底部黑色板岩与浅灰色变质砂岩呈互层状，厚 1 400～3 000 m。在脊梁山脉的始新世地层称**毕禄山组**，属一套深灰色板岩和千枚岩，夹较多的粗粒变质砂岩和大理岩及多层砾岩，局部有底砾岩与下伏碧侯组或大南澳(岩)群不整合接触，厚 500～2 200 m，含大型有孔虫及钙质超微和少量珊瑚化石。

渐新世地层见于雪山山脉。下部包括**四棱组**、**眉溪砂岩**及**白冷组**，均由灰白、灰黑色石英砂岩或石英岩与页岩、板岩互层组成，夹碳质页岩，部分已成煤状凸镜体或石墨质煤的凸镜体，局部尚夹含砾砂岩，各组厚度数十米至 600 m。白冷组根据上下层位对比与西村组及四棱组相当，可能包括晚始新世沉积；上部为**水长流组**及其层位相当的**乾沟组**和**大桶山组**，均由一套较单一的暗灰至黑色页岩组成，夹少量薄层细砂岩，厚约 1 500 m，含少量有孔虫及钙质超微化石。此外，在台湾西部山麓与水长流组层位相当的地层称为**粗坑组**、**蚊子坑组**或**五指山组**，均属一套砂页岩，但各组仍有一定差异。粗坑组以砂岩为主，富含凝灰质和海绿石，偶见钙质超微化石；蚊子坑组以深灰、黑色板岩和页岩为主，产有孔虫、海胆及贝类；五指山组为砂页岩互层，含少量碳质及薄煤层，钙质超微化石丰富。各组地层厚度均出露不全，约 700～1 200 m，属该区出露最老地层。

此外，在三亚地层区，渐新世地层称**陵水组**，由钙质砂岩、泥页岩、含砾砂岩等组成，夹生物屑泥灰岩，厚 580 m，为目前莺歌海坳陷最老地层。

(二)晚第三纪岩石地层

1. 扬子地层区

晚第三纪地层以苏南沿江一带出露良好，自下而上划分为洞玄观组、雨花台组和方山组。

洞玄观组　由黄褐色砂砾岩、细砂岩与黄白色粉砂质粘土岩组成韵律层，局部夹玄武岩，与下伏三垛组或赤山组呈不整合接触，产哺乳类、爬行类、鱼类和植物化石，厚 63 m。**雨花台组**

下部为灰绿、灰红色粉砂质泥岩夹玄武岩、含砾砂岩，底部有砾岩层与下伏洞玄观组不整合接触；中部为黑色玄武岩；上部为灰红色凝灰质砂岩、粉砂岩、砂砾岩夹灰白色凹凸棒粘土岩及薄层玄武岩，含哺乳类、植物及孢粉，厚 100 m。**方山组**上下皆为灰、灰黑色橄榄玄武岩，中部为凝灰质砂砾岩、砂岩及凝灰岩，与下伏地层呈平行不整合接触，最大厚度 250 m。

此外，分布于苏北平原及上海第四纪沉积之下的**盐城组**，岩性为一套棕灰、灰白色砂岩、砂砾岩夹粉砂质粘土岩及泥岩，局部偶夹玄武岩，与下伏三垛组呈不整合接触，含轮藻、介形类及孢粉，厚达 1 100 m。

2. 东南地层区

东南地层区包括两种岩石组合类型，即陆相火山喷发沉积组合和浅海—海陆交互相组合。

(1)陆相火山喷发沉积型

零星散布于东南区各地，与下伏地层普遍呈不整合或平行不整合接触。东南沿海的**佛昙组**、**嵊县组**，台湾澎湖的**渔翁岛组**以及海南五指山地区的**石马村组**和**石门沟村组**皆由灰黑色橄榄玄武岩夹砂砾岩、砂泥岩、粘土岩组成，含植物化石，沿海多有拉斑玄武岩，同位素年龄主要属中、上新世，部分跨及早更新世早期，厚度变化大，最厚达数百米；在内陆地区多以沉积岩为主，赣西北称**头陂组**或**黄桥组**，以河湖相细碎屑岩为主，前者含硅藻土，后者夹泥炭层，含植物、孢粉化石丰富，厚 150～300 m。桂东南称**南康组**，见于合浦盆地，露头稀少，下部为灰绿、灰白色粘土岩、砂泥岩，局部夹油页岩或腐泥岩；上部多砂岩、砂砾岩；顶部见橄榄玄武岩。岩性及厚度变化大，最厚达千余米，含植物及孢粉化石。粤西及雷琼地区划为中新世**黄牛岭组**、**尚村组**、**老虎岭组**及**长坡组**、**下洋组**、**角尾组**和**灯楼角组**。岩性均为一套以灰色为主的粗细不等的碎屑岩，夹油页岩、褐煤，偶夹煤线、不纯灰岩及薄层玄武岩，产植物、孢粉及少量有孔虫化石，各组厚度变化于数百米间。上新世地层在粤西称**高棚岭组**，由一套杂色粗碎屑岩组成，夹粉砂岩及粘土岩。雷琼地区称**望楼港组**或**海口组**，由一套浅色细碎屑岩组成，主要为泥岩及粉砂岩，含少量钙质，夹薄层玄武岩，含介形类、腹足类及有孔虫化石，厚可达 420 余米。

(2)浅海—海陆交互相沉积型

广泛分布于台湾西部山麓，中央山脉西翼亦偶有出露。该区出露一套早、晚第三纪过渡地层，即西部山麓的**野柳群**(木山组及大寮组)及大坑组和中央山脉的**澳底组**与**礼观组**。

木山组　为滨海相含煤碎屑岩，由灰白、深灰色砂岩与页岩夹煤层组成，有可采煤 1～3 层(单层厚 10～60 cm)，含有孔虫，与上下地层皆整合接触，厚 450～700 m。

大寮组　为浅海相深灰色厚层块状砂岩与灰黑色页岩或粉砂质页岩互层，顶部为富含 *Ditrupa* 的钙质砂岩，含有孔虫和钙质超微化石，厚 500～550 m。

大坑组与澳底组　均以深灰色页岩为主夹砂岩，产有孔虫，前者含海绿石，厚 600～800 m，后者夹碳质页岩及煤线，厚 700～1 200 m，与下伏地层皆整合接触。

礼观组　由黑、黄灰色中细粒砂岩组成，夹砂质页岩，底部见一层厚 3 m 富含货币虫及有孔虫的含砾灰岩与下伏毕禄山组不整合接触，厚约 900 m。

中、上新世地层在台湾地层分区出露广泛，由于其中含煤和油气，研究程度较高，地层名称繁多，且多自成体系。台湾西部山麓进一步划为北部(基隆-苗栗)、中部(台中-南投)和南部(台南-高雄)三个小区；中央山脉西翼亦包括脊梁山脉、雪山山脉和恒春半岛三个小区。各小区均按岩石组合特征建立了地层名称及序列(表 6-1)。

在台湾西部山麓以中新世为主的地层具有三个明显的沉积旋回，各旋回都由下部的滨海相含煤碎屑岩和上部的浅海相碎屑岩组成，自下而上为**野柳群**、**瑞芳群**和**三峡群**。由于各地沉积环境的差异，岩性、岩相及厚度均有较大变化，其总体规律是由北而南页岩及泥岩成分递增，沉积物粒度变细，厚度增大，地层时代亦由早而晚略具穿时特点（图 6－2）。渐新世晚期以来，北部以砂岩为主的**五指山组**向南则变为以页岩为主的**蚊子坑组**以及以页岩为主夹砂岩富含海

表 6－1　台湾地层分区晚第三纪地层主要岩石组合特征及对比表

<table>
<tr><th rowspan="2">地层分区
岩石地层单位
时代</th><th colspan="4">台湾西部山麓</th><th colspan="4">中央山脉西翼</th></tr>
<tr><th colspan="2">北部
（小区）</th><th>中部
（小区）</th><th>南部
（小区）</th><th colspan="2">恒春半岛
（小区）</th><th>雪山山脉
（小区）</th><th>脊梁山脉
（小区）</th></tr>
<tr><td>Q</td><td colspan="3">卓兰组：巨厚层砂岩与粉砂岩、泥岩、页岩互层，产海胆、蟹、贝类及有孔虫，厚1 500～2 500 m</td><td>北寮页岩：灰、灰黑色页岩夹黄褐色薄层泥质砂岩，产有孔虫及腹足类，厚1 200 m</td><td rowspan="2">垦丁组：深灰色泥岩、粉砂岩，夹大量成分复杂、大小不等的外来岩块，含有孔虫及钙质超微化石，厚1 000 m</td><td rowspan="2">马鞍山组：细砂岩、泥岩和页岩，产大量钙质超微化石，出露极少，厚度不详</td><td rowspan="9"></td><td rowspan="9"></td></tr>
<tr><td rowspan="4">N_2</td><td colspan="3">锦水组：深灰色页岩、砂质页岩夹砂泥岩，富含结核及有孔虫、腹足类、珊瑚等，厚450 m</td><td>竹头崎组：浅灰色泥质砂岩夹页岩或呈互层，产有孔虫等，厚500～750 m</td></tr>
<tr><td rowspan="7">三峡群</td><td colspan="2" rowspan="4">桂竹林组：灰白色砂岩夹深灰色页岩，富含贝类、钙质超微化石及有孔虫，厚800～2 000 m</td><td>茅埔页岩：深灰色页岩夹少量细砂岩，产有孔虫及少量海相化石，厚300～400 m</td><td colspan="2" rowspan="3"></td></tr>
<tr><td>隘寮脚组：灰色细砂岩夹泥质砂岩及页岩，产双壳类、有孔虫，厚500 m</td></tr>
<tr><td>盐水坑页岩：深灰色页岩偶夹凸镜状砂岩、粉砂岩，产贝类及有孔虫，厚250 m</td></tr>
<tr><td rowspan="6">N_1</td><td>糖恩山组：细砂岩夹页岩，产双壳类、有孔虫，厚450～500 m</td><td colspan="2" rowspan="3">乐水组：灰色砂岩与深灰色页岩互层，具鲍马沉积序列，厚1 200～2 000 m</td></tr>
<tr><td colspan="2" rowspan="3">南庄组：白色厚层砂岩、粉砂岩与黑色页岩互层夹可采煤3～4层，产植物，海相化石稀少，厚800～900 m</td><td>长枝坑组：灰色砂岩与黑色页岩构成条带状互层，富含 Ostrea, Ditrapa，厚1 300 m</td></tr>
<tr><td>红花子组：中细砂岩夹页岩，含钙质，产钙质超微化石，厚1 200 m</td></tr>
<tr><td>三民页岩：页岩夹砂岩，偶夹碳质页岩及薄煤层，产钙质超微化石，厚800 m</td><td colspan="2">长乐组：上部砂岩与页岩互层，下部灰黑色页岩与粉砂岩夹薄层砂岩，含基性岩块，产有孔虫，厚度大于2 000 m</td></tr>
<tr><td rowspan="2">瑞芳群</td><td>南港组：灰色钙质细砂岩及深灰色页岩，产有孔虫及钙质超微化石，厚1 000 m</td><td rowspan="2">水里坑组：厚层块状砂岩与页岩互层，富含海绿石、有孔虫及贝类，厚1 200～1 350 m</td><td rowspan="3"></td><td colspan="2" rowspan="3"></td><td rowspan="2">苏乐组：板岩、页岩、砂岩互层，含煤线，产钙质超微化石及有孔虫，厚度大于1 000 m</td><td rowspan="2">庐山组：深灰、黑色板岩、千枚岩、变质砂岩互层夹玄武质火山岩及泥灰岩团块，产有孔虫及钙质超微化石，厚1 000～5 000 m</td></tr>
<tr><td>石底组：砂岩、粉砂岩、页岩夹薄煤层，产有孔虫、孢粉，厚300～600 m</td></tr>
<tr><td>E_3</td><td colspan="2">野柳群</td><td>大坑组</td><td>澳底组</td><td>礼观组</td></tr>
</table>

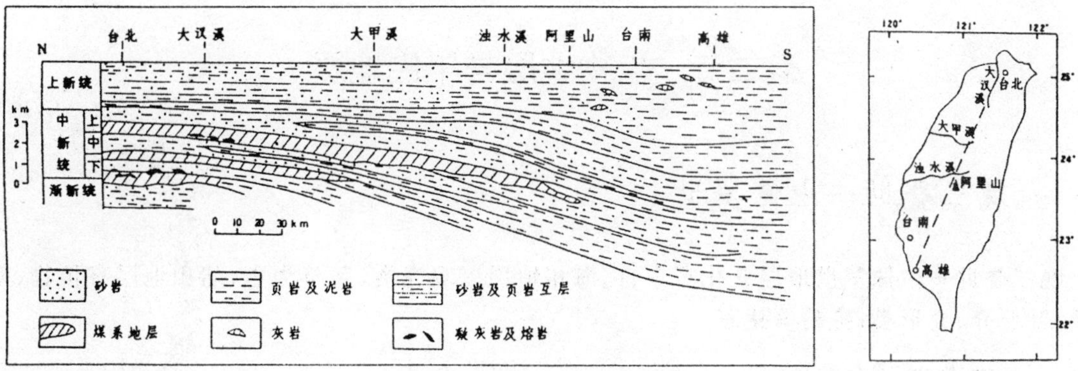

图 6-2 台湾西部中新世—上新统岩相与厚度由北而南之变化趋势图

（据何春荪，1986）

绿石和有孔虫的**粗坑组**。以中新世为主的北部三个含煤地层，亦在不同的地点向南逐渐转变为浅海相沉积。例如，**木山组**含煤地层主要发育在基隆—台北一带，往南至苗栗含煤层消失，代之以细砂岩、页岩为主的海相地层；**石底组**含煤层亦主要发育在台中大甲溪以北，其南不见煤层而变为海相细碎屑岩；**南庄组**是台湾重要含煤地层之一，北部煤层厚，层数多，地层厚 600～700 m，向南至阿里山一带，煤层变薄且不连续，以致成为煤线，地层厚达 1 000 余米，至阿里山以南则全为不含煤的海相碎屑岩。

上新世的**锦水组**与**卓兰组**海相碎屑岩，主要分布在桃园大汉溪以南，其岩性变化亦由北向南厚度增大，沉积物粒度变细。

由此可见，台湾西部山麓自渐新世以来，海水自南而北入侵，岩石地层单位具有由南向北层位抬高，时代由早而晚，略具穿时特点。

3. 三亚地层区

晚第三纪地层主要为一套陆缘滨海—浅海沉积。在海南及广东，中新世地层称**佛罗组**，下部为白色高岭土质砂岩、砂砾岩不整合于燕山期花岗岩之上；上部为灰绿、褐色泥岩、含砾砂岩，顶部以石灰质砾岩为标志与上覆望楼港组整合分界，厚 73 m。上新世**望楼港组**为深灰色粘土岩，夹粉砂岩及细砂岩，厚 176 m。在莺歌海盆地则发育一套大陆架陆缘海沉积，中新世地层自下而上划为三亚组、梅山组及黄流组。**三亚组**为砂砾岩夹薄层泥岩，厚 88 m，与下伏望楼港组呈平行不整合接触；**梅山组**下部为有孔虫灰岩、白云岩夹砂砾岩，中部为含白垩砂泥岩，上部为含砾粗砂岩及细砂岩，厚 240 m；**黄流组**下部为有孔虫砂质灰岩，超覆于梅山组之上，中部为白云质及灰质泥岩，上部为含白垩泥岩，厚 340 m。上新世**莺歌海组**，由灰色泥岩夹粉砂岩、砂砾岩组成，富含生物介壳碎屑，厚 740 m。

4. 台湾东部地层区

在台湾纵谷以东的海岸山脉，中新世**都峦山组**为一套巨厚的火山岩，由安山质集块岩、火山角砾岩和凝灰质砂岩夹少量玄武岩和石英安山岩，估计厚达 1 000～1 500 m，与下伏“奇美火山杂岩”接触关系不明。上新世**大港口组**由砂页岩、砾岩及火山碎屑岩组成，产大量有孔虫和钙质超微化石，厚 3 000～4 000 m，与下伏都峦山组接触关系不明，时代属上新世至更新世早中期。**利吉(岩)组**主要分布于海岸山脉南部玉里—台东一带，长 70 km，宽 2～3 km，为典型的混杂岩，由混乱的深灰色巨厚层泥岩和大量散布其中的外来岩块及碎片组成，厚度变化大，至少在 1 060 m 以上，其成因与板块的俯冲有关。

第二节　生物地层与年代地层

一、晚三叠世—中侏罗世

晚三叠世—中侏罗世地层含化石丰富。海相地层以双壳类、菊石为主，陆相地层有植物、双壳类、叶肢介、介形类、孢粉等化石。

(一)双壳类

1. 海相双壳类

①*Bakevelloides* - *Oxytoma* 组合　广泛分布于红卫坑组、小水组、出炭垄组及安源群下中部紫家冲组、三家冲组等海陆交互相地层中，粤中小坪组海相夹层亦较丰富。常见分子有：*Bakevelloides hekiensis*, *B. matsushitai*, *B. guangdongensis*, *Oxytoma multistriata*, *O. sinensis*, *Bakevellia* sp., *Guangdongella* sp., *Palaeophorus* sp. 等，时代属卡尼期。

②*Jiangxiella* - *Modiolus* 组合　分布于艮口群上部头木冲组，亦见于安源群上部三丘田组及其上之多江组和湘东南杨梅山组。常见分子有：*Jiangxiella elliptica*, *J. subovata*, *J. datianensis*, *Modiolus* sp., *Lilingella* sp., *Hunanella* sp. 等，时代属诺利期—赫塘期。

③*Hiatella* - *Parainoceramus* 组合　发育于广东金鸡组、蓝塘群及梅州地区嵩灵组中，湘东南心田门组及闽西南象牙群海相层中亦有发现。常见的分子有：*Hiatella arenicola*, *H. rotundata*, *Parainoceramus matsumotoi*, *P. lunoris*, *Mytilus* sp., *Nuculana* sp., *Qiyangia* sp. 等，时代属早侏罗世赫塘期—普林斯巴期。

2. 淡水双壳类

④*Tutuella* - *Pseudocardinia* 组合　广泛发育于本区中侏罗世陆相地层中，扬子与东南地层区生物类群相似。常见分子有：*Tutuella rotunda*, *T. iraidae*, *T. chachlovi*, *Pseudocardinia busimensis*, *P. elongatiformis*, *P. elliptica*, *P. minuta*, *Sphaerium* sp., *Lamprotula* sp., *Psilunio* sp., *Cuneopsis* sp. 等，时代属中侏罗世。

(二)菊石

⑤*Psiloceras* - *Arietites* - *Uptonia* 组合　盛产于广东蓝塘群、金鸡组和梅州地区嵩灵组以及闽西南象牙群等海相地层中，湘东南心田门组亦有发现，它们自下而上依次分布，尤以中部 *Arietites* 分布广泛，属种繁多。常见分子有：*Arietites semicostatus*, *A. bisulcostatus*, *A. bonnardii*, *A. anomalus*, *Hongkongites hongkongensis*, *Coroniceras* sp., *Arnioceras* sp. 等，时代属早侏罗世赫塘期—普林斯巴期。

(三)介形类

本区晚三叠世—中侏罗世陆相沉积层中介形虫丰富，但研究程度较低，综合钱丽君等(1987)及陈丕基等(1982)资料可划为 3 个组合。

⑥*Gomphocythere*? - *Miniocythere* 组合　分布于红卫坑组及小坪组上部等陆相夹层中，在赣西安源群下中部紫家冲组及三家冲组亦有发现。常见分子有：*Gomphocythere*? *donglingensis*，*G.*? *giganacclinia*，*G.*? *sublonga*，*G.*? *subovata*，*Miniocythere guangdongensis*，*M. subovata*，*Oncocythere subelliptica* 等，时代属晚三叠世诺利期。

⑦*Gomphocythere*? *rhombidalis* - *G.*? *yubacunensis* 组合　零星见于金鸡组中下部、赣西多江组及闽西南长汀梨山组中。常见分子有：*Gomphocythere*? *longa*，*G.*? *chengtanjiangensis*，*G.*? *urbara*，*G.*? *mirifica*，*G.*? *subtriangulata* 及少量 *Darwinula megacontracta* 等，大部分分子属陈丕基等(1982)建立的 *Gomphocythere*? - *Darwinula* 动物群，主要属早侏罗世赫塘期—普林斯巴期。

⑧*Darwinula sarytirmenensis* - *D. magna* 组合　主要由 *Darwinula* 的许多种所组成，见于闽西南漳平组，浙江马涧组、渔山尖组和毛弄组。常见分子有：*Darwinula macilenta*，*D. lufengensis*，*D. changxinensis*，*D. impudica*，*D. incurva* 等，属种单调，大部分属陈丕基等(1982)建立的 *Darwinula* 动物群分子，时代属中侏罗世巴柔期—巴通期。

(四)叶肢介

分布较广，但研究程度较低，自下而上可划为 4 个组合。

⑨*Euestheria indiana* - *Anyuanestheria* 组合　见于闽西南大坑村组及文宾山组，安源群亦偶有发现。主要分子有：*Euestheria mupangensis*，*Anyuanestheria* sp.，*Eulimuadia* sp. 等，属种较单一，浙江乌灶组尚见 *Euestheria minuta*，*E. yipinglangensis*，时代属晚三叠世。

⑩*Palaeolimnadia houjieensis* - *Euestheria shandanensis* 组合　仅见于福建德化梨山组，属种单调，主要有：*Euestheria dokongensis*，*Palaeolimnadia* cf. *guangxiensis*，时代属早侏罗世早中期。

⑪ *Eosolimnadiopsis* - *Asiolimnadiopsis* 组合　见于广东桥源组，位于含 *Arietites*，*Parainoceramus* 等海相沉积层之上，福建梨山组亦有广泛分布。主要分子有：*Eosolimnadiopsis huangcunensis*，*E. fuanensis*，*E. zhugangensis*，*Asiolimnadiopsis heyuanensis*，*A. atalis*，*A. wuhuaensis* 等，时代属早侏罗世晚期。

⑫*Euestheria yanjiawanensis* - *E. complanata* 组合　仅分布于福建漳平组下中部，属种比较单调，但数量丰富，分布范围也广，时代属中侏罗世早期。

(五)植物

本区植物化石以晚三叠世—早侏罗世陆相地层丰富，属种繁多，自下而上大体构成 3 个组合。

⑬*Glossophyllum* - *Todites* 组合　广泛见于晚三叠世地层中。主要分子有：*Todites shensiensis*，*Dictyophyllum nilssoni*，*Pterophyllum aequale*，*P. astartense*，*Glossophyllum*? *shensiense*，*Cycadocarpidium erdmanni*，*Carpolithus* sp. 等，时代属晚三叠世，尤以诺利期繁盛。

⑭*Lepidopteris* - *Ptilozamites* 组合　广泛分布于晚三叠世地层中，它是 *Glossophyllum* - *Todites* 组合的继续和发展，不论是植物的属种，还是个体的丰度都极为丰富多采，尤以苏铁类植物最为繁盛。主要属种有真蕨类：*Danaeopsis fecunda*，*Marattiopsis muesteri*，*Cladophlebis raciborskii*，*Dictyophyllum exile*，*D. nathorsti*，*Clathropteris meniscioides*；种子蕨类：*Lepidopteris ottonis*，*Ptilozamites chinensis*，*P. nilssoni*，*Thinnfeldia rhomboidales*；苏铁类：*Pterophyl-*

lum aequale, *P. nathorsti*, *P. ptilum*, *Anomozamites inconstans*, *A. minor*, *Otozamites goeppertianus*, *Nilssonia acuminata*, *N. orientalis*, *Anthrophyopsis crassinervis* 及银杏、松柏类等，时代属晚三叠世，繁盛于瑞替期。

⑮*Coniopteris - Phoenicopsis* 组合　广泛分布于本区早侏罗世地层中，其特点是种子蕨已趋绝灭，而银杏及松柏类则十分繁盛。常见分子有木贼类：*Equisetites ferganensis*, *Neocalamites carrerei*；真蕨类：*Coniopteris hymenophylloides*, *C. tatungensis*, *Cladophlebis shansiensis*；苏铁类：*Otozamites bengalensis*, *Nilssonia gigantea*；银杏类：*Baiera* cf. *gracilis*, *Phoenicopsis angustifolia*, *Czekanowskia rigida*；松柏类：*Podozamites lanceolatus* 等，时代属早侏罗世至中侏罗世，繁盛于早侏罗世。

（六）孢粉

晚三叠世—中侏罗世地层孢粉丰富，但资料零星，研究程度低。据王思恩（1985）、钱丽君等（1987）研究自下而上可划为两组合。

⑯*Ricciisporites tuberculatus - Ovalipollis* 组合　见于粤北韶关头木冲组和小水组，以裸子植物花粉略占优势，其次为蕨类孢子，时代属晚三叠世中晚期。

⑰*Classopollis - Cerebropollenites - Klukisporites* 组合　见于粤北桥源组，以裸子植物花粉为主，蕨类孢子次之，同时出现具侏罗纪特色的 *Klukisporites*, *Cerebropollenites*, *Chasmatosporites*, *Lycopodiumsporites* 等属种，时代属早侏罗世晚期。

根据以上各岩石地层单位所具古生物特征，本区晚三叠世—中侏罗世地层，顶底皆以区域性不整合面为界，岩性及古生物特征表明，沉积环境由海陆交互（局部为浅海）相向陆相发展演变，所获同位素年龄数据极少，粤东蓝塘群上龙水组泥质页岩全岩 Rb - Sr 等时线年龄为 196±10 Ma，闽西南象牙群藩坑组斜长流纹岩全岩 Rb - Sr 等时线年龄为 179 Ma，同阶段花岗斑岩全岩 Rb - Sr 等时线年龄 188 Ma，这些数据与古生物资料吻合。

目前，由于国内中生界尚未建阶，本书参照王鸿祯等（1990）提出的地质年代划分，暂沿用欧洲之阶名，现选择本区有代表性的三种晚三叠世—中侏罗世岩石地层与年代地层及生物组合进行多重划分对比（表 6 - 2）。

二、晚侏罗世—白垩纪

晚侏罗世—白垩纪地层含化石十分丰富，计有腹足类、双壳类、叶肢介、介形类、轮藻、昆虫、鱼类、爬行类及植物、孢粉等，门类繁多，尤以东南沿海火山岩内带研究较详，自下而上划为 3 个生物群。

（一）建德生物群

主要包括下列生物组合：

①腹足类 *Amplovalvata suturalis - Probaicalia* 组合　盛产于浙西劳村组、寿昌组、横山组和浙东磨石山群沉积岩中，江西火把山群、闽东小溪组以及扬子地层区西横山组、龙王山组和双庙组均有分布。常见分子有：*Amplovalvata suturalis anjipingensis*, *A. magna*, *Reesidella concentrica*, *Probaicalia gerassimovi*, *P. prinadae*, *P. tricarinata*, *P. vitimensis*, *Viviparus hengshanensis*, *Bicarinospina depressa* 等，时代属晚侏罗世—早白垩世早期。

表 6-2　东南区晚三叠世—中侏罗世地层多重划分对比表

地质年代(Ma)	年代地层 系	年代地层 统	年代地层 阶	岩石地层 沿江	岩石地层 赣北	岩石地层 粤东	生物地层 双壳类	生物地层 菊石	生物地层 介形类	生物地层 叶肢介	生物地层 植物	生物地层 孢粉
	侏罗系	上统	牛津阶	西横山组		龙潭坑组						
157.1		中统	卡洛阶	象山群：北象山组、罗岭组	林山群：漳平组							
161.3			巴通阶			漳平组						
166.1			巴柔阶			塘厦组	④		⑧	⑫		
173.5		下统	托尔阶	钟山组	水北砂岩	桥源组						
187.0			普林斯巴阶			蓝塘群				⑪		
194.5			辛涅缪尔阶									
203.5			赫塘阶		多江组						⑮	
208.0	三叠系	上统	瑞替阶	范家塘组	安源群：三丘田组	艮口群：头木冲组	③	⑤	⑦	⑩		⑰
209.5			诺利阶		三家冲组	小水组						⑯
223.4			卡尼阶		紫家冲组	红卫坑组	②①		⑥	⑨	⑬⑭	
235.0		中统	拉丁阶	黄马青组	杨家组							

生物组合名称(①②③……)见正文；———生物延伸期；——生物繁盛期

②双壳类 *Ferganoconcha - Sphaerium jeholense* 组合　多分布于浙西劳村组、寿昌组，在浙东磨石山群及闽、赣以及扬子地层区晚侏罗世地层中均有见及。常见分子为：*Ferganoconcha sibirica*，*F. quadrata*，*F. subcentralis*，*Sphaerium shouchangensis*，*S. yongkangense*，*S. pujiangense*，*S.* cf. *jeholense* 以及少量 *Nakamuranaia* sp. 等，时代属晚侏罗世。

③叶肢介 *Yanjiestheria* 群　广泛分布于建德群、磨石山群及其层位相当的晚侏罗世地层中。主要分子为：*Yanjiestheria sinensis*，*Y. yumenensis*，*Y. kyongsangensis*，*Y. zhatangensis*，*Orthestheria* sp.，*Migransia serratula* 等，时代属中侏罗世—晚白垩世早期，以晚侏罗世—晚白垩世早期最为繁盛。寿昌组与茶湾组尚见 *Eosestheria* 等热河生物群重要分子。

④昆虫 *Mesopanorpa - Ephemeropsis* 组合　广泛见于劳村组、寿昌组、磨石山群及茶湾组，闽西坂头组和下扬子地层分区西横山组、龙王山组亦有分布。常见分子为：*Linicorixa* sp.，*Lycoriomima* sp.，*Tinactum* sp.，*Ephemeropsis trisetalis*，*Vulcanicorixa dorylis*，*Penaphis circa*，*Chironomaptera melanura* 等。其中以 *Ephemeropsis trisetalis* 最为常见，它是热河生物群的重要分子，时代属晚侏罗世—早白垩世早期。

⑤鱼类 *Mesoclupea - Sinamia* 组合　广泛分布于浙西寿昌组、闽西坂头组、浙东茶湾组，闽东小溪组亦有见及，江西火把山群及皖南怀宁、歙县、屯溪等地亦有分布。常见分子有：*Mesoclupea showchangensis*，*Sinamia huananensis*，*Fuchunkiangia chesiensis*，*Paraclupea chetungensis* 及 *Huashia gracilis* 等，时代属晚侏罗世—早白垩世早期。

⑥爬行类 *Changisaurus* 及 *Rhynchosaurus*，零星见于浙东青田西山头组及闽东政和鹅宅组沉积岩夹层中。主要属种为 *Changisaurus microrhinus*，*Rhynchosaurus orientalis*，共生有鱼类 Trionychoidae，Teleostei 等，时代属晚侏罗世。

⑦植物 *Ruffordia - Onychiopsis* 组合　广泛分布于浙西寿昌组、横山组、芳村组，闽西坂头组、园盘组及江西火把山群以及苏、皖西横山组、双庙组。主要分子有：*Ruffordia goepperti*，*Onychiopsis elongata*，*Cladophlebis browniana*，*C. exiliformis*，*Brachyphyllum obesum*，*Cupressinocladus elegans*，*Ptilophyllum boreale*，*Sphenolepis* sp.，*Pagiophyllum* sp.，*Manica* sp. 等，时代属晚侏罗世—早白垩世早期。

（二）永康生物群

包括下列生物组合：

①腹足类 *Brotiopsis - Viviparus* 组合　广泛分布于浙西馆头组及其上之朝川组，江西赣州群、江苏葛村组亦有见及。主要分子有：*Brotiopsis*（*Brotiopsis*）*wakinoensis*，*B.*（*Songyongospira*）*multicostata*，*B.*（*S.*）*altiturritella*，*B.*（*S.*）*kobayashii*，*Galba yongkangensis*，*Viviparus onogoensis*，*Campeloma tani*，*Lioplacodes* aff. *cholnokyi* 等，时代属早白垩世中期。

②双壳类 *Trigonioides - Plicatounio - Nippononaia* 组合　盛产于浙西馆头组、朝川组，粤西罗定组，粤东北合水组，江西火把山群，闽西沙县组，另在皖南徽州组亦有见及。常见分子有：*Trigonioides*（*T.*）*kodairai*，*T.*（*T.*）*yongkangensis*，*T.*（*T.*）*guantouensis*，*T.*（*T.*）*zhejiangensis*，*Plicatounio*（*P.*）*zhejiangensis*，*P.*（*P.*）*naktongensis*，*P.*（*P.*）*tetoriensis*，*P.*（*P.*）*multiplicatus*，*Nippononaia linhaiensis* 及 *Nakamuranaia chingshanensis* 等，时代属早白垩世中晚期。

③叶肢介 *Gratostracus* 群　以浙西馆头组发育，主要分子有：*Gratostracus zhejiangensis*，*Orthestheria yongkangensis*，*O.* sp.，*Ellipsograpta* sp.，*Yanjiestheria* sp. 等，时代属早白垩世中晚期。

④介形类 *Cypridea*（*Mornia*）- *C.*（*Cyamocypris*）- *C.*（*Bisulcocypridea*）组合　本区分布广，研究者甚多，主要见于浙西馆头组、朝川组及其层位相当地层中，东南及扬子地层区均很发育。该组合以个体大、多类型（单槽、双槽、凹槽、粗强壳饰）*Cypridea* 与单一的小个体 *Darwinula* 为主，伴有 *Lycopterocypris*，*Ziziphocypris* 等为特征，时代属早白垩世中晚期。

⑤鱼类 *Paralycoptera - Yungkangichthys* 组合　见于浙西馆头组，在闽西白牙山组及闽东黄坑组亦偶有发现。共生的鱼类有：*Paralycoptera wui*，*Yungkangichthys hsitanensis*，*Neolepidotes yongkangensis*，*Sinolepidotus chekiangensis* 等。这一鱼群中以真骨鱼类略多，鱼的体形比较多样化，且在数量、种类均较晚侏罗世鱼群复杂，其时代属于早白垩世中晚期。

（三）衢江生物群

包括下列生物组合：

①双壳类 *Sphaerium - Pseudohyria* 组合　仅见于浙西金华组、衢县组，属种少，主要分子有：*Sphaerium shantungensis*，*S. xiuanchengense*，*Pseudohyria* cf. *gobiensis* 等，时代为晚白垩世。

②叶肢介 *Tenuestheria - Zhestheria* 组合　见于浙西金华组及粤东北叶塘组，主要分子有：*Tenuestheria tenuis*，*T. suborbita*，*T. ovalis*，*T. hejiaensis*，*T. curvata*，*Zhestheria zhumagua-*

nensis，*Z. subquadrata* 等，时代属晚白垩世。

③介形类 *Cypridea* (*Pseudocypridina*) - *Tangxiella* - *Cristocypridea* 组合　广泛分布于浙西金华组、衢县组及其层位相当的地层中，东南及扬子地层区均很发育。共生分子有：*Candona* sp.，*Eucypris* sp.，*Mongolianella* sp. 及少量 *Ziziphocypris simakovi*，*Cypridea cavernosa* 等，江西圭峰群常见 *Pontocypris* 与 *Candona* 共生，时代属晚白垩世。

④昆虫 *Siculicorixa* 群　仅见于浙西金华组，共生有 *Clypostemma limna*，*Prionocephale deplanate* 等，时代属晚白垩世。

⑤爬行类 *Chilantaisaurus* - *Pterosauria* 组合　见于浙西中戴组、浙东塘上组，江西、广东及皖南相当层位中亦有发现，但属种不一。中戴组产 *Chilantaisaurus zhejiangensis*，塘上组产 *Pterosauria*，江西周田组产 *Conicodontosaurus kanhsienensis*，时代属早白垩世晚期；另在粤北南雄群（包括大凤组、主田组、浈水组）及罗佛寨群下部的上湖组，以产恐龙动物群闻名中外，形成一个 Tyrannosauridae - Hadrosauridae 组合，主要分子有：*Nanshiungchelys wuchingensis*，*Microhadrosaurus nanshiungensis*，*Nanshiungosaurus brevispinus*，*Goelusauria* sp.；在皖南小岩组尚见 *Wannanosaurus yansiensis*；浙西金华组、衢县组和浙东两头塘组均产恐龙骨碎片等，湘东南神皇山组亦有恐龙化石发现，其时代属晚白垩世。此外，与上述爬行类共生的恐龙蛋化石，在粤北南雄群、罗佛寨群下部、丹霞组下部，湘东南罗镜滩组、红花套组、车江组，赣西南圭峰群，浙西金华组、衢县组，浙东两头塘组、赤城山组以及江苏赤山组等地层均有发现，常见者为 *Oolithus rugustus*，*O. elongatus*，*O. spheroides*，*O. nanshiungensis*，*Paraspheroolithus* cf. *irenensis*，Faveoloolithidae 等，时代属晚白垩世。据江西区调队野外调查认为，恐龙蛋自下而上为圆形蛋、长形蛋、粗皮蛋、小型长型薄皮蛋，具分层性。

⑥植物 *Frenelopsis* - *Manica* 组合　广泛分布于本区早白垩世晚期至晚白垩世地层中。常见分子有：*Frenelopsis ramosissima*，*F. hoheneggeri*，*Manica parceramosa*，*M. papillosa*，*M. dalatzensis*，*M.* (*Changlingia*) *tholistma*，*Pagiophyllum* sp.，*Nageopsis* sp. 以及由晚侏罗世延续而来的 *Brachyphyllum*，*Cupressinocladus* 等，时代主要属早白垩世晚期—晚白垩世。

除上述生物组合特征外，近 30 年来，本区晚侏罗世—白垩纪地层尚获取大量同位素年龄数据，其中大量的是全岩（或单矿物）K - Ar 法和较少的 U - Pb 及 Rb - Sr 等时线法测试年龄。特别是近年应用全岩（或矿物）Rb - Sr 等时线法和 $^{40}Ar/^{39}Ar$、快中子活化等多种测试方法，在广东、江西、福建都获取不少较可靠的晚侏罗世年龄值，证实东南地层区火山活动的主期是晚侏罗世。

根据广东区调队的研究，相同样品所获 K - Ar 法年龄比 U - Pb 法年龄系统偏晚 40～70 Ma，U - Pb 与 Rb - Sr 等时线年龄较为接近，Rb - Sr 等时线年龄与野外地质解释基本一致，接近岩石生成年龄。由此看来，以往不少学者采用 K - Ar 年龄或采用以 K - Ar 为多数的平均年龄得出东南沿海火山岩属早白垩世的结论是应予纠正的。

应当说明，早期获得的 K - Ar 法测试年龄，由于采样、加工、分析等多种原因，造成大部分年龄偏晚是可以理解的。诚然，从原则上说，所有年龄数据都是某种地质作用的结果，但问题的核心是如何去认识这些数据究竟具有何种地质意义。本书基于上述原因，对晚侏罗世—白垩纪火山岩选用一批全岩 Rb - Sr 等时线年龄和部分 K - Ar、$^{40}Ar/^{39}Ar$、快中子活化等其他方法测试年龄，以供本区晚中生代火山岩的地质时代归属参考（表 6 - 3）。

此外，本区尚获得少量古地磁地质年龄，如粤北南雄盆地大凤组距今不早于 118 Ma，仁化丹霞组顶部不晚于 70 Ma，顺德白鹤洞组 93～129 Ma，三水组 80～93 Ma，闽西上杭盆地沙县组为 70～105 Ma 等。这些年龄数据与古生物和同位素所提供的地质年代资料基本吻合，与地质解释基本相符。

当前，对于一个适用于我国晚中生代的地质年代划分和年代地层划分命名尚无统一的标准，争议颇多，诸如侏罗纪与白垩纪界线年龄问题，白垩纪二分或三分问题等等。本书参考王鸿祯等（1990）《国际地层时代对比表》及程裕淇等（1994）《中国区域地质概论》等资料，结合本区具体地质事实，初步认为侏罗纪与白垩纪界线年龄定为 135 Ma 或 140 Ma 是合适的。白垩纪采用两分，上界年龄为 65.0 Ma，早、晚白垩世分界年龄为 97.0 Ma。根据浙江区调大队资料，衢江群或天台群下界年龄为 105～110 Ma，大致相当阿普第阶底界，永康群下界年龄为 120～125 Ma，大致相当欧特里阶下界。

综合以上资料，现将本区三个火山岩带晚侏罗世—白垩纪岩石地层的代表性地层单位序列与年代地层及生物组合进行多重划分对比（表 6-4）。

在陆相火山岩地层划分对比时，本书遵照《陆相火山岩岩石地层清理研究基本要求》，按同一岩石区（带）内的岩石成分、组合类型及其序列进行划分对比，求同存异，以期取得最基本的共识。

从表 6-4 中不难看出，本区晚侏罗世—早白垩世有两次明显的火山活动期：(1)主期为晚侏罗世基末里期—提塘期，形成的火山岩地层，沿江火山岩带有龙王山组、大王山组等；东南沿海火山岩内带有黄尖组；外带有鹅宅组和赤水组。同位素年龄大约介于 152～135 Ma 之间。本期在东南沿海火山岩外带以裂隙式或沿裂隙带的中心式喷发为主，呈大面积岩流覆盖，伴随有潜火山—侵出相酸、中酸性粒状碎斑熔岩的形成，火山活动并延至早白垩世早期，如祝村组、小溪组上部及南山村组等。从目前已获同位素年龄资料表明，粤东沿海年龄偏早，从 155～146 Ma（热水洞组），极少数为 157～175 Ma，闽东为 151～147.5 Ma（鹅宅组和赤水组），浙东年龄

表 6-3 东南区晚侏罗世—白垩纪地层主要同位素年龄一览表

岩带	时代	序号	采样地点	地层名称	测试物名称	测试方法	同位素年龄(Ma)
长江中下游火山岩带	K_1	1	江苏江宁	娘娘山火山锥	黝方石响岩	K-Ar	99.8
		2	江苏江宁	娘娘山火山锥	假白榴石响岩	K-Ar	105.7
		3	安徽马鞍山	娘娘山组	黝方石响岩	K-Ar	89.8～113.7
		4	安徽当涂	姑山组	角闪安山岩	K-Ar	116.0
		5	安徽繁昌	双庙组	流纹岩	K-Ar	91～105
		6	安徽繁昌	双庙组	英安岩黑云母	K-Ar	115.4
		7	安徽庐江	双庙组	黑云母	K-Ar	106.7～127.6
	J_3	8	江苏溧水	大王山组	粗安岩、粗面岩	Rb-Sr	125.3
		9	江苏溧水	大王山组	粗安岩、粗面岩	K-Ar	127.9
		10	安徽庐江	大王山组	黑云母	K-Ar	127.0
		11	江苏溧水	龙王山组	角闪安山岩	K-Ar	140.0
		12	江苏江宁	龙王山组	安山岩	Rb-Sr	136.5
		13	安徽当涂	龙王山组		K-Ar	101.5～152.0

续表 6-3

岩带	时代	序号	采样地点	地层名称	测试物名称	测试方法	同位素年龄(Ma)
东南沿海火山岩内带	K_1	14	浙江龙游	中戴组	橄榄玄武岩	K-Ar	105.0
		15	江西铅山	茅店组	伊丁石化玄武岩	K-Ar	99.5±1.5
		16	江西铅山	茅店组	伊丁石化玄武岩	K-Ar	101.8±3.2
		17	广东河源	丹霞组	火山岩	K-Ar	74.0
		18	广东仁化	丹霞组	粉砂质泥岩	Rb-Sr	76±22
		19	广东南雄	浈水组	粘土质泥岩	K-Ar	96.55±11.74
		20	广东始兴	浈水组	玄武岩	K-Ar	67.04±2.3
		21	广东曲江	大凤组	玄武岩	K-Ar	128.49±2.07
		22	广东和平	优胜组	熔结凝灰岩锆石	U-Pb	86.5
		23	广东和平	优胜组	英安流纹质熔岩	Rb-Sr	89.5±5.3
		24	广东和平	优胜组	透长石	$^{40}Ar/^{39}Ar$	90.6±1.7
		25	广东和平	优胜组	透长石	K-Ar	92.9±1.9
		26	广东平远	优胜组	流纹岩	Rb-Sr	94±10
		27	广东茂名	三丫江组	霏细岩	K-Ar	91.0
		28	海南三亚	鹿母湾组	水云母粘土岩	Rb-Sr	125±3.3
		29	海南崖城	汤他大岭组	流纹质凝灰熔岩锆石	U-Pb	104～107
	K_1-J_3	30	江西弋阳	石溪组	珍珠流纹岩	K-Ar	119.1
		31	江西铅山	石溪组	粗面岩透长石	快中子活化	128.3±0.4
		32	江西铅山	石溪组	流纹质凝灰岩黑云母	快中子活化	132.5±0.8
		33	江西弋阳	石溪组	凝灰岩	K-Ar	135.0
		34	浙江建德	寿昌组	流纹质凝灰岩	Rb-Sr	121.7±2.7
		35	浙江临安	寿昌组	膨润土透长石	$^{40}Ar/^{39}Ar$	135.5±0.4
		36	浙江临安	寿昌组	膨润土透长石	$^{40}Ar/^{36}Ar-^{39}Ar/^{36}Ar$	135.1±10
		37	江苏溧阳	黄尖组	角闪安山岩	K-Ar	131.±1
		38	江苏溧阳	黄尖组	流纹质熔结凝灰岩	Rb-Sr	134.5±18.1
		39	江苏苏州	黄尖组	安山岩	Rb-Sr	146.0
		40	浙江建德	黄尖组	流纹岩、凝灰岩	Rb-Sr	127.9±4
		41	浙江德清	黄尖组	流纹质熔结凝灰岩	Rb-Sr	139.63±2.32
		42	浙江德清	黄尖组	粗安岩、熔结凝灰岩	Rb-Sr	145.26±15.05
		43	江西贵溪	鹅湖岭组	流纹质熔结凝灰岩锆石	U-Pb	141.0
		44	江西铅山	鹅湖岭组	粗面岩透长石	$^{40}Ar/^{39}Ar$	141.8±0.3
		45	江西铅山	鹅湖岭组	流纹英安岩透长石	$^{40}Ar/^{39}Ar$	148.9±1.0
		46	江西金溪	鹅湖岭组	黑云母角闪安山岩	K-Ar	158.2
		47	广东河源	热水洞组	流纹质熔结凝灰岩	Rb-Sr	169.8±9.9
		48	广东增城	吉岭湾组	安山岩	Rb-Sr	187±16
	K_2	49	浙江天台	两头塘组	流纹质凝灰岩黑云母	K-Ar	103.2±1.6
		50	浙江天台	两头塘组	流纹质凝灰岩黑云母	K-Ar	105.9±1.9

续表 6-3

岩带	时代	序号	采样地点	地层名称	测试物名称	测试方法	同位素年龄(Ma)
东南沿海火山岩外带	K_2	51	福建永泰	石牛山组	熔结凝灰岩	Rb-Sr	88.0
		52	福建闽侯	石牛山组	角砾熔结凝灰岩	Rb-Sr	91±5
		53	福建永泰	石牛山组	霏细流纹岩	Rb-Sr	104.1
	K_1	54	浙江仙居	塘上组	流纹斑岩	K-Ar	107.0
		55	浙江天台	塘上组	流纹质凝灰岩黑云母	K-Ar	110.9±2.3
		56	浙江仙居	小平田组	酸性凝灰岩	Rb-Sr	108.0
		57	浙江新昌	壳山组	流纹斑岩	K-Ar	128.7
		58	浙江山门	朝川组	玄武岩、中酸性凝灰岩	Rb-Sr	118.6
		59	浙江宁波	馆头组	安山玄武岩、凝灰岩	Rb-Sr	110.3±10
		60	浙江奉化	馆头组		$^{40}Ar/^{36}Ar-^{39}Ar/^{36}Ar$	110.0±3.3
		61	福建永泰	寨下组	钾长流纹岩	K-Ar	106.8
		62	福建永泰	黄坑组	安山玄武岩	K-Ar	113.2
		63	广东潮州	官草湖组	英安岩	K-Ar	102.0
		64	广东龙门	官草湖组	流纹质角砾凝灰岩	Rb-Sr	122.0±3
		65	广东河源	官草湖组	流纹斑岩	Rb-Sr	124.7±2.1
		66	广东揭西	官草湖组	流纹岩	Rb-Sr	127.4±4.2
	K_1-J_3	67	浙江丽水	祝村组	辉石安山岩	K-Ar	105.0
		68	浙江黄岩	九里坪组	球泡流纹岩	Rb-Sr	139.34±12.34
		69	浙江宁波	九里坪组	流纹斑岩	Rb-Sr	139.8±11
		70	浙江青田	西山头组	流纹质熔结凝灰岩	Rb-Sr	132.1
		71	浙江武义	西山头组		Rb-Sr	135.44±8
		72	浙江缙云	西山头组	英安质熔结凝灰岩	K-Ar	136.5
		73	浙江金华	高坞组	晶屑凝灰岩钾长石	Rb-Sr	133.0
		74	浙江诸暨	高坞组	流纹质角砾熔岩、凝灰岩	K-Ar	135.26
		75	福建宁德	小溪组	流纹岩	Rb-Sr	136±5
		76	福建古田	小溪组	流纹岩	Rb-Sr	142±26
		77	福建德化	赤水组	流纹质凝灰熔岩	Rb-Sr	147.5±6
		78	福建闽侯	赤水组	流纹英安质凝灰熔岩	K-Ar	149±4
		79	福建长乐	赤水组	流纹英安质凝灰熔岩	Rb-Sr	151±15
		80	广东惠阳	南山村组	含集块角砾熔岩	Rb-Sr	131.0±2.0
		81	广东澄海	南山村组	英安流纹质凝灰熔岩	Rb-Sr	135.81±8.68
		82	广东饶平	南山村组	流纹英安质凝灰岩	Rb-Sr	136.8±6.8
		83	广东揭西	热水洞组	流纹质凝灰岩	Rb-Sr	146.8±7
		84	广东惠东	热水洞组	流纹岩	Rb-Sr	147.5±2
		85	广东普宁	热水洞组	安山岩、角砾熔岩等	Rb-Sr	148.76±6.95
		86	广东惠来	热水洞组	英安流纹质凝灰熔岩	Rb-Sr	150.27±5.11
		87	广东惠来	热水洞组	英安质凝灰熔岩	Rb-Sr	154.0±6
		88	广东海丰	热水洞组	英安流纹质熔结凝灰岩	Rb-Sr	154.9±12.4

表 6-4 东南区晚侏罗世—白垩纪地层多重划分对比表

地质年代(Ma)	年代地层 系	统	阶	岩石地层 沿江		内带		外带		生物地层 腹足类	双壳类	叶肢介	介形类	昆虫	鱼类	爬行类	植物
	第三系	古新统		泰州组													
65.0	白垩系	上统	马斯特里赫特阶 Maastrichtian	赤山组		衢江群	桐乡组	石帽山群	石牛山组								
			坎潘阶 Campanian				衢县组										
			三冬阶 Santonian														
86.6			康尼亚克阶 Coniacian	浦口组			金华组										
			土仑阶 Turonian								①	②	③	④		⑤	
			赛诺曼阶 Cenomanian						寨下组								
97.0		下统	阿尔比阶 Albian	葛村组	娘娘山组		中戴组										
			阿普第阶 Aptian														⑥
110			巴列姆阶 Barremian			永康群	壳山组		黄坑组								
							方岩组										
			欧特里阶 Hauterivian				朝川组										
							馆头组			①	②	③	④		⑤		
125			凡兰吟阶 Valanginian				横山组	南园群	小溪组								
			贝里阿斯阶 Berriasian				寿昌组										
135 (140)	侏罗系	上统	提塘阶 Tithonian	大王山组			黄尖组		赤水组								
			基末里阶 Kimmeridgian	龙王山组					鹅宅组								
			牛津阶 Oxfordian	西横山组			劳村组		长林组								
157.1		中统	卡洛阶 Callovian	北象山组			同山群		漳平组	①	②	③		④	⑤	⑥	⑦

生物组合名称(①②③……)见正文;——建德生物群;—·—·永康生物群;————衢江生物群

偏晚，为 136.5～132.0 Ma(高坞组和西山头组)。由此可知，本带火山活动时间略具从西南(粤东)向东北(浙东)由老而新迁移。在东南沿海火山岩内带，前已述及，同位素年龄表明火山活动时间亦具由西南向东北(从广东—江西、闽西—浙西—苏南)逐渐偏晚之势，同时，本带火山活动仅限于晚侏罗世，以中心式喷发为主，多形成单个的喷发盆地，早白垩世早期基本未见火山活动，由此亦可推知，从东南沿海火山岩内带向外带(从西北向东南沿海)火山活动增强，火山活动时间延续较晚，喷发中心由内带向外带迁移。由此可得出结论：东南沿海中生代晚期火山岩，随着时间的推移，火山活动中心及喷发强度具有由西南向东北和由西北(内地)向东南(沿海)双向迁移规律。(2)次期为早白垩世巴列姆期—阿尔比期，形成的火山岩地层，沿江火山岩带有娘娘山组(江镇组及浮山组)、壳山组；沿海火山岩带有浙江小平田组和塘上组、壳山组，福建白牙山组、黄坑组和寨下组，广西西垌组，广东三丫江组、优胜组，海南六罗村组、汤他大岭组和岭壳村组。同位素年龄大约介于 114～97 Ma。此期以沿江火山岩带和浙、闽、粤、桂东南及海南等沿海地区火山活动较为活跃，但喷发强度远不及晚侏罗世，火山活动均为中心式喷发，形成单个小型喷发盆地或火山锥，岩石以紫红色为其特征。

上述两期火山喷发之前均有火山活动间歇期的正常盆地沉积或火山碎屑沉积地层，而各沉积地层之下又有明显的区域性不整合(主期和次期火山喷发前的不整合大致相当牛津期和欧特里期下线)，东南沿海内带及外带火山岩地层时空展布如图 6-3、6-4 所示。岩石成分及其组合的不同以及不整合界面的存在，此即本区晚侏罗世—早白垩世早期与早白垩世中晚期两大套火山岩岩石地层划分对比的主要依据。

晚白垩世本区除偶有薄层玄武岩夹层外，火山活动已基本停止，形成一套以膏盐、含铜砂岩为特征的紫红色河湖相盆地碎屑沉积地层。晚白垩世晚期以盛产恐龙蛋而闻名于世，这同时

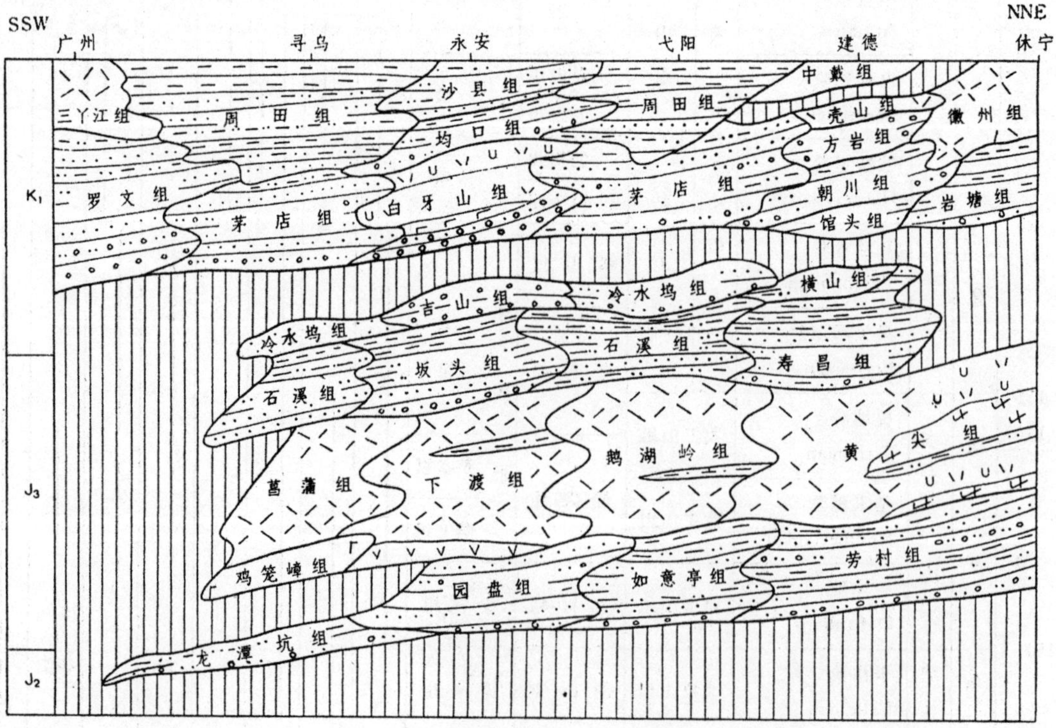

图 6-3　东南沿海(火山岩内带)晚侏罗世—早白垩世地层时空展布示意图

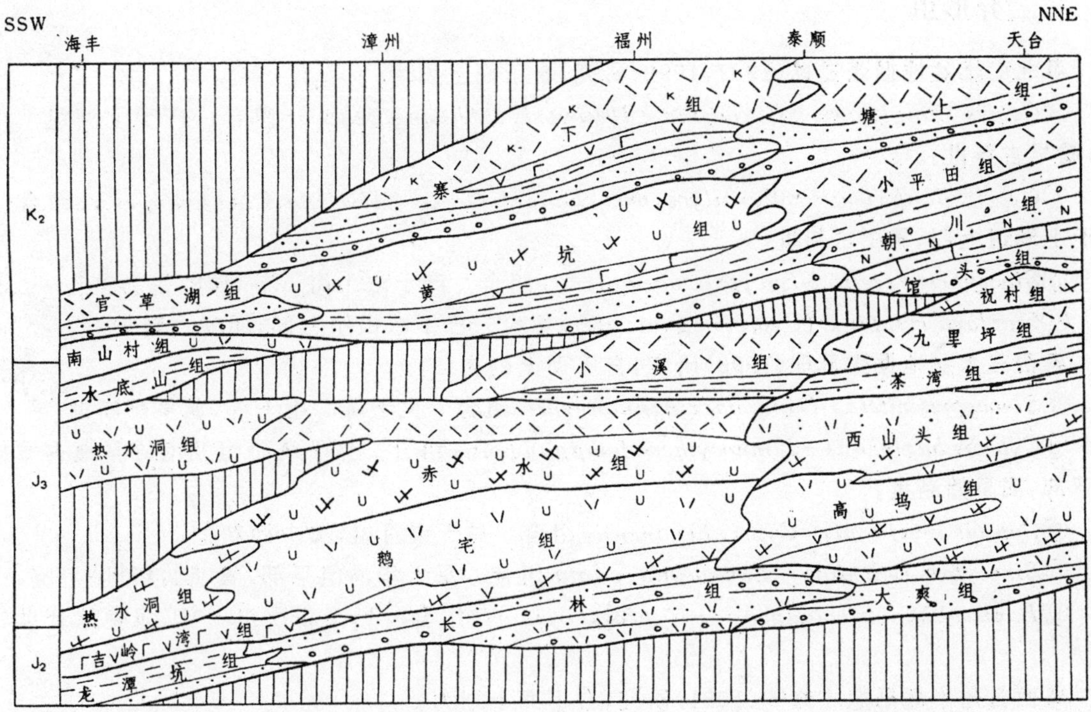

图 6-4　东南沿海(火山岩外带)晚侏罗世—早白垩世地层时空展布示意图

也是本区地层划分对比的标志之一。

三、第三纪

本区第三纪地层生物丰富,门类繁多,既有陆生生物,亦有海生生物。

陆生生物盛产于扬子地层区及东南地层区江西、广东境内,主要有哺乳类、爬行类、鱼类、腹足类、双壳类、介形类、轮藻、昆虫、植物及孢粉等;海生生物仅分布于台湾、海南及雷州半岛等地,主要有有孔虫、钙质超微化石等,属太平洋海区生物群。

根据现有资料,研究较详的生物门类有如下组合。

(一)哺乳类

①Bemalambdidae - Archaeolambdidae 组合　分布于粤北南雄盆地上湖组、浓山组及江西池江盆地池江组下中部和清江盆地新余组以及皖南沿江望虎墩组、痘姆组、双塔寺组、张山集组。主要分子有:*Bemalambda nanhsiungensis*, *Lingnania lofoensis*, *Lofochaius brachyodus*, *Archaeolambda* cf. *planicanina*, *A. dayaensis*, *A. yangtzeensis*, *Canolophus lanikenensis*, *Probathyopsis sinyuensis*, *Sinostylops progressus* 等,时代属古新世—始新世早期。

②*Anchitherium* - *Brachypotherium* 组合　分布于苏南洞玄观组及雨花台组。主要分子有: *Anchitherium aurelianense*, *Brachypotherium* cf. *brachypus*, *Stephanocemas colberti*, *Hyotherium* cf. *palaeochoerus*, *Tetralophodon* sp., *Hipparion* cf. *platyodus* 等,时代属中—上新世。

(二)介形虫

粤北南雄盆地据张显球(1987,1992)研究,自下而上划为:

③*Cypris jiangxiensis* - *C. concina* - *Ilyocypris subhuangqiaoensis* 组合　产于上湖组下中部,属早古新世。

④*Cypris jiangxiensis* - *Parailyocypris changzhouensis* - *Ilyocypris hengyangensis* 组合　产于上湖组上部,属中古新世。

⑤*Sinocypris excelsa* - *Eucypris sanshuiensis* 组合　产于浓山组下部,属晚古新世。

⑥*Candona resupina* - *Cyprois* - *Sinocypris* 组合　产于浓山组上部,属晚古新世。

粤西三水盆地据张显球(1993)研究,自下而上划为:

⑦*Sinocypris nitela* - *Candona xinzhuangensis* 组合　见于坾心组下部,属早始新世。

⑧*Cyprois buxinensis* - *Limnocythere honggangensis* 组合　见于坾心组及南雄盆地古城村组下部,属早始新世。

⑨*Cyprois reniformis* - *Cypris henanensis* 组合　见于宝月组,属中始新世。

⑩*Sinocypris reticulata* - *Limnocythere lata* 组合　见于华涌组下部,属晚始新世。

⑪*Limnocythere xiaotangensis* - *Cyprois circularis* 组合　见于华涌组上部,属晚始新世较宜。

粤西雷州半岛据寇才修等(1981)研究,自下而上划为:

⑫*Chinocythere* 群　见于涠洲组,属渐新世。

⑬*Spinileberis longicaudata* 群　见于角尾组,属中新世。

⑭*Spinileberis inflexicostata* - *Cytheropteron striatituberosa* 组合　见于灯楼角组,属晚中新世。

⑮*Hemikrithe foveata* - *Neomonoceratina delicata* 组合　见于望楼港组,属上新世为宜。李云通等(1984)认为,该区介形类全部为滨海或浅海相类型。

此外,陆相介形类在扬子地层区亦广泛发育,江苏地质矿产局(1994)将第三纪自下而上划分为:

⑯*Cypridea* - *Cyprois* - *Parailyocypris* 组合　见于泰州组,属古新世早期。

⑰*Sinocypris* - *Limnocythere* - *Cypris* - *Cyprinotus* 组合　见于阜宁组,属古新世晚期。

⑱*Sinocypris* - *Limnocythere* - *Cyprinotus* 组合　见于戴南组,属始新世早中期。

⑲*Limnocythere* - *Cyprois* - *Eucypris* 组合　见于三垛组下部,属始新世晚期。

⑳*Pinnocypris* - *Cyprinotus* - *Ilyocypris* 组合　见于三垛组上部,属渐新世。

㉑*Ilyocypris subcornae* - *Candona*(*Candona*)*subacuta* - *Eucypris micida* 组合　见于盐城组,属中—上新世。

(三)轮藻

粤西三水盆地据黄仁金等(1984)研究,自下而上划为:

㉒*Grovesichara changzhouensis* - *Peckichara longa* - *Stephanochara breviovalis* 组合　见于莘庄村组及南雄盆地上湖组中上部及浓山组,属早古新世,可能包括有古新世晚期。

㉓*Gyrogona qianjiangica* - *Grambastichara cylindricovata* 组合　见于坾心组,属中始新世。

㉔*Neochara huananensis - Peckichara subspheria* 组合　见于宝月组，属晚始新世。

㉕*Hornichara huachongensis - Amblyochara taixianensis* 组合　见于华涌组，属晚始新世。

在扬子地层区，轮藻分布亦较广，但系统研究不够，江苏地质矿产局(1994)自下而上划为：

㉖*Collichara xiaohekouensis - Lotochara cylindrica* 组合　见于泰州组，属古新世，但混生有晚白垩世晚期分子。

㉗*Peckichara longa - Stephanochara breviovalis* 组合　见于阜宁组，与南雄上湖组及浓山组分子可以对比，属晚古新世。

㉘*Neochara huananensis - Grovesichara changzhouensis - Peckichara subsphaeria* 组合　见于戴南组，属始新世早中期。

㉙*Obtusochara jianglingensis - Gyrogona qiangjianensis* 组合　见于三垛组，属渐新世。

㉚*Tectochara - Charites* 组合　见于盐城组，属中新世—上新世。

(四)有孔虫

雷州半岛新第三纪有孔虫，据寇才修等(1981)研究，自下而上划为：

㉛*Globigerina ciperoensis - Cassigerinlla chipolensis* 组合　见于下洋组，属早中新世。

㉜*Globorotalia siakensis - Orbulina suturalis* 组合　见于角尾组，属中中新世。

㉝*Globigerina nepenthes - Globorotalia acostaensis* 组合　见于灯楼角组，属晚中新世。

㉞*Globorotalia tosaensis - Globigerinoides extremus* 组合　见于望楼港组，属上新世。

台湾第三纪有孔虫及钙质超微化石极其丰富。西部山麓地层分区，据翁世劼总结结果和张丽旭(1960)研究成果，将有孔虫自下而上划为：

Guadryina pseudohayasakai - Cyclammina incisa 组合见于五指山组，属渐新世；

Guadryina pseudohayasakai - Guadryina kokuseiensis 组合　见于野柳群大寮组，属中新世早期；

Operculina bastschi multiseptata - Miogypsina inflata - Bigenerina shihtiensis 组合　见于瑞芳群，属中新世；

Streblus yabei - Textularia pseudokansainensis 组合　见于三峡群，属中—上新世；

Pararotalia taiwanica - Asterorotalia trispinosa 组合　见于锦水组及卓兰组，属上新世。

(五)孢粉

粤西三水盆地据宋之琛等(1986)研究，自下而上划为：

㉟*Ulmipollenites minor - Pentapollenites - Plicapollis* 组合　见于莘庄村组上部及南雄盆地上湖组、浓山组和雷州半岛长流组，属古新世或古新世晚期。

㊱*Quercoidites - Pentapollenites pentagulus - P. jiangsiensis - Pterisisporites* 组合　见于坾心组下部，属古新世。

㊲ *Quercoidites - Cupuliferoipollenites - Ulmipollenites undulosus - Pentapollenites maomingensis* 组合　见于宝月组及雷州半岛流沙港组下部，属始新世中晚期。

㊳*Alnipollenites - Polypodiaceaesporites haardtii - Momipites* 组合　见于华涌组及雷州半岛流沙港组中部，属始新世晚期—渐新世早期。

雷州半岛第三纪孢粉据寇才修等(1981)研究，自下而上划为：

㊴*Magnastriatites howardi - Trilobapollis - Verrutricolporites pachydermus - Retitricol-*

pites cf. *mataurаensis* 组合　见于涠洲组及粤西油柑窝组，属渐新世中晚期。

㊵*Tricolporopollenites* - *Zonocostites* - *Chenopodipollis microporatus* - *Graminidites* 组合　见于下洋组，属中新世早期。

㊶*Polypodiisporites usmensis* - *Florschuetzia* cf. *levipoli* - *Fonestrites spinosus* - *Casuarinidites cainozoicus* 组合　见于角尾组，属中新世中期。

㊷*Cupuliferoipollenites oviformis* - *Ilexpollenites* - *Dicolpopollis kockelii* - *Liquidambarpollenites stigmosus* 组合　见于灯楼角组，属中新世晚期。

㊸*Cupuliferoipollenites oviformis* - *Polypodiaceaesporites* - *Chenopodipollis microporatus* 组合　见于望楼港组，属上新世。

此外，扬子地层区孢粉分布亦广，江苏地质矿产局(1994)研究，自下而上划为。

㊹*Schizaeoisporites* - *Aquilapollenites* - *Cedripites* - *Podocarpidites* - *Trilobosporites minor* 组合　见于泰州组，属古新世，但混有白垩纪晚期分子。

㊺*Ulmipollenites* - *Triporopollenites* - *Pinuspollenites* 组合　见于阜宁组，属古新世晚期—始新世早期。

㊻*Taxodiaceaepollenites* - *Pinuspollenites* - *Caryapollenites* 组合　见于戴南组，属始新世中晚期。

㊼*Taxodiaceaepollenites* - *Ephedripites* - *Caryapollenites* 组合　见于三垛组下部，属渐新世早中期。

㊽*Maliaceoidites* - *Retitricolpites* - *Retitricolporites* 组合　见于三垛组上部，属渐新世晚期。

㊾*Pinuspollenites* - *Cerotopteris* 组合　见于盐城组下部，属中新世。

㊿*Cerotopteris* - *Polypodiaceaesporites* - *Polygonum* - *Convolvulus* 组合　见于盐城组上部，属上新世。

除上述古生物组合外，本区第三纪地层尚获得一些同位素年龄资料，以粤西三水盆地和浙、闽、台沿海一带尤多，其他地区十分零星，现摘要列于表 6 - 5。

区内第三纪古地磁年龄资料极少，据中国科学院地球化学研究所、南海海洋研究所和地质矿产部第二海洋地质调查大队对广东三水及丹霞盆地的研究，仁化丹霞组顶部磁性地质年龄不晚于 70 Ma，顺德莘庄村组年龄为 50～65 Ma，三水宝月组年龄为 44～69 Ma。此外，江苏江宁方山组玄武岩磁性地质年龄为上新世—早更新世。古地磁所反映的年代与同位素及古生物资料基本吻合。

表 6 - 5　东南区第三纪地层主要同位素年龄一览表

序号	采样地点	地层名称	测试物名称	测试方法	同位素年龄(Ma)
1	江苏江宁	方山组	玄武岩	K - Ar	5.9
2	浙江新昌	嵊县组	拉斑玄武岩	K - Ar	4.30
3	浙江天台	嵊县组	玄武岩	K - Ar	8.4±0.7
4	浙江嵊县	嵊县组	橄榄辉基岩	K - Ar	8.59
5	浙江天台	嵊县组	拉斑玄武岩	K - Ar	11.93
6	浙江新昌	嵊县组	橄榄玄武岩	K - Ar	13.70
7	浙江三门	嵊县组	拉斑玄武岩	K - Ar	15.26
8	福建明溪	佛昙组	橄榄玄武岩	K - Ar	1.5～5.2
9	福建漳浦	佛昙组	玄武岩	K - Ar	1.48±0.03
10	福建漳浦	佛昙组	玄武岩	K - Ar	16.6±0.3

续表 6－5

序号	采样地点	地层名称	测试物名称	测试方法	同位素年龄(Ma)
11	福建龙海	佛昙组	玄武岩	K－Ar	17.1
12	台湾澎湖	鱼翁岛组	玄武岩	K－Ar	8.2±0.2～16.2±0.8
13	台湾澎湖	鱼翁岛组	云母	K－Ar	11.2±0.3
14	台湾澎湖	鱼翁岛组	角闪石	K－Ar	13±2.07
15	台湾彰化	王功组	玄武质凝灰岩	K－Ar	53.5±2.7
16	广东三水	华涌组	石英拉斑玄武岩	K－Ar	45.96±1.77
17	广东南海	华涌组	透长石	K－Ar	51.1
18	广东三水	华涌组	玄武岩	$^{40}Ar/^{39}Ar$	52.7
19	广东南海	华涌组	粗面岩	K－Ar	54.73±0.92
20	广东南海	宝月组	石英拉斑玄武岩	K－Ar	46.52±1.74
21	广东三水	宝月组	石英拉斑玄武岩	K－Ar	56.26±1.55
22	广东南海	坤心组	石英拉斑玄武岩	K－Ar	54.33±1.44
23	广东南海	坤心组	橄榄拉斑玄武岩	K－Ar	57.48±2.21
24	海南文昌	石门沟村组	粗玄岩	K－Ar	3.042
25	海南文昌	石马村组	玻基辉橄岩	K－Ar	5.43

综上所述，参照王鸿祯等(1990)及程裕淇等(1994)提出的地质年代与年代地层划分方案，本区除台湾、海南第三纪海相地层外，扬子及东南地层区第三纪陆相地层多重划分对比如表 6－6。

表 6－6 东南区第三纪地层多重划分对比表

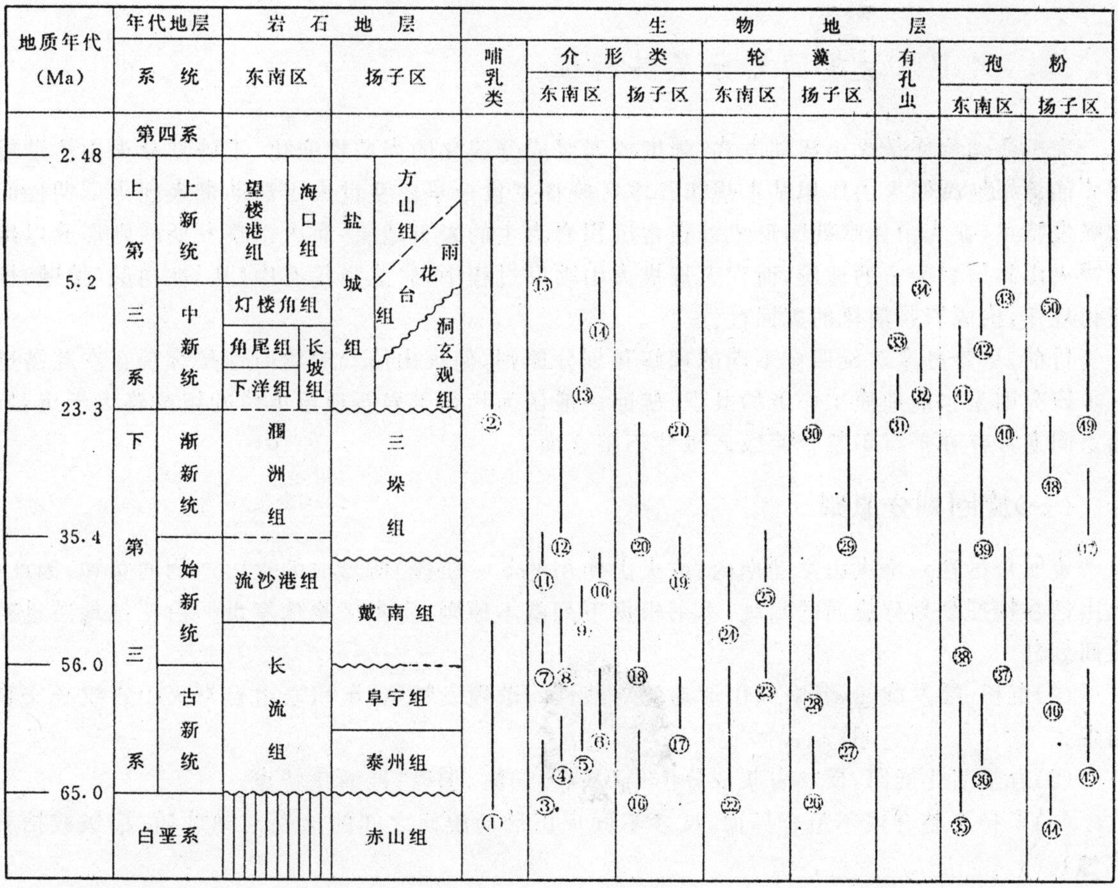

生物组合名称(①②③……)见正文；——生物繁盛期

第三节 中生代火山活动、岩浆演化及其与成矿的关系

一、区域地质构造背景

在大地构造位置上，中国东南部主体位于华南板块东南，东邻菲律宾板块，南接南海盆地。华南板块是在扬子、华夏、印支三个前寒武纪克拉通(古板块)的基础上发展起来的。本区北部的扬子陆块，长期以来较为稳定；南部的南华活动带在加里东运动后与扬子陆块拼贴组成古华南大陆，印支期后大陆块开始“活化”，燕山期以来由于太平洋板块相对大陆迅速向北移动，在本区产生的构造效应主要形成北北东向剪切断裂体系，由此导致强烈的岩浆活动。地幔上涌、地壳减薄，热流值增大、陆壳发生部分熔融以及伴随剪切断裂体系的张陷作用是引起本区大规模英安-流纹质火山活动的主要动力机制。

在长江中下游火山岩带和东南沿海火山岩内带，火山活动主要是在大陆隆起形成地堑式断陷盆地的构造背景上发生的；在东南沿海火山岩外带，火山活动主要受控于北北东向巨型切割基底的剪切断陷带以及北东东、北西向断裂及其相互交切部位，构成沿裂隙带的多中心、多期次火山活动产物相互叠置的所谓“面式”喷发，早期(晚侏罗世)具有挤压尔后松弛的构造环境，晚期(白垩纪)具有弱拉张性质。

二、火山活动旋回划分及其特征

火山活动旋回是火山活动方式、强度或岩浆成分演化的周期性变化，正确划分火山活动旋回才能更好地阐明火山作用基本规律。本区晚侏罗世—早白垩世火山活动常表现出周期性间歇喷发特点，在火山休眠期间形成以正常沉积岩为主的岩石地层，而火山喷发期间则形成以熔岩或火山碎屑岩为主的地层，而在大规模火山喷发过程中，岩浆尚具有中(基)性向酸(偏碱)性演化规律，构成岩浆演化的旋回性。

目前，尽管各家对旋回有不同的理解和划分原则，但火山活动的旋回性是客观存在并需进一步研究则是当前地质工作者的共识。旋回一般认为相当于岩石地层单位的组或略大于组，旋回之间通常存在平行不整合面或区域性不整合面。

(一)旋回划分原则

旋回是指在一个火山活动期内(或火山作用的某一阶段)所形成的火山产物的总和。因此，火山产物特征是划分旋回的基础。本书根据下列基本原则，将本区晚侏罗世—白垩纪地层进行旋回划分。

(1)沉积-喷发旋回，反映火山活动的周期性间歇喷发特点，沉积岩组合与火山岩组合交替出现。

(2)岩浆演化旋回，反映岩浆成分由中(基)性向酸(偏碱)性演化特点。

(3)平行不整合或不整合界面，反映不同火山活动旋回之间的地壳活动性质(褶皱或抬升剥蚀)。

(4)旋回的划分应具有一定范围内的区域性对比意义，一个火山活动旋回，一般应适用于

在一个地层小区内进行对比，大致相当于岩石地层单位的组或略大于组。

(5)由于各地层小区火山活动的规模、强度、岩浆演化程度及时限等不同，火山活动旋回的次数和时限不可能完全一致。

(二)火山活动旋回划分对比

根据以上划分原则，本区火山活动可划分为4个旋回及若干亚旋回(表6-7)。

第一旋回(Ⅰ)时代属晚侏罗世早期，广泛见于全区。在长江中下游火山岩带由下部西横山组(红花桥组)沉积岩和上部龙王山组及大王山组(中分村组)火山岩组成。火山岩呈盆地中心式喷发，下部为中偏基性，上部为中偏碱性。在东南沿海火山岩内带，旋回下部为劳村组、如意亭组、龙潭坑组及园盘组等沉积岩组成，旋回上部由黄尖组、菖蒲组和鸡笼嶂组、下渡组、吉岭湾组和热水洞组等火山岩组成。火山岩呈喷发盆地分布，下部多为中基性，上部为酸性。东南沿海火山岩外带，旋回下部由大爽组、长林组、龙潭坑组等沉积岩及少量火山碎屑岩组成，旋回上部由高坞组和西山头组、鹅宅组和赤水组、吉岭湾组和热水洞组火山岩组成。火山岩呈大面积岩流覆盖，下部多中基性，上部为酸性。其中，闽东长林组、鹅宅组、赤水组又分别构成次级的沉积-喷发及中(酸)性—酸性岩浆演化亚旋回。

第二旋回(Ⅱ)时代属晚侏罗世晚期—早白垩世早期。在长江中下游火山岩带属早白垩世，旋回下部由姑山组(双庙组)下部沉积岩和其上娘娘山组(江镇组、浮山组)火山岩组成。火山岩多呈中心式喷发盆地或岩流、岩锥，岩性以碱性粗面岩、响岩为主，偶有钾长流纹岩。东南沿海火山岩内带仅见于浙西与闽西，由寿昌组、坂头组组成沉积-喷发旋回，火山活动十分微弱，火山岩主要为酸性凝灰岩及流纹岩类。东南沿海火山岩外带在粤东及闽东由水底山组、小溪组下部沉积岩和南山村组、小溪组上部火山岩组成。火山岩以中酸性(熔结)凝灰岩为主，顶部多熔岩。浙东可进一步划为两个亚旋回，下部由茶湾组沉积岩与九里坪组酸性熔岩组成第一亚旋回，上部由祝村组中性熔岩及中酸性火山碎屑岩—酸性熔岩组成第二亚旋回，分布局限。

第三旋回(Ⅲ)时代属早白垩世中晚期，仅见于东南沿海火山岩带。内带在浙西及闽西由永康群及白牙山组组成沉积-喷发旋回；粤西则可划为两个沉积-喷发亚旋回，下部官草湖组沉积岩及其上之基性、酸性火山岩为第一亚旋回，上部合水组沉积岩与优胜组火山岩组成第二亚旋回，火山岩属一套中基性—酸性熔岩；在海南五指山区，鹿母湾组沉积岩及其上之六罗村组、汤他大岭组、岭壳村组中、酸性火山岩亦可归属第三旋回中。外带在浙东由下部馆头组、朝川组(及方岩组)沉积岩与其上之壳山组或小平田组火山岩组成第一亚旋回，上部由塘上组沉积岩及其上之酸性火山岩组成第二亚旋回；闽东由下部黄坑组和上部寨下组沉积岩及(中)酸(偏碱)性火山岩分别组成第一与第二亚旋回；粤东仅有官草湖组组成沉积-喷发旋回。各旋回(亚旋回)上部火山岩均呈盆地型中心式喷发，岩性以酸性熔岩为主，下部偏中酸性，上部偏碱性。

第四旋回(Ⅳ)时代属晚白垩世，仅见于闽东，由石牛山组下部沉积岩和上部酸偏碱性火山熔岩组成，分布局限。

应当指出，由于陆相火山岩地层成岩方式的特殊性(兼有沉积与岩浆作用双重性)，岩性复杂、变化大，区域分布稳定性差，即使在小范围内火山活动旋回的岩性对比也是极为困难的，因此，各旋回(亚旋回)的对比应以岩类作为依据，旋回与亚旋回顶底界面也不具有严格的等时性。

表 6－7　东南区晚侏罗世—白垩纪火山活动旋回划分对比表

岩石地层 / 时代 \ 岩带 / 地区	长江中下游火山岩带			东南沿海火山岩内带												东南沿海火山岩外带								
	苏皖		旋回	浙西		旋回	江西		旋回	闽西		旋回	粤西		旋回	浙东		旋回	闽东		旋回	粤东		旋回
K_2																			石牛山组	喷发－沉积	Ⅳ			
K_1													优胜组	喷发	Ⅲ－2	塘上组	喷发－沉积	Ⅲ²	寨下组	喷发－沉积	Ⅲ²			
	娘娘山组 / 江镇组 / 浮山组	喷发	Ⅰ	壳山组	喷发	Ⅲ				白牙山组	喷发－沉积	Ⅲ	合水组	沉积		壳山组 / 方岩组 / 小平田组	喷发	Ⅲ¹	黄坑组	喷发－沉积	Ⅲ¹			
				方岩组	沉积																			
				朝川组	积								官草湖组	喷发－沉积	Ⅲ－1	朝川组	沉					官草湖组	喷发－沉积	Ⅲ
				馆头组												馆头组	积							
	姑山组 / 双庙组	沉积	Ⅰ	横山组 / 寿昌组	喷发－沉积	Ⅱ	冷水坞组	喷发－沉积	Ⅱ	吉山组 / 坂头组	喷发－沉积	Ⅱ				祝村组	酸性－中性	Ⅱ²	小溪组	喷发－沉积	Ⅱ	南山村组	喷发	Ⅱ
							石溪组									九里坪组	喷发	Ⅱ¹						
																茶湾组	沉积					水底山组	沉积	
J_3	大王山组 / 中分村组	喷发	Ⅰ	黄尖组	喷发	Ⅰ	鹅湖岭组 / 菖蒲组	喷发	Ⅰ	下渡组	喷发	Ⅰ	热水洞组	喷发	Ⅰ	西山头组	喷发	Ⅰ	赤水组	酸－中酸性	Ⅰ³	热水洞组	喷发	Ⅰ
	龙王山组						鸡笼嶂组						吉岭湾组			高坞组			鹅宅组	酸性－中性	Ⅰ²	吉岭湾组		
	西横山组 / 红花桥组	沉积		劳村组	沉积		如意亭组 / 龙潭坑组	沉积		园盘组	沉积					大爽组	沉积		长林组	喷发－沉积	Ⅰ¹	龙潭坑组	沉积	

三、火山岩组合类型与岩石地球化学特征

(一)长江中下游火山岩带

晚侏罗世火山岩(第Ⅰ旋回)组成怀宁、庐(江)枞(阳)、繁昌、滁州、宁(南京)芜(湖)、溧水、镇江等盆地,早期(龙王山组)属玄武岩-粗安岩-粗面岩组合;晚期(大王山组)属安山岩-粗安岩-粗面岩组合。玄武岩及安山岩以低硅高钾为特点,粗面岩则低硅低钠,整个岩系普遍含碱质高,里特曼指数为3.76～5.99,钙碱指数平均55.6,大部分岩石属钙碱性岩系,其形成推测为陆内坳陷碱性玄武岩浆演化产物。与火山岩同源、同时或稍晚的潜火山相辉长闪长(玢)岩、辉石粗安(玢)岩亦较发育,化学成分亦低硅富碱。

早白垩世火山岩(第Ⅱ旋回)主要见于宁芜、溧水、繁昌、庐枞等少数盆地内,各盆地岩性不尽相同。早期(姑山组及双庙组)在宁芜盆地主要为安山岩及火山角砾岩,溧水盆地由沉积岩-膨润土-流纹岩组成,繁昌盆地主要为安山岩-英安岩-流纹岩组合,庐枞盆地主要为粗面玄武岩-粗安岩-粗面岩组合。里特曼指数为2.06～2.75(平均2.46),属钙碱性系列;晚期(娘娘山组、浮山组)在宁芜、庐枞盆地为粗安岩-碱性粗面岩-响岩组合。里特曼指数达9.48,属碱性系列。岩浆分异指数由早期58.92至晚期87.32逐步增强,分异良好,母岩浆可能为碱性玄武岩浆长期分异作用的残浆。

(二)东南沿海火山岩内带

晚侏罗世—早白垩世早期(第Ⅰ、Ⅱ旋回)为本带火山活动强烈时期,形成面积由数十至数百平方公里不等的火山喷发盆地。早期一般以陆相盆地沉积开始,随后火山活动增强,形成中基性及酸性熔岩,火山岩主要为安山岩-英安岩-流纹岩组合。岩石化学成分全碱和SiO_2含量较高,且K_2O大于Na_2O,钙碱指数为56.3,属钙碱性岩系。

早白垩世中晚期(第Ⅲ旋回),火山活动相对微弱,仅见于浙西、闽西、粤西及海南五指山区,亦呈火山喷发盆地,早期一般有陆相盆地沉积,由紫红色碎屑岩组成;晚期为中基性—酸(偏碱)性火山熔岩。火山岩为玄武岩-安山岩-流纹岩-粗面岩组合,具弱基性—强酸性双峰式火山岩特点,钙碱指数为52～56,属高钾钙碱性岩系,显示成岩环境属弱拉张状态。

(三)东南沿海火山岩外带

为本区火山活动最强烈地带,长约1 200 km,宽50～200 km不等,面积达100 000 km^2。

晚侏罗世—早白垩世早期(第Ⅰ、Ⅱ旋回)形成若干北东向火山喷发带,各带岩石主要为安山岩-英安岩-流纹岩组合,但岩石类型复杂,主要有流纹岩、英安岩、流纹(英安)质凝灰熔岩、熔结凝灰岩、火山角砾岩、凝灰岩等,其中尚发育一种较独特的潜火山—侵出相酸(中酸)性粒状碎斑熔岩。岩石化学成分总体是高硅高碱,SiO_2含量变化是连续的、单峰式的,具挤压构造环境下火山活动特点。钙碱指数介于54～61.5,里特曼指数1.12～6.94,主要集中在1.94～3.48,分异指数变化于36～95之间,是一套由中基性—中酸性—酸性分异较好的钙碱性系列火山岩。

早白垩世中晚期(第Ⅲ、Ⅳ旋回)火山活动相对微弱,呈孤立火山喷发盆地分布,主要受北东向构造控制,其次为北西向和北东东向。各盆地主要为玄武岩-安山岩-流纹岩组合,岩石类

型较复杂，以流纹岩、英安岩、凝灰熔岩、熔结凝灰岩为主，晚期出现钾长流纹岩或石英粗面岩等酸偏碱性岩石及相应成分的潜火山岩，火山碎屑岩及沉积岩见于各旋回下部。岩石化学成分以高硅高碱(主要是钾)为特点，特别是晚期更明显，MgO、CaO 随 SiO_2 增高而降低，各旋回火山岩大致由基性向酸性演化，钙碱指数介于 55～56 间，里特曼指数平均为 2.35～3.83，属典型钙碱性岩石系列。在单个的喷发盆地中，SiO_2 含量常反映出在 50%～66%之间出现小的戴里间断，火山活动具双峰式特点，表明火山活动逐渐转入大陆拉张环境。

本带火山岩岩石化学在空间上的变化，总体反映出从内陆向沿海 SiO_2、K_2O、Rb 逐步降低，而 CaO、Na_2O、Sr、Ba 等则逐渐增高；在沿海方向上，从西南(粤东)向东北(浙东)K_2O、Rb、Nb、Ta 及 CaO、FeO、MgO 等逐渐降低，而 Na_2O、Fe_2O_3 等呈增高趋势，火山岩岩石化学成分上的这种区域性变化趋势可能与地壳厚度和结构有关。

据"东南沿海中生代火山岩区金属成矿带成矿远景区划"统计，本区火山熔岩主要化学成分平均值(表 6－8)，说明岩石化学成分的共同特点是富碱质，尤其是富钾。长江中下游以中性偏碱性为主，早白垩世酸度略大于晚侏罗世，晚期并出现碱性岩，岩石化学成分以富铁、富碱的中偏基性的岩浆成分为主，原始岩浆可能主要来自幔源，同熔混有壳源物质，其成分相当安山质岩浆；东南沿海以酸性及中酸性岩为主，早白垩世酸度略低于晚侏罗世，岩石化学成分以高硅、高碱、贫铁的酸性岩浆成分为主，原始岩浆可能主要来自壳源，混有幔源物质(白垩纪幔源物质增多)，其成分相当流纹质岩浆。

表 6－8　晚侏罗世—早白垩世火山熔岩主要化学成分含量及比值表

时代	地区 ＼ 氧化物(%)	SiO_2	Na_2O	K_2O	K_2O+Na_2O	K_2O/Na_2O
早白垩世	长江中下游	60.31	4.39	8.09	12.48	1.48
	东南沿海	66.48	3.09	4.65	7.74	1.51
晚侏罗世	长江中下游	58.45	3.76	3.97	7.73	1.06
	东南沿海	70.24	2.88	4.57	7.45	1.59

四、晚侏罗世—早白垩世火山活动与成矿的关系

中国东南区晚侏罗世—早白垩世规模宏大、岩石类型复杂、多旋回、多阶段的火山岩系与成矿关系密切。据初步统计，与其有关的矿产中，苏、皖、浙、闽、赣、粤已知的金属矿种有铁、铜、铅、锌、金、银、钨、锡、钼等 9 种，矿床(点)143 处，其中大型 15 处，中型 32 处，小型 96 处；非金属有萤石、黄铁矿、明矾石、叶腊石、膨润土、高岭土、沸石岩等 7 种，矿床(点)760 处，其中大型 43 处，中型 49 处，小型 95 处。

(一)宁芜玢岩铁矿

宁芜玢岩铁矿与火山作用成矿关系密切，包括从岩浆熔离形成矿浆型矿床开始，经历岩浆分异演化后期的伟晶—高温气液阶段—中低温阶段—系列成矿作用。矿浆型矿床开始形成于高温熔体，随着成矿作用的进行，挥发分逐渐增多，温度逐渐降低，成矿流体从熔体过渡为热液，而岩浆后期气液交代矿床则是火山岩铁矿中一组与硅饱和的富碱质中基性岩浆活动有成

因关系的矿床。在空间位置上，铁矿以中基性潜火山相辉石闪长玢岩、粗安斑岩等侵入体为中心，在不同的地质环境及不同围岩条件下形成相互联系的一组矿床。在岩石成分和成矿时代方面，晚侏罗世中基性火山岩与铁、铜矿化有关，而早白垩世中偏碱性火山岩与金、铜、多金属矿关系密切。

（二）东南沿海多金属与非金属矿

东南沿海与火山（潜火山）作用成矿关系密切的主要矿床有：浙江黄岩五部铅锌矿，江西贵溪冷水坑银铅锌矿，广东海澄莲花山钨矿，福建福安赤路钼矿，浙江遂昌治岭头金矿等大型矿床，其成因类型包括有：火山喷发沉积、隐爆角砾岩筒、潜火山热液（改造）及斑岩型等，尤以潜火山热液（改造）型及斑岩型是区内火山成因金属矿床最重要和最有远景的成因类型。

非金属矿床以萤石为主，其次有黄铁矿、明矾石、叶腊石、高岭土等，主要由火山热液成矿，形成次生石英岩型矿床系列，以晚侏罗世高硅、富铝、贫铁的中酸性、酸性火山岩与黄铁矿、明矾石、叶腊石、高岭土等成矿关系密切。此外，与白垩纪玻璃质酸性火山岩有关的膨润土、沸石岩、膨胀珍珠岩，在本区亦具一定远景，它们多赋存于酸性火山喷发沉积盆地中。

第四节　沉积盆地及其演化

一、晚三叠世—中侏罗世

（一）盆地的形成与分布

印支运动后，本区受库拉-太平洋板块向西北俯冲，华南大陆板块受到强烈压缩，尤其在陆缘地带，形成一系列狭长形北东—北东东向周缘前陆盆地及陆内裂（坳）陷盆地。它们是岩石圈在造山带负荷下发生弯曲和断裂所形成的，盆地的沉降作用主要是由于褶皱冲断带及左行压扭的构造负载以及早期沉积物的负载所致，规模一般较小。

晚三叠世大致沿淮南山地、江南古陆、武夷山地、华夏山地之间，分别展布着扬子海湾、湘赣海湾、粤闽海湾和星散于武夷山地中的若干陆内裂（坳）陷盆地。此三个海湾的西南端则与北西向的湘粤坳陷相连，形成具有经济价值的海陆交互相含煤碎屑岩建造。坳陷的西侧为粤西山地，其间亦零星分布一些小型狭长陆内裂（坳）陷盆地（图 6-5）。

早侏罗世仍基本继承晚三叠世古地理格局，但海水到达的范围则显著地缩小了。此时除湘粤坳陷与粤闽海湾时有海水侵漫以外，扬子海湾与湘赣海湾海水向西南退出并升起为陆，形成一系列北东—北东东向陆内裂（坳）陷盆地，粤西山地亦进一步隆升，仅在桂东南博白沙河、北流六麻有北东向极小面积的陆内裂陷盆地。在这些盆地中，沉积形成以湖沼相与河流相为主的含煤碎屑岩建造（图 6-6）。

中侏罗世仍为早侏罗世盆地的继承和发展，但全区已升起为陆，海水不复存在，形成一系列北东—北东东向规模更小的陆内裂（坳）陷盆地，沉积物全为紫红色为主的杂色陆源碎屑。

周缘前陆盆地的特点是发育在仰冲的大陆板块上，盆地的形成主要是由于受碰撞的陆壳在陆块周缘导致大陆岩石圈向下弯曲所致，往往平行展布于古陆或隆起山地两侧，扬子、湘赣、粤闽三个北东向海湾即是库拉-太平洋板块向西北俯冲在华南大陆板块边缘形成的。

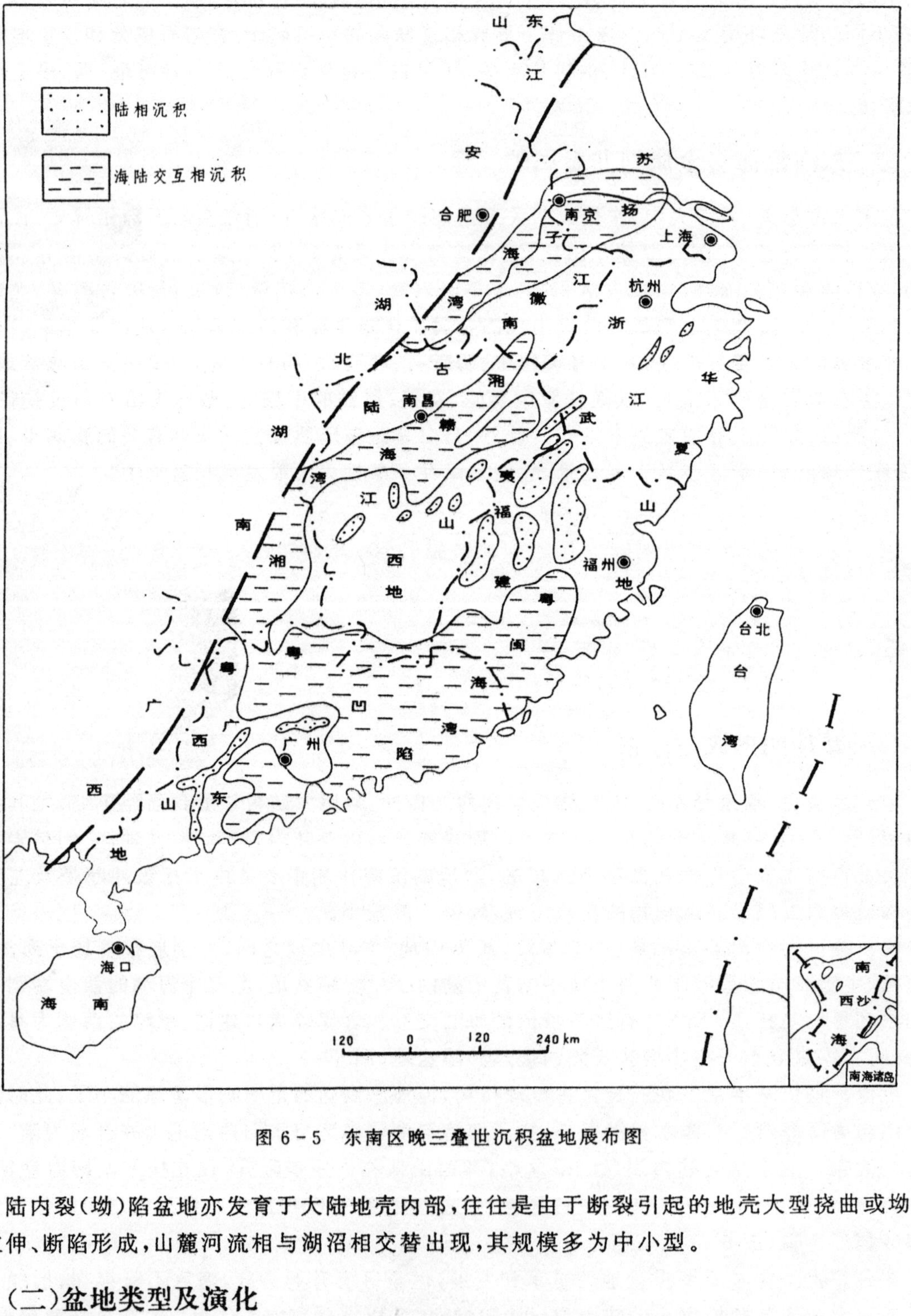

图 6－5　东南区晚三叠世沉积盆地展布图

陆内裂(坳)陷盆地亦发育于大陆地壳内部，往往是由于断裂引起的地壳大型挠曲或坳陷，由拉伸、断陷形成，山麓河流相与湖沼相交替出现，其规模多为中小型。

(二)盆地类型及演化

晚三叠世—中侏罗世主要形成两类盆地。即周缘前陆盆地和陆内裂(坳)陷盆地。

周缘前陆盆地沉积物以陆源碎屑为主，富含菱铁矿及黄铁矿结核，组分及结构成熟度均较高，浅海、海湾泻湖及陆相沉积交替出现，盆地的垂向沉积序列具有早期水深→晚期水浅(扬子

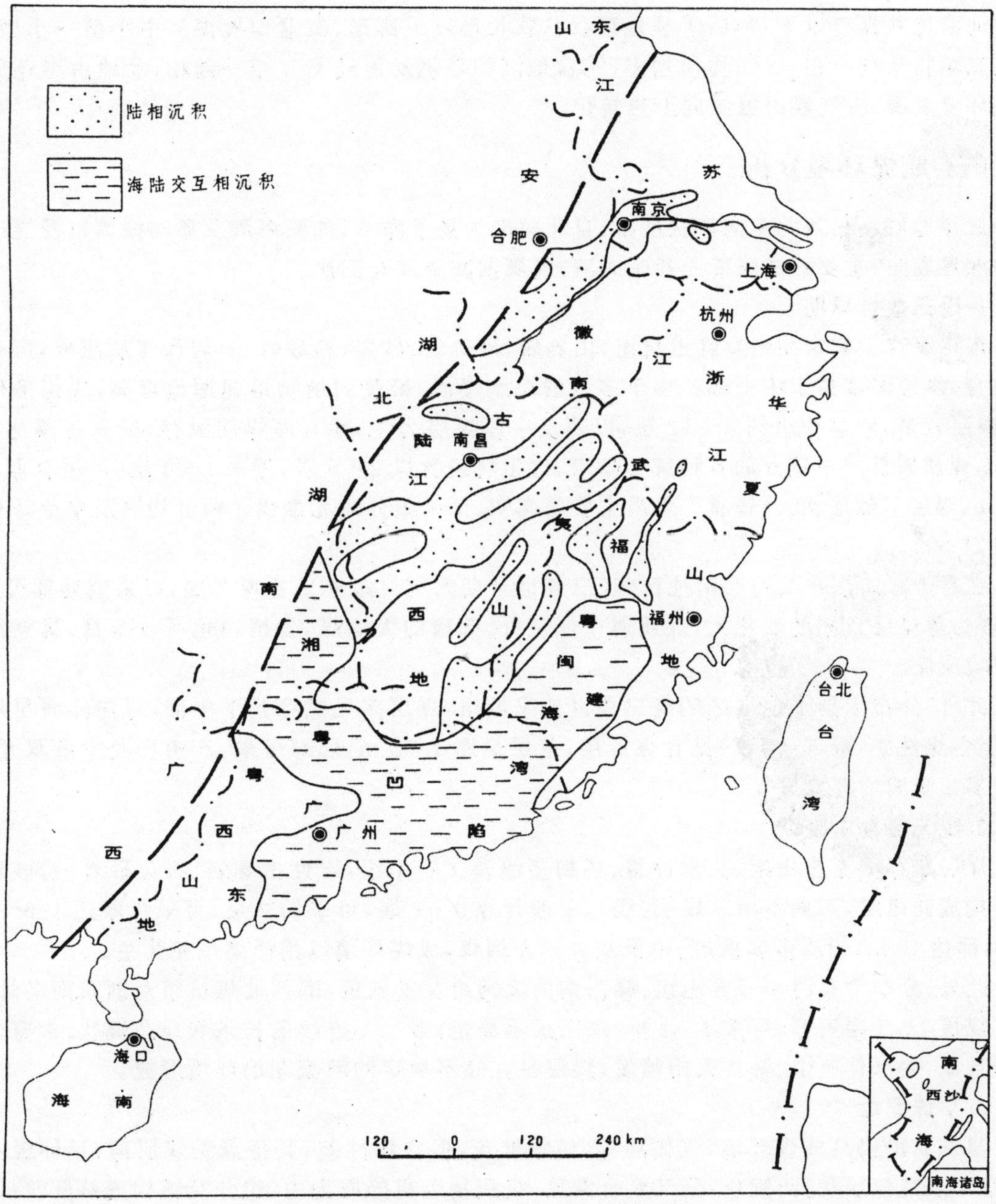

图 6-6 东南区早侏罗世沉积盆地展布图

海湾晚三叠世范家塘组)和早期向上变深、晚期向上变浅(湘赣及粤闽海湾晚三叠世安源群及艮口群)两种序列。生活在海湾中的动物群以 *Bakevelloides*, *Bakevellia*, *Paraeopharus* 等为代表的北极一环太平洋生物区双壳纲化石为主导,同时伴有少量本地属种,如 *Guangdongella*, *Jiangxiella* 等,陆生植物亦极为繁盛。

陆内裂(坳)陷盆地充填物亦以陆源碎屑为主,但多有火山碎屑,组分及结构成熟度均较低,沉积物厚度及侧向变化较大,以山麓河流、湖沼相为主或两者反复交替,如扬子地层区早中侏罗世象山群及东南地层区早中侏罗世梨山组和漳平组,盛产植物及淡水双壳类化石。

上述资料表明，在晚三叠世—中侏罗世，随着时间的推移，从周缘前陆盆地向陆内裂(坳)陷盆地演化并具有以下特点：①盆地形状从狭长形→近圆形，②盆地规模从中小型→小型，③盆地充填物从细→粗，火山物质增多，④盆地沉积环境从海陆交互相→陆相，盆地由半还原向氧化环境发展，古气候由温湿向干热转化。

(三)成煤环境分析

成煤地域呈三条北东向带状展布，自北而南为扬子海湾、湘赣海湾及粤闽海湾以及连通海湾的湘粤坳陷，主要的成煤带为湘赣海湾，成煤期亦主要有三次。

1. 晚三叠世早期

煤层赋存于紫家冲组及红卫坑组，由砾岩、砂砾岩、砂岩、粉砂岩、页岩和煤层组成，沉积韵律发育，煤层多富集于中上部。由于多次的海水侵漫，繁茂的植物迅速原地埋藏，成煤条件良好，煤层较多，紫家冲组约 4～12 层，以薄及中厚煤层为主，亦有厚煤层赋存，可采总厚达 4～14 m，煤质属低—中硫分的各种牌号烟煤；红卫坑组含煤 2～6 层，可采 2～4 层，可采总厚约 2～6 m，煤层呈似层状、凸镜状。煤质主要属高灰、低中硫分的无烟煤。两者均属滨岸沼泽环境成煤。

在粤闽海湾东北端闽西南地区，晚三叠世早期大坑村组亦见含煤 7 层，可采或局部可采 5 层，多为薄煤层且厚度变化大，煤质属中低灰分、低硫的无烟煤，含植物化石较丰富，属湖泊沼泽环境成煤。

此外，分布于扬子地层区的晚三叠世范家塘组，煤层多见赋存其下中部，可能亦属早期成煤，但含煤性差，局部(南京)见含煤 6 层，单层最厚 1.03 m，局部可采，产植物及少量双壳类，主要属沼泽湖泊环境成煤。

2. 晚三叠世中晚期

煤层赋存于三丘田组、头木冲组、杨梅垄组及文宾山组，岩性由砾岩、石英砂岩、粉砂岩和泥岩构成韵律层，间夹不稳定煤层(线)，一般含煤 4～7 层，可采约 2 层，可采总厚达 1.6～3.5 m，局部达 10 m，煤质多属低硫、中低灰分的无烟煤，成煤环境以沼泽湖泊相为主。

此外，分布于粤西小云雾山组、赣西南的天河组及安塘组、闽西北焦坑组及浙东南乌灶组，均有煤层 1～7 层不等，可采 1～2 层，煤层极不稳定，多呈不连续的长条状或凸镜状，常有分叉复合现象，局部伴有中、基性火山喷发，煤层是在较不稳定的河流湖泊环境形成。

3. 早侏罗世

早侏罗世仍具成煤环境，气候温湿，植物繁茂，但含煤性差，其特点是煤层薄，延伸极不稳定，呈不规则似层状、凸镜状，分叉复合常见，沉积物以粗碎屑为主，组分及结构成熟度较低，地层厚度大，偶有中基性火山喷发，显示盆地沉降较快的不稳定河流湖泊成煤环境。目前仅见钟山组局部地区(江都、南京、休宁)含煤层(线)8 层，累计厚 4 m，局部可采；粤北(曲江)金鸡组含煤一层，厚 0.02～1.40 m，闽北(崇安、南平等地)梨山组含煤一层，厚度接近可采。其余地层一般不含煤或仅有煤线。

应当指出，本区中侏罗世尚见浙东南毛弄组中上部含煤 1～3 层，厚 0.1～1.8 m，局部可采。浙西马涧组、闽西漳平组及江苏北象山组偶见煤线，显示其成煤环境具有由西南向东北迁移之势，但因古气候干热，植物匮乏，盆地规模小、水浅，多已不具备成煤条件，而发育一套紫红色为主的杂色陆源碎屑岩。

二、晚侏罗世—白垩纪

晚侏罗世—白垩纪均为陆相盆地沉积，它们是在中侏罗世之后陆壳基础上，由于太平洋板块向西北俯冲在华南大陆边缘形成的陆内断陷盆地，主要由拉伸、断陷引起，规模中小型，盆地充填多为火山及陆源碎屑，成分及结构成熟度均低，垂向上以下细上粗的二元结构为主，地层厚度大，以河流、湖泊相为主。

晚侏罗世—早白垩世早期，由断裂导致的大规模中酸及酸性火山喷发沉积地层，与下伏地层呈明显区域性不整合接触，特别是在东南沿海火山岩内带，出现了一系列北东—北东东向中小型互不连通的孤立盆地，在火山喷发间歇期间，接受了以产植物、双壳类、叶肢介、昆虫、鱼类的河湖相沉积，与火山产物相间出现。如浙西劳村组与寿昌组、闽西园盘组与坂头组、粤东北龙潭坑组与水底山组以及江西如意亭组与火把山群等。

早白垩世中晚期，陆壳进一步隆升剥蚀，同时由于断裂形成一系列北东向为主（部分为北东东及北西向）箕状断陷盆地以及由火山喷发形成的不规则火山构造盆地，其规模相对较小，火山活动强度及规模减弱，且气候干热，盆地底部形成以紫红色为主的山麓河流及浅水湖泊相碎屑沉积地层，与下伏地层呈明显区域性不整合接触，盆地上部多有紫红色中基性及酸（偏碱）性火山岩，特别是东南沿海火山岩外带，局部火山活动仍较强烈。

晚白垩世地壳进一步抬升演化，导致了一系列伸展型地堑式断陷盆地及拉分盆地的形成，盆地规模仍以小型为主，除东南沿海火山岩外带偶有零星火山喷发外，全区火山活动已基本停止，古地理面貌大致可归纳为扬子湖区和东南山间盆地区两类，盆地沉积物以山麓及河流相粗碎屑岩为主，但一些规模稍大的盆地，出现湖泊或深湖相细碎屑沉积。这些盆地水草繁茂，生活着大量恐龙动物群，保存有丰富的爬行类及恐龙蛋化石。各盆地中均以红色沉积为主，植物化石单调，只有 *Frenelopsis*，*Manica* 分布较广，孢粉为反映热带—亚热带气候的希指蕨孢粉组合和反映干旱气候的麻黄粉。正是由于这种热带、亚热带干旱气候环境，在一些稍大的孤立封闭的咸水—半咸水湖盆中形成了石膏、岩盐和含铜砂岩。

三、第三纪

第三纪沉积盆地在扬子及东南区皆为陆内断陷盆地。台湾地区沉积盆地则独具一格。

（一）陆内断陷盆地

盆地的古地理轮廓基本上是白垩纪末期的继承和发展，极少为新生盆地，其形成主要是在陆壳基础上受拉伸、断陷作用影响，形成以北东向为主的中、小型断陷盆地，极少为北北东、北东东及北西向，分布范围较白垩纪地层大为缩小，多集中在本区西部。

早第三纪由于气候干热，盆地充填物多为火山及陆源碎屑，组分及结构成熟度均低，形成以山麓河流相为主的红色碎屑岩地层。在一些规模较大的盆地中心，则以湖沼相暗色砂泥岩为主。古新世至始新世早期，由于在持续时间较长的干旱气候条件下，一些彼此孤立的、封闭较好的盆地，普遍形成以石膏为主的膏盐矿层，特别是古新世晚期—始新世早期，一些长期稳定持续下沉的盆地，如苏北盆地阜宁组、三水盆地坤心组，一般多形成中小型油气田，是我国南方重要成油气时期；始新世中晚期至渐新世，可能由于海洋气候的影响，气候温湿，生物繁盛，海水多次侵漫，如苏北、广东三水、雷琼等盆地多有有孔虫发现，同时在一些较大盆地中心形成油页岩及含油砂岩，而盆地边缘则形成煤层，两者常呈相变关系。

晚第三纪古地理及古气候环境更接近于第四纪，由于喜马拉雅运动的影响，陆壳整体抬升，大部分盆地相继结束沉积，仅有苏北、赣西、粤西、雷琼等地及一些零星小型断（坳）陷盆地接受沉积。此时，由于环太平洋气候带的影响，东南沿海由内陆干旱亚热带转变为亚热带—热带，气候温湿，水生植物繁盛，有利于褐煤及油页岩、硅藻土的形成。与此同时，台湾澎湖、浙闽沿海、海南五指山一带尚伴有间歇性的沿断裂带分布的基性喷发，形成环太平洋基性火山喷发带的一部分，岩石成分以富硅、铝为特征，随着时间的推移，岩石成分具有由拉斑玄武岩为主向碱性玄武岩演化特点。

总之，第三纪陆内断陷盆地的演化由断陷向断坳陷演变，由于大陆的整体抬升，盆地面积愈来愈小；古气候由干旱向温湿转变，沉积矿产大致可分为古新世—始新世早期的膏盐类和始新世—渐新世的油页岩及煤以及中新世—上新世的褐煤、硅藻土等，它们的形成无不严格受控于古气候和盆地的规模及演化。

（二）台湾地区的沉积盆地

以台东枞谷缝合带为界，划分为中央山脉褶皱带和海岸山脉褶皱带，前者属于东南地层区的范围，而后者则属于菲律宾地层大区台湾东部地层区范围。现将其沉积演化史在此一并叙述。

台湾最早的沉积可能发生在晚古生代，一直延续到中生代晚期。沉积有相当厚的海相泥岩、页岩、粉砂岩、砂岩和石灰岩，并有大量海底火山作用造成的基性火山岩及火山碎屑岩。这些岩层经过多次构造运动褶皱隆起，构成台湾的基底岩层，称为大南澳（岩）群。大南澳（岩）群是一套巨厚的碳酸盐和复理石碎屑沉积（包括开南冈片麻岩、九曲大理岩、长春片岩及天祥片岩、千枚岩等），沉积物有石灰岩、页岩、粉砂岩和砂岩，伴有基性火山活动，厚度推测有6 000 m。

第三纪是台湾地质发展的最重要阶段。此时台湾西部和东部（海岸山脉）地区有着完全不同的地质环境、沉积岩相和地质发展史，它们分属两个沉积盆地。

1. 弧后前陆盆地

在台湾西部，第三纪初期，已成了陆地的台湾岛又开始下降，引起海水入侵，成为第三纪地层的沉积场所，形成以巨厚的复理石碎屑沉积为主，局部有火山活动造成的火山碎屑岩及少量熔岩流，沉积物总厚度达10 000 m以上。

最先是在台湾西部北港地区及中央山脉西翼沉积了一些以碎屑岩为主的岩层夹薄层灰岩及玄武岩，即白垩纪—古新世云林组及碧侯组。接着从始新世开始，台湾发生大规模的海侵，地壳急剧下降，经渐新世延续到中新世中期，造成毕禄山组（十八重溪组、达见组）、西村组、四棱组、水长流组（乾沟组、大桶山组）、澳底组、苏乐组（庐山组）等巨厚的复理石碎屑沉积，为浅海到半深海环境。在早第三纪坳陷盆地沉积过程中，各时代地层中多有火山岩分布，代表沉积过程中不止一次的火山活动，但以大桶山组和毕禄山组中较多。

在盆地发展过程中，早第三纪初始时下降相当快，以后则逐渐变慢。到了晚第三纪中新世中期，盆地中沉积的岩层向上抬升。随着沉积盆地的海岸线西移，沉积作用的主轴也向西迁移。在台湾西部山麓，自渐新世、中新世、上新世延续到更新世，形成了五指山组、野柳群、瑞芳群、三峡群、锦水组和卓兰组等巨厚的（含煤）碎屑沉积，为在大陆架上的浅海、半浅海到河口三角洲沉积环境。自北而南所有岩层都明显变薄。晚第三纪地层以交替出现的砂岩和页岩为主，局部夹少量石灰岩和凝灰岩，总厚度可达 8 000 m 以上。盆地中最先沉积的是渐新世中晚期的地层，即五指山组，其沉积环境在西北部为河口相或海陆交互相，以白色砂岩为主；东南部变为浅海相，以页岩为主，即蚊子坑组及粗坑组。以中新世为主的地层形成两种岩相——海陆交互相和浅海相，两种岩相常常彼此穿插，犬牙交错出现，组成野柳群、瑞芳群、五峡群三个明显的含煤沉积旋回。在中新世岩层沉积的同时，局部(庐山组)尚有火山活动造成的玄武质凝灰岩和少量岩流。上新世时，形成了锦水组和卓兰组两个海相地层。在北部有较多砂岩，向南部渐变为页岩。它们都是在浅海环境中沉积的，沉积盆地由北往南逐渐加深。总之，晚第三纪沉积岩层由北向南厚度逐渐增大、粒度变细，海盆向南逐渐加深，且向海洋开展。

2. 岛弧盆地

海岸山脉是一个位于中央山脉东侧的晚第三纪沉积盆地，代表菲律宾海板块前缘的晚第三纪岛弧，即吕宋岛弧向北延伸的一部分。

中新世初期，大量的熔岩流和一些火山碎屑在本区许多分散的火山口喷出，主要喷发中心可能在现今海岸山脉以东的地区，造成海岸山脉中段的奇美岩浆杂岩。经短暂的间断，发生第二期火山作用，形成都峦山组凝灰岩、集块岩、斑状安山岩以及一些受强烈硅化的石英长石质岩石。

在中新世晚期，局部出现浅海相的薄层石灰岩沉积在集块岩上。在都峦山组沉积以后，盆地内有升降运动发生。到了上新世早期，海岸山脉盆地急速下降，海水大量入侵，使得继续下降的盆地中有厚层海相碎屑岩堆积。从上新世—更新世中期，在盆地中快速堆积一套大港口组含火山碎屑沉积物，厚度超过 3 000 m。

在大港口组碎屑沉积的同时，大规模的海底山崩或滑移作用将大量的粘土物质沿着西侧的陡坡崩落到沉积盆地中，大小不等、时代不同的沉积岩及火山岩块也多次随之崩落，形成了利吉混杂体。在大港口组和利吉岩组沉积时，属吕宋弧的海岸山脉盆地也逐渐向北北西方向移进，并导致海岸山脉与欧亚大陆板块边缘的中央山脉发生碰撞，碰撞大约发生在上新世中晚期，即始于 4 Ma 前。

第七章

结语

中国东南区及其邻近海域的沉积作用，是在20多亿年的漫长地质时期和大大超越现存空间范围内的时空演变进程中发生、发展和演化的。由此形成的各类沉积岩系构成不同地体及其包含的各类地质单元，也是在四维范畴的发生、发展和迁移组合而构成纷繁复杂的构造格局。我们只能从这种时空基本变化的地质体中选取地层剖面（也包括极少量钻孔）进行研究。然而，本次研究是在各省地层多重划分对比研究的基础上，通过对岩石地层单位的进一步清理，建立中国东南区地层序列，并结合生物地层和年代地层，进行地层多重划分和对比，从而在区域地层的沉积环境、岩相古地理特征、沉积盆地的时空演化及地层格架等方面取得了一些重要认识和进展。

1. 在研究范围和研究方法上，一是首次将中国东南区八省一市及部分桂东南、湘东南地区作为一个大区进行区域地层研究和总结，从而有可能把中国东南区作为一个整体来进行地层研究和对比。这既利于区域地层的划分对比研究，又利于区域地层各种规律的总结和研究。改变了以往将华东、华南分开，这样特别有利于前震旦纪地层、晚古生代地层和中生代火山-沉积地层的划分和对比研究。二是首次运用现代地层学的基本理论和方法对中国东南区的地层体进行岩石、生物、时间三重划分概念为基础的多重划分对比研究，克服了以往传统的地层学方法，大大提高了区域地层的研究程度。

2. 在地层区划的划分方面，根据地层区划的划分原则和全国岩石地层区划方案，将中国东南区划分为三个地层大区、四个地层区、十二个地层分区和若干个地层小区。详细论述了各级地层区的地层发育特征，以及作为有关地层区界线的主要断裂（带）特征。在地层区划的划分研究中，首先按各地层断代进行地层区划的划分，尔后进行综合区划，以区分出断代地层区划和综合地层区划，这样，既利于岩石地层的划分和对比，又符合大地构造的演化规律和地层区划的原则。根据中生代火山岩系的分布规律，还划分出三个中生代火山岩带。

3. 在岩石地层的划分和对比方面，系统地总结研究了八省一市（包括桂东和湘东）的岩石地层清理成果，进行了合理的取舍，建立了完整的地层序列，展开了大区域的划分对比。建立了前震旦系、震旦系—志留系、泥盆系—中三叠统和上三叠统—第三系等四大断代岩石地层序列。

(1)从各省清理后的前震旦纪岩石地层单元中选用87个群、组进行系统研究对比后，将前震旦纪岩石地层一分为三，即下由星子（岩）群、麻源（岩）群、八都（岩）群以及与之相当的岩石地层构成，中由张八岭（岩）群、埤城（岩）群、双桥山（岩）群、溪口（岩）群、张村群、双溪坞群、金山（岩）群、陈蔡（岩）群、抱板（岩）群以及与之相当的岩石地层构成，上由历口群、河上镇群、登山群、云开群、石碌群以及与之相当地层构成。下部地层构成结晶基底，中上部地层构成褶皱基底。这些由不同构造背景下的不同时代和性质组成的基底，不仅奠定中国东南部的构造基础，而且对后来的盖层沉积、岩浆活动和成矿作用都起到了一定的控制作用。

(2)对各省清理后震旦纪—志留纪148岩石地层单位的岩石组合特征和时空分布规律做了归纳和总结，并将寒武纪岩石地层分为碳酸盐台地和硅灰泥混合两种沉积类型，奥陶纪岩石地层分为介壳相和笔石相两种生物沉积相。

(3)对各省清理后的泥盆纪—中三叠世近120个岩石层单位进行重点论述，并将全区拉通对比，较好地处理了以往扬子和华南地区这一断代的同物异名的矛盾。并根据地层序列、沉积结构、岩石组合及空间分布等进一步划分成四个序列，即泥盆系—下石炭统的碎屑沉积序列、上石炭统—下二叠统碳酸盐岩沉积序列、下二叠统—上二叠统含煤碎屑岩沉积序列和下中三叠统碳酸盐岩沉积序列。

(4)从各省清理后的占全部岩石地层近半数的晚三叠世—第三纪的岩石地层单位中选用312个进行研究和对比，并归纳为上三叠统—中侏罗统、上侏罗统—上白垩统和第三系三个岩石地层序列，其中上三叠统—中侏罗统主要由海陆交互相、海湾泻湖—陆相含煤碎屑岩建造，浅海相碎屑岩建造，杂色细碎屑岩建造组成；上侏罗统—上白垩统主要由陆相中酸性火山喷发-沉积岩系和紫红色含膏盐碎屑岩系组成；第三系除台湾发育海陆交互相含煤碎屑岩建造外，主要为大小不一的数十个陆相盆地中堆积的碎屑岩系。对上侏罗统—下白垩统火山岩系进一步从火山活动旋回、岩石组合类型和地球化学特征等方面探讨其时空分布规律，从而更加合理地划分和对比其岩石地层单位。

4. 系统收集和总结已有古生物资料，详细论述了各岩石地层的生物组合或生物带的划分及其特征，并对某些重大问题或有争议的问题进行了讨论和分析。

(1)将前震旦纪生物归纳为三个微古生物组合，即 *Trachysphaeridium* 组合、*Leiofusa* - *Trilodusphaeridium* 组合和 *Leiominuscula* - *Leiopsophosphaera* 组合，分别归属青白口纪、蓟县纪和蓟县—长城纪的生物面貌。

(2)将震旦纪的微古植物、宏观藻、叠层石和几丁虫进行了归纳和总结，论述了其与岩石地层的关系，将寒武纪—志留纪归属为78个生物带或生物组合，其中寒武纪31个，奥陶纪27个，志留纪20个。并在论述其与岩石地层关系的基础上，为年代地层的的划分提供了依据。

(3)将泥盆纪—中三叠世生物群归纳为18个珊瑚、23个腕足类、14个䗴类、17个菊石、7个植物、8个双壳类等六个门类生物带，并讨论了各类生物的兴衰演化特征及其与岩石地层的关系，从而为年代地层划分提供了依据。

(4)对晚三叠世—第三纪生物地层，一是建立晚三叠世—中侏罗世六大门类17个生物组合，即4个双壳类、1个菊石、3个介形类、4个叶肢介、2个植物和2个孢粉组合；二是将晚侏罗世—白垩纪生物地层划分为三个生物群，即建德生物群、永康生物群、衢江生物群，它们分别代表晚侏罗世—早白垩世早期、早白垩世中晚期和晚白垩世生物面貌；三是将第三纪多门类生物群归纳为50个生物组合，即2个哺乳类、19个介形类、9个轮藻、4个有孔虫、16个孢粉化石组合，论述了其与岩石地层的关系，为第三纪年代地层划分和对比提供了依据。

5. 在岩石地层划分、对比的基础上，结合生物地层资料讨论了年代地层，从而提出了中国东南区地层多重划分和对比的意见。首先，从不整合面、古生物、侵入活动、古地磁和同位素年龄等资料，详细论述了岩石地层单位的年代依据，进而以1 800 Ma、1 000 Ma为界将前震旦纪划分为早元古代、中元古代和晚元古代。其次，依据生物资料，并籍以其他年龄资料，详细地讨论了系、统、阶的划分依据及其相互关系，提出了震旦纪—第三纪的年代地层划分方案，依据充分，资料翔实。

岩石地层单位穿时普遍性原理是现代地层学的基本原理之一。它可概括为“全部侧向可以识别和追溯的非火山成因的陆表海沉积的岩石地层单位都必然是穿时的”。通过中国东南区区域地层研究表明，穿时普遍性原理不仅表现为穿时的岩石地层单位数量上普遍，而且还表现为等级上的普遍。也就是说，随着研究程度提高，不仅可以发现越来越多的穿时的岩石地层单位，而且不同级别的地层序列都存在穿时现象。本区相当数量的岩石地层单位都随着空间的延展而穿时，它们有的跨阶、跨统，有的甚至穿系，同一岩石地层单位表现为较大的时间跨度。这在以上各章节的叙述和岩石地层单位的序列表中都有反映。

6. 从时间演化上看，本区大致可分为五大构造-沉积发展阶段，即早元古代、中晚元古代、震旦纪—志留纪、泥盆纪—中三叠世、晚三叠世以来等阶段。时间的演化导致空间格局的变革，其中最重要的变革是志留纪末期的加里东运动，使全区联为一体，进入统一的华南陆块发展阶段。不同时空的演化过程中，其沉积建造特征、古生物面貌、沉积盆地迁移、构造运动型式等各不相同。

(1)早元古代及其以前存在着陆核，不断增生加厚，变质变形，构成结晶基底，是中元古代陆壳裂解到聚合造山以及中晚元古代古板块活动的重要基础和条件。早元古代末，吕梁运动形成的华南克拉通，其规模远远大于现今的扬子、华夏陆块，南海等古板块也可能是其一部分。

(2)中晚元古代经历了陆壳开始裂解增生，逐步聚合造山使陆壳加深。早期裂解过程中，华夏陆块发生离散，形成江南陆缘裂谷带；扬子陆块北缘形成张八岭裂陷盆地，沉积数千米复理石建造和中酸性火山-碎屑岩系；晚期由裂解转向聚合，在聚合带及其两侧形成相应的火山-碎屑岩系或磨拉石堆积。

(3)青白口纪末的晋宁期碰撞对接，使扬子地块最终固结成陆，形成陆表海接受震旦纪和早古生代沉积；而在华夏地块一侧，地壳再度拉张，形成裂陷性质的广海盆地，接受震旦纪—早古生代的沉积。

(4)志留纪末的加里东运动，使华夏与扬子地块连成一体，形成中国南方的统一大陆。并在此基础上，发育全区基本可以拉通对比的泥盆系—中三叠统。

(5)三叠纪末的印支运动，使本区全部上升为陆，进入了一个新的构造阶段——环太平洋大陆边缘活动带阶段，出现一系列狭长形北北东—北东东转向周缘前陆盆地、陆内裂(坳)陷盆地和陆内断陷盆地，堆积一套陆相含煤碎屑岩系、中酸性火山喷发-沉积岩系和红色碎屑岩系。

7. 通过区域地层的研究，对长期争议的华南岩石圈及其构造演化的问题，提供了新的资料和认识，可供进一步研究和讨论。首先，关于华夏地块的问题，区域地层资料不仅提供了它的存在，而且反映其空间延展范围较大。其北界大致以绍兴-江山-萍乡断裂为界，向西延入湖南境内。据温州东南海域钻探表明，陈蔡(岩)群已延伸到东海大陆架，日本九州、台湾大南澳的古老残块可能与之有关〔大南澳(岩)群有高达 1 700 Ma 的变质年龄〕。在南面，西沙永兴岛钻孔中已见到相当于抱板(岩)群的地层，据刘以宣等(1993)资料，中沙、南沙亦有分布，故华夏地块向南延伸的范围十分广阔。其次，通过对江南陆块中上元古界的研究对比，认为华南的造山带，主要发生在元古代(部分延至早古生代加里东运动完成)，不存在中生代的阿巴拉契亚式造山带，江南地块上广义的“板溪群”(泛指中晚元古代地层)是华南的变质基底，而不是构造混杂岩或异地推覆体。

8. 对各自然断代的岩相古地理、古气候特征、沉积盆地类型及其演化等区域沉积作用的基本规律进行了分析探讨。

9. 不足之处及值得注意的问题：

(1)在地层划分方面，对某些前震旦纪地层的划分对比尚有争议，某些地区中生代红层的归属尚有不同意见。

(2)在生物地层方面，只是初步论述了生物与岩石地层的关系，归纳的生物带或生物组合主要用于年代地层的划分对比，还不是严格意义上的生物地层单位。

(3)中国地质大学江西区调队近年来在上饶地区进行1：5万地质填图，据称在现划归前震旦纪的登山群及张村群剖面上，首次发现了放射虫、瓶形虫、球蛋等微体化石，认为其时代为早古生代，登山群为该时代的洋壳残片。这一发现已引起地质界的广泛关注，尚待进一步工作证实。

参考文献

安徽省地质矿产局区域地质调查队，1985，安徽地层志·前寒武系—志留系分册。合肥：安徽科学技术出版社。

安徽省地质矿产局，1987，安徽省区域地质志。北京：地质出版社。

安徽省地质矿产局，1996，安徽省岩石地层·全国地层多重划分对比(34)。武汉：中国地质大学出版社。

毕治国等，1988，皖南震旦系·地层古生物论文集(19)。北京：地质出版社。

蔡重阳、卢礼昌、吴秀元、张国芳，1988，下扬子准地台江苏地区泥盆纪生物地层·江苏地层学与古生物学第一册。南京：南京大学出版社。

蔡重阳、李星学，1982，中国泥盆纪陆相地层的划分与对比。见：中国科学院南京地质古生物研究所编著，中国各纪地层对比表及说明书。北京：科学出版社。

柴之芳、马淑兰、毛雪瑛、孙亦因等，1986，浙江长兴二叠系-三叠系界线剖面的元素地球化学特征。地质学报，60(2)：139—150。

陈丕基等，1982，中国侏罗、白垩纪化石群序列。中国科学B辑，(6)：558—565。

陈华成等，1989，长江中下游地层志。合肥：安徽科学技术出版社。

陈旭等，1990，论华南志留系对比的若干问题。地层学杂志，14(3)：162—176。

陈宏明、吴祥和、李耀西，张瑛等，1994，中国南方石炭纪岩相古地理与成矿作用。北京：科学出版社。

程裕淇主编，1994，中国区域地质概论。北京：地质出版社。

池际尚，1988，中国东部新生代玄武岩及上地幔研究(附金伯利岩)。武汉：中国地质大学出版社。

邓晋福、叶德隆、赵海玲、汤德平等，1992，下扬子地区火山作用深部过程与盆地形成。武汉：中国地质大学出版社。

福建省地质矿产局，1985，福建省区域地质志。北京：地质出版社。

福建省地质矿产局，1996，福建省岩石地层·全国地层多重划分对比(35)。武汉：中国地质大学出版社。

福建省地质矿产局，1996，台湾省岩石地层·全国地层多重划分对比(71)。武汉：中国地质大学出版社。

傅肃雷，1988，浙江江山大隆组古生物群特征及二叠系与三叠系界线。地层学杂志，12(2)：136—141。

广东省地质矿产局，1988，广东省区域地质志。北京：地质出版社。

广东省地质矿产局，1996，广东省岩石地层·全国地层多重划分对比(44)。武汉：中国地质大学出版社。

广西壮族自治区，1997，广西壮族自治区岩石地层·全国地层多重划分对比(45)。武汉：中国地质大学出版社。

郭令智、卢华复、施央申、马瑞士、孙岩、舒良树、贾东、张庆龙，1996，江南中、新元古代岛弧的运动学和动力学。高校地质学报，2(1)：1—12。

郝诒纯等，1986，中国的白垩系。北京：地质出版社。

海南省地质矿产局，1996，海南省岩石地层·全国地层多重划分对比(46)。武汉：中国地质大学出版社。

何晓亮、周良忠、王雨林，1988，江西省变质作用演化及某些递增变质带的成因。见：董申葆、沈其韩主编，中国变质地质图编制与研究论文集(2)。北京：地质出版社。

哈兰德 W B等，1987，地质年代表。北京：地质出版社。

赫德伯格 H D主编，1976，国际地层指南。张守信译，1979，北京：科学出版社。

侯鸿飞、王士涛，1988，中国的泥盆系·中国地层(7)。北京：地质出版社。

胡世忠，1962，对苏南二叠纪地层划分及龙潭组下界的新认识。中国地质学会1962年年会论文摘要汇编，第二册，36页。

胡世忠，1979，关于龙潭组下界及东吴运动位置等问题的商榷。地层学杂志，3(4)：251—257。

胡世忠，1983，江西修水 *Cryptospirifer* 的发现及其意义。南京地质矿产研究所所刊，4(2)：115—120。

胡世忠，1983，赣南小江边灰岩的腕足类及其时代的讨论。古生物学报，22(3)：338—345。

胡世忠，1978，苏皖南部二叠系的划分及其海水进退规程问题。华东地质，地层古生物专辑，(1)：27—51。

胡世忠，1994，论东吴运动构造事件与二叠系分统界线问题。地层学杂志，18(4)：309—315。

湖南省地质矿产局，1996，湖南省岩石地层·全国地层多重划分对比(43)。武汉：中国地质大学出版社。

黄汲清，1932，中国南部的二叠纪地层。地质专报，甲种，第10卷。

黄汲清、陈炳蔚，1987，中国及邻区特提斯海的演化。北京：地质出版社。

黄仁金等，1984，广东三水盆地晚白垩世—早第三纪轮藻化石。中国科学院南京地质古生物研究所丛刊，第9号。

计荣森、许德佑、盛莘夫，1936，长江下游青龙灰岩之研究。中国地质学会会志，第16卷。

江苏省地质矿产局,1984,江苏省区域地质志。北京:地质出版社。

江苏省地质矿产局,1989,宁镇山脉地质志。南京:江苏科学技术出版社。

江苏省地质矿产局,1996,江苏省岩石地层·全国地层多重划分对比(32)。武汉:中国地质大学出版社。

江苏石油勘探局地质科学研究院、中国科学院南京地质古生物研究所,1988,江苏地区下扬子准地台震旦纪—三叠纪生物地层。南京:南京大学出版社。

江西省地质矿产局,1984,江西省区域地质志。北京:地质出版社。

江西省地质矿产局,1996,江西省岩石地层·全国地层多重划分对比(36)。武汉:中国地质大学出版社。

金文山、赵凤清、甘晓春、王祖伟,1994,陆壳深部研究的地质地球化学方法及其在华南地区的应用。安徽地质,4(1—2):122—133。

金玉玕、胡世忠,1978,安徽南部及宁镇山脉孤峰组的腕足化石。古生物学报,17(2):101—127。

荆延仁、梁万通、张树业、张良田,1991,安徽前寒武纪高压变质带。北京:地质出版社。

寇才修等,1981,雷州半岛第三系。见:中国石油公司南海分公司、中国地质勘探公司广州分公司《南海北部大陆架第三系》编委会编著,南海北部大陆架第三系。广州:广东科技出版社。

韩克从、张友礼、张俭、龚祖兴、徐珊红等,1988,试论下扬子地区早石炭世岩石地层单位。地层学杂志,12(3):161—174。

李继亮、孙枢、许靖华、陈海泓、王清晨,1989,南华造山带构造演化的新证据。地质科学,(3):217—225。

李四光,1931,中国东南部古生代后期之造山运动。11(2):119—124。

李四光、朱森,1930,栖霞灰岩及其有关地层。中国地质学会会志,9(1)。

李星学、张善祯、姚兆奇、莫壮观,1982,中国二叠纪陆相地层的划分和对比。见:中国科学院南京地质古生物研究所编著、中国各纪地层对比表及说明书。北京:科学出版社。

李云通等,1984,中国的第三系。北京:地质出版社。

李子舜、姚建新,1984,中国耳菊石层的生物地层学含义。国际交流地质学术论文集(1)。北京:地质出版社。

林宝玉等,1984,中国的志留系。见:中国地质科学院主编,中国地层(6)。北京:地质出版社。

刘宝珺等,1985,岩相古地理基础和工作方法。北京:地质出版社。

刘宝珺、许效松、潘杏南、黄慧琼等,1993,中国南方古大陆沉积地壳演化与成矿·中国南方岩相古地理系列丛书。北京:科学出版社。

刘鸿允等,1991,中国震旦系。北京:科学出版社。

刘以宣、詹文欢,1994,南海变质基底基本轮廓及其构造演化。安徽地质,4(1—2):83—89。

陆彦邦等,1994,安徽省奥陶纪岩相古地理及含矿性研究。北京:地震出版社。

钱丽君等,1987,中国南方中生代含煤地层。北京:科学出版社。

芮琳、张遴信,1986,论石炭系二叠系的分界。地层学杂志,10(4):249—261。

上海市地质矿产局,1988,上海市区域地质志。北京:地质出版社。

宋之琛等,1986,广东三水盆地晚白垩世—早第三纪孢粉组合。北京:科学出版社。

盛金章,1962,中国的二叠系。北京:科学技术出版社。

盛金章、李星学,1974,中国二叠纪生物地层学研究的进展。中国科学院南京地质古生物研究所集刊,第5号。北京:科学出版社。

盛金章、王云慧,1962,江苏南部茅口期的䗴类。古生物学报,10(2)。

盛金章、陈楚震、王义刚、芮琳、廖卓庭等,1987,苏浙皖地区二叠系和三叠系界线研究的新进展。见:中国科学院南京地质古生物研究所编辑,中国各系界地层及古生物,二叠系与三叠系界线(一)。南京:南京大学出版社。

盛金章、闵庆魁、王莉莉,1976,江苏南京金丝岗黄龙灰岩剖面及䗴类分带。古生物学报,15(2):196—210。

孙大中,1994,华南变质基底构造与岩石圈。安徽地质,4(1—2):1—3。

孙云铸,1943,论中国古生代地史时期之原则。中国地质学会会志,22:(1—2)。

孙竞雄、吕恩茂,1988,苏北前寒武纪变质岩变质相带的基本特征。见:董申葆,沈其韩主编,中国变质地质图编制与研究论文集(2)。北京:地质出版社。

索书田、桑隆康、韩郁菁、游振东等,1993,大别山前寒武纪变质地体岩石学与构造学。武汉:中国地质大学出版社。

索书田、熊兴武,1988,江南隆起前寒武纪地壳内大型韧性剪切系统。江西地质,2(2):211—217。

陶奎元,1992,环太平洋中国东南大陆火山带独特性探讨。中国东南沿海火山地质与矿产论文集,第1辑。北京:地质出版社。

汤加富,1994,华南变质基底的组成边界与构造演化。安徽地质,4(1—2):104—111。

王钰、俞昌民，1962，中国的泥盆系。北京：科学出版社。
王建华，1978，南京地区栖霞组的界线和化石分带。地层学杂志，2(1)：67—73。
王增吉等，1990，中国的石炭系·中国地层(8)。北京：地质出版社。
王义刚，1984，论苏、浙一带三叠纪早期的菊石群及二叠-三叠系界线的定义。古生物学报，23(3)：257—270。
王思恩等，1985，中国的侏罗系。北京：地质出版社。
王鸿祯等，1990，国际地层时代对比表。北京：地质出版社。
王鸿祯、刘本培、李思田，1990，中国及邻区大地构造划分和构造发展阶段。见：王鸿祯等著，中国及邻区构造古地理和古生物地理。武汉：中国地质大学出版社。
王鸿祯等著，1990，中国及邻区构造古地理和古生物地理。武汉：中国地质大学出版社。
王鸿祯，1986，中国华南地区地壳构造发展的轮廓。见：王鸿祯等主编，华南地区古大陆边缘构造史。武汉：武汉地质学院出版社。
王德滋等，1982，火山岩岩石学。北京：科学出版社。
魏家庸等，1991，沉积岩区 1：5 万区域地质填图方法指南。武汉：中国地质大学出版社。
翁世劼等，1987，浙闽赣粤中生代晚期火山地质。北京：地质出版社。
吴利仁，1984，华东及邻区中、新生代火山岩。北京：科学出版社。
吴望始、张遴信、王克良、陆麟黄、廖卓庭等，1982，关于中国石炭系的划分和对比。见：中国科学院南京地质古生物研究编著，中国各纪地层对比表及说明书。北京：科学出版社。
吴贤涛、胡斌、王观忠等，1986，苏南皖东五通群观山组的近岸风暴沉积与潮道沉积。石油实验地质，8(4)。
夏文杰等，1994，中国南方震旦纪岩相古地理与成矿作用。见：刘宝珺等编著，中国南方岩相古地理系列丛书。北京：地质出版社。
项礼文等，1982，中国的寒武系。见：中国地质科学院主编，中国地层(4)。北京：地质出版社。
谢芳贵等，1992，中国东南大陆中生代火山岩系列及其成分的时空变异趋势。见：中国东南沿海火山地质与矿产论文集，第1辑。北京：地质出版社。
邢裕盛等，1982，中国的上前寒武系。见：中国地质科学院主编，中国地层(1)。北京：地质出版社。
邢裕盛等，1985，皖南震旦系发现宏观藻类化石。中国地质科学院地质研究所所刊，第 12 号。
徐备、郭令智、施央申，1992，皖浙赣地区元古代地体和多期碰撞造山带。北京：地质出版社。
许效松，1991，扬子板块晚元古代至早古生代沉积层序和海平面变化。中国地质科学院成都地质矿产研究所所刊，第 13 号，105—124 页。
许靖华、孙枢、李继亮，1987，是华南造山带不是华南地台。中国科学，B 辑，(10)：1 107—1 115。
阎永奎等，1992，浙、赣、皖地区震旦系研究。中国地质科学院南京地质矿产研究所所刊，增刊第 12 号。
杨敬之、徐珊红，1986，石炭系上、下统分界研究概况与展望。地层学杂志，10(4)：304—310。
杨明桂、吴安国、钟南昌，1988，华南中晚元古代地层划分、沉积建造特征及地壳构造演化。江西地质，2(2)：112—120。
杨森楠、姜本鸿、王祖春，1990，华北与扬子陆块碰撞带构造古地理的特征和发展。见：王鸿祯、杨森楠、刘本培等著，中国及邻区构造古地理和古生物地理。武汉：中国地质大学出版社。
杨遵仪、吴顺宝、殷鸿福、徐桂荣、张克信等，1991，华南二叠-三叠纪过渡期地质事件。北京：地质出版社。
杨遵仪、殷鸿福、吴顺宝、杨逢清、丁梅华，徐桂荣等，1987，华南二叠-三叠系界线地层及动物群。地质专报，地层古生物，第 6 号。北京：地质出版社。
尹家衡等，1991，中国东南大陆中生代火山旋回火山构造及其控矿意义。北京：地质出版社。
应中锷、王云慧等，1986，南京地区“老虎洞白云岩”的时代。地层学杂志，10(3)：216—220。
俞昌民、王成源等，1988，广西桂林一个合乎要求的泥盆-石炭系界线层型剖面。地层学杂志，12(2)：104—111。
俞学光，1976，江苏南部中石炭世的四射珊瑚。古生物学报，15(2)：224—229。
俞学光，1980，江苏南部船山组四射珊瑚。地层古生物论文集，第九辑。北京：地质出版社。
赵金科、陈楚震、梁希洛，1962，中国的三叠系。北京：科学出版社。
赵金科、郑灼官，1977，浙西、赣东北早二叠世晚期菊石。古生物学报，16(2)：217—252。
赵金科、梁希洛、郑灼官，1978，华南晚二叠世头足类。中国古生物志，新乙种，第 12 号。北京：科学出版社。
赵金科、盛金章、姚兆奇、梁希洛、陈楚震等，1981，中国南部的长兴阶和二叠系与三叠系之间的界线。中国科学院南京地质古生物研究所丛刊，第 2 号。

赵风清、金文山、甘晓春,1994,江绍断裂两侧早元古代变质基底特征及形成的构造环境。安徽地质,4(1—2):73—81。
赵崇贺、何科昭、莫宣学、邵道乾、叶德隆、叶枡、林培英、毕先梅、郑伯让、冯庆来,1995,赣东北深断裂带蛇绿混杂岩中含晚古生代放射虫硅质岩的发现及其意义。科学通报,40(23):2 161—2 163。
詹立培、陈毓龄、李莉、陈炳蔚、朱秀芸等,1982,中国地层概论。见:中国地质科学院主编,中国地层(1)。北京:地质出版社。
张正坤,1984,中朝地块与扬子地块在古生代晚期是太平洋古陆的一部分。中国地质科学院院报,第9号。
张显球,1992,广东南雄上湖组介形类动物群及白垩-第三纪界线。古生物学报,第31卷。
张显球等,1993,三水盆地白垩—第三纪钻井地层划分对比图集。北京:海洋出版社。
张显球,1987,南雄盆地白垩—第三纪地层划分及介形类化石组合序列。中新生代地质学术论文集。北京:地质出版社。
张惠民、赵风清、王富福、张文治,1994,华南地区古地磁研究初步成果及其地质意义。安徽地质,14(1—2):112—121。
张守信,1992,理论地层学。北京:科学出版社。
张善祯、姚兆奇、莫壮观、李星学,1982,中国二叠纪陆相地层的划分和对比。见:中国科学院南京地质古生物研究所编著,中国各纪地层对比表及说明书。北京:科学出版社。
张遴信,1962,安徽和县下石炭统和州段中的䗴类。古生物学报,10(2):176—190。
张遴信、芮琳、周建平、廖卓庭、王成源等,1988,江苏地区下扬子准地台二叠纪生物地层研究。见:江苏地层学与古生物学第1册。南京:南京大学出版社。
浙江省地质矿产局,1989,浙江省区域地质志。北京:地质出版社。
浙江省地质矿产局,1996,浙江省岩石地层·全国地层多重划分对比(33)。武汉:中国地质大学出版社。
中国地层委员会,1982,中国地层指南及中国地层指南说明书。北京:科学出版社。
周铁明、盛金章,1987,云南广南小独山石炭-二叠系界线地层及䗴类分带。微体古生物学报,4(2)。
周高志、黄恩宇、王义明、王长全,1988,鄂北蓝片岩带特征及其地质意义。见:董申葆、沈其韩主编,中国变质地质图编制与研究论文集(1)。北京:地质出版社。
朱森、刘祖彝,1931,皖南贵池地质考查记略。前中央研究院第十九年度总报告。
朱洪发、葛万兴、陈亚中等,1992,下扬子地区中下三叠统沉积特征及油气远景预测。见:岩相古地理论文集(8)。北京:地质出版社。
朱洪发、葛万兴、陈亚中、丁保良等,1992,下扬子区(兼论中上扬子)中、下三叠统沉积特征及油气远景预测。中国地质科学院成都地质矿产研究所所刊16号,101—135页。
Lu Yanhao and Zhu Zhaoling,1981,Summary of the Cambrian Biostratigraphy of China Openfile Report 81－743,United States Department of the interior Geological Survey,p. 121—122。

附录：

附录1　《东南区区域地层》采用的岩石地层单位名称

附录1-1

序号	岩石地层单位名称		代号	创名人(单位)	创名时间	创名地所在省(市、区)
	英文	汉文				
1	Ailiaojiao Fm	隘寮脚组	Na	何春荪等 (何春荪)	1958 (1986)	台湾
2	Anlelin Fm	安乐林(岩)组	pt_2a	江西区测队	1970	江西
3	Anren Fm	安仁组	Ta	福建区测队	1965	福建
4	Ansha Gr	安砂群	DA	王绍文	1930	福建
5	Antang Fm	安塘组	TJa	江西区测队	1966	江西
6	Anyuan Gr	安源群	TA	黄汲清，徐克勤	1936	江西
7	Aodi Fm	澳底组	ENa	颜沧波、陈培源 (林朝棨)	1953 (1960)	台湾
8	Aojiao Gr	澳角群	AnDA	王振民、黄辉	1991	福建
9	Bacun Gr	八村群	∈B	广东761队4分队	1959	广东
10	Badu Gr	八都(岩)群	Pt_1B	胡雄健等	1991	浙江
11	Baihedong Fm	白鹤洞组	Kb	广东735地质队	1975	广东
12	Baileng Fm	白冷组	Eb	乌居敬造	1935	台湾
13	Baiyashan Fm	白牙山组	Kby	福建713地质队	1972	福建
14	Bali Fm	坝里组	Zb	江西区调队	1969	江西
15	Bankeng Fm	半坑组	Ob	江西区调队	1985	江西
16	Banqiao Fm	板桥(岩)组	Pt_2b	夏邦栋	1962	安徽
17	Banqiaoshan Fm	板桥山组	Zbq	汪龙文	1951	浙江
18	Bantou Fm	坂头组	JKb	陈恺	1943	福建
19	Baoban Gr	抱板(岩)群	Pt_2B	广东省区测大队 (夏邦栋)	1964 (1979)	海南
20	Baoshi Fm	宝石组	Zbs	李兼海等	1994	福建
21	Baota Fm	宝塔组	Obt	李四光、赵亚曾	1924	湖北
22	Baowan Fm	报万组	Kbw	中国科学院地质所	1958	海南
23	Baoyue Fm	宝月组	Eby	张显球	1987	广东
24	Baizushan Fm	百足山组	Kbz	广东712地质队	1958	广东
25	Baqi Fm	巴漆组	Db	白顺良等	1979	广西
26	Bazhukeng Fm	拔竹坑组	Qnb	江西区调队 (陈思本)	1985 (1987)	江西
27	Beijiangjun Fm	北将军(岩)组	Pt_2bj	安徽区调队	1977	安徽
28	Beiliao Shale	北寮页岩	NQb	何春荪 (张锡龄等)	1956 (1957)	台湾
29	Beimen Mem	北门段	DC^b	赵汝旋、秦国荣 (赵汝旋)	1986 (1990)	广东
30	Beiwu Fm	北坞组	Pt_2bw	浙江区调队	1990	浙江

注：创名栏(　)内为介绍人；创建时间栏(　)内为介绍时间。

附录 1-2

序号	岩石地层单位名称		代号	创名人(单位)	创名时间	创名地所在省(市、区)
	英文	汉文				
31	Beixiangshan Fm	北象山组	Jb	鞠魁祥 (陈华成)	1985 (1989)	江苏
32	Bihou Fm	碧侯组	KEb	小笠原美津雄	1933	台湾
33	Bilushan Fm	毕禄山组	Ebl	何春荪	1986	台湾
34	Bingqiu Fm	炳丘组	Jbq	安徽区调队	1971	安徽
35	Buxin Fm	埗心组	Ebx	唐鑫等	1964	广东
36	Cangbomen Mem	沧波门段	T^c	安徽区调队	1977	江苏
37	Ceshui Fm	测水组	Cc	田奇瑀	1929	湖南
38	Changan Fm	长安组	$Z\dot{c}$	王曰伦	1936	广西
39	Changchang Fm	长昌组	$E\dot{c}$	陈明仁等 (中南区区域地层表编写组)	1959 (1974)	海南
40	Changchun Fm	长春(岩)组	$AnR\dot{c}$	陈培源	1963	台湾
41	Changhe Fm	长河组	$E\dot{c}h$	浙江石油地质大队	1975	浙江
42	Changkengshui Fm	长坑水组	$O\dot{c}$	南颐 (《中南区区域地层表》)	1962 (1974)	广东
43	Changlai Fm	长垓组	$DC\dot{c}$	赵汝旋、秦国荣	1988	广东
44	Changle Fm	长乐组	$N\dot{c}$	詹新甫	1974	台湾
45	Changlin Fm	长林组	$J\dot{c}l$	福建区测队	1966	福建
46	Changliu Fm	长流组	$E\dot{c}l$	中国石油公司南海分公司	1978	广东
47	Changpo Fm	长坡组	$N\dot{c}p$	海南地质大队 (广东地矿局)	1976 (1992)	海南
48	Changpu Fm	菖蒲组	$J\dot{c}$	江西区测队	1973	江西
49	Changpu Fm	长埔组	$J\dot{c}p$	广东 703 地质队 (黎汉明)	1962 (1994)	广东
50	Changtou Fm	昌头组	$E\dot{c}t$	陈仁明等 (广东省地质矿产局)	1980 (1988)	海南
51	Changwu Fm	长坞组	$O\dot{c}w$	卢衍豪等	1963	浙江
52	Changxing Fm	长兴组	$P\dot{c}$	葛利普(A W Grabau)	1924	浙江
53	Changzhikeng Fm	长枝坑组	$N\dot{c}\dot{z}$	何春荪 (何春荪)	1956 (1986)	台湾
54	Chaochuan Fm	朝川组	$K\dot{c}$	浙江石油地质大队	1959	浙江
55	Chaofeng Fm	超峰组	$\in\dot{c}$	鞠天吟	1979	浙江
56	Chaoshan Fm	超山组	$\in\dot{c}\dot{s}$	鞠天吟	1979	浙江
57	Chashanao Fm	茶山坳组	$E\dot{c}\dot{s}$	中南地质研究所	1972	湖南
58	Chawan Fm	茶湾组	$J\dot{c}w$	浙江区调队	1989	浙江
59	Chejiang Fm	车江组	$K\dot{c}j$	衡阳钾盐地质队	1962	湖南
60	Chencai Gr	陈蔡(岩)群	Pt_2C	浙江区测大队	1975	浙江
61	Chichengshan Fm	赤城山组	$K\dot{c}\dot{c}$	浙江区调队	1995	浙江
62	Chijiang Fm	池江组	$E\dot{c}j$	郑家坚、童永生、计宏祥、张发	1973	江西
63	Chishan Fm	赤山组	$K\dot{c}\dot{s}$	刘季辰、赵汝钧	1924	江苏

序号	岩石地层单位名称		代号	创名人(单位)	创名时间	创名地所在省(市、区)
	英文	汉文				
64	Chishi Gr	赤石群	KĊ	陈恺	1943	福建
65	Chishui Fm	赤水组	Jc̈s	李兼海等	1994	福建
66	Chongan Fm	崇安组	Kc̀a	李兼海等	1994	福建
67	Chuanshan Fm	船山组	Cc̀	丁文江	1919	江苏
68	Chunwan Fm	春湾组	Dć	周国强、陈培权、陈远光 (《广东区域地质志》)	1984 (1988)	广东
69	Chutanlong Fm	出炭垄组	Tć	刘元镇	1951	湖南
70	Cuipingshan Fm	翠屏山组	Pc	侯德封等	1935	福建
71	Cukeng Fm	粗坑组	Ec	何春荪	1956	台湾
72	Dachenling Fm	大陈岭组	Єd	李蔚农	1965	浙江
73	Dafeng Fm	大凤组	Kd	张显球 (张显球)	1981 (1987)	广东
74	Dagancun Fm	大干村组	Sd	陈哲培等 (陈哲培)	1985 (1987)	海南
75	Dagangding Fm	大岗顶组	Sdg	广东区调队	1992	广东
76	Dagangkou Fm	大港口组	NQd	徐铁良	1956	台湾
77	Daganshan Fm	大绀山组	Zd	广东综合研究大队 728 分队	1967	广东
78	Daguding Mem	打鼓顶段	J^d	北京地质学院赣东北区测队	1961	江西
79	Dahu Fm	大湖组	Cd	许寿永、林甲兴等	1979	广东
80	Daijiaping Fm	戴家坪组	Kdjp	王水等	1962	湖南
81	Dainan Fm	戴南组	Ed	地质部第六普查勘探大队	1970	江苏
82	Dajian Fm	达见组	Edj	陈肇夏	1977	台湾
83	Dajinshan Fm	大金山(岩)组	Pt_1d	龚世福等	1985	福建
84	Dakeng Fm	大坑组	ENd	何春荪等 (林朝棨)	1956 (1960)	台湾
85	Dakengcun Fm	大坑村组	Td	福建 303 地质队	1964	福建
86	Dakui Fm	大葵组	Od	广东区测大队 (中南地区区域地层表编写组)	1964 (1974)	海南
87	Dalangshan Fm	大望山组	Kdl	张显球等	1979	广东
88	Daliao Fm	大寮组	Nd	市川雄一 (林朝棨)	1930 (1960)	台湾
89	Dalong Fm	大隆组	Pd	张文佑、陈家天	1938	广西
90	Damao Fm	大茅组	Єdm	王树才、金邦权 (中南地区区域地层表编写组)	1962 (1974)	海南
91	Dananao Gr	大南澳(岩)群	AnRD	小笠原美津雄	1933	台湾
92	Dangchong Fm	当冲组	Pdc̀	田奇瑪、徐瑞麟	1936	湖南
93	Danxia Fm	丹霞组	Kdx	冯景兰	1928	广东
94	Daojiuwan Fm	捣臼湾(岩)组	Pt_2d	孔祥生等 (孔祥生等)	1989 (1995)	浙江
95	Daoxiang Fm	稻香组	Zdx	陶忠耀	1983	福建
96	Dapo Fm	大坡组	Kdp	广西区测队	1966	广西

序号	岩石地层单位名称		代号	创名人(单位)	创名时间	创名地所在省(市、区)
	英文	汉文				
97	Dapu Fm	大埔组	C*dp*	张文佑	1941	广西
98	Dasaiba Fm	大赛坝组	C*ds*	赵汝旋、秦国荣	1988	广东
99	Dashajiang Fm	大沙江组	Z*dś*	江西调研队	1994	江西
100	Dashuang Fm	大爽组	J*dś*	浙江区调队	1989	浙江
101	Datongshan Fm	大桶山组	E*dt*	市川雄一 (何春荪)	1930 (1986)	台湾
102	Dawan Fm	大湾组	O*dw*	张文堂、朱兆玲、钱义元、李积金	1956	湖北
103	Dawangshan Fm	大王山组	J*dw*	顾雄飞	1955	安徽
104	Dawuqian Fm	大坞阡组	O*dwq*	杜森官、王莉莉	1980	安徽
105	Dayanshan Fm	大岩山(岩)组	Pt_1*dy*	胡雄健等	1991	浙江
106	Daye Fm	大冶组	T*dy*	谢家荣	1924	湖北
107	Dengjia Fm	邓家组	Qn*d*	安徽冶金地质局 332 地质队区测分队	1971	安徽
108	Dengloujiao Fm	灯楼角组	N*dl*	中国石油公司南海分公司	1978	广东
109	Dengshan Gr	登山群	Qn*D*	江西区调队 (陈思本)	1985 (1987)	江西
110	Dengying Fm	灯影组	Z∈*d*	李四光	1924	湖北
111	Dianbei Fm	殿背组	S*db*	江西区测队	1963	江西
112	Dikou Fm	迪口(岩)组	Pt_1*dk*	福建地质研究所	1961	福建
113	Dingwuling Fm	丁屋岭组	Z*dw*	福建地层表编制组	1979	福建
114	Dongchong Fm	东冲组	O*dc*	广东区调队	1992	广东
115	Donggangling Fm	东岗岭组	D*d*	乐森玥	1928	广西
116	Donghua Fm	东华(岩)组	Pt_2*dh*	福建区调队	1991	福建
117	Dongjing Fm	东井组	K*dj*	南京地质古生物研究所	1961	湖南
118	Dongkengkou Fm	东坑口组	∈*dk*	福建区调队 (李兼海等)	1982 (1983)	福建
119	Dongling Gr	董岭(岩)群	Pt_2*D*	安徽 326 地质队	1965	安徽
120	Dongping Fm	东坪组	D*dp*	赵汝旋	1994	广东
121	Dongxuanguan Fm	洞玄观组	N*dx*	程裕淇、沈永和	1948	江苏
122	Dongyan Fm	东岩组	Z*dy*	福建地质三队	1974	福建
123	Dongzhi Fm	东至组	O*dz*	安徽省冶金地质局 311 地质队区测分队	1970	安徽
124	Douling Gr	兜岭群	J*D*	侯德封等	1935	福建
125	Doumu Fm	痘姆组	E*dm*	安徽省冶金地质局 311 地质队区测分队	1970	安徽
126	Doushantuo Fm	陡山沱组	Z*dś t*	李四光	1924	湖北
127	Duiershi Fm	对耳石组	O*de*	江西区测队魏秀喆等 (江西省地质矿产局)	1966 (1984)	江西
128	Dulanqiao Fm	独栏桥组	S*dl*	江西调研队 (孙存礼)	1993 (1995)	江西

序号	岩石地层单位名称 英文	汉文	代号	创名人(单位)	创名时间	创名地所在省(市、区)
129	Duluanshan Fm	都峦山组	N*dls*	大江二郎 (石崎和彦)	1939 (1942)	台湾
130	Duojiang Fm	多江组	TJ*d*	江西区调队	1977	江西
131	Echa Fm	峨查组	P*e*	广东区测大队 (中南地区区域地层表编写组)	1964 (1974)	海南
132	Eding Fm	鹅顶组	P*ed*	广东区测大队 (中南地区区域地层表编写组)	1964 (1974)	海南
133	Ehu Mem	鹅湖段	J^e	北京地质学院赣东北区测队	1961	江西
134	Ehuling Fm	鹅湖岭组	J*e*	北京地质学院赣东北区测队	1961	江西
135	Etoucun Fm	额头村组	DC*e*	殷保安等	1978	广西
136	Ewenling Fm	峨文岭(岩)组	Pt_2e	马大铨、黄香定、陈哲培等 (马大铨、黄香定、陈哲培等)	1993 (1996)	海南
137	Ezhai Fm	鹅宅组	J*ez*	李兼海等	1994	福建
138	Fangcheng Fm	防城组	S*f*	张捷芳	1959	广西
139	Fangshan Fm	方山组	N*f*	程裕淇、沈永和	1948	江苏
140	Fangyan Fm	方岩组	K*f*	浙江石油地质队	1959	浙江
141	Fanjiatang Fm	范家塘组	T*f*	朱森	1935	江苏
142	Fankeng Fm	藩坑组	J*f*	福建区调队 (曹宝森)	1982 (1983)	福建
143	Fengdongkou Fm	丰垌口组	Qn*f*	南颐 (南颐)	1991 (1994)	广东
144	Fengping Fm	枫坪组	J*fp*	西安煤炭科研所浙南课题组	1970	浙江
145	Fengxin Congl.	奉新砾岩	E*f*	江西区调队	1973	江西
146	Fentou Fm	坟头组	S*ft*	潘江	1956	江苏
147	Fenxiang Fm	分乡组	O*f*	王钰	1938	湖北
148	Foluo Fm	佛罗组	N*fl*	广东地质局 765 队 (李云通等)	1960 (1984)	海南
149	Fotan Fm	佛昙组	N*ft*	殷维翰	1946	福建
150	Funing Fm	阜宁组	E*fn*	江苏石油普查大队	1959	江苏
151	Fuping Fm	伏平组	E*fp*	广西石油队	1959	广西
152	Fushan Fm	浮山组	K*fs*	安徽省地质局 317 地质队	1969	安徽
153	Gangou Fm	干沟组	E*g*	市川雄一 (何春荪)	1932 (1986)	台湾
154	Gangoucun Fm	干沟村组	O*g*	穆恩之、许汉奎等 (葛梅钰等)	1977 (1983)	海南
155	Ganzhou Gr	赣州群	KG	江西区调队	1969	江西
156	Gaoan Limestone Mem	高安灰岩段	T^g	江西调研队	1991	江西
157	Gaojiabian Fm	高家边组	S*g*	葛利普(A W Grabau)	1924	江苏
158	Gaojiping Gr	高基坪群	JKG	张有正、倪岳英	1962	广东
159	Gaolishan Fm	高骊山组	C*g*	朱森	1931	江苏
160	Gaopengling Fm	高棚岭组	N*g*	中南煤田 130 队	1956	广东

序号	岩石地层单位名称		代号	创名人(单位)	创名时间	创名地所在省(市、区)
	英文	汉文				
161	Gaotan Fm	高滩组	$\in g$	江西区测队魏秀喆 (江西省区域地层表编写组)	1966 (1980)	江西
162	Gaowu Fm	高坞组	Jg	浙江区调队	1989	浙江
163	Gecun Fm	葛村组	Kg	江苏石油普查大队	1960	江苏
164	Geding Fm	格顶组	Pg	徐光洪、谌建国 (《广东省区域地质志》)	1979 (1988)	广东
165	Gegongzhen Fm	葛公镇组	Qng	安徽区调队	1991	安徽
166	Gekeng Fm	葛坑(岩)组	Pt_2g	福建区调队	1991	福建
167	Genkou Gr	艮口群	TG	李毓尧、朱森	1934	广东
168	Gezhencun Fm	戈枕村(岩)组	Pt_2gz	马大铨、黄香定、陈哲培等 (马大铨、黄香定、陈哲培等)	1993 (1996)	海南
169	Goutoushan Fm	狗头山组	Egt	王建华、关克兴等 (南京大学地质系江苏地质研究队苏北地层组)	1960 (1982)	安徽
170	Guancaohu Fm	官草湖组	Kgc	广东761队	1959	广东
171	Guanshan Fm	观山组	Dg	李星学	1963	江苏
172	Guanshan Mem	官山段	P^g	冯景兰	1950	江西
173	Guantou Fm	馆头组	Kgt	浙江石油地质大队	1959	浙江
174	Guanyintai Fm	观音台组	$\in Og$	江苏区测队	1970	江苏
175	Guchengcun Fm	古城村组	Egc	张显球	1984	广东
176	Gufeng Fm	孤峰组	Pgf	叶良辅、李捷	1924	安徽
177	Guifeng Gr	圭峰群	KEG	黎仲虹等 (江西省地质矿产局)	1964 (1984)	江西
178	Guitou Gr	桂头群	DG	张有正	1959	广东
179	Guizhulin Fm	桂竹林组	Ngz	鸟居敬造、吉田要 (石崎和彦)	1931 (1942)	台湾
180	Gujia Fm	古家组	Zg	魏秀喆等	1991	江西
181	Gumu Fm	古墓组	Sgm	广东区调队	1992	广东
182	Guniutan Fm	牯牛潭组	Ogn	张文堂等	1956	湖北
183	Gushan Fm	姑山组	Kgs	徐克勤 (华东冶金地勘公司808队)	1962 (1965)	安徽
184	Guting Fm	古亭组	Ogt	张浅深等	1964	江西
185	Haikou Fm	海口组	Nh	杨基广等	1976	海南
186	Hanlong Mem	滃泷段	D^h	徐瑞麟	1937	广东
187	Hanyuan Fm	韩源组	Pt_2h	江西调研队	1994	江西
188	Hekou Fm	河口组	Kh	江西调研队 (凌联海)	1994 (1996)	江西
189	Helixi Fm	河沥溪组	Sh	安徽省地质局317地质队	1965	安徽
190	Helongshan Mem	和龙山段	T^h	安徽贵池地区地层研究队	1965	安徽
191	Hengshan Fm	横山组	Khs	浙江区测队	1965	浙江
192	Hengyong Fm	横涌(岩)组	Pt_2hy	江西区调队	1970	江西

序号	岩石地层单位名称		代号	创名人(单位)	创名时间	创名地所在省(市、区)
	英文	汉文				
193	Hepu Fm	合浦组	S*hp*	广西区调队	1977	广西
194	Heshangzhen Gr	河上镇群	Qn*H*	浙江区调队	1990	浙江
195	Heshui Fm	合水组	K*hs*	郑家坚等	1974	广东
196	Hetang Fm	荷塘组	∈*h*	卢衍豪、穆恩之等	1955	浙江
197	Hezhou Fm	和州组	C*h*	朱森	1929	安徽
198	Hongchicun Fm	虹赤村组	Qn*h*	浙江区测队	1975	浙江
199	Honghuaqiao Fm	红花桥组	J*h*	安徽区调队	1977	安徽
200	Honghuatao Fm	红花套组	K*hh*	北京地院三峡地质队	1959	湖北
201	Honghuayuan Fm	红花园组	O*h*	张鸣韶	1958	贵州
202	Honghuazi Fm	红花子组	N*hh*	钟振东 (纪文荣)	1962 (1979)	台湾
203	Hongqin Fm	洪琴组	J*hq*	安徽省地质局 332 地质队区测分队	1971	安徽
204	Hongshan Fm	洪山组	Z*h*	江西区调队 (江西区调队)	1978 (1982)	江西
205	Hongweikeng Fm	红卫坑组	T*h*	广东煤田 205 队 (《广东省区域地质志》)	1969 (1988)	广东
206	Huacaojian Mem	花草尖段	J^h	江西区测队 (江西省地质矿产局)	1978 (1982)	江西
207	Huaguoshan Fm	花果山(岩)组	Pt_2hg	江苏地调所	1993	江苏
208	Huamianlong Fm	花面垄组	O*hm*	肖承协	1986	江西
209	Huangbailing Fm	黄柏岭组	∈*hb*	张瑞锡、李坪、刘元常	1951	安徽
210	Huangben Fm	黄坌组	T*hb*	广东区测队	1958	广东
211	Huangjian Fm	黄尖组	J*hj*	邹鋆牯、陈其奭	1964	浙江
212	Huangjin Fm	黄金组	C*hj*	赵金科、张文佑	1952	广西
213	Huangkeng Fm	黄坑组	K*hk*	李兼海等	1994	福建
214	Huanglian Fm	黄连组	Z*hl*	福建地层表编制组	1979	福建
215	Huangliu Fm	黄流组	N*hl*	胡平忠、苏厚熙等	1981	海南
216	Huanglong Fm	黄龙组	C*hl*	李四光、朱森	1930	江苏
217	Huangmaqing Fm	黄马青组	T*hm*	谢家荣	1928	江苏
218	Huangnigang Fm	黄泥岗组	O*hn*	卢衍豪等	1963	浙江
219	Huangniuling Fm	黄牛岭组	N*hn*	陈国达等	1949	广东
220	Huangqiao Fm	黄桥组	NQ*h*	江西 901 队	1979	江西
221	Huangtan Fm	黄潭组	Z*ht*	李兼海等	1994	福建
222	Huangxu Fm	黄墟组	Z*hx*	李毓尧、李捷、朱森	1935	江苏
223	Huangzhudong Fm	黄竹洞组	O*hz*	江西区调队	1985	江西
224	Huashan Silicate Mem	华山硅质岩段	$∈^h$	江西调研队	1991	江西
225	Huayansi Fm	华严寺组	∈*hy*	卢衍豪、穆恩之等	1955	浙江
226	Huayong Fm	华涌组	E*h*	张显球等 (张显球等)	1973 (1993)	广东

序号	岩石地层单位名称		代号	创名人(单位)	创名时间	创名地所在省(市、区)
	英文	汉文				
227	Huinan Slate	惠南板岩	Qn*hn*	上海地矿局	1985	上海
228	Huixiangdian Fm	回向殿(岩)组	Pt_1h	闽北地质大队	1993	福建
229	Huizhou Fm	徽州组	K*hz*	张文堂、陈丕基、沈炎彬	1976	安徽
230	Hule Fm	胡乐组	O*hl*	许杰	1934	安徽
231	Huling Fm	浒岭组	Qn*hl*	江西调研队	1991	江西
232	Huobashan Gr	火把山群	K*H*	江西地矿局	1984	江西
233	Huodao Fm	活道组	Z*hd*	周国强、郑有铭 (周国贤)	1993 (1994)	广东
234	Hushan Fm	虎山组	$Oh\hat{s}$	广东区调队	1963	广东
235	Hushan Mem	湖山段	$T^{h\hat{s}}$	安徽区调队	1977	江苏
236	Hutian Fm	壶天组	C*ht*	田奇琇、王晓青	1932	湖南
237	Huyan Mem	虎岩段	J^{hy}	江西区测队 (江西省地质矿产局)	1978 (1984)	江西
238	Jiande Gr	建德群	JK*J*	刘季辰、赵亚曾	1927	浙江
239	Jianduling Fm	建都岭组	E*j*	广西石油普查队	1959	广西
240	Jiangzhen Fm	江镇组	K*j*	安徽省冶金地质局 311 地质队区测分队	1970	安徽
241	Jianling Fm	尖岭组	O*j*	黄香定、陈哲培 (葛梅钰等)	1976 (1983)	海南
242	Jiaokeng Fm	焦坑组	T*j*	福建 301 地质队	1963	福建
243	Jiaowei Fm	角尾组	N*j*	地质部第四普查勘探大队	1965	广东
244	Jiayang Fm	佳阳组	E*jy*	陈肇夏	1977	台湾
245	Jilin Fm	计林(岩)组	Pt_2j	马长信 (马长信等)	1984 (1992)	江西
246	Jilingwan Fm	吉岭湾组	J*j*	张有正等 (《中南地区区域地层表》)	1962 (1974)	广东
247	Jilongzhang Fm	鸡笼嶂组	J*jl*	江西区调队 (江西省地质矿产局)	1980 (1984)	江西
248	Jingtan Fm	井潭组	Qn*j*	安徽冶金地质局 332 地质队区测分队	1971	安徽
249	Jingshe Fm	经畲组	CP*j*	福建区调队	1977	福建
250	Jinhua Fm	金华组	K*jh*	邹鑫祜等 (顾知微)	1964 (1980)	浙江
251	Jinji Fm	金鸡组	J*jj*	孙云铸等 (孙云铸)	1959 (1960)	广东
252	Jinling Fm	金陵组	C*j*	李四光、朱森	1930	江苏
253	Jishan Fm	吉山组	$Kj\hat{s}$	丁保良等	1989	福建
254	Jinshan Gr	金山(岩)群	$Pt_2J\hat{s}$	上海地质局	1961	上海
255	Jinshui Fm	锦水组	$Nj\hat{s}$	大村藏一 (林朝棨)	1928 (1960)	台湾
256	Jishuimen Fm	吉水门组	J*js*	广东区调队	1989	广东
257	Jiubei Fm	九陂组	P*j*	湖北地科所 (《广东省区域地质志》)	1972 (1988)	广东

序号	岩石地层单位名称		代 号	创名人(单位)	创名时间	创名地所在省(市、区)
	英 文	汉 文				
258	Jiuliping Fm	九里坪组	Jjlp	浙江区调队	1989	浙 江
259	Jiuqu Fm	九曲(岩)组	AnRj	王执明 (王执明)	1979 (1991)	台 湾
260	Jueshangou Fm	爵山沟组	Ojs	魏秀喆、肖承协、陈胜高、佘韬	1966	江 西
261	Junkou Fm	均口组	Kjk	福建石油地质队	1979	福 建
262	Kainangang Fm	开南岗(岩)组	AnRk	颜沧波 (林朝棨)	1954 (1974)	台 湾
263	Kangshan Fm	康山组	Sk	浙江煤炭科研所	1961	浙 江
264	Kaoqinshan Fm	靠亲山组	Skq	陈哲培等 (陈哲培)	1985 (1987)	海 南
265	Kending Fm	垦丁组	NQk	詹新甫	1974	台 湾
266	Keshan Fm	壳山组	Kk	浙江石油地质大队	1959	浙 江
267	Kongliecun Fm	空列村组	Skl	陈哲培等 (陈哲培)	1985 (1987)	海 南
268	Kuli Fm	库里组	Qnk	江西调研队 (宋志瑞)	1994 (1996)	江 西
269	Laicun Fm	赖村组	TJl	江西调研队	1993	江 西
270	Langshudi Fm	榔树底组	Pt_2l	江西调研队	1994	江 西
271	Langyashan Fm	琅玡山组	∈l	董南庭	1949	安 徽
272	Lankeng Fm	兰坑组	Qnl	周国强、郑有铭 (周国强)	1993 (1994)	广 东
273	Lanlong Fm	栏垄组	Kl	广西区调队	1994	湖 南
274	Lantang Gr	蓝塘群	JL	广东 762 地质队	1959	广 东
275	Lantian Fm	蓝田组	Zl	丁毅	1935	安 徽
276	Lantian Limestone Mem	兰田灰岩段	T^l	李兼海等	1994	福 建
277	Lanweng Fm	兰瓮组	Ol	广东区调队	1992	广 东
278	Laocun Fm	劳村组	Jl	浙江区测队	1965	浙 江
279	Laohudong Fm	老虎洞组	Cl	夏邦栋	1959	江 苏
280	Laohuling Fm	老虎岭组	Nl	中南煤田 130 队	1956	广 东
281	Laohutang Fm	老虎塘组	Zlh	江西区测队	1964	江 西
282	Laohutou Fm	老虎头组	Dl	徐瑞麟	1937	广 东
283	Laoshan Mem	老山段	P^l	冯景兰	1950	江 西
284	Lechangxia Gr	乐昌峡群	ZLĈ	南岭区测队 4 分队	1959	广 东
285	Leigutai Fm	擂鼓台组	DCl	李星学	1963	江 苏
286	Lengshuiwu Fm	冷水坞组	Klŝ	黎仲虹等	1961	江 西
287	Leping Fm	乐平组	Pl	黄汲清	1928	江 西
288	Leshui Fm	乐水组	Nlŝ	詹新甫	1974	台 湾
289	Liangjiangkou Fm	两江口组	Jlj	朱伦杰	1980	湖 南
290	Liangshan Fm	梁山组	Plŝ	赵亚曾、黄汲清	1931	陕 西
291	Liangtoutang Fm	两头塘组	Klt	浙江区调队	1995	浙 江

序号	岩石地层单位名称		代号	创名人(单位)	创名时间	创名地所在省(市、区)
	英文	汉文				
292	Lianhe Fm	莲荷组	KEl	黎仲虹等	1961	江西
293	Lianhuashan Fm	莲花山组	Dlh	朱庭祜	1928	广西
294	Liantan Fm	连滩组	Sl	徐瑞麟、蒋溶	1932	广东
295	Liantuo Fm	莲沱组	Zlt	刘鸿允	1963	湖北
296	Lianxian Fm	连县组	Clx	莫柱荪、杜衡龄	1943	广东
297	Liguan Fm	礼观组	ENl	李锡堤	1977	台湾
298	Liji Fm	利吉(岩)组	Nlj	大江二郎 (徐铁良)	1939 (1956)	台湾
299	Likou Gr	历口群	QnL	夏邦栋	1962	安徽
300	Lindi Fm	林地组	Cld	福建区调队	1965	福建
301	Lingkecun Fm	岭壳村组	Klk	陈哲培等	1985	海南
302	Lingshan Schist	灵山片岩	D$l\dot{s}$	赵金科、张文佑	1958	广西
303	Lingshui Fm	陵水组	El	胡平忠、苏厚熙等	1981	海南
304	Lingwen Fm	岭文组	Tl	广东区调队 (夏邦栋)	1964 (1979)	海南
305	Lingxia Fm	岭下组	Slx	南颐 (《中南地区区域地层表》)	1964 (1974)	广东
306	Lingyansi Fm	灵岩寺组	Dly	江西调研队	1994	江西
307	Linjiang Fm	临江组	Elj	江西石油地质大队	1961	江西
308	Linshan Gr	林山群	J$L\dot{S}$	张祖康 (江西区调队)	1960 (1966)	江西
309	Lintian Fm	林田组	∈lt	福建区调队 (李兼海等)	1982 (1983)	福建
310	Lishan Fm	梨山组	J$l\dot{s}$	王恒升等	1930	福建
311	Lishanqian Fm	里山阡组	O$l\dot{s}$	杜森官、王莉莉	1980	安徽
312	Lishuwo Fm	梨树窝组	S$l\dot{s}$	江西区测队	1964	江西
313	Liujiang Fm	榴江组	Dlj	冯景兰	1929	广西
314	Liuluocun Fm	六罗村组	Kll	海南综合地质勘察院	1995	海南
315	Liushagang Fm	流沙港组	E$l\dot{s}$	茂名石油公司	1975	广东
316	Longbeixi Fm	龙北溪组	Zlb	福建地质研究所等	1961	福建
317	Longkouchong Fm	龙口冲组	Dlk	田奇瑪、王晓青、许原道	1933	湖南
318	Longtan Fm	龙潭组	Plt	丁文江	1919	江苏
319	Longtankeng Fm	龙潭坑组	Jlt	广东区调队	1991	广东
320	Longtou Fm	龙头组	Zlt	李兼海等	1994	福建
321	Longtouzhai Gr	龙头寨群	OL	广东761地质队4分队	1959	广东
322	Longwangshan Fm	龙王山组	Jlw	顾雄飞	1955	安徽
323	Louziba Fm	楼子坝组	Zlz	福建地层表编制组	1979	福建
324	Lumuwan Fm	鹿母湾组	Klm	广东区测大队 (广东省地质矿产局)	1964 (1988)	海南

序号	岩石地层单位名称		代号	创名人(单位)	创名时间	创名地所在省(市、区)
	英文	汉文				
325	Lunshan Fm	仑山组	Ols	李希霍芬(Richithofen) (丁文江)	1912 (1919)	江苏
326	Luoao Fm	罗坳组	Jla	徐克勤、丁毅	1943	江西
327	Luocheng Fm	罗城组	Clc	乐森玥	1929	广西
328	Luoding Fm	罗定组	Kld	广东762地质队	1960	广东
329	Luodong Fm	罗东组	Old	广东区调队	1992	广东
330	Luoduan Fm	罗塅组	Dld	周殿超 (周殿超、朱正刚)	1974 (1978)	江西
331	Luofengxi Fm	罗峰溪组	Olf	王绍文	1930	福建
332	Luofozhai Gr	罗佛寨群	EL	张玉萍等	1963	广东
333	Luohong Fm	罗洪组	Olh	广东区调队	1992	广东
334	Luojiamen Fm	骆家门组	Qnlj	浙江区测队	1975	浙江
335	Luojingtan Fm	罗镜滩组	Klj	湖北石油队、华北106队	1960	湖北
336	Luokedong Fm	落可岽组	Qnlk	江西区测队	1964	江西
337	Luokeng Fm	罗坑组	Plk	李兼海等	1994	福建
338	Luoling Fm	罗岭组	Jll	安徽区调队	1981	安徽
339	Luowen Fm	罗文组	Klw	广西区测队	1974	广西
340	Luoxia Fm	罗䲟组	PtQnl	南颐 (南颐)	1991 (1994)	广东
341	Lushan Fm	庐山组	Nls	张丽旭	1962	台湾
342	Maanshan Fm	马鞍山组	NQm	石崎和彦	1942	台湾
343	Majian Fm	马涧组	Jm	浙江区测队	1963	浙江
344	Majianqiao Fm	马涧桥组	Qnm	刘鸿允、汤家富、符鹤琴	1987	江西
345	Malong Fm	麻笼组	Jml	南岭区测队	1958	广东
346	Maodian Fm	茅店组	Km	江西调研队	1993	江西
347	Maokou Fm	茅口组	Pm	乐森玥	1929	贵州
348	Maoxianling Fm	茅仙岭组	Jmx	刘元镇	1951	湖南
349	Maonong Fm	毛弄组	Jml	吴志俊、詹锡坤、朱福王	1962	浙江
350	Maoping Fm	茅坪组	Om	江西区调队魏秀喆 (肖承协等)	1966 (1984)	江西
351	Maopu Shale	茅埔页岩	Nm	何春荪 (何春荪)	1956 (1986)	台湾
352	Maoshan Fm	茅山组	Sm	李毓尧、李捷、朱森	1935	江苏
353	Maozifeng Fm	帽子峰组	DCm	徐瑞麟	1937	广东
354	Mashan Fm	麻山组	Dm	江西调研队 (刘亚光、李中兰)	1994 (1995)	江西
355	Mayuan Gr	麻源(岩)群	Pt_1M	福建省地质矿产局	1983	福建
356	Maziping Fm	马梓坪组	Kmz	广东761地质队4分队	1959	广东
357	Meishan Fm	梅山组	Nms	胡平忠、苏厚熙等	1981	海南
358	Meixi Sandstone	眉溪砂岩	Em	陈肇夏	1976	台湾
359	Mengyueling Fm	孟月岭组	∈m	中国科学院华南富铁矿研究队地层组 (葛梅钰等)	1977 (1983)	海南

序号	岩石地层单位名称		代 号	创名人(单位)	创名时间	创名地所在省(市、区)
	英 文	汉 文				
360	Miaopo Fm	庙坡组	O*mp*	张文堂等	1957	湖 北
361	Mingshan Silicalite	鸣山硅质岩	P*ms*	刘季辰	1926	江 西
362	Moshishan Gr	磨石山群	JK*M*	浙江石油地质队	1959	浙 江
363	Moxia Fm	磨下组	E*mx*	江西调研队	1991	江 西
364	Mufushan Fm	幕府山组	∈*mf*	俞剑华、陈敏娟、张浅深	1962	江 苏
365	Mukeng Fm	木坑(岩)组	Pt_2m	夏邦栋	1962	安 徽
366	Mushan Fm	木山组	EN*m*	颜沧波、陈培源 (林朝棨)	1953 (1960)	台 湾
367	Nanbigou Fm	南碧沟组	O*n*	黎明、许振林、陈仁明、王其祥	1981	海 南
368	Nangang Fm	南港组	N*n*	市川雄一 (石崎和彦)	1930 (1942)	台 湾
369	Nanhao Fm	南好组	C*n*	韩哲元等 (陈哲培)	1976 (1987)	海 南
370	Nankang Fm	南康组	N*nk*	广西区调队	1985	广 西
371	Nanlinghu Mem	南陵湖段	T^n	王乙长、刘学圭、胡福仁	1966	安 徽
372	Nanlong Fm	南龙组	P*n*	广东区测大队 (谌建国、徐光洪等)	1964 (1981)	海 南
373	Nanshan Fm	南山(岩)组	Pt_1n	龚世福等	1985	福 建
374	Nanshancun Fm	南山村组	J*n*	广东区调队	1989	广 东
375	Nantuo Fm	南沱组	Z*n*	E Blackwelder	1907	湖 北
376	Nanxiong Gr	南雄群	K*N*	冯景兰等	1928	广 东
377	Nanyan Fm	南岩组	Z*ny*	福建省地层表编制组	1979	福 建
378	Nanyuan Gr	南园群	JK*N*	福建区测队	1966	福 建
379	Nanzhuang Fm	南庄组	N*nz*	王源 (林朝棨)	1953 (1960)	台 湾
380	Niangniangshan Fm	娘娘山组	K*n*	顾雄飞	1955	安 徽
381	Ningguo Fm	宁国组	O*ng*	许杰	1934	安 徽
382	Niujiaohe Fm	牛角河组	∈*n*	江西区测队魏秀喆等 (江西区域地层表编写组)	1966 (1980)	江 西
383	Niuwu Fm	牛屋(岩)组	Pt_2n	安徽冶金地质局 332 地质队区测分队	1971	安 徽
384	Nongshan Fm	浓山组	E*n*	周明镇等	1973	广 东
385	Otangdi Fm	藕塘底组	C*o*	卢衍豪	1955	浙 江
386	Pandi Fm	泮地组	Z*p*	李兼海等	1994	福 建
387	Paotaishan Fm	炮台山组	∈*p*	俞剑华、陈敏娟、张浅深	1962	江 苏
388	Picheng Gr	埤城(岩)群	Pt_2P	江苏区调队	1987	江 苏
389	Pingshui Fm	平水组	Pt_2p	浙江区调队	1990	浙 江
390	Piyuancun Fm	皮园村组	Z*py*	李捷、李毓尧	1930	安 徽

序号	岩石地层单位名称		代号	创名人(单位)	创名时间	创名地所在省(市、区)
	英文	汉文				
391	Pukou Fm	浦口组	Kp	刘季辰、赵汝钧	1924	江苏
392	Puling Fm	铺岭组	Qnp	夏邦栋	1962	安徽
393	Qianfoyan Fm	千佛岩组	Jq	赵亚增、黄汲清	1931	湖南
394	Qiantou Fm	堑头(岩)组	Pt_1q	胡雄健等	1991	浙江
395	Qiaoyuan Fm	桥源组	Jqy	广东煤田 202 队 (《广东省区域地质志》)	1970 (1988)	广东
396	Qingjiang Gypsum Salt Mem	清江膏盐段	E^q	江西调研队	1991	江西
397	Qingkeng Fm	青坑组	$\in q$	张瑞锡、李玶、刘元常	1951	安徽
398	Qingkengcun Fm	青坑村组	Jqk	广东区调队	1991	广东
399	Qinglong Fm	青龙组	Tq	刘季辰、赵汝钧	1924	江苏
400	Qingshui Fm	清水组	Sq	江西区调队 (江西省地质矿产局)	1981 (1984)	江西
401	Qingtianxia Fm	青天峡组	Cq	广东区测大队 (中南地区区域地层表编写小组)	1964 (1974)	海南
402	Qinyingshan Fm	亲营山组	$AnDq$	李兼海等	1994	福建
403	Qixia Fm	栖霞组	Pq	李希霍芬	1912	江苏
404	Qiyunshan Fm	齐云山组	Kq	安徽省冶金地质局 332 地质队区测分队	1971	安徽
405	Qiziqiao Fm	棋梓桥组	Dq	田奇瑰、王晓青、许原道	1933	湖南
406	Quanshang Fm	泉上组	Pqs	李兼海等	1994	福建
407	Qujiang Fm	曲江组	Cqj	地矿部宜昌地矿所三室 (符力奋)	1979 (1994)	广东
408	Qujiang Gr	衢江群	KQ	刘季辰、赵亚曾	1927	浙江
409	Quxian Fm	衢县组	Kqx	李龙通、甄金生	1981	浙江
410	Reshuidong Fm	热水洞组	Jr	广东区调队	1989	广东
411	Rongxian Fm	融县组	Dr	田奇瑰	1938	广西
412	Ruifang Gr	瑞芳群	NR	何春荪	1975	台湾
413	Ruyiting Fm	如意亭组	Jry	江西调研队	1991	江西
414	Sandong Fm	伞洞组	Ks	广东 705 地质队	1989	广东
415	Sanduo Fm	三垛组	Es	华东石油勘探局	1960	江苏
416	Sanjiachong Fm	三家冲组	Ts	黄汲清、徐克勤	1937	江西
417	Sanmentan Fm	三门滩组	DCs	刘亚光 (周殿超、朱正刚)	1966 (1978)	江西
418	Sanmin Shale	三民页岩	Ns	钟振东 (纪文荣)	1962 (1979)	台湾
419	Sanqiutian Fm	三丘田组	Tsq	黄汲清、徐克勤	1937	江西
420	Sanqushan Fm	三衢山组	Os	盛莘夫	1951	浙江
421	Sanshui Fm	三水组	Kss	张显球等(张显球等)	1973	广东
422	Sanxia Gr	三峡群	NS	市川雄一 (石崎和彦)	1929 (1942)	台湾

序号	岩石地层单位名称		代号	创名人(单位)	创名时间	创名地所在省(市、区)
	英文	汉文				
423	Sanxizhai Fm	三溪寨组	Zs	李兼海等	1994	福建
424	Sanya Fm	三亚组	Nsy	胡志忠、苏厚熙等	1981	海南
425	Sanyajiang Fm	三丫江组	Ksy	茂名石油公司	1973	广东
426	Shabahuang Fm	沙坝黄组	Zs	江西区调队	1969	江西
427	Shahu Fm	沙湖组	Ps	饶家光等 (《广东省区域地质志》)	1961 (1988)	广东
428	Shangcun Fm	尚村组	Ns	中南煤田 130 队	1956	广东
429	Shangdong Fm	上垌组	Es	广东 704 地质队	1991	广东
430	Shanghu Fm	上湖组	Esh	周明镇等	1973	广东
431	Shanglongshui Fm	上龙水组	Js	王宝琛 (黎汉明等)	1986 (1994)	广东
432	Shangouchong Fm	上欧冲组	∈Os	安徽区调队	1977	安徽
433	Shangshi Fm	上施组	Qns	江西区测队	1964	江西
434	Shangshu Fm	上墅组	Qnss	浙江区测队	1969	浙江
435	Shatang Fm	沙塘组	Os	广东区测大队 (中南地区区域地层表编写小组)	1964 (1974)	海南
436	Shawanping Fm	沙湾坪组	Qnsw	南顾 (周国强)	1991 (1994)	广东
437	Shaxian Fm	沙县组	Ks	福建区调队	1966	福建
438	Shaximiao Fm	沙溪庙组	Jsx	孙万铨	1946	湖南
439	Shengtang Fm	圣堂组	Pst	饶家光等 (《广东省区域地质志》)	1961 (1988)	广东
440	Shengxian Fm	嵊县组	Ns	孟宪民	1929	浙江
441	Shenhuangshan Fm	神皇山组	Ksh	王水等	1961	湖南
442	Shenshan Fm	神山组	Qnssn	江西区测队	1964	江西
443	Shenzhuangcun Fm	莘庄村组	Esz	张显球等	1978	广东
444	Shetianqiao Fm	佘田桥组	Ds	田奇瑰、王晓青、郭昭仪	1929	湖南
445	Shibazhongxi Fm	十八重溪组	Esb	李春生	1979	台湾
446	Shibixi Mudstone Mem	石碧溪泥岩段	Ts	李兼海等	1994	福建
447	Shidengzi Fm	石磴子组	Cs	田奇瑰、王晓青	1932	广西
448	Shidi Fm	石底组	Nsd	颜沧波、陈培源 (林朝棨)	1953 (1960)	台湾
449	Shigui Fm	石圭组	Osg	赵金科、张文佑	1958	广西
450	Shihuiding Fm	石灰顶组	Zsh	中科院华南富铁矿科研队地层组 (杨开庆等)	1976 (1988)	海南
451	Shijiaoju Mem	石角咀段	DC^s	赵汝旋、秦国荣 (赵汝旋)	1986 (1990)	广东
452	Shikou Fm	石口组	Osk	魏秀喆、肖承协、陈胜高等	1966	江西
453	Shiling Fm	石岭组	Jsl	安徽冶金地质局 332 地质队区测分队	1971	安徽
454	Shiliting Mem	十里亭段	D^s	赵汝旋、秦国荣	1990	广东

序号	岩石地层单位名称		代号	创名人(单位)	创名时间	创名地所在省(市、区)
	英文	汉文				
455	Shilu Gr	石碌群	QnṠ	海南地质大队 (夏邦栋等)	1964 (1979)	海南
456	Shimacun Fm	石马村组	Nṡm	陈哲培、黄香定、钟盛中	1995	海南
457	Shimaoshan Gr	石帽山群	KṠ	福建区测队	1966	福建
458	Shimen Fm	石门组	Kṡm	李四光	1924	湖北
459	Shimengoucun Fm	石门沟村组	Nṡg	陈哲培、黄香定、钟盛中	1995	海南
460	Shiniushan Fm	石牛山组	Kṡn	冯宗炽等	1991	福建
461	Shixi Fm	石溪组	Kṡx	北京地质学院赣东北区测队	1961	江西
462	Shizishan Mem	狮子山段	Pṡ	冯景兰	1950	江西
463	Shouchang Fm	寿昌组	Jṡċ	顾知微等	1962	浙江
464	Shuangmiao Fm	双庙组	Kṡmo	安徽省地质局 317 地质队	1969	安徽
465	Shuangqiaoshan Gr	双桥山(岩)群	$Pt_1\dot{S}$	王竹泉	1930	江西
466	Shuangtasi Fm	双塔寺组	Eṡt	安徽区调队	1974	安徽
467	Shuangxiwu Gr	双溪坞群	$Pt_2\dot{S}$	张健康、马瑞士等 (浙江区测队)	1973 (1975)	浙江
468	Shuibei Sandstone	水北砂岩	Jṡb	郭伯康、张友朋	1959	江西
469	Shuichangliu Fm	水长流组	Eṡċ	早坂一郎等	1936	台湾
470	Shuidishan Fm	水底山组	Jṡd	广东区调队	1989	广东
471	Shuilikeng Fm	水里坑组	Nṡl	何春荪等 (林朝棨)	1956 (1964)	台湾
472	Shuishi Fm	水石组	∈ṡ	江西区测队魏秀喆等 (江西省区域地层表编写组)	1966 (1980)	江西
473	Shuitian Limestone	水田灰岩	Eṡt	江西区调队	1988	江西
474	Shuizhutang Fm	水竹塘组	Pṡż	侯鸿飞、詹立培等	1979	广东
475	Shunshanji Fm	舜山集组	Eṡṡ	安徽区调队	1977	安徽
476	Sileng Fm	四棱组	Esl	大江二郎 (石崎和彦)	1931 (1942)	台湾
477	Simen Fm	寺门组	Cs	冯景兰、乐森琈	1929	广西
478	Siwangzhang Fm	四望嶂组	Tsw	郑可雄、刘楚新 (凌秋贤、林建南)	1982 (1994)	广东
479	Siyuan Fm	泗源(岩)组	Pt_1s	胡雄健等	1991	浙江
480	Songling Fm	嵩灵组	Jsl	广东区测队	1972	广东
481	Sujiawan Fm	苏家湾组	Zs	徐嘉炜等	1965	安徽
482	Sule Fm	苏乐组	Nsl	何春荪	1986	台湾
483	Taizhou Fm	泰州组	Et	南京地质古生物研究所	1961	江苏
484	Tangbian Fm	塘边组	Kt	江西调研队	1994	江西
485	Tangenshan Fm	糖恩山组	Nt	何春荪等 (何春荪)	1956 (1986)	台湾
486	Tangjiawan Fm	唐家湾组	Dt	殷保安、姚肇贵、彭金兰等	1990	广西
487	Tangjiawu Fm	唐家坞组	St	舒文博	1930	浙江

序号	岩石地层单位名称		代号	创名人(单位)	创名时间	创名地所在省(市、区)
	英文	汉文				
488	Tanglong Fm	唐垄组	Tt	刘元镇	1951	湖南
489	Tangshan Fm	汤山组	Ot	李毓尧、李捷、朱森	1935	江苏
490	Tangshang Fm	塘上组	Kts	浙江区调队	1978	浙江
491	Tangtadaling Fm	汤他大岭组	Ktt	海南地质大队一分队	1978	海南
492	Tangtou Fm	汤头组	Ott	穆恩之、潘江、俞昌民	1955	江苏
493	Tangxia Fm	塘厦组	Jt	广东 761 地质队	1962	广东
494	Tantou Gr	潭头群	QnT	韩仲仁 (彭作荣、韩仲仁)	1987 (1994)	江西
495	Taoxi Fm	桃溪(岩)组	Pt_1t	李兼海等	1994	福建
496	Taozikeng Fm	桃子坑组	Dtz	福建区调队	1976	福建
497	Tianhe Fm	天河组	Tth	王竹泉	1920	江西
498	Tianjingping Fm	天井坪(岩)组	Pt_1tj	福建区调队 (傅树超等)	1990 (1991)	福建
499	Tianli Fm	田里(岩)组	Pt_2t	余达淦	1990	江西
500	Tiantai Gr	天台群	KT	陆逊、杨柳舒、陈陟阳	1959	浙江
501	Tiantangshan Gneiss	天堂山片麻岩	$\in t$	姚文光、乐森璕	1933	广西
502	Tianwadong Fm	天瓦岽组	Dtw	福建区调队	1976	福建
503	Tianxiang Fm	天祥(岩)组	$AnRt$	陈培源	1963	台湾
504	Tianziling Fm	天子岭组	Dtz	徐瑞麟	1937	广东
505	Tiaomajian Fm	跳马涧组	Dtm	田奇瑰	1928	湖南
506	Tieshajie Fm	铁沙街(岩)组	Pt_2ts	江西区调队	1982	江西
507	Tieshikou Fm	铁石口组	Tts	徐克勤、丁毅	1943	江西
508	Tongguling Fm	铜鼓岭组	Ktg	茂名石油公司	1974	广东
509	Tongshan Gr	同山群	JT	浙江区测队	1975	浙江
510	Tongxiang Fm	桐乡组	Ktx	浙江省石油勘探处	1988	浙江
511	Tongziyan Fm	童子岩组	Pt	王绍文	1930	福建
512	Toubei Fm	头陂组	Ntb	江西区调队	1973	江西
513	Toumuchong Fm	头木冲组	Ttm	广东煤田 205 队 (《广东省区域地质志》)	1972 (1988)	广东
514	Tuanshan Fm	团山组	$\in ts$	钱义元等	1964	安徽
515	Tuolie Fm	陀烈组	Stl	广东区测大队 (中南地区区域地层表编写小组)	1964 (1974)	海南
516	Waiguankeng Fm	外管坑组	$Z\in w$	江西调研队	1994	江西
517	Wangbu Limestone Mem	王埠灰岩段	E^w	江西调研队	1991	江西
518	Wangfanli Mem	王潘里段	P^w	冯景兰	1950	江西
519	Wanggong Fm	王功组	Ew	纪文荣	1983	台湾
520	Wanghudun Fm	望虎墩组	Ewh	安徽省冶金地质局 311 地质队区测分队	1970	安徽

序号	岩石地层单位名称		代号	创名人(单位)	创名时间	创名地所在省(市、区)
	英文	汉文				
521	Wanglougang Fm	望楼港组	Nw	广东 765 地质队 (李云通等)	1960 (1984)	海南
522	Wangqiao Mem	王桥段	J^{w}	江西调研队	1994	江西
523	Wanyuan Fm	万源(岩)组	Pt_1w	江西调研队	1993	江西
524	Wayao Fm	瓦窑组	Ewy	陈仁明等 (雷奕振等)	1980 (1992)	海南
525	Weifang Fm	魏坊组	Ow	福建区调队 (李兼海等)	1982 (1983)	福建
526	Weizhou Fm	涠洲组	ENw	地质部第四普查大队	1965	广西
527	Wenbinshan Fm	文宾山组	Tw	福建 303 地质队	1964	福建
528	Wenbishan Fm	文笔山组	Pw	高振西等	1942	福建
529	Wenchang Mem	文昌段	O^{w}	浙江区测队	1965	浙江
530	Wengjialing Fm	翁家岭组	Qnw	赣东北地质大队 (杨明桂、吴安国、钟南昌)	1977 (1988)	江西
531	Wenzikeng Fm	蚊子坑组	Ewz	詹新甫	1981	台湾
532	Wudun Fm	吴墩组	Zw	福建区测队	1979	福建
533	Wujiaping Fm	吴家坪组	Pwj	卢衍豪	1956	陕西
534	Wuning Gr	武宁群	KEW	王竹泉	1930	江西
535	Wutong Gr	五通群	DCW	丁文江	1919	浙江
536	Wuxi Mem	梧溪段	J^{wx}	江西区测队 (江西省地质矿产局)	1978 (1984)	江西
537	Wuxue Fm	武穴组	Pwx	陈旭	1935	湖北
538	Wuyi Gr	武夷群	JW	王恒升、李春昱	1930	江西
539	Wuzao Fm	乌灶组	Twz	李陶、金维楷	1932	浙江
540	Wuzhishan Fm	五指山组	Ewz	颜沧波、陈培源	1953	台湾
541	Xiacun Fm	下村组	Jx	福建区调队	1982	福建
542	Xiadu Fm	下渡组	Jxd	福建区测队	1960	福建
543	Xiafang Fm	下坊组	Zx	江西区测队	1964	江西
544	Xiahetu Fm	下河图(岩)组	Pt_2x	孔祥生等 (孔祥生等)	1989 (1995)	浙江
545	Xiahu Fm	下虎组	Ex	江西调研队	1991	江西
546	Xiahuangkeng Fm	下黄坑组	Ox	广东 761 地质队 4 分队	1959	广东
547	Xiangshan Gr	象山群	JX	李毓尧、李捷、朱森	1935	江苏
548	Xiangya Gr	象牙群	JXY	陈天祥	1960	福建
549	Xiaoanli Fm	小安里组	Qnx	孙乘云	1993	安徽
550	Xiaojiangbian Fm	小江边组	Px	王竹泉	1920	江西
551	Xiaoping Fm	小坪组	Tx	哈安姆(A Heim)、李承三	1930	广东
552	Xiaopingtian Fm	小平田组	Kx	浙江区调队	1995	浙江
553	Xiaoshui Fm	小水组	Txs	广东煤田 300 队 (《广东省区域地质志》)	1969 (1988)	广东

序号	岩石地层单位名称		代号	创名人(单位)	创名时间	创名地所在省(市、区)
	英文	汉文				
554	Xiaoxi Fm	小溪组	JKx	福建区测队	1977	福建
555	Xiaoyan Fm	小岩组	Kxy	安徽省冶金地质局 332 地质队区测分队	1971	安徽
556	Xiaoyunwushan Fm	小云雾山组	Txy	广东区调队 (《广东省区域地质志》)	1977 (1988)	广东
557	Xiashan Gr	峡山群	DCX	陈国达、刘辉泗	1939	江西
558	Xiawuzhai Fm	下吴宅(岩)组	Pt_2xw	孔祥生等 (孔祥生等)	1989 (1995)	浙江
559	Xiaxiang Fm	霞乡组	Sx	安徽省地质局 317 地质队	1965	安徽
560	Xiayang Fm	下洋组	Nx	地质部第四普查勘探大队	1965	广东
561	Xicun Fm	西村组	Exc	大江二郎 (石崎和彦)	1931 (1942)	台湾
562	Xicun Fm	西村(岩)组	$Qnxc$	安徽省地矿局 332 地质队区调分队	(1942) 1989	安徽
563	Xidong Fm	西垌组	Kxd	广西区测队	1974	广西
564	Xihengshan Fm	西横山组	Jxh	江苏石油普查大队苏南专题组	1960	江苏
565	Xihu Fm	西湖组	Dx	舒文博	1930	浙江
566	Xikou Fm	溪口组	Txk	王绍文	1930	福建
567	Xikou Gr.	溪口(岩)群	Pt_2X	夏邦栋	1962	安徽
568	Xileng Fm	西冷(岩)组	Pt_2xl	安徽区调队	1985	安徽
569	Xinchang Fm	新厂组	Oxc	南颐 (广东区测队)	1961 (1965)	广东
570	Xinci Hornfels Mem	新祠角岩段	T^x	福建地质五大队	1960	福建
571	Xindu Fm	信都组	Dxd	广西区调队	1974	广西
572	Xingzi Gr	星子(岩)群	Pt_1X	江西区测队	1966	江西
573	Xinkailing Fm	新开岭组	OSx	俞剑华、夏树芳、方一亭	1976	江西
574	Xinlong Fm	新隆组	Kxl	广西区测队	1966	广西
575	Xintianmen Fm	心田门组	Jxt	湖南地质科学研究所	1979	湖南
576	Xinyu Fm	新余组	Exy	周明镇	1959	江西
577	Xishantou Fm	西山头组	Jxs	浙江区调队	1989	浙江
578	Xiuning Fm	休宁组	Zxn	李毓尧	1936	安徽
579	Xiushui Fm	修水(岩)组	Pt_2xs	康育义	1962	江西
580	Xiwan Fm	西湾组	Jxw	乐森玥	1933	广西
581	Xiyangshan Fm	西阳山组	$\in Ox$	卢衍豪、穆恩之等	1955	浙江
582	Xuan Fm	徐岸(岩)组	Pt_2xu	孔祥生等 (孔祥生等)	1989 (1995)	浙江
583	Yahua Fm	牙花组	Oy	广东区测大队 (中南地区区域地层表编写小组)	1964 (1974)	海南
584	Yancheng Fm	盐城组	Ny	华东石油勘探局	1960	江苏
585	Yangmeishan Fm	杨梅山组	Ty	刘元镇	1966	湖南

序号	岩石地层单位名称		代号	创名人(单位)	创名时间	创名地所在省(市、区)
	英文	汉文				
586	Yanghu Fm	洋湖组	DCy	江西调研队	1991	江西
587	Yangjia Fm	杨家组	Tyj	江西区测队	1964	江西
588	Yangjiaqiao Gr	杨家桥群	ZY	颜美钟等 (刘鸿允等)	1962 (1991)	江西
589	Yangjiayuan Fm	杨家源组	Cy	江西区调队	1993	江西
590	Yangling Congl. Mem	阳岭砾岩段	$\in^y$	长地公司西华山普查队	1956	江西
591	Yangliugang Fm	杨柳岗组	$\in y$	卢衍豪、穆恩之等	1955	浙江
592	Yangmeilong Fm	杨梅垄组	Tym	刘元镇	1951	湖南
593	Yangxi Fm	杨溪组	Dy	徐瑞麟	1937	广东
594	Yanshan Fm	岩山组	Pt_2y	浙江区调队	1990	浙江
595	Yanshuikeng Shale	盐水坑页岩	Nyś	何春荪等 (何春荪等)	1956 (1986)	台湾
596	Yantang Fm	岩塘组	Ky	安徽省冶金地质局 332 地质队区测分队	1971	安徽
597	Yanwashan Fm	砚瓦山组	Oyw	刘季辰、赵亚曾	1927	浙江
598	Yanya Fm	岩雅组	AnDy	李兼海等	1994	福建
599	Yaoyunling Fm	尧云岭组	Cyy	广西区调队	1976	广西
600	Yashan Fm	丫山组	Dyś	重工业部中南地质局长沙地质勘探公司 220 普查队	1955	江西
601	Yejiatang Fm	叶家塘组	Cyj	蒋声治、程先跃、葛彦	1963	浙江
602	Yeliu Gr	野柳群	ENY	何春荪	1975	台湾
603	Yetang Fm	叶塘组	Kyt	郑家坚等	1974	广东
604	Yifeng Fm	宜丰(岩)组	Pt_2y	江西区调队	1977	江西
605	Yijiawan Fm	易家湾组	Dyj	田奇瑭	1938	湖南
606	Yinggehai Fm	莺歌海组	Nyg	胡平忠、苏厚熙等	1981	海南
607	Yingtang Fm	英塘组	Cyt	广西区调队	1976	广西
608	Yingyangguan Fm	鹰杨关组	Zy	李自惠 (《广西区域地质志》)	1979 (1985)	广西
609	Yinkeng Mem	殷坑段	T^y	安徽贵池地区地层研究队	1965	安徽
610	Yinpingshan Fm	银屏山组	TJy	王宝琛 (黎汉明等)	1986 (1994)	广东
611	Yinzhubu Fm	印渚埠组	$\in Oy$	朱庭祜	1924	浙江
612	Yongkang Gr	永康群	KY	浙江石油地质队	1959	浙江
613	Youganwo Fm	油柑窝组	Ey	陈国达等	1949	广东
614	Yousheng Fm	优胜组	Kyś	黎汉明	1994	广东
615	Yuanpan Fm	园盘组	Jy	福建地质研究所	1961	福建
616	Yuetan Fm	月潭组	Jyt	安徽省冶金地质局 332 地质队区测分队	1971	安徽
617	Yuhong Fm	榆红组	Oyh	何陽芝、母道坤等 (曾庆銮等)	1980 (1992)	海南
618	Yuhuatai Fm	雨花台组	Nyh	刘季辰、赵汝钧	1924	江苏

序号	岩石地层单位名称		代 号	创名人(单位)	创名时间	创名地所在省(市、区)
	英 文	汉 文				
619	Yunkai Gr	云开群	$PtYK$	广东省地矿局	1988	广 东
620	Yunlin Fm	云林组	Kyl	纪文荣	1983	台 湾
621	Yunshan Fm	云山组	DCy	刘亚光等 (周殿超、朱正刚)	1966 (1971)	江 西
622	Yuntai Gr	云台(岩)群	Pt_2Y	刘季辰、赵汝钧	1924	江 苏
623	Yuqian Mem	于潜段	O^r	许杰	1937	浙 江
624	Yushanjian Fm	渔山尖组	$Jy\dot{s}$	浙江区测队	1963	浙 江
625	Yutian Gr	余田群	JY	江西区测队	1970	江 西
626	Yuwengdao Fm	鱼翁岛组	NQy	(李绍章)	(1960)	台 湾
627	Yuxiantang Congl.	鱼仙塘砾岩	Eyx	江西调研队	1991	江 西
628	Zaomu Mem	枣木段	T^z	江西调研队	1994	江 西
629	Zaoshi Fm	枣市组	Ez	方红湘	1975	湖 南
630	Zhaixia Fm	寨下组	$K\dot{z}$	李兼海等	1994	福 建
631	Zhangbaling Gr	张八岭(岩)群	$Pt_2\dot{Z}$	张鉴模	1958	安 徽
632	Zhangcun Fm	章村组	$Pt_2\dot{z}$	浙江区调队	1990	浙 江
633	Zhangcun Gr	张村群	$Pt_2\dot{Z}C$	符鹤群、李武星	1991	江 西
634	Zhangdong Fm	嶂岽组	$DC\dot{z}$	徐克勤、丁毅	1943	江 西
635	Zhanggongshan Fm	鄣公山(岩)组	$Pt_1\dot{z}$	皖浙赣地层专题研究队 (马长信)	1962 (1985)	江 西
636	Zhangping Fm	漳平组	$J\dot{z}$	福建区测队	1965	福 建
637	Zhangqian Fm	樟前(岩)组	$Pt_2\dot{z}q$	夏邦栋	1962	安 徽
638	Zhangshanji Fm	张山集组	$E\dot{z}\dot{s}$	安徽区调队	1976	安 徽
639	Zhangyan Fm	张岩(岩)组	$Pt_1\dot{z}y$	胡雄建等	1991	浙 江
640	Zhaomingshan Fm	照明山组	$E\dot{z}m$	安徽区调队	1978	安 徽
641	Zhengjiadu Fm	郑家渡组	$E\dot{z}j$	江西区调队	1991	江 西
642	Zhengtang Fm	政棠组	$T\dot{z}$	浙江区域地层表编写组	1979	浙 江
643	Zhenshui Fm	浈水组	$K\dot{z}\dot{s}$	张显球 (张显球)	1981 (1978)	广 东
644	Zhentou Fm	镇头组	$Qn\dot{z}$	安徽省地矿局 332 地质队区调分队	1989	安 徽
645	Zhixitou Metam. Complex	芝溪头变质杂岩	$Pz\dot{Z}$	浙江区域地质调查大队	1983	浙 江
646	Zhongdai Fm	中戴组	$K\dot{z}d$	陈其奭	1981	浙 江
647	Zhongfencun Fm	中分村组	$J\dot{z}f$	安徽区调队	1974	安 徽
648	Zhongpeng Fm	中棚组	$DC\dot{z}p$	刘亚光 (周殿超、朱正刚)	1966 (1978)	江 西
649	Zhongshan Fm	钟山组	$J\dot{z}\dot{s}$	刘季辰、赵汝钧	1924	江 苏
650	Zhongxin Fm	忠信组	$C\dot{z}$	南颐、马国干 (《中南地区区域地层表》)	1962 (1974)	广 东
651	Zhouchongcun Fm	周冲村组	$T\dot{z}\dot{c}$	江苏第一地质队	1971	江 苏

附录 1-20

序号	岩石地层单位名称		代号	创名人(单位)	创名时间	创名地所在省(市、区)
	英文	汉文				
652	Zhougang Fm	周岗组	Zz	徐嘉炜等	1965	安徽
653	Zhoujiayuan Mem	周家源段	J^{zj}	江西区调队 (江西省地质矿产局)	1978 (1982)	江西
654	Zhoutan Fm	周潭(岩)组	Pt_1zt	江西区调队	1982	江西
655	Zhoutian Fm	周田组	Kzt	赣南地调队 909 大队 (孙存礼、周琴宜)	1974 (1989)	江西
656	Zhucangwu Fm	珠藏坞组	DCzc	蒋声治、程先跃、葛彦	1963	浙江
657	Zhucun Fm	祝村组	Kzc	浙江区调队	1989	浙江
658	Zhudao Fm	竹岛(岩)组	Pt_2zd	江苏地调所	1993	江苏
659	Zhujia Fm	祝家组	Qnzj	江西调研队	1985	江西
660	Zhuodi Fm	卓地(岩)组	Pt_2zd	福建区调队一分队	1993	福建
661	Zhuolan Fm	卓兰组	NQz	鸟居敬造 (何春荪)	1935 (1986)	台湾
662	Zhutian Fm	主田组	Kzt	张显球 (张显球)	1981 (1987)	广东
663	Zhutouqi Fm	竹头崎组	Nz	何春荪 (何春荪)	1956 (1986)	台湾
664	Zijiachong Fm	紫家冲组	Tzj	黄汲清、徐克勤	1937	江西
665	Zimenqiao Fm	梓门桥组	Czm	田奇瑪	1929	湖南
666	Zishan Fm	梓山组	Cz	王绍文	1930	江西
667	Zusailing Fm	足赛岭组	Sz	陈哲培等 (陈哲培)	1985 (1987)	海南

附录2 变质矿物代号

Ab	钠长石	Hy	紫苏辉石
Act	阳起石	Jd	硬玉
Ads	中长石	Kfs	钾长石
Ae	霓辉石	Ky	蓝晶石
Alm	铁铝榴石	Ms	白云母
Amp	角闪石	Mt	磁铁矿
Bt	黑云母	Or	正长石
Cc	方解石	Pl	斜长石
Chl	绿泥石	Qtz	石英
Ep	绿帘石	Se	绢云母
Gln	蓝闪石	Sil	矽线石
Gr	石墨	St	十字石
Hbl	普通角闪石	Stp	黑硬绿泥石

REGIONAL STRATIGRAPHY OF SOUTHEAST CHINA

(Summary)

Located in the southeastern China coastal area, the southeastern China region is about 0.8 million km^2, covering seven whole provinces of Jiangsu, Zhejiang, Anhui, Jiangxi, Fujian, Hainan and Taiwan, the southeastern section of Guangxi Zhuang Autonomous Region, and Shanghai Municipality. Tectonically, it belongs to South China Mobile Belt, Taiwan Mobile Belt, South China Sea basin on South China Plate, Yangtze landmass (northeastern section) and the margin of Philippine Plate. With well-developed strata and frequent tectonic movements, the region becomes one of the highly investigated areas in China. Many stratigraphic units were named from here.

The study of the stratigraphic classification and correlation is, based on the modern stratigraphic theories and methods, to redefine the primary stratigraphic units, standards of classification and correlation, extension scope and the relationships of various stratigraphic units, and then to establish a stratigraphic database. It is a systematic engineering in fundamental geologic research with high scientific level, extensive range and heavy labor intensity. It summarizes, deepens and promotes the stratigraphic studies in southeastern China once again based on the integrated results of the national stratigraphic meetings held in 1959 and 1978 respectively.

STRATIGRAPHIC REGIONALIZATION AND SUCCESSION

The southeastern China region can be divided into three stratigraphic super regions (i.e. the South China, South China Sea and Philippine), 4 stratigraphic regions (the Yangtze, Southeast China, Sanya and East Taiwan), 12 stratigraphic areas and a number of stratigraphic subareas. Located in the north of the southeastern China, the Yangtze stratigraphic region consists of Lower Yangtze and Jiangnan stratigraphic areas, which is a three-layer structure composed of Pre-Sinian active basement, Sinian-Triassic stable cover and Mesozoic-Cenozoic sediments of continental edge. The southeastern China stratigraphic region is the main part of the region (occupying about 80% of the area), which can be classified into 8 stratigraphic areas of a four-layer structure, composed of Pre-Sinian basement, Sinian-Early Paleozoic epimetamorphic basement, Late Paleozoic-Triassic cover and Mesozoic-Cenozoic continental detrital sediments. Distributed in the southernmost part of the area, the Sanya stratigraphic region is similar to the Yangtze stratigraphic region in the three-layer structure. The East Taiwan stratigraphic region, located in the easternmost part of the southeastern China, belongs to the Circum-Pacific island arc-volcanic zone with well-developed Mesozoic-Cenozoic strata.

The stratigraphic succession in the southeastern China region can be classified into 4 intervals, i.e. Pre-Sinian, Sinian-Silurian, Devonian-Middle Triassic and Late Triassic-Tertiary.

Pre-Sinian

The Pre-Sinian strata are mainly distributed in Yangtze stratigraphic region and the east and south of southeastern China stratigraphic region, mostly belonging to Lower Proterozoic-lower Upper Proterozoic. Archean might exists exceptionally locally. The protolith is mainly shallow sea-bathyal sandy pelitic flysch intercalated with carbonate, volcanic and pyroclastic rocks.

Sinian-Silurian

Yangtze stratigraphic region and South China Sea stratigraphic super regions have had stable sedimentation while the southeastern China stratigraphic region in between has had active sedimentation. Ascendingly, Sinian succession in Yangtze stratigraphic region is from detrital rock, carbonate argillo-silicalite to carbonate silicalite. Carbon-bearing siliceous-muddy carbonate rocks occur in the lower part of Cambrian, while carbonate rocks occur in the middle and upper parts of Cambrian. With the boundary of "Jiangnan Fault",the carbonate rocks, silicalites, graptolite shale, shelly facies siltstone and purple sandstone of Ordovician and Silurian existed in the north, and graptolite shale, sandy pelitic flysch formation with transitional features between stable and active types occurred in the south. Southeastern China stratigraphic region is mainly characterized active flysch formation, and experienced regional metamorphism resulting in a series of epimetamorphic rocks. Cambrian-Ordovician carbonate rock formations have only been found in Sanya stratigraphic region.

Devonian-Middle Triassic

After Caledonian Oregon, a set of stable sedimentary rocks have been generally deposited from south to north in southeastern China stratigraphic region. Devonian strata, well developed in Southeast Guangxi and in West Guangdong, are mainly composed of sandstone, carbonate, silicalite and lenticular limestone. Lower part of Carboniferous is detrital rock intercalated with limestone while the upper strata are pure carbonate rocks. Permian strata are limestone pelitic siliceous rocks, coal-bearing detrital rocks, and limestone or siliceous rocks from lower to upper. Triassic belongs to a large marine regression succession, i.e. shallow-sea carbonate detrital sediments, transitional terrigenous detrital sediments, and terrigenous detrital coal-bearing sediments.

Upper Triassic-Tertiary

They are terrigenous detritals filled in some fault depressions or depression basins with different sizes, associated with volcanic activities. Lower part of Jurassic is grayish white (feldspar) quartz sandstone, siltstone, sandy shale and coal beds; the middle part is purple sandy shale and mottled shale, and the upper part is volcanic rocks and clastic tuff. Cretaceous are mainly red detrital intercalated with volcanic rocks and tuff. Lower part of Tertiary is brownish red detrital rocks; upper strata are grayish loose detrital rocks and basic volcanic rocks with great variation. In Taiwan, Tertiary consists mainly of marine mudstone and sandy mudstone.

PRE-SINIAN STRATA

They are mainly distributed in the north of Jiangnan and lower Yangtze areas of Yangtze stratigraphic region and Wuyi, Guangxi, Hunan, Jiangxi, coastal Zhejiang-Fujian and Yunkai areas in southeastern China stratigraphic region. The strata in the area constitute a metamorphic basement of Yangtze and Cathaysian landmasses, which can be divided into three successions and some lithostratigraphic units including 20 (rock) groups and 67 (rock) formations. Lower Proterozoic consists of Xingzi and Dongling (rock) groups in Yangtze stratigraphic region; Tianjingping (Rock) Formation, Mayuan (Rock) Group, Badu (Rock) Group and Taoxi (Rock) Formation in the southeastern China stratigraphic region. They are a series of katametamorphites of amphibolite facies with large thickness, constituting a crystalline basement of Yangtze and Cathaysian landmasses. According to paleomagnetism, isotopic age and metamorphism, the age of the basement is older than 1800 Ma. Middle Proterozoic consists of Zhangbaling, Yuntai, Picheng, Shuanqiaoshan, Xikou, Zhangcun, Shuangxiwu and Jinshan (rock) group, etc. in Yangtze stratigraphic region, and Chencai, Baoban (rock) group, etc. in southeastern China stratigraphic region. Its protolith is mainly active sediments. And in Yangtze stratigraphic region, they are mainly low-grade greenschist facies, whereas in southeastern China stratigraphic region is mainly hypometamorphic high-grade greenschist-amphibolite facies, which forms the folded basements of Yangtze and Cathaysian landmasses. According to paleomagnetism, isotopic age and part of micropaleobotany data, the age of the basement is 1800-1000 Ma, belonging to Mesoproterozoic. Qingbaikou System consists of Heshangzhen Group including Luojianmen, Hongchicun and Shangshu formations in Zhejiang and Fujian provinces, Likou Group, Zhentou Formation, Xicun (Rock) Formation, Jingtan Formation in South Anhui, Luokedong and Majianqiao formations in Jiulingshan region, Dengshan Group and Wengjialing Formation in Huaiyu mountain region, Huinan slate in Shanghai and Huling and Shenshan formations, as well as Tantou, Yunkai, Shilu groups, etc. in southeastern China stratigraphic region. Its protolith is mainly active sediments, associated with volcanic sedimentation of slight regional metamorphism. Its isotopic age is 1000-800 Ma, belonging to Neoproterozoic. Additionally, there developed ophiolite suite and ophiolite melange zone along NE-trending fault belt of Yiyang, Jiangxi Province and Shexian, Anhui Province.

Tectonic evolution of Pre-Sinian sedimentary basins can be generally classified into three stages: Neoarchean-Paleoproterozoic, Mesoproterozoic and Neoproterozoic. During Neoarchean-Paleoproterozoic, the continental nucleus overgrew and enlarged progressively in the region, and become a part of Yangtze Craton. Mesoproterozoic is an important stage of sedimentary-tectonic developments and evolution in the region. As a global riftogenesis, Yangtze landmass was split and Cathaysian landmass was diverged. Subsequently, the South China narrow ocean basin was formed between two landmasses; whereas Zhangbaling fault-depression basin and Jiangnan rift zone existed in the north and south of Yangtze landmass respectively. During late Mesoproterozoic-Neoproterozoic, the split crust began to converge and resulted in the collision of the landmasses and the formation of Yangtze continent. After that, the crust was pulled apart again to form sea basins and rift-type open-sea basins along a side of Cathaysian landmass.

SINIAN-SILURIAN

Sinian-Silurian are distributed widely and exposed in the southeastern China except Taiwan.

But there are great differences among the stratigraphic regions. With completely developed strata and abundant fossils, Yangtze stratigraphic region belongs to a stable sedimentation of passive continental margin. With well-developed strata and relatively rich fossils as well as regional metamorphism, the southeastern China stratigraphic region belongs to sedimentation of mobile rift basin. With few and incomplete outcrops of strata and lack of fossils, however, Sanya stratigraphic region belongs to that of intraplate depression basin. These strata can be divided into Sinian and Early Paleozoic lithostratigraphic units, covering 2 natural intervals, 5 groups and 138 formations.

Sinian Strata

Sinian Strata consist of Liantuo, Nantuo, Lantian and Piyuancun formations in lower Yangtze stratigraphic region. From bottom to top the strata are medium- to coarse-grained detrital rock-, tillite-mudstone, dolostone interbeds-dolostone (silicalite and siliceous shale), etc. Suffered from widely regional metamorphism, there exist a series of sedimentary rocks with huge thickness mainly composed of volcanic detrital rocks intercalated with carbonate rocks in southeastern China stratigraphic region. The Sinian is composed of Gujia, Xiafang, Dashajiang, Bali and Laohutang formations in Guangxi-Hunan-Jiangxi stratigraphic area; Hongshan and Waiguankeng formations in Wuyi area in East Jiangxi; Louziba, Dingwuling, Nanyan and Huanglian formations in West Fujian: Pandi and Daoxiang formations in southeastern China coastal region, and Shihuiding Formation in Wuzhishan area. In Yunkai stratigraphic area, the lower part of Sinian is called Daganshan and Huodao formations, and its upper has the same names as those of two formations in the top of Guangxi-Hunan-Jiangxi stratigraphic area.

Cambrian-Silurian

Well-developed Cambrian-Silurian has different sedimentary types and biota. In Yangtze stratigraphic region, It has three types (i.e. detrital rock, carbonate rock and mixed type of siliceous-lime argillaceous rock) and three sediments (shell limestone, graptolite shale and shell-graptolite mixed facies). Cambrian in carbonate platform can be divided into Mufushan, Paotaishan and Guanyintai (Chaoshan, Yangliugang and Chaofeng) from bottom to top. The mixed type of siliceous lime argillaceous rock is the main sedimentary feature in other regions, covering Hetang, Huangbailing, Dachenling, Yangliugang, Tuanshan and Qingkeng formations. Ordovician shell limestone, well developed on the enlarged carbonate platform and marginal platform slope, consists of Lunshan, Honghuayuan, Dawan, Guniutan, Miaopo, Baota, Tangshan, Tangtou, Sanqushan formations and spanning systematic Xinkailing Formation. Graptolite shale facies is a main feature in other regions, and can be divided into Yinzhubu (Dawuqian), Ningguo (Lishanqian), Hule, Yanwashan Huangnigang and Changwu formations from lower to upper. Silurian strata completely belong to terrigenous detrital sedimentation. From bottom to top, the strata are composed of Gaojiabian, Fentou and Maoshan formations in lower Yangtze area; Xiaxiang, Helixi, Kangshan and Tangjiawu formations in Jiangnan stratigraphic area. With a small thickness, the sedimentary environment of lower Yangtze stratigraphic area is more stable than that of Jiangnan stratigraphic area.

Intercalated with small quantity of volcanic rocks and pyroclastic rocks and suffered from different regional metamorphisms, the southeastern China stratigraphic region is characterized by flysch terrigenous detrital turbidity sediment. There are different depositional environments and rock associations in different stratigraphic areas. In Guangxi-Hunan-Jiangxi stratigraphic area, the representative Cambrian is Bacun Group including Niujiaohe, Gaotan and Shuishi formations. Ordovician is named as Jueshangou, Duiershi, Shikou and Huamianlong formations. Dulanqiao Formation is the only Silurian strata. In Yunkai, Cambrian includes Tiantangshan gneiss besides Bacun Group; Ordovician is classified into Luohong and Luodong formations, Lingshan schist and Shigui, Dongchong and Lanweng formations; Silurian is divided into Dagangding, Gumu, Hepu, Fangcheng, Liantan and Lingxia formations. In Wuyi stratigraphic area, Cambrian is Lintian and Dongkeng formations; Ordovician is Weifang and Luofengxi formations, and Silurian sedimentation is absent. Aojiao Group includes Yanya and Qinyingshan formations and is only distributed in coastal China stratigraphic area. Cambrian in Wuzhishan stratigraphic area has not been established formation so far. Ordovician is called Nanbigou Formation. Silurian is divided into Tuolie, Kongliecun, Dagancun, Kaoqinshan and Zusailing formations ascendingly.

Intercalated with carbonate rocks, a set of detrital sediments in Sanya stratigraphic region are characterized by depositional environment between the two stratigraphic regions mentioned above. Cambrian is called Mengyueling and Damao formations; Ordovician is Dakui, Yahua, Shatang, Yuhong, Jiangling and Gangoucun formations ascendingly.

Sinian-Silurian Biostrata Although there exist plentiful fossils, it is difficult to establish biostratigraphic units so far but to offer some bases for the chronostratigraphic classification. There exist micropalaeobotany, macroalgaes, stromatolites and small amount of Chitinozoa in Sinian. Liantuo age of Early Sinian was characteristic of subcommunity of single globular algaes with small volume and simple structure. Besides dominantly single globular algae, many new types occurred, such as Chitinozoa in Nantuo age of Early Sinian. The subcommunities of multiplicis globular algae and rhombic algae, Chitinozoa and a great number of macroalgae fossils emerged in Doushantuo age of Late Sinian. They are characteristic of large volume, a great quantity and various types as well as complex structures. During Dengying age of Late Sinian, a large number of organisms started breeding, having been found 44 genus and 62 species of micropalaeophyta as well as mollusk. Various organisms and abundant fossils, ten subphyla and a thousand genus and species covering trilobite, brachiopoda, cephalopoda, small valve, algae, graptolite, gastropoda and conodont, constitute Cambrian ecological features which can be generally distinguished into 31 fossil zones (Table 4-1). During Ordovician the organisms became even more developed. They are graptolite, cephalopoda, trilobite, brachiopoda, gastropoda, bivalve, stromatopora, conodont, sponge, algae and micropalaeophyta. 11 phyla and 27 fossil zones can be established (Table 4-2). Silurian organisms were also relatively rich, including over 20 biophyla such as graptolite, fish, brachiopoda, bivalve, gastropoda, trilobite, cephalopoda, sponge, stromatopora, algae, coral, conulariid, eurypterida, hyolithid, crinoidea, ophiuroids, asteroidea, bryozoan, chitinozoa and micropaleophyta. Therefore 22 fossil zones can thus be set up (Table 4-3).

Sinian-Silurian Chronostrata Sinian system, dated between 800 ± 50 Ma and 600 ± 50 Ma, belongs to the first-class stratigraphic units spanning 200 Ma. It is grouped into the Upper and

Lower series. And except the Upper Sinian Dengyingxia stage, no stages were established in other beds. The Sinian bottom boundary corresponds roughly to the lower part of Liantuo Formation, and its top boundary, between thick-layered silicalite and thin-layered carbonaceous rock, corresponds roughly to the bottom of small valve fauna located at the top of Dengying Formation. Cambrian has three series and ten stages (Table 4-4), and their top boundaries are different in various regions. In the sedimentary region of carbonate platform, the boundary corresponds roughly to the upper or top of Guanyintai Formation. Sedimentation of basin facies in Jiangnan stratigraphic area corresponds approximately to the upper (nearly ~15 m below the top) of Xiyangshan Formation. Middle succession of limestone and dolomite corresponds with the upper (nearly 66.1 m to the top) of Qingkeng Formation. Staurograptus-Anisograptus zone in the upper of Shuishi Formation, is a boundary of flysch sedimentation in southeastern China stratigraphic region. Ordovician can be classified into three series and six stages (Table 4-5). The top boundary in lower Yangtze stratigraphic area is located between *Glyptograptus persculptus* zone and *Diplograptus bohemicus* zone. In Jiangnan stratigraphic area, the central boundary of the basin is located at the top or upper of Changwu Formation and boundary located in the both sides of the basin could be passed under the lower bed of Xiaxiang Formation. In southeastern China stratigraphic region, the boundary could be located between the shale of Gumu Formation and the conglomerate of Dadinggang Formation, and Tuolie and Nanbi formations. Locally, the boundary could be located at the bottom of the conglomerate of Dadinggang Formation. Silurian also has three series and six stages, correlatable with lithostratigraphic and biostratigraphic units (Table 4-6). Underwent Caledonian Oregon, the top boundary lacks of sedimentation. So, it passed through on the unconformity interface. The Lower Devonian and Upper Silurian in the southwest of the region belong to continuous sedimentation and their boundary might be between the zones of *Pristiograptus* cf. *Transgrediens* and *Monograptus uniformis*.

Sinian-Silurian environment is mainly oceanic, followed by continental and intermediate settings. Three sedimentary modes are continental facies (alluvial, river and continental glacier facies), oceanic continental transitional facies and marine facies (coastal, tableland, shelf and basin facies) respectively. The paleoclimatic features of the low latitude, tropical subtropical, warm wet hot and warm humid were generally shown .The changes of the whole latitude was between 10-20° in that period. The paleogeographic study shows that the paleogeographic framework in the region has emerged an oceanic-continental alternation, resulting in Zhangbaling sea, Yangtze ancient land, Yangtze sea, Jiangnan ancient land, southern china sea, Cathaysian ancient land and south china sea from north to south (Fig.4-4). The evolution of basins shows a separated framework from south to north in southeastern China region. And the north of Yangtze landmass was characteristic of microspreading and vertical sedimentary thickening. Then, there formed the first set of Sinian-Silurian stable sedimentary cover on the consolidated Yangtze basement. From development to consumption, a set of mobile sediment flysch formation as a major sedimentation had been deposited in host rift trough of South China. At the end of Silurian, fold basement was formed by Caledonian Oregon linked up with the Yangtze landmass. In southern Hainan basin, a set of Sinian-Silurian cover had been accumulated on Pre-Cambrian basement, but it was also involved in Caledonian orogeny.

DEVONIAN-MIDDLE TRIASSIC

The strata are developed on denudation plane of tectonic formed by Caledonian orogeny. They are a set of detrital rocks, carbonate rocks, coal-bearing detrital rocks, from coarse- to fine-grained silicalite and argillite rocks, forming a complete progressive and regressive sedimentary cycle and lasting 170 Ma. Another feature of this interval is that the strata can be correlated in the region. The regionalization of the strata are not evident like that of Early Paleozoic. The variation of sedimentary settings led to many differences in rock succession, sedimentary texture, rock association and spatial distribution. The dating strata can be categorized into four secondary intervals, i.e. Devonian-Early Carboniferous, Late Carboniferous-early Early Permian, late Early Permian-Late Permian and Early-Middle Triassic.

Devonian-Lower Carboniferous is mainly detrital sediments and their scope extended gradually from the southeast to the northwest. To Late Devonian, a well-developed and complete sedimentation started in the whole region especially in Yunkai and Hunan-Guangxi-Jiangxi stratigraphic areas. The strata mainly consist of Lianhuashan, Xindu, Tangjiawan, Tianziling, Maozifeng, Etoucun, Yaoyunling, Yingtang, Huangjin, Simen and Luocheng formations etc. in Southeast Guangxi from the bottom to the top; Yangxi, Laohutou (Donggangling, Baqi and Qiziqiao), Liujiang (Rongxian, Dongping, Tianziling, Maozifeng and Chunwan), Changlai, Lianxian, Dasaiba (Dahu), Shidengzi, Ceshui (Zhongxin), Zimenqiao (Qujiang) formations in Yunkai and Dongjiang stratigraphic areas; Guanshan, Leigutai, Jinling, Gaolishan and Hezhou formations in lower Yangtze stratigraphic area from the lower to the upper. Whereas in Hunan-Guangxi area, they are composed of Yashan, Lingyan, Yunshan, Huashanling, Sanmentan, Zhangdong and Zhangshan formations, and in West Jiangxi these strata are comprised by Tiaomajian, Yijiawan, Qiziqiao, Longkouchong, Shetianqiao, Xikuangshan, Yanghu and Yangjiayuan formations etc. from the lower to the upper. Wutong Group in Jiangnan stratigrphic area includes Xihu and Zhuzangwu formations.

As the main sediments, Upper Carboniferous-lower Lower Permian is carbonate rocks constituting Dapu (Laohudong)-Maokou formations with thick carbonate association. Except East Taiwan Stratigraphic region, the strata are distributed widely in whole region and most stratigraphic units can be correlated in the region. From lower to upper, the strata are Dapu (Laohudong), Huanglong and Chunshan (Hutian), Liangshan, Qixia, Gufeng (Xiaojiangbian, Maokou, Wuxue, Mingshan and Wenbishan) formations. In Wuzhishan stratigraphic area, they are Qingtianxia, Echa, Eding and Nanlong formations from the lower to the upper.

Late Early Permian-Late Permian strata mainly contain coal-bearing fragment and siliceous as well as pelitic rocks. And the lower section is represented by Longtan or Leping Formation while the upper is represented by Dalong or Changxing Formation. Although various regions have different stratigraphic names, but their lithological features and fossils association are similar roughly.

In Early-Middle Triassic, the main sediments are Carbonate rock, with the features of wide distribution, good outcrop, complete succession, abundant fossils and rich in minerals including gypsum and rock salt etc. In Yangtze stratigraphic area, they can be divided into Qinglong,

Zhouchongcun and Huangmaqing formations from the lower to the upper. Lingwen Formation only develops in Wuzhishan stratigraphic area and is called Tieshikou, Yangjia, Xikou, Anren, Daye, Siwangzhang and Huangben formations in other regions.

Owing to abundant fossils and high research level, the assemblage zone, range and acme zones can be classified by the biostratigraphic works or the interval in accordance with biophyla. Although they are juxtaposed without classified grades, their functions can reflect the relative geologic time. Devonian-Early Carboniferous biostrata can be divided into one coral organic assemblage zone or assemblage, 13 brachiopoda assemblages or biocycles, 5 plant assemblages and Fusulinida (*Eostaffella*) zone, which are generally called *Eostaffella* fauna.

Late Carboniferous-Early Permian biostrata can be classified into 11 Fusulinida biocycles (range, acme and assemblage zones), 7 coral biozones (assemblage zones), 3 Ammonites biozones and 7 Brachiopoda assemblages. There exist not only many kinds of plants, but also animals and fossils in late Early Permian—Late Permian biostrata. The fossils can be divided into 2 acme zones of Fusulinida, 5 Ammonites biozones, 3 Brachiopoda assemblages and 2 plant assemblages. Compared with Paleozoic, an important transformation happened in Early-Middle Triassic biostrata. Some important Late Paleozoic Fusulinida and Tetracoralla extincted completely, and Brachiopoda's amount also declined sharply. Replaced with mollusks, ammonites and bivalve animals became most important organisms. They can be divided into 9 Ammonites biozones (range, assemblage zone and layers) and 8 bivalve biozones (acme, range and assemblage zones).

The biostratigraphic methods are used in classification and correlation of Devonian-Middle Triassic chronostratigraphic units. Devonian has three series only, because of immature classification method to the stage. The shallow sea strata of carbonate rock are continuous sedimentation in Southeast Guangxi, Northwestern Guangdong and boundary region of Hunan-Jiangxi provinces, their top boundary passing through the inner of limestone. Carboniferous includes two series and four stages, i.e. Early Carboniferous Fengning Series covering Yanguan and Datang stages, and Late Carboniferous Hutian Series covering Weining and Maping stages. The top boundary is between *Pseudoschwagerina* zone and *Misellina claudia* zone. Permian in this area also includes two series and four stages, Early Permian Qixia and Maokou stages, Late Permian Wujiaping and Changxing stages. Using the traditional scheme to categorize the top boundary of Permian, *Hypophiceras, Hindeodus (Anchignathodus) parvus* zones or *Ophiceras, Claraia wangi, Cl. griesbachi* assemblage is taken as biostrata's mark of the bottom Triassic. Additionally, early Middle Triassic can be further classified into four stages according to fossils.

The marine sedimentation is the main feature of the strata, with some continental and oceanic continental alternating facies. The interval can be generally divided into littoral, local platform, open platform, platform trough, border facies of platform, shallow-sea shelf, slope facies of front platform, and littoral marsh, alkalized lagoon, marsh, lake, river, delta facies, etc. The whole paleogeographic feature indicates that the evolutionary process from land (D) to marine areas (C-P_1) as major distribution turned out to be equally developed oceanic-continental facies (P_2-$T_{1\text{-}2}$). The general paleolatitude and paleoclimate data indicate wet-warm climate environment in equator with low-latitude and tropical-subtropical zones. The sedimentary basins can be classified into lower Yangtze craton basin, Cathaysian craton basin, lower Yangtze craton marginal fault depression and residual ocean trough of Qingzhou-Fangcheng, etc. The Caledonian orogeny was characteristic of convergence and continental accretion. Cathaysian and Yangtze plates are converged to an integrated southern China continent. Hercynian orogeny is characteristic of extension and divergence. The strata are the products of two tectonic movements.

LOWER TRIASSIC-TERTIARY

After Indosinian movement, except Taiwan, the whole southeastern China region almost became a continent and formed a volcanic eruptive-sedimentary rock series with continental basin sedimentation and continental intermediate and acid volcanics, which are widely spread in space and varied extremely in different regions and separated by unconformities, indicating great difference in each interval. The difference in space and time demonstrates that the strata of the interval are complicated and multiplied. 312 lithostratigraphic units have been classified in this period, in which 284 belong to formation units, and 28 group units. Based on the regional unconformities and rock associations, the period can be subdivided into three secondary intervals, i.e. Late Triassic-Middle Jurassic, Late Jurassic-Cretaceous and Tertiary.

Spreading widely, the Upper Triassic-Middle Jurassic are a set of important coal-bearing clastic rock formations, unconformably contacting with the overlying and underlying strata. Upper Triassic contains two rock associations: one is clastic rock formation of oceanic-continental intercalated facies, represented by Genkou Group in North Guangdong and Anyuan Group in West Jiangxi; the other is coal-bearing clastic rock formation of bay lagoon facies-continental facies, represented by Fanjiatang Formation in Yangtze stratigraphic region and Dakengcun and Wenbinshan formations in southeastern China stratigraphic region. One type of Lower Jurassic is clastic rock formation of shallow sea facies represented by Lantang Group; another type is coal-bearing clastic rock formation of continental facies represented by Zhongshan and Lishan formations. Being totally continental facies, Middle Jurassic is mainly a set of purple red rock formation with variegated and fine clastic facies. It includes Zhangping Formation in West Fujian, Luoao Formation in Southeast Jiangxi, Maonong Formation and Tongshan Group in East Zhejiang, Beixiangshan Formation in Jiangsu and Luoling Formation in Anhui etc.

Upper Jurassic-Cretaceous is characterized by widespreadly intermediate and acid volcanic rocks, upon which three volcanic eruptive-sedimentary belts can represent the volcanic belt of middle and lower reaches of Yangtze River, the inner and outer belts of southeast China coastal volcanic rocks. Upper Jurassic-Lower Cretaceous in the middle and lower reaches of Yangtze River is represented, from bottom to top, by Xihengshan, Longwangshan, Dawangshan, Gushan, Niangniangshan and Gecun formations, which consist of clastic sedimentary, volcanic sedimentary, intermediate and metabasic volcanic rocks, intermediate acid-metaacid or metaalkaline volcanic rocks and clastic sedimentary rocks. Upper Cretaceous is mainly red sand and gravel of continental facies; they are typical from coarse to fine in Pukou and Chishan formations. The inner belt of southeast China coastal volcanic rocks generally consists of Jiangshan-Shaoxing, Zhenghe-Dapu, Wuhua-Shenzhen fractures from east to west. The lithostratigraphical research of the belt shows two associations: one is volcanic sedimentary formation dominated by central-type eruption, with sedimentary rocks in the lower part, volcanic rocks in the middle and sedimentary rocks intercalated with minor volcanic rocks in the upper, and typically represented by Jiande Group (including Laocun, Huangjian, Shouchang and Hengshan formations) in West Zhejiang; another is continental red clastic formation of middle and late Early-Late Cretaceous, consisting of Yongkang Group (including Guantou, Chaochuan, Yunyan and Keshan formations) of the lower part, Qujiang Group (Zhongdai, Jinhua and Quxian formations) and typical Tongxiang Formation of the upper part . The outer belt of southeastern China volcanic rocks indicates the broad coastal areas to the east of inner belt, in which Lower Jurassic volcanic rocks are covered by rock flowage in large area, volcanic eruption was mainly from a fissure or a center of a fault zone; Cretaceous volcanic rocks were mainly in volcanic eruption basins with NE- and NW-striking and dominated by relatively weak central-type eruption. Upper Jurassic-lower Lower Cretaceous is represented by Nanyuan Group (Changlin, Ezai, Chishui and Xiaoxi formations) in east Fujian and consists of a set of gray calc-alkaline volcanic sedimentary rock series which can be compared to Moshishan Group in East Zhejiang and Gaojiping Group in East Guangdong. Middle and upper Lower Cretaceous consists of purple red volcanic eruptive and sedimentary rocks, represented by Huangkeng and Zhaixia formations of middle and lower parts of Shimaoshan Group in East Fujian. Upper Cretaceous is mainly distributed in locally, consisting of tuffaceous clastic rocks and rhyolitic welded tuff intercalated with rhyolite and thin-bedded tuffaceous silt, represented by Niushan Formation of East Fujian.

In addition, the metamorphic rocks composed of huge thick meta-basic rocks and melange are called Danan'ao (Rock) Group in Taiwan. From bottom to top, the Group is called Kainangang, Jiuqu, Changchun and Tianxiang (rock) formations. The present limited number of fossils like Fusulinida, coral and dinoflagellate demonstrate that its age is undoubtedly Late Paleozoic to Early Cretaceous. But as each rock formation is discontinued macroscopically, and shear zones are rather developed, thus further classification is very difficult, so they are generally set to Pre-Tertiary.

Tertiary strata widely distributed particularly in Taiwan, West Guangdong and Hainan, not only with oceanic and continental sedimentation, but also with abundant fossils as well as mineral resources like petroleum, oil shale, coal and gypsum-rock salt etc. In lower Yangtze stratigraphic area, Lower Tertiary is most developed in North Jiangsu and can be divided from bottom to top into Taizhou, Funing, Dainan and Sanduo formations, composed of a set of huge thick ploy-cycled continental clastic rocks. In southeastern China region, Tertiary is characterized by continental facies and shallow sea-oceanic and continental intercalated facies. The former is most developed in Leiqiong stratigraphic area, and can be divided from bottom to top into Changliu, Liushagang and Hunzhou formations, consisting of variegated and ploy-cycled clastic rocks. The latter majorly outcrops in Taiwan, of which Paleocene Bihou Formation is phyllite intercalated with crystallized limestone and slate intercalated with sandy conglomerate from bottom to top; Eocene is divided into Shibachongxi, Dajian and Xicun or Jiayang formations mainly composed of huge thick flysch formation; and Oligocene is mainly Sileng, Meixi and Baileng formations, composed of quartz sandstone or quartzite, shale and slate inter-bedding, intercalated carbonaceous shale.

In Yangtze stratigraphic region, Upper Tertiary is most developed in the riverine areas of South Jiangsu; it can be divided from bottom to top into Dongxuanguan, Yuhuatai and Fangshan formations, mainly composed of sandy conglomerate, fine silt, silty clay stone, clay stone and basaltic rock. In southeastern China stratigraphic region, an association is continental volcanic eruptive sedimentation represented by Fotan and Shengxian formations (different places having different names) and consists mainly of sandy conglomerate and basalt; another association is shallow sea-oceanic and continental interacted facies with Taiwan as its model, and can be divided into Ruifang, Sanxia groups, and Jinshui as well as Zhuolan formations from bottom to top, with a set of coal-bearing sandy shale association. In East Taiwan the Miocene is called Duluanshan Formation, which is a set of huge thick moderate basic volcanic rocks; and Pliocene is called Dagangkou Formation, mainly composed of huge thick sandy shale, conglomerate and pyroclastic rocks. Moreover, there is Liji (Rock) Formation, mixtite.

The organic category in this interval is very complete. With rich fossils, a series of organic assemblages or biozones can be defined. However, the biodistribution is generally local and biotime span is great, so the set up of biostratigraphy is more difficult than that of Paleozoic stratigraphy. The organisms in Late Triassic-Middle Jurassic oceanic environment were dominated by bivalve and ammonites; while those of continental facies were mainly plants, bivalve, Estheria, Ostracoda and sporopollen. In this study, 17 organic assemblages have been defined, i.e., three oceanic facies, one fresh water bivalve assemblage, one ammonites assemblage, three Ostracoda assemblages, four Estheria assemblages, three plant assemblages and two sporopollen assemblages.

The fossils are very rich in Late Jurassic-Cretaceous. They are Gastropoda, bivalve, Estheria, Ostracoda, Charophyta, Insecta, fish, Reptilia, plant, sporopollen and so on. Three biota have been established in southeast China coastal volcanic rock belt, i.e. Jiande, Yongkang and Qujiang biota, all of which have the individual organic assemblage of certain class, representing three secondary dating of the time respectively.

Upper Triassic-Tertiary chronostratigraphy depends on its fossil assemblages or biota, as well as a lot of studies on volcanic strata. But the boundaries of erathem, system and series are hard to determine because unconformities or disconformities exist among some strata, and most of the strata are of continental basin sedimentation. What is worthy to be noted is the boundary between Jurassic and Cretaceous, which shows mostly unbreakable, and its paleontological features and isotopic ages are continuous. Its boundary should pass through a certain part of Dawangsha, Shouchang and Xiaoxi formations.

As a part of the active continental margin of West Pacific Ocean, Mesozoic volcanic rocks widely develop in southeastern China region. Their isotopic ages are concentrated around 170-100 Ma, which is mainly in Late Jurassic-Early Cretaceous, extending partially to Late Cretaceous. The volcanic activity in southeastern China generally experienced four cycles. In the first cycle (J^1_3), the volcanic belt of middle and lower Yangtze reaches is made of rocks of intermediate by basic and intermediate by alkaline. The inner belt of southeast China coastal volcanic rocks is made of intermediate by basic rocks and acid rocks; the outer belt is mainly of intermediate basic, intermediate acid and acid rocks. In the second cycle (J^2_3-K^1_1), that in the middle and lower Yangtze reaches is of intermediate acid, acid and alkaline rocks. The inner belt of southeast China coastal volcanic rocks is mainly of acid rocks with the outer belt of intermediate acid, intermediate and acid rocks. The third cycle ($K2$-3_1) can only be discovered in southeast China coastal volcanic belt with its inner belt of basic-acid, intermediate basic-acid, intermediate-acid rocks and outer belt mainly of acid and partially alkaline rocks. The fourth cycle is only found in Shiniushan Formation in East Fujian, and mainly composed of acid by alkaline lava. The lithostratigraphic association type of volcanic rocks in each volcanic belt and petro-geochemical features are of great difference. In the volcanic belt of middle and lower Yangtze reaches, the association of the early stage of the first cycle is basalt trachyandesite and trachyte; that of the late stage is calc-alkaline series of andesite, trachyandesite and trachyte. The lithostratigraphic associations of the early stage of the second cycle are varying in different basins, and are mainly calc-alkaline series of andesite, dacite, trachyandesite and rhyolite. That of the late stage is alkaline series of trachy andesite and alkali trachyte-phonolite. In the inner belt of southeast China coastal volcanic rocks, the associations of the first and second cycles are mainly calc-alkaline series of andesite, dacite and rhyolite; that of the third cycle is basalt, andesite, rhyolite and trachyte, belonging to calc-alkaline rock series with high potassium. In the outer belt of southeast China coastal volcanic rocks, the associations of the first and second cycles are mainly of andesite, dacite and rhyolite belonging to a set of calc-alkaline volcanic rocks of intermediate basic-intermediate acid-acid with better differentiation; those of the third and fourth cycles are mainly basalt, andesite and rhyolite, evolving from a typical calc-alkaline series of basic to acid magmas. The evolution in the belt is reflected by composition variation from inland to coastal area; for example, the contents of SiO_2, K_2O and Rb decrease step by step, and CaO, Na_2O, Sr and Ba increase gradually. From southwest to northeast, the contents of K_2O, Rb, Nb, Ta, CaO, FeO and MgO decrease gradually while those of Na and Fe_2O_3 show a trend of increase.

The volcanic rocks in southeastern China region are closely related to metallogeny. Based on the primary statistics, Fe, Cu, Pb, Zn, Au, Ag, W, Sn and Mo in metallic deposits are closely related to volcanic rocks. Up till now, 15 large-scale and 143 moderate and small-sized deposits have been discovered. In non-metallic minerals, fluorite, pyrite, alunite, pyrophyllite, bentonite, kaolin and zeolite are related to volcanic rocks, and 43 large-scale and 154 moderate and small-sized deposits have been discovered.

The sedimentary basins of the interval are mainly formed after Indosinian movement. Under the influence of northeastward underthrust of Kula-Pacific plate and strong compression of South China plate, a series of narrow foreland basins and intercratonic fissure basins were generated. The evolution of Late Triassic-Middle Jurassic basins was as follows: (1) the shape of basin changed from narrow and long to a near round shape; (2) the scale of basins changed from middle- and small-sized to small-sized; (3) the fillings in the basins changed from fine- to coarse-grained materials with increasing volcanics; (4) sedimentary environment evolved from oceanic and continental intercalated facies to continental facies, from semi-deoxidization to oxidation environment, and from warm and humid to dry and hot. Late Jurassic-Cretaceous basins were all fault basins and irregular tectonic-volcanic basins. In Tertiary period, except for Taiwan, basins were all intercratonic fault basins, which basically inherited the Late Cretaceous's framework, evoloving from fault to fault depression basins. Their areas became smaller, and climate turned to be warm wet. Taiwan is a unique foreland and island arc basin in the margin of orogenic belt.

CONCLUSIONS

The sedimentation in southeast China and its neighboring ocean area occurred, developed and evolved in the course of long geologic time of more than 2Ga and in the course of time-space evolution which had greatly superpassed the present spatial limits. Various types of sedimentary rock systems thus generated have constituted different terrains and their different geologic units. They occurred, developed and migrated under four-dimensional scope and a complicated tectonic framework was formed. We can only select stratigraphic sections (including few holes) from the geologic terrains of the basic time-space changes to conduct our studies. However, our studies are based on the correlation and stratigraphic polyclassification of each province. The stratigraphic sequence of southeastern China is set up by a further clear-up of lithostratigraphic units. The polyclassification and correlation of stratigraphy are carried out through the combination of biostratigraphy and chronostratigraphy. Upon this, some important understandings and progresses are made in the fields of sedimentary environment of regional stratigraphy, lithofacies and paleogeographic features, time and space evolution of sedimentary basins as well as stratigraphic framework.

Scope and Method of Study

(1) The stratigraphic study and summary are carried initially out in eight provinces and one municipality as well as some regions of Southeast Guangxi and Southeast Hunan. In this way, it is possible for us to view the southeast region of China as a whole to be studied and correlated in terms of stratigraphy. It is advantageous not only to the classification and correlation of regional stratigraphy but also to the summary and study of various rules of regional stratigraphy. The method that separated the East China and South China in the past is changed, which is especially advantageous to the classification and correlation of Pre-Sinian, Late Paleozoic and Mesozoic volcanic-sedimentary strata.

(2) The study has originally used the basic theory and methods of modern stratigraphy in the classification and correlation of stratigraphic terrains based on the trio-classification concept of rock, organic beings and time in southeast region of China.

Classification of Stratigraphic Regionalization

According to the classification principles of stratigraphic regionalization and national plan of lithostratigraphic regionalization, we classify the southeastern China into three super regions, four regions, twelve areas and several subareas. The stratigraphical developing features of each stratigraphic region and the main fracture (zone) features of the boundary of the concerned stratigraphic regions are described in details. During the classification of stratigraphic regionalization, the interval of the strata is classified first, and then a synthetic regionalization is conducted in order to distinguish interval strata regionalization and synthetic strata regionalization. In this way, it is favorable for the classification and correlation of lithostratigraphy and also in accordance with the evolving rule of geotectonics and the principles of stratigraphic regionalization. In this study, three Mesozoic volcanic belts are classified according to their distribution regularities.

Classification and Correlation of Lithostratigraphy

We have systematically summarized and studied the clear-up results of lithostratigraphy in eight provinces and one municipality (including East Guangxi and East Hunan). A reasonable selection has been conducted; a complete stratigraphic sequence has been established; the classification and correlation of large regions have been carried out, and the lithostratigraphic sequence of the four intervals has been set up: i.e. Pre-Sinian, Sinian-Silurian, Devonian-Middle Triassic and Upper Triassic-Tertiary systems.

Pre-Sinian is divided into three lithostratigraphical units: the lower part is composed of Xingzi, Mayuan and Badu (rock) groups; the middle part is composed of Zhangbaling, Pichen, Shuangqiaoshan, Xikou, Zhangcun, Shuangxiwu, Jinshan, Chencai, and Baoban (rock) groups; the upper part is composed of Likou, Heshangzhen, Dengshàn, Yunkai and Shilu groups. The lower strata constitute the crystalline basement and the middle and upper strata form folded basement. These basements of different times and characteristics formed in different tectonic backgrounds not only become the tectonic foundations of southeast region of China but also play a controlling role to the succeeding superficial sedimentation, magma activity and mineralization. In the study, we have researched the sedimentary features of Sinian-Silurian lithostratigraphy, classified the Cambrian lithostratigraphy into two sedimentary types of carbonate platform and silicated lime mud, and the Ordovician lithostratigraphy into bio-sedimentation of shell facies and graptolite facies. Additionally, we have satisfactorily solved the problem of the same objects with different names long existing in the interval determination for Yangtze and South China, in which the same interval has different names, using a whole region correlation method for Devonian-Middle Triassic. Based on the stratigraphic sequences, sedimentary textures, rock associations and spatial distributions, four sequences have further been defined, i.e. clastic sedimentary sequence of Devonian-Lower Carboniferous, sedimentary sequence of Upper Carboniferous-Lower Permian carbonate rocks, coal-bearing clastic sedimentary sequence of Lower Permian-Upper Permian as well as sedimentary sequence of carbonate rocks in Lower and Middle Triassic. The Upper Triassic-Tertiary strata can be divided into three lithostratigraphic sequences: Upper Triassic-Middle Jurassic, Upper Jurassic-Upper Cretaceous and Tertiary. Among them, Upper Triassic-Middle Jurassic mainly consists of coal-bearing clastic rock formation of oceanic-continental intercalated facies and bay lagoon-continental facies, clastic rock formation of shallow sea facies as well as variegated fine clastic rock formation; Upper Jurassic-Upper Cretaceous mainly consists of intermediate and acid volcanic eruptive-sedimentary rock and purple red gypsum-rock salt clastic rock system; Tertiary mainly consists of several tens of clastic rock systems of different sizes, which accumulated in continental basins, except for Taiwan where coal-bearing clastic formation of oceanic-continental interacted facies developed.

Bioassemblage or Biozone Classification of Lithostratigraphy

The bioassemblage or the classification of biozone for each lithostratigraphy and their characteristics are stated in details, some important problems or disputed problems are discussed and analyzed. Three micro-paleontology assemblages are determined for Pre-Sinian fossils: *Trachysphaeridium* assemblage, *Leiofusa-Trilodusphaeridium* assemblage and *Leiominuscula-*

Leiopsophosphaera assemblage, reflecting the organic features of Qingbaikou, Jixian and Jixian-Changcheng periods.

In the study, the micropaleophyta, macro-algae, stromatolite and Chitinozoa in Sinian are summarized, and their relationships with lithostratigraphy are discussed. At the same time, Cambrian-Silurian is classified into 78 biozones or bioassemblages with 31 in Cambrian, 27 in Ordovician and 20 in Silurian, providing bases for the classification of their chronostratigraphy; and Devonian-Middle Triassic biota into six kinds of biozones with 18 for coral, 23 for Brachipoda, 14 for Fusulinida, 17 for ammonites, 7 for plant and 8 for bivalve. We have also discussed the evolving features of the varied fossils and their relations to lithostratigraphy, providing bases for the classification of chronostratigraphy.

As to the biostrata of Late Triassic-Tertiary: (1) 17 bioassemblages of six kinds are set up for Late Triassic-Middle Jurassic: 4 biovalve, 1 ammonites, 3 Ostracoda, 4 Estheria, 2 plants and 2 sporopollen assemblages. (2) Late Jurassic-Cretaceous biostrata are divided into three biota: Jiande biota, Yongkang biota and Qujiang biota. Three biota reflect respectively the organic features of Late Jurassic-early Early Cretaceous, middle and late Early Cretaceous and Late Cretaceous. (3) The multi-variety of biota of Tertiary has been concluded into 50 bioassemblages: 2 Mammalia assemblages, 19 Ostracoda assemblages, 9 Charophyta assemblages, 4 foraminifera assemblages, and 16 sporopollen assemblages. The relations of the biota to the lithostratigraphy are discussed, providing bases for the classification and correlation of Tertiary chronostratigraphy.

Ideas on the Polyclassification and Correlation of Strata in Southeastern China

Based on the lithostratigraphic classification and correlation as well as combination of biostratigraphic information, ideas in the stratigraphic polyclassification and correlation in southeastern China are therefore put forward. First, the chronological foundations of lithostratigraphic units are investigated in details based on the information of unconformity interface, paleontology, magma intrusion, paleomagnetism and isotopic age. In addition, taking 1 800 Ma and 1 000 Ma as the boundaries, we divide Pre-Sinian into Paleoproterozoic, Mesoproterozoic and Neoproterozoic. Secondly, according to fossil information and with the help of other dating data, we discuss the classifying foundations and their relations of system, series and stage, putting forward a classification plan of Sinian-Tertiary chronostratigraphy.

The diachronous universalism principle of lithostratigraphic units is one of the basic theories of modern stratigraphy. It may be included to "the lithostratigraphic units of epicontinental sea sedimentation, which are of nonvolcanic genesis that can all be laterally distinguished and traced back, must be diachronous" .The study of the regional stratigraphy in southeastern China demonstrates that the principle of diachronous universalism reflects not only in the volume of diachronous lithostratigraphic units but also in the grade. In other words, with the promotion of research level, not only more and more diachronous lithostratigraphic units can be found but also diachronous phenomenon can be discovered in different classes of stratigraphic sequences. The diachronous phenomenon is reflected in the description of corresponding chapters and in the sequence table of lithostratigraphic units.

Tectonic Classification of Southeastern China Region

In view of time evolution, southeastern China region can be divided into five tectonic-sedimentary development stages: Paleoproterozoic, Meso-Neoproterozoic, Sinian-Silurian, Devonian-Middle Triassic and Late Triassic. Temporal evolution resulted in the change of spatial framework, in which, the most important change was Caledonian movement in the final stage of Silurian which connected the whole region and entered the developing stage of south China landmass. Different time and space evolution processes have brought about their different sedimentary formation features, paleontological features, migration of sedimentary basins and the mode of tectonic movement.

There was a continental nucleus before Paleoproterozoic. It grew and thickened unceasingly, forming a crystallized basement. This is an important foundation and condition from continental crust splitting to orogenic getting together to build mountain of Mesoproterozoic as well as the paleoplate activity of Meso-Neoproterozoic. In the last age of Paleoproterozoic, Luliang movement produced South China Craton, its scale being much larger than present Yangtze and Cathaysian landmasses, and South Sea Plate being probably its one part. In Meso-Neoproterozoic, the continental crust began splitting and overgrowthing, gradually getting together to build mountain and thus deepening the continental crust. In the course of early splitting, periodical divergence took place in Cathaysian landmass, forming Jiangnan epicontinental rift zone; the north margin of Yangtze landmass formed Zhangbaling depressed basin, where several thousands meters of flysch formation and intermediate and acid volcanic-clastic rock series were sedimented; in the late stage, splitting turned to converging, corresponding volcanic-clastic rock series formed and molasses accumulated in the converging belt and its two sides. In Jinning age at the last Qingbaikou period, the plates collided, and Yangtze landmass was finally consolidated to form a continent. While along a side of Cathaysian landmass, the crust was pulled apart again, forming a fissure-depressed basin to accept the Sinian-Early Paleozoic sediments.

The Caledonian movement by the end of Silurian made Cathaysian and Yangtze landmasses connect as one united continent of South China. The Indosinian movement by the end of Triassic made the whole region be elevated forming a continent and entered a new tectonic stage, a stage of Circum-Pacific continental margin activity belt. A series of long and narrow foreland basins, inland depressed basins and inland fault basins in the strike of NNE-ENE occurred, a set of coal-bearing clastic series, intermediate and acid eruptive-sedimentary rock series and red clastic rock series of continental facies accumulated in these basins.

New Understandings on South China Lithosphere and Its Tectonic Evolution

By the study of regional stratigraphy, new information and knowledge are obtained for a further study and discussion on the long disputed problem of South China lithosphere and its tectonic evolution. First of all, to the problem of Cathaysian landmass, regional stratigraphic data not only offered its existence but also reflected its widely spatial extension. Its north boundary is delineated by Shaoxing-Jiangshan-Pingxiang fracture and it extends westward to the boundary of Hunan. According to the drilling in southeastern China Sea area of Wenzhou, Chencai (Rock) Group has extended to the continental shelf of East China Sea. In the south, from the borehole of

Yongxing Island in the Xisha Islands, we noticed the strata equivalent to Baoban (Rock) Group, and based on the data of Liu (1993), the same phenomena were found in the islands of Zhongsha and Nansha, so we think that the south extension of Cathaysian landmass is very broad. Secondly, through a correlation study of Meso- and Neoproterozoic of Jiangnan landmass, we think that South China orogenic belt mainly took place in Proterozoic, without any evidence of Appalachian-type orogenic belt of Mesozoic. "Banxi Group" on Jiangnan landmass in a broad sense (Middle and Upper Proterozoic in a general sense) is a metamorphosed basement, instead of a tectonic complex or allochthonous nappe.